D1920503

VERSUS

Die erste Auflage dieses Buches erschien 2004 als

Wolfgang Stölzle, Klaus Felix Heusler, Michael Karrer:
Erfolgsfaktor Bestandsmanagement: Konzept, Anwendung, Perspektiven.
ISBN 978-3-03909-024-2, Versus Verlag, Zürich 2004

Sofern das vorliegende Werk Textstellen aus der ersten Auflage übernimmt, werden diese nicht zitiert.

Bibliografische Information der Deutschen Nationalbibliothek

Die Deutsche Nationalbibliothek verzeichnet diese Publikation in der Deutschen Nationalbibliografie; detaillierte bibliografische Daten sind im Internet über http://dnb.dnb.de abrufbar.

Das Werk einschließlich aller seiner Teile ist urheberrechtlich geschützt. Jede Verwertung ist ohne Zustimmung des Verlags unzulässig. Dies gilt insbesondere für Vervielfältigungen, Übersetzungen, Mikroverfilmungen und die Einspeicherung und Verarbeitung in elektronischen Systemen.

© 2024 Versus Verlag AG, Zürich

Weitere Informationen zu Büchern aus dem Versus Verlag unter
www.versus.ch

Objekte für Umschlag und Kapitelillustrationen:
Katharina Sochor-Schüpbach · Zürich
Satz und Herstellung: Versus Verlag · Zürich
Druck: Comunecazione · Bra
Printed in Italy

ISBN 978-3-03909-174-4 (Print) · ISBN 978-3-03909-803-3 (E-Book)

Vorwort

«Das Management von Beständen erfährt derzeit eine Renaissance.»

Mit diesen Worten begrüßten die Autoren im Jahr 2004 ihre Leserinnen und Leser im Vorwort der Erstauflage von «Erfolgsfaktor Bestandsmanagement».

Neunzehn Jahre später wird in einer komplett überarbeiteten Auflage die Rolle des Bestandsmanagements als Erfolgsfaktor erneut aufgegriffen, freilich unter anderen Rahmenbedingungen und vor einem erweiterten Erfahrungshintergrund. Während sich ehedem die Ausführungen über das Bestandsmanagement vornehmlich am Grundkonzept der Logistik als Querschnittsfunktion ausrichteten und einzelne Anknüpfungspunkte über die Unternehmensgrenzen hinweg berücksichtigten, steht jetzt das Management von Beständen in Supply Chains im Mittelpunkt.

Mittlerweile haben sich Supply-Chain-Konzepte etabliert, die sehr niedrige Bestandshöhen bei mehreren Supply-Chain-Akteuren erlauben. Dabei stehen aber nicht nur Bestände als isolierte Zielgröße im Raum. Vielmehr adressieren die Konzepte heterogene ökonomische sowie auch ökologische Zielgrößen. Dass traditionelle Zielgrößen wie die Versorgungssicherheit auch in Supply Chains einen weiterhin hohen Stellenwert genießen, zeigen die aktuellen Turbulenzen rund um angespannte bzw. abgerissene Lieferketten. Insofern finden sich beim Management von Beständen in Supply Chains klassische Spannungsbögen in einem veränderten Umfeld ebenso wieder wie neuere konzeptionelle Zugänge. Das Management von Beständen sieht sich somit in einer gewissen Renaissance zwei grundsätzlichen Anforderungen gegenübergestellt:

1. Das Bestandsmanagement liefert einen Ansatz zum Balancieren der konfliktären Zieldimensionen rund um Bestände auf Unternehmensebene.
2. Das Bestandsmanagement berücksichtigt den stark erweiterten Scope des Supply Chain Managements nicht nur im Hinblick auf die unternehmensübergrei-

fende Perspektive, sondern auch auf das erweiterte Spektrum an Prozessen mit Bezug zu Beständen.

Zur Umsetzung dieser Anforderungen findet sich in dieser zweiten Auflage auch ein angepasstes Format: Aus dem ursprünglichen Werk von drei Autoren ist jetzt ein Sammelband mit vier Herausgebern geworden, allesamt aus dem Umfeld der Universität St. Gallen und zugleich in Autorenrollen aktiv. Gast- und Co-Autoren aus Wissenschaft und Praxis ergänzen das gewünschte Kompetenzspektrum. Zielgruppe sind in erster Linie akademisch interessierte Entscheidungsträger aus der Praxis und in zweiter Linie Studierende, die sich einen kompakten Überblick über die Einbettung von Beständen in Wertschöpfungsnetzwerke verschaffen wollen. Daran richten sich Sprache und Didaktik des Werkes aus. Der Spannungsbogen zwischen den beiden Auflagen beträgt neunzehn Jahre – eine Zeit, in der die beiden ursprünglichen Mitautoren Dr. Klaus Felix Heusler und Dr. Michael Karrer ihre persönlichen Karrierepfade erfolgreich beschritten haben. Ihnen gebührt auch aus der Retrospektive ein herzliches Dankeschön! Im Rahmen der Erstellung der zweiten Auflage möchten wir uns besonders bei Frau Dr. Katrin Oettmeier für ihre Vorarbeiten für das Kapitel 4 bedanken. Ein weiterer Dank geht an Herrn Christoph Anrig für seine Inputs in den Kapiteln 1 und 2, welche er im Rahmen seiner Abschlussarbeit an der Universität St. Gallen erarbeitet hat. Insbesondere bei den Grundlagen des Bestandsmanagements finden sich direkte Bezüge zur ersten Auflage. Um den Lesefluss so leicht wie möglich zu gestalten, wurde bewusst auf ein «Eigenzitat» verzichtet. Ebenso wenig finden sich aus Gründen der Übersichtlichkeit die Namen der Einzelautoren der Kapitel im Inhaltsverzeichnis.

Nun wünschen die Herausgeber der Leserschaft eine erkenntnisreiche Lektüre und freuen sich auf qualifizierte Feedbacks!

St. Gallen, im August 2023

Wolfgang Stölzle, Erik Hofmann, Stefan Selensky, Tim Germann

Inhaltsverzeichnis

Kapitel 1

Konzeption des Bestandsmanagements in Supply Chains

1.1 Motivation

Tim Germann, Erik Hofmann, Stefan Selensky, Wolfgang Stölzle

Die klassische Betriebswirtschaftslehre konzentriert sich auf das Wirtschaften von einzelnen Unternehmen und befasst sich in diesem Zusammenhang auch mit der Frage, wo die Kernkompetenzen eines Unternehmens liegen (Thommen et al., 2016). Das Unternehmen stellt demnach traditionellerweise die maßgebliche Analyse- und Planungseinheit dar. Hat es für sich beispielsweise die Produktion von Fahrzeugantrieben als Kerntätigkeit definiert, sind ihm mindestens ein Unternehmen, das die Komponenten eines Antriebs produziert (Zulieferer), sowie mindestens ein Unternehmen, das Fahrzeuge produziert (Abnehmer), direkt vor- bzw. nachgeschaltet. Um die Nachfrage nach Auftragseingang des Abnehmers auch bei längeren eigenen Durchlaufzeiten fristgerecht erfüllen zu können, erscheint es generell sinnvoll, ein gewisses Niveau an Beständen zu führen. Die Bevorratung von Rohstoffen bzw. Ausgangsmaterialien, die Lagerung von Halbfertigfabrikaten (Work-in-Progress-Bestände) zwischen verschiedenen Produktionsstufen oder die Fertigung von Endprodukten (Fertigwaren) auf einen gewissen Vorrat hin gehören zu den Grundfunktionen von Beständen (vgl. ▶ Abb. 1). Bestände erfüllen diverse weitere Funktionen in Unternehmen und lassen sich je nach Perspektive unterschiedlich in Bestandsarten klassifizieren (siehe Abschnitt 1.3).

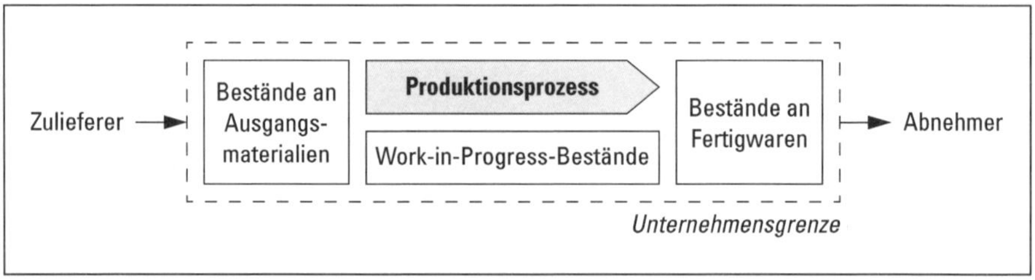

▲ Abb. 1 Bevorratung von Materialien und Waren auf verschiedenen Produktionsstufen als Grundfunktion von Beständen

In der unternehmerischen Praxis fällt solch ein idealtypischer Lieferkettenabschnitt oftmals wesentlich komplexer aus. So bezieht das obige Beispielunternehmen mit hoher Wahrscheinlichkeit die einzelnen Komponenten von vielen, ihrerseits wiederum spezialisierten Akteuren, und selbst gleichartige Teile werden von verschiedenen Lieferanten beschafft. Auf der Distributionsseite stehen möglicherweise mehrere Kunden, die sich wiederum ihrerseits von verschiedenen Antriebsherstellern beliefern lassen. Die Bestandsthematik macht also keineswegs an Unternehmensgrenzen halt. Mit einer erweiterten Perspektive auf Supply Chains – mithin ganze Wertschöpfungsnetzwerke – sind Bestände auch im Zusammenspiel mehrerer Unternehmen auf verschiedenen Wertschöpfungsstufen zu koordinieren. In diesem Kontext umfasst ein zeitgemäßes Bestandsmanagement Planungs-, Steuerungs- und Kontrollaktivitäten sowohl auf Unternehmens- als auch auf Netzwerkebene. Es ergeben sich hieraus sehr verschiedene Perspektiven auf Bestände (siehe Abschnitt 1.5), was die unternehmensübergreifende Integration des Bestandsmanagements in Supply Chains nahelegt (siehe Abschnitt 1.6).

Mit Beständen lassen sich Lieferversprechungen realisieren und die Versorgung von Wertschöpfungsaktivitäten sicherstellen. Bestände verursachen jedoch auch Kosten, nämlich für die Lagerung selbst, für das Kapital, das durch Bestände gebunden ist, und wegen des kalkulatorischen Wertverlusts, den ein Produkt während seiner Lagerung erfahren kann. Hier offenbart sich der grundsätzliche Zielkonflikt von Beständen für Unternehmen: Einerseits erhöhen Bestände die Wettbewerbsfähigkeit durch Sicherstellung der Versorgung und Verfügbarkeit, andererseits mindern sie die Wettbewerbsfähigkeit durch die von ihnen verursachten Kosten. Das Bestandsmanagement kann folglich verschiedene Zielrichtungen verfolgen und priorisieren, die untereinander in Beziehung stehen (siehe Abschnitt 1.4). Sie lassen sich grundsätzlich auf die folgende Prämisse beziehen: Die positiven und negativen Wirkungen von Beständen sind zu ermitteln und bei Entscheidungen gegeneinander abzuwägen. Beispielhaft zeigen sich die gegenläufigen Zielrichtungen im Bestandsmanagement unter anderem in Entscheidungen über die Höhe von Beständen, von denen auch die Lagerhaltungskosten betroffen sind. Ebenso betreffen Entscheide über das Nettoumlaufvermögen (Working Capital) die Liquidität von Unternehmen, Entscheide über die Bündelungsmöglichkeiten die Transport- und Umschlagskosten, Entscheide über den vorgegebenen Servicegrad die Fehlmengenkosten oder Entscheide über die Inanspruchnahme von Lagerfläche die Verfügbarkeit anderer Produkte.

Das Management von Beständen umfasst alle Entscheidungen und Handlungen, die Bestände beeinflussen, mit dem Ziel, einen vorgegebenen Servicegrad gegenüber den Bedarfsträgern zu möglichst geringen Kosten zu erreichen. Konkret zählen zu den Handlungsfeldern des Bestandsmanagements die Bestandsstrategie (siehe Abschnitt 2.1), die Materialklassifikation (siehe Abschnitt 2.2), die Bedarfsplanung (siehe Abschnitt 2.3), die Bestandssteuerung (siehe Abschnitt 2.4) und das Bestands-Controlling (siehe Abschnitt 2.5). Da Bestände von verschiedenen Funktionen und Managementbereichen im Unternehmen adressiert werden, ist das Bestandsmanagement nicht nur als Teilbereich einer betrieblichen Grundfunktion (z.B. Beschaffung, Produktion, Absatz) aufzufassen. Eine zeitgemäße, prozessorientierte Sichtweise legt das Bestandsmanagement ganzheitlich aus und integriert alle Unternehmensbereiche mit Beständen entlang der Wertschöpfungskette. Das Bestandsmanagement nimmt demzufolge den Charakter einer Querschnittsfunktion an, aus welcher sich ein gewisser Koordinationsanspruch ableiten lässt. Es ist für die bestandsfokussierte Koordination aller Teilbereiche eines Unternehmens mit Bestandsbezug und den damit verbundenen Interessensausgleich zwischen diesen Bereichen verantwortlich. Für das Bestandsmanagement in Supply Chains mit unternehmensübergreifendem Anspruch auf der Netzwerk-Ebene eröffnen sich zusätzliche Abhängigkeiten. Hierbei sind mitunter folgende Fragen zu adressieren: In welchem Umfang sollen beispielsweise Bestände zwischen Unternehmen transparent gemacht werden? Wie wirken sich Veränderungen bei Beständen auf andere Akteure der Supply Chain (z.B. Lieferanten oder Kunden) aus? Welcher Akteur der Supply Chain trägt welchen Anteil an den Bestandskosten? Wer hat die Dispositionshoheit über Bestände in der Supply Chain, wenn sie für alle Akteure transparent und relevant sind? Die Koordination dieser Themenkomplexe wird umso anspruchsvoller, je komplexer dic betroffenen Supply Chains sind. Gelingt diese unternehmensübergreifende Koordination nicht oder nur unvollständig, tritt oft der sogenannte Bullwhip-Effekt auf. Offenbar macht es Sinn, einen «Strategic Fit» im Bestandsmanagement in Supply Chains anzustreben (siehe Abschnitt 1.2).

«Der beste Rat ist der Vorrat.» Dieses alte Sprichwort steht für den Primat des Sicherheitsdenkens im Zusammenhang mit Beständen, oftmals wohl auch für Ineffizienzen bedingt durch relativ hohe Bestandskosten. Die Metapher vom «See der Bestände» (vgl. ▶ Abb. 2) sensibilisiert anschaulich, wie ein zu oberflächlicher Umgang mit Beständen oder eine unzureichende Aufmerksamkeit bezüglich der Bestandssituation oftmals nicht nur zu hohen Kosten führen kann, sondern auch andere Ineffizienzen verdeckt. Der Pegel des Sees steht sinnbildlich für die Höhe der vorgehaltenen Bestände. Die spitzen Felsen und gefährlichen Klippen am Grund des Sees repräsentieren Probleme und Schwierigkeiten, die im Unternehmen bzw. seinen Supply Chains bestehen und eigentlich Aufmerksamkeit sowie Maßnahmen erfordern würden. Im dargestellten Fall A mit hohen Beständen ist der Pegel des Sees so hoch, dass der Kapitän sein Schiff hindernisfrei manövrieren kann. Durch die hohen Bestände bleiben die Nachfrageschwankungen, die Prognosefehler, die Unzuverlässigkeit der Lieferanten, die Qualitätsprobleme und die Lieferengpässe unbemerkt und damit folgenlos. Die Pufferwirkung der Bestände erweckt den Anschein, als liefe die Fertigung reibungslos, als könnten Störungen leicht überbrückt werden, als herrsche eine hohe Liefertreue und als sei die Auslastung der Kapazitäten hoch. Das Schiff wird durch hohe Bestände vor gefährlichen und unliebsamen Situationen geschützt. Jedoch zieht diese

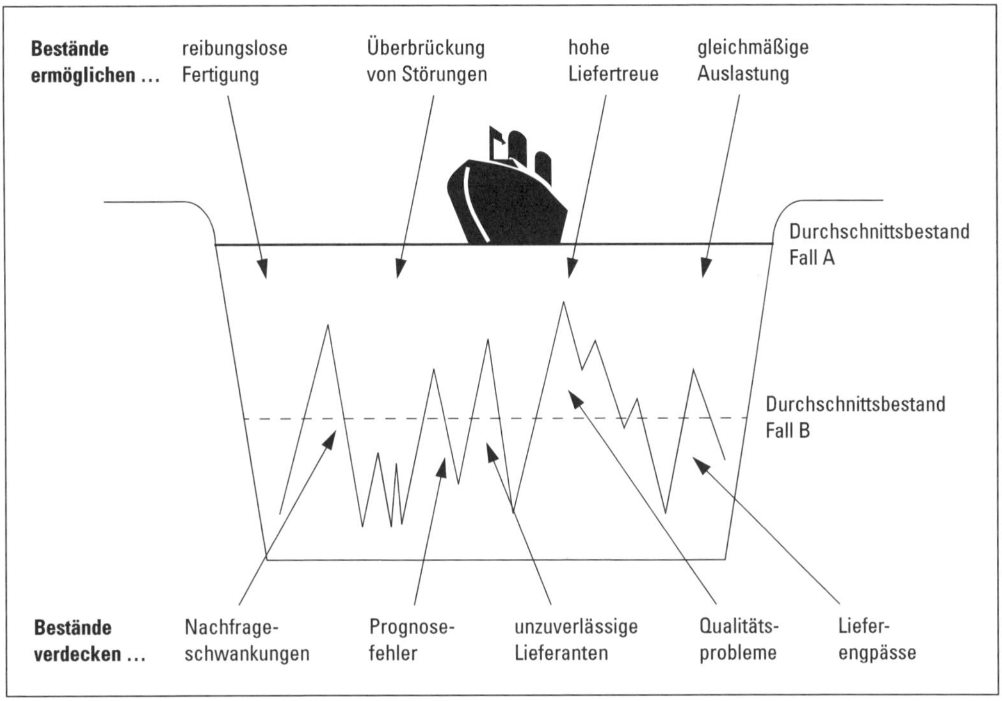

▲ Abb. 2 Der See der Bestände – Vor- und Nachteile von unterschiedlichen Bestandshöhen

sichere Reserve Kosten mit sich, die nicht mit den Einsparungen infolge der Beseitigung der Hindernisse abgewogen werden. Dies kann dazu führen, dass durch die Bestände eine unnötig hohe Kostenbelastung in Kauf genommen wird.

Nach der «Lean-Philosophie» bedeutet ein zu hohes Bestandsniveau eine Verschwendung, denn es werden Ressourcen eingesetzt, ohne einen Mehrwert für die Kunden zu stiften. Wird im Bild der Wasserpegel langsam auf den dargestellten Fall B abgesenkt, um die Verschwendung zu verringern und somit Bestandskosten zu reduzieren, tauchen immer mehr spitze Felsen an der Wasseroberfläche auf. Sie können vom Kapitän nicht mehr ignoriert werden und bedürfen der Aufmerksamkeit, um eine sichere Fahrt des Schiffes zu garantieren. Die neu gewonnene Transparenz über Probleme mit Bezug zu Beständen oder über Schwachstellen im Bestandsmanagement trägt zum Kontinuierlichen Verbesserungsprozess (KVP) bei. Sie zeigt im Sinne des Lean Managements Ansatzpunkte für Optimierungsmodelle und -maßnahmen auf (siehe Kapitel 3).

Um das Bestandsmanagement effizient zu gestalten, existieren diverse Konzepte, welche in einzelnen Unternehmen ebenso wie in Supply Chains eingesetzt werden können. Sie reichen vom Lean Management über verschiedene Lagerhaltungs- und Belieferungsmodelle bis hin zu spezifischen Ansätzen für die Disposition, Bestandsplanung und Vorratsüberwachung (siehe Kapitel 4). Sie finden in der Praxis verbreitet Anwendung, um das Bestandsmanagement zu verbessern (siehe Kapitel 5). Die Relevanz und Wirkung der Konzepte für ein bestandsorientiertes Supply Chain Management wird dabei von den jeweils aktuellen Herausforderungen globaler Wertschöpfungsnetzwerke geprägt. Der Störanfälligkeit von Supply Chains kann neben der klassischen Reaktion von Bestandserhöhungen auch anders entgegengetreten werden, etwa mit einem Störfallmanagement in Echtzeit, einer proaktiven Beeinflussung des Servicegrades, der Neugestaltung von Supply Chains, dem Einsatz von neuen Technologien zur Förderung der Transparenz von Beständen sowie mit Hilfe von Fertigungsinnovationen und einer Automatisierung des Handlings (siehe Kapitel 6).

1.2 Strategischer Fit bei der Koordination des Bestandsmanagements in Supply Chains

Tim Germann, Erik Hofmann

1.2.1 Bullwhip-Effekt als Zeichen unzureichender Koordination

Schon Ende der 1950er Jahre wurde das Phänomen beschrieben, dass bereits kleinste Schwankungen der Nachfrage durch den Endkunden ein sich entlang der Supply Chain «upstream» aufschaukelndes Bestellverhalten bewirken (Forrester, 1961). Verschiedene Folgestudien bestätigten, dass die Akteure aller Supply-Chain-Stufen dazu neigen, eine leicht erhöhte Nachfrage hinsichtlich ihrer Dauerhaftigkeit und weiteren Steigerung grundsätzlich zu überschätzen. In der Folge geben die Akteure überhöhte Bestellmengen an ihre Lieferanten weiter.

Das skizzierte Phänomen wurde in den 1990er Jahren durch Analysen des Konsumgüterkonzerns Procter & Gamble im Zusammenhang mit Bestellvorgängen von Babywindeln bestätigt. Obwohl dieses Produkt von den Endverbrauchern, den Eltern eines Babys, sehr konstant und nahezu schwankungslos nachgefragt wird, schlugen die Schwankungen der Bestellmengen vom Händler über den Produzenten bis zum Zulieferer immer stärker aus. Weil die graphische Veranschaulichung dieses Effekts an einen Peitschenschlag erinnert, ist dieses beobachtbare Phänomen seitdem auch als «Bullwhip-Effekt» bekannt (vgl. ▶ Abb. 3).

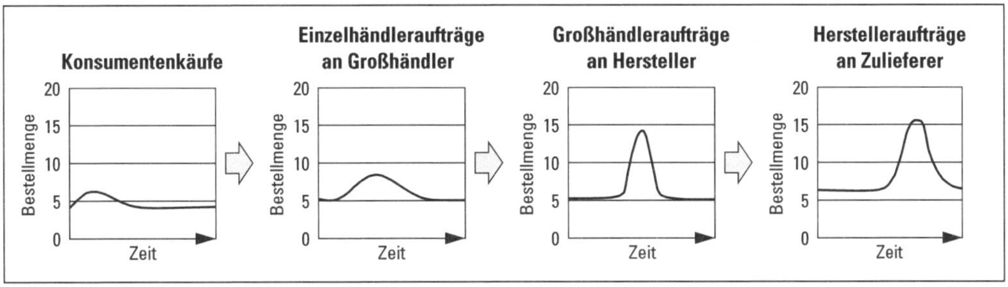

▲ Abb. 3 Bullwhip-Effekt – Aufschaukeln von Schwankungen in der Konsumentennachfrage in Richtung vorgelagerter Wertschöpfungsstufen

Das Vorliegen des «Bullwhip-Effekts» lässt sich vor allem an zwei Merkmalen erkennen:

1. *Zunehmende Schwankungsbreite der Bestellmengen:* Aus einer unternehmensübergreifenden Sicht verstärkt sich die Schwankungsbreite der Endkundennachfrage zunehmend mit jeder Stufe «upstream» in der Supply Chain, was sich in der Varianz der Bestellmengen äußert.
2. *Überproportionale Sicherheitsbestände:* Auf die mit der zunehmenden Varianz der Bestellmengen entstehende Prognoseunsicherheit wird mit dem Anlegen überproportional großer Sicherheitsbestände in der Supply Chain reagiert.

Schwankungen der Endkundennachfrage von 3 bis 5% können sich bis zu den Rohstoffherstellern auf 30 bis 50% hochschaukeln, was eine beachtliche Verzerrung der Nachfragesituation bedeutet.

Die für den Bullwhip-Effekt charakteristische verzerrte Wahrnehmung der Endkundenachfrage lässt sich damit erklären, dass lokale Informationsdefizite bestehen. Lokale Bestell- und Bestandsentscheide auf jeder Supply-Chain-Stufe verstärken die Informationsdefizite und damit den sich aufschaukelnden Bullwhip-Effekt. In der Praxis zeigt sich dies unter anderem anhand folgender Ausprägungen:

1. *Lokale Verarbeitung von Nachfragedaten:* Die Prognose der zu erwartenden Nachfrage und die Bestimmung der Bestellmenge erfolgt entkoppelt und separat auf jeder Stufe der Supply Chain.
2. *Individuelle Bestellpolitiken:* Unterschiedliche Bestellpolitiken bei den einzelnen Supply-Chain-Akteuren verzerren den tatsächlichen Bedarf (siehe Abschnitt 2.4).
3. *Batch-Bildung in der Produktion:* Das Aggregieren von Bestellungen zu Produktionslosen bewirkt eine Verzerrung des tatsächlichen Nachfrageverlaufs auf den einzelnen Stufen der Supply Chain.
4. *Rabattaktionen:* Vorratskäufe bei Aktionen führen dazu, dass die nachgefragte Menge bei den Abnehmern nicht den effektiven Bedarf ausdrückt.
5. *Kontingentierung und Engpasspoker:* Bei Engpässen werden die Lieferungen an die Kunden oft anteilig nach Maßgabe der bestellten Menge kontingentiert. Im Wissen um dieses Vorgehen «pokern» die abnehmenden Kunden und bestellen bewusst zu große Mengen bei ihren Lieferanten.

Das Phänomen des «Bullwhip-Effekts» demonstriert, dass sich Veränderungen der Nachfrage der Endkunden in der Supply Chain «(material-)flussaufwärts» immer weiter verstärken. Je mehr Stufen eine Supply Chain umfasst, desto höher fällt die sich aufschaukelnde Diskrepanz zwischen dem Bestellverhalten – und damit auch der vorgehaltenen Bestände – auf der letzten und der ersten Stufe aus. Auch wenn die Weitergabe von Informationen dank leistungsstarker Kommunikationswege und IT-Systeme heute durchaus schnell abläuft und sich damit über die

Weitergabe des tatsächlichen Bestellverhaltens generell eine hohe Transparenz in der Supply Chain herstellen lässt, gelingt keine nenncnswerte Reduzierung des Bullwhip-Effekts. Denn Bestelldisposition, Auftragsbearbeitung, Produktion, Qualitätsprüfung, Vorbereitung zum Versand und schließlich der Transport beanspruchen alle Zeit.

Der angedeutete zeitliche Versatz führt in Supply Chains in der Regel zu Unsicherheiten, ob die bestellte Ware vom Zulieferer auch tatsächlich zum geplanten Zeitpunkt in der gewünschten Qualität und Quantität beim abnehmenden Kunden eintrifft. Auf Unsicherheit reagieren die einzelnen Unternehmen entlang einer Supply Chain intuitiv mit einem verstärkten Sicherheitsdenken und legen mehr Bestände an, um die Kundennachfrage trotz Unsicherheit bedienen zu können. Diese Reaktion wiederum tritt bei der vorgelagerten Stufe als Veränderung der Nachfrage auf. Je häufiger sich die Reaktion eines Unternehmens in Form von Entscheidungen zum Bestandsniveau und Bestellverhalten im Nachhinein als falsch herausgestellt hat, desto größer werden tendenziell die erfahrenen Prognoseunsicherheiten und das daraus resultierende Sicherheitsdenken – ein Mechanismus des Aufschaukelns der Bestände wird in Gang gesetzt.

Die Konsequenz dieses Sicherheitsdenkens ist, dass aus einer unternehmensübergreifenden Sicht die durchschnittlichen Bestände zu hoch sind. Dies gilt in besonderem Maß für diejenigen Stufen der Supply Chain, die relativ weit «upstream» von der Endkundennachfrage entfernt sind.

Zur Vermeidung des Bullwhip-Effekts haben sich mittlerweile zahlreiche vertriebs- wie fertigungsorientierte Maßnahmen bewährt (vgl. ▶ Abb. 4).

Die aufgelisteten Maßnahmen finden sich generell in den Maximen eines unternehmensübergreifend angelegten Supply Chain Managements wieder (Eßig et al., 2013): Kooperationsorientierung, Informationstransparenz, Endkundenorientierung, Systemdenken, Flussorientierung, Gesamtkostenperspektive. Diese Ma-

Zunehmende Marktorientierung ↑

- Konsequente Orientierung an der Endkundennachfrage (z.B. Ausrichtung an Point-of-Sale-Daten)
- Unternehmensübergreifende Partnerschaften (z.B. Projektteams) mit Kunden (z.B. CRM), Lieferanten (z.B. SRM) und Dienstleistern
- Informationsaustausch und nahtlose Planung über alle Wertschöpfungsstufen hinweg
- Rollierende Forecasts
- Transparenz über verfügbare Bestände und Ressourcen auf allen Supply-Chain-Stufen
- Entwicklung unternehmensübergreifender Supply-Chain-Konzepte zur Reduktion der Schwankungen im Material- und Warenfluss
- Flexibilisierung von Ressourcen im Sinne einer bedarfsgerechten Produktion (Pull- statt Push-Steuerung der Material- und Warenflüsse)
- Postponement
- Mass Customization

Zunehmende Fertigungsorientierung ↓

▲ Abb. 4 Sowohl vertriebs- als auch fertigungsorientierte Maßnahmen zur Minderung des Bullwhip-Effekts

ximen adressieren den Bullwhip-Effekt im Speziellen und können allgemein als handlungsleitend für ein integriertes Bestandsmanagement in unternehmensübergreifenden Supply Chains angesehen werden. Je stärker ein Unternehmen vor- und nachgelagerte Stufen in sein Bestandsmanagement integriert, umso besser lassen sich Verzerrungseffekte bei Bestellungen und Beständen vermeiden. Denn der Abbau der Informationsasymmetrien zwischen den Supply-Chain-Akteuren über eine gesteigerte Transparenz sorgt für höhere Prognosesicherheit und erlaubt damit einen Abbau von Sicherheitsbeständen.

1.2.2 «Strategic Fit» bei der Koordination des Bestandsmanagements

Im Lichte des strategischen Managements steht das Bestandsmanagement (engl. «inventory management») i.e.S. für die Planung, Steuerung und Kontrolle von Beständen im Einflussbereich eines Unternehmens. Dabei verbindet die Bestandssteuerung die Planung mit der Kontrolle und umfasst alle Maßnahmen, um Bestände auf einem gewünschten (geplanten) Niveau zu halten (Schönsleben, 2016, S. 232). Legt man ein weiter gefasstes Managementverständnis zugrunde (vgl. ▶ Abb. 5), erstreckt sich das Bestandsmanagement auch auf die Organisation (z.B. Prozesse und Zuständigkeiten) sowie das Informationsmanagement (z.B. Informations- und Kommunikationstechnik zur Planung, Steuerung und Kontrolle von Beständen). Das Controlling von Beständen dient der Entscheidungsunterstützung für das Bestandsmanagement und hat die Informationsbereitstellung, die Planung, Kontrolle und Organisation aller Aktivitäten rund um Bestände zu adressieren. Ferner prägt die Unternehmenskultur die Art und Weise, wie Controlling «gelebt» wird. Beim Controlling von Beständen spielt der Einfluss der Kultur eine nachgeordnete Rolle und wird deshalb hier nicht weiter beleuchtet.

Mit einem weitgefassten Managementverständnis in Bezug auf Bestände steht die Effektivität zusammen mit der Effizienz im Vordergrund der Betrachtung (Bea & Haas, 2016, S. 19). Auf der Effektivitätsseite wird über die Bestände die Gewährleistung einer vorgegebenen Versorgungssicherheit und auf der Effizienz-

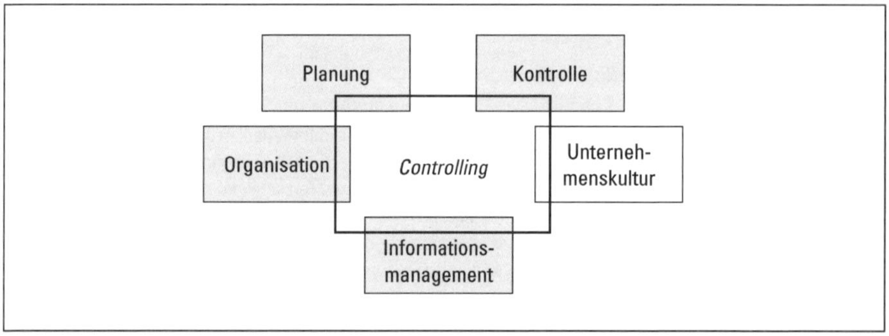

▲ Abb. 5 Subsysteme des strategischen Managements (in Anlehnung an Bea and Haas, 2016, S. 24)

seite eine möglichst weitgehende Reduzierung der Gesamtkosten des Bestandsmanagements angestrebt. Dieses Austarieren von Effektivitätszielen einerseits und Effizienzzielen andererseits umfasst hierbei weiterführend die internen ebenso wie die externen Einflussgrößen auf die Höhe der Bestände und deutet auf die Erreichung eines «strategischen Fits» hin.

«Das Strategische Management verlangt eine Koordination aller Führungssubsysteme» und enthält damit den Gedanken des «strategischen Fits» (Bea & Haas, 2016, S. 14). Im Jahre 1965 hat Harry Igor Ansoff in seinem Buch «Corporate Strategy» als Erster den Sachverhalt beschrieben, dass sich die strategische Planung durch die konsequente Ausrichtung des Unternehmens an der Unternehmensumwelt auszeichnet. Der sogenannte «System-Umwelt-Fit» war geboren. Aus der Forderung nach einem Fit zwischen Unternehmen und Umwelt entwickelte sich in den folgenden Jahren der Ansatz eines Fits zwischen den verschiedenen Subsystemen innerhalb des Unternehmens, der sogenannte «Intra-System-Fit». Das vielzitierte 7S-Modell des Beratungsunternehmens McKinsey verleiht dem Gedanken dieses internen Fits einen praxisorientierten Ausdruck (Bea & Haas, 2016, S. 17). Die Notwendigkeit der Abstimmung zwischen zwei oder mehreren Subsystemen hinsichtlich der Zielgröße Unternehmenserfolg wird seit Skinner (1969) intensiv diskutiert. Die Ausrichtung wird insbesondere unter dem Einsatz von sogenannten strategischen Prioritäten angenommen. Das bedeutet, dass eine Priorisierung von beispielsweise Preis/Kosten, Qualität, Flexibilität oder Servicegrad erfolgt. Diese Priorisierung gilt als Leitlinie für die Gestaltung der Subsysteme (Amann & Eßig, 2011, S. 8) und lässt sich auf das Bestandsmanagement mit seinen konkurrenzierenden Zieldimensionen übertragen (siehe Abschnitt 1.4).

Der «strategische Fit» äußert sich vor allem in einem Koordinationsbedarf und findet generell auf drei Ebenen statt, die sich gegenseitig beeinflussen (Bea & Haas, 2016, S. 16ff.) und sich auf das Bestandsmanagement übertragen lassen:

- *Koordination innerhalb eines Subsystems:* z.B. optimierte Planung der Bestände in einem Distributionszentrum unter der Annahme sicherer und bekannter Nachfrageverläufe sowie Kosten.
- *Koordination zwischen den Subsystemen:* z.B. Abstimmung von Bestands- und Dispositionsentscheidungen für Bestände in einem Distributionszentrum zwischen Vertrieb, Produktion und Logistik unter der Annahme stochastischer Nachfrageverläufe auf der Kundenseite und unsicheren Kostensprüngen in der Produktion.
- *Koordination zwischen dem Unternehmen und seiner Umwelt:* z.B. Aufbau von Beständen im Wareneingangslager über das Optimum aus unternehmensbezogener Versorgungssicherung und Kosten hinaus aus spekulativen Gründen, z.B. wegen befürchteter Knappheiten durch den politisch motivierten Aufbau von Handelsbarrieren.

In Bezug auf Supply Chains scheint eine Ergänzung der Elemente um eine vierte und fünfte Ebene sinnvoll:

- *Koordination in der Dyade:* z.B. Austausch von Abverkaufszahlen und Forecasts zwischen einem Abnehmer und einem Lieferanten, damit der Zulieferer für seinen Abnehmer ein ausreichendes Bestandsniveau vorhalten kann, ohne die Kapitalbindung zu stark zu beanspruchen.
- *Koordination auf der Netzwerkebene:* z.B. Planung und Umsetzung eines Konzepts zur bestandsarmen Anlieferung zwischen mehreren Lieferanten, einem zentralen Logistikdienstleister und einem Abnehmer unter Einbeziehung möglicher Risiken für alle Akteure bei Sicherstellung der Verfügbarkeit und unter Einbeziehung aller relevanten Kostenkomponenten.

Gerade die Netzwerkebene spielt bei Bestandsentscheidungen im Supply-Chain-Kontext eine besondere Rolle. Durch ein gutes Augenmerk auf die Ebene des Koordinationsbedarfs und dezidierte Koordinationsmaßnahmen kann Herausforderungen wie dem Bullwhip-Effekt entgegengewirkt und der Umsetzungserfolg von anderen Konzepten eines bestandsorientierten Supply Chain Managements gefördert werden (siehe Kapitel 4).

1.3 Bestandsarten und Funktionen von Beständen

Tim Germann

1.3.1 Bestandsarten

«Bestände sind nicht gleich Bestände.» Dieses in der Praxis verbreitete Bonmot fordert dazu auf, Bestände in einem Unternehmen sowie unternehmensübergreifend in Supply Chains nicht pauschal, sondern differenziert zu betrachten. Nur auf einer differenzierten Basis können Maßnahmen für das Management von Beständen abgegrenzt sowie priorisiert werden. Zudem stellen sich die Vorteile (z.B. Produktverfügbarkeit) und Nachteile (z.B. Kosten) von Beständen je nach Bestandsart sehr unterschiedlich dar.

Der Begriff «Bestand» (engl. inventory) umfasst zunächst alle Artikel, die sich physisch in irgendeiner Form im oder zwischen Unternehmen befinden. Es existieren mehrere Möglichkeiten zur Unterscheidung von Bestandsarten, wobei als Kriterien für die Einteilung der Bewegungszustand, die Lagerorte oder der Bestand als Wirtschaftsgut herangezogen werden (vgl. ▶ Abb. 6, ▶ Abb. 7 und ▶ Abb. 8).

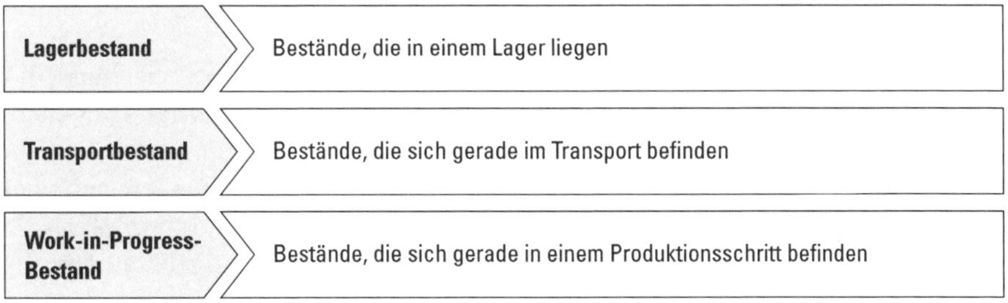

▲ Abb. 6 Bestandsarten nach dem Bewegungszustand

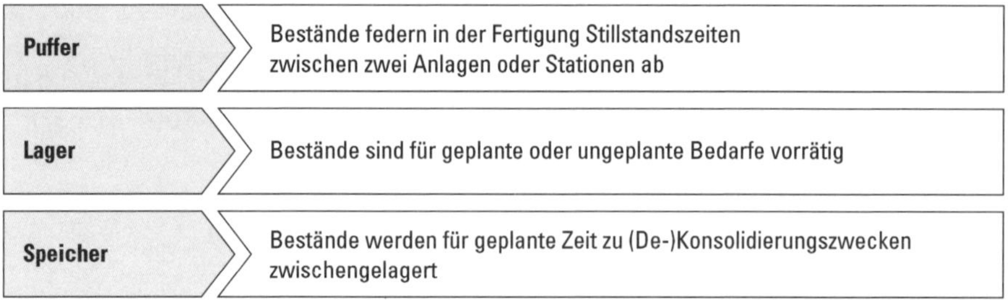

▲ Abb. 7 Bestandsarten nach Lagerorten

Zu den Ausprägungsformen von Beständen nach Maßgabe des Bewegungszustands zählen (Schönsleben, 2016, S. 9):

- *Lagerbestand* bzw. *Bestand an Lager,* z.B. von Artikeln für die Produktion (z.B. Rohmaterial), für Kunden (z.B. Endprodukte, Ersatzteile) sowie für unterstützende Tätigkeiten (z.B. Wartung, Reparaturen und Aufrechterhaltung des Betriebs – Maintenance, Repair and Operations MRO).
- *Bestand während des Transports* bzw. *Unterwegsbestände,* also Güter, die sich zwischen zwei Standorten bewegen und gemäß vereinbarten Incoterms (Regeln zur Auslegung handelsüblicher Vertragsformen im internationalen Warenhandel) dem Unternehmen gehören.
- *Bestand in der Produktion* (engl. *Work In Progress, WIP*), also Produkte, die sich in verschiedenen Zuständen innerhalb der Produktion befinden.

Begrifflich können Bestände nach dem Lagerort weitergehend in Puffer, Lager und Speicher differenziert werden (Gudehus, 2012b, S. 321ff.):

- *Bestand i.S.v. Puffer* sind Güter, welche zum Verbrauch, zur Verarbeitung oder zur Abfertigung bereitgehalten werden. Diese auch als Arbeitsvorrat bezeichneten Bestände werden permanent, jedoch möglichst kurz und in geringer Höhe gehalten. Sie entstehen aus einer Varianz von Zulauf und Verbrauch wie auch der Verfügbarkeit von Lieferstellen. Beispielsweise gehören zu dieser Kategorie Material- und Teilepuffer vor Produktionsanlagen oder Warenpuffer vor der Kommissionierung.
- *Bestand i.S.v. Lager* bezieht sich auf Güter mit länger anhaltendem Bedarf, wie zum Beispiel Handelswaren, Produktionsbedarf, Fertigwaren oder Ersatzteile, welche in einer größeren Anzahl bevorratet werden. Sie werden ebenfalls permanent, jedoch mittel- bis langfristig gelagert. Sie werden verbrauchsabhängig aufgrund einer geforderten Lieferfähigkeit, den Verbrauchs- bzw. Nachschubverläufen oder aus Kostengründen angelegt. Dazu gehören zum Beispiel Produktionsversorgungslager mit Betriebsmaterial, Zwischenlager für unfertige Erzeugnisse oder ein Fertigwarenlager.
- *Bestand i.S.v. Speicher* umfasst Artikel, welche zur Produktion, zum Transport oder zum Sortieren für einen begrenzten und geplanten Zeitraum aufbewahrt

werden. Er wird entweder aus Teillieferungen aufgebaut und zu einem bestimmten Zeitpunkt komplett ausgeliefert, in gleicher Menge an- und anschließend ausgeliefert oder in einem Schub angeliefert und über Teillieferungen abgebaut. Dazu zählen beispielsweise Aktionswaren im Handel, welche mit einem bestimmten Vorlauf beschafft und zum Aktionszeitpunkt ausgeliefert werden, oder Frachtgut, das an einem Umschlagplatz gesammelt wird, bis der Transport ausgelöst wird.

In Anlehnung an das Handelsrecht (HGB Artikel 266) lassen sich Vorräte weiterhin als Wirtschaftsgut und Bestandteil des Umlaufvermögens wie folgt unterscheiden:

- *Rohstoffe* fließen unmittelbar in das zu produzierende Gut ein und bilden für dieses einen wesentlichen Bestandteil.
- *Hilfsstoffe* gehen wie Rohstoffe direkt in das herzustellende Produkt ein, bilden aber keine wesentlichen Bestandteile davon. Typisch für diese Kategorie sind Schrauben, Klebstoffe, Farben oder Lacke.
- *Betriebsstoffe* fließen nicht direkt in das herzustellende Gut ein, sondern werden im Verlauf des Produktionsprozesses verbraucht. Hierzu zählen zum Beispiel Schmier- oder Kühlmittel für Produktionsanlagen.
- *Unfertige Erzeugnisse* sind nichtverkaufsfähige Produkte, die erst einen Teil der Wertschöpfung durchlaufen haben. Sie befinden sich im Produktionsprozess, in Lägern für die Produktion oder im Transport.
- *Fertige Erzeugnisse* sind verkaufsfähige Produkte, welche die komplette Wertschöpfung eines Unternehmens durchlaufen haben. Es kann sich dabei auch um Komponenten handeln, die von anderen Unternehmen bezogen und in deren Produkte verbaut werden.

Rohstoffe	Bestände an Grundstoffen, die als Hauptbestandteil in ein Erzeugnis eingehen werden
Hilfsstoffe	Bestände, die in ein Erzeugnis eingehen werden, ohne wesentlicher Bestandteil davon zu sein (z. B. Schrauben, Kleber)
Betriebsstoffe	Bestände, die nicht direkt in ein Erzeugnis eingehen, aber für den Fertigungsprozess benötigt werden (z. B. Schmieröl)
Unfertige Erzeugnisse	Bestände an nichtverkaufsfertigen Halbfabrikaten, deren Fertigungsprozess noch nicht beendet ist
Fertige Erzeugnisse	Bestände an Fertigfabrikaten, die verkaufs- bzw. versandfertig sind

▲ Abb. 8 Bestandsarten nach Wirtschaftsgütern

Die Einteilung der Güter in verschiedene Kategorien gestaltet sich nicht immer eindeutig, die Grenzen sind meistens fließend. Je nach Sichtweise und Intention kann es sinnvoll sein, die Bestände nach anderen oder mehreren Merkmalen zu klassifizieren.

Daran knüpft die Bestandsklassifizierung (siehe Abschnitt 2.2) mit ihren Methoden zu einer systematischen Typisierung von Beständen als Basis für ein differenziertes Management von Beständen an. Zunächst ist es hilfreich, die Bestände losgelöst vom Managementaspekt nach ihrer Art und Bedeutung zu unterteilen.

1.3.2 Bestandsfunktionen

Bestände erfüllen im Zusammenhang mit dem Materialfluss bestimmte Aufgaben. In Hinblick auf den Nutzen, der durch das Bereithalten von Beständen erwächst, lassen sich unterschiedliche Funktionen von Beständen ableiten (vgl. ▶ Abb. 9).

- *Kostensenkungsfunktion:* Die Bündelung von Beschaffungs-, Fertigungs- oder Transportlosgrößen ermöglicht die Realisierung von Größendegressionseffekten (so genannte «Economies of Scale»). Beispielsweise zielen Entscheidungen der Beschaffung oftmals auf die Realisierung von Mengenrabatten oder bessere Transportkonditionen ab. Dies wird durch größere Losgrößen möglich. Zudem werden die bestellfixen Kosten durch wenige, großvolumige Bestellungen auf eine größere Zahl von Produkten verteilt. Hohe Bestell- und Transportmengen führen oftmals zu höheren Beständen. Analog dazu erlauben größere Losgrößen in der Produktion niedrigere Rüstkosten, die ihrerseits ebenfalls mit höheren Beständen (Work-in-Progress) verbunden sind.
- *Störungs- und Sicherungsfunktion:* Unerwartete Änderungen in der Zulieferung und in der Nachfrage können zu Fehlmengen bei den Kunden führen. Die Treiber, wie etwa Terminabweichungen seitens der Lieferanten, ungeplante Mehrbedarfe in der Produktion, Qualitätsmängel, Maschinenausfälle oder Nachfragevolatilitäten, sind oft nur schwer zu prognostizieren. Die Bildung von Beständen vermag diese unvorhergesehenen Schwankungen zumindest teilweise zu kompensieren und verhindert dadurch Fehlmengenkosten (siehe Abschnitt 1.4). Die Bestände erfüllen in diesem Fall eine Sicherungsfunktion.
- *Harmonisierungs- und Ausgleichsfunktion:* Die Nachfrage nach Produkten am Markt verläuft in der Regel nicht synchron zu deren Herstellung. Um die Produktion temporär unabhängig vom Nachfrageverlauf angehen zu können, erfolgt bewusst eine «Entkoppelung». Dies erfolgt über Bestände, die so das übliche Auseinanderklaffen von Angebot und Nachfrage ausgleichen. Ein Beispiel sind saisonale Bestände, die sowohl in Distributions- als auch in Produktionslagern dazu dienen, die Produktionskapazitäten trotz saisonaler Nachfragen und Angebote weitestgehend gleichmäßig und damit kostensparend

▲ Abb. 9 Übersicht der Funktionen von Beständen (in Anlehnung an Stölzle et al., 2004, S. 15–17)

auszulasten. Typische Beispiele für saisonale Nachfragen sind Weihnachts- und Osterartikel. Bei landwirtschaftlichen Gütern kommt es hingegen oft zu einem saisonalen (Über-)Angebot. In diesem Fall sorgen Bestände dafür, dass bei saisonaler Produktion ein kontinuierlicher Absatz der Produkte möglich ist.

- *Spezialisierungsfunktion:* Arbeitsteilung und Spezialisierung sind Grundbausteine des zeitgenössischen Wirtschaftssystems. Auch die Spezialisierung verschiedener Bereiche eines Unternehmens auf bestimmte Produktionsschritte erfordert eine gewisse Entkopplung im Wertschöpfungsprozess von anderen Akteuren. Um jeweils eine Fokussierung auf die eigenen Kernfunktionen und Stärken vornehmen zu können, sind Bestände unerlässlich. Dieser Sachverhalt unterstreicht die unternehmensübergreifende Bedeutung von Beständen in Supply Chains.
- *Sortierfunktion:* Das Anlegen von Bevorratungsebenen auf Halberzeugnis- und Rohmaterialebene bildet nicht nur die Voraussetzung für die Spezialisierung verschiedener Produktionsstätten, sondern erlaubt es, auf jeder Bevorratungsebene eine Sortimentsbildung vorzunehmen und damit sowohl die Reihenfolge als auch die Zusammensetzung der Material- und Warenflüsse zu variieren. Diese Sortimentsbildung kommt durch die Differenzierung unterschiedlicher Produktvarianten zwischen Teilen, Halbfertigerzeugnissen und Fertigerzeugnissen zustande und ist immer dann erforderlich, wenn zwischen zwei Prozessen beziehungsweise Teilprozessen eine neue Zusammenstellung von Fertigungslosen – zum Beispiel durch eine Änderung der Auftragsreihenfolge – erfolgen muss.
- *Flexibilisierungsfunktion:* Die Einrichtung von Zwischenlagerstufen im Wertschöpfungsprozess, zum Beispiel unmittelbar vor der Bildung verschiedener Produktvarianten, ermöglicht es, eine Vielzahl von Endprodukten aus relativ wenigen Zwischenprodukten oder nur einem Hauptprodukt zusammenzustellen.
- *Lieferzeitverkürzungsfunktion:* Wird ein Produkt bereits vor Eingang eines Kundenauftrags gefertigt und eingelagert («auf Lager produziert»), kann nach der Auftragserteilung schneller auf Kundenwünsche reagiert und so die Lieferzeit zum Abnehmer verkürzt werden. So können auch Zwischenprodukte auf Lager produziert werden, damit das Endprodukt nach Eingang des Kundenauftrags nicht mehr den gesamten Fertigungsprozess durchlaufen muss, sondern aus den vorrätigen Zwischenprodukten vervollständigt werden kann.
- *Substitutionsfunktion:* Die Lagerung von Produkten auf niedrigeren Wertschöpfungsstufen ermöglicht eine Substitution von Fertigwarenbeständen durch Bestände an Komponenten bzw. Halbfertigwaren. Letztere binden aufgrund der ihnen eigenen, geringeren Wertschöpfung nicht so viel Kapital wie Fertigprodukte.
- *Spekulationsfunktion:* Sowohl in Beschaffungs- als auch Distributionslagerhäusern werden so genannte Spekulationsbestände aufgebaut, wenn beispiels-

weise mit sprunghaften Preisschwankungen zu rechnen ist. Den im Beschaffungsbereich dadurch entstehenden zusätzlichen Bestandskosten stehen mögliche Einspareffekte durch niedrigere Einstandspreise entgegen. Im Distributionsbereich machen spekulative Bestände Sinn, wenn mit Nachfragesprüngen und damit einer Verknappung des Angebots zu rechnen ist, die zu Preiserhöhungen führt. Spekulative Lagerhaltung kann allerdings auch aus ganz anderen Gründen erfolgen, wie zum Beispiel der Erwartung, dass ein anstehender Streik bei Lieferanten die Versorgungssituation beeinträchtigen könnte. In international agierenden Unternehmen werden Spekulationsbestände auch zur gezielten Ausnutzung von Wechselkursdifferenzen gehalten.

- *Veredelungsfunktion:* Mit der Lagerung wird oft eine Zeitspanne verbunden, in der keine Wertschöpfung stattfindet. Diese Einschätzung wird alleine schon durch die bereits genannten Funktionen von Lagerhaltung entkräftet. Zudem kann es im Rahmen des Wertschöpfungsprozesses notwendig sein, Zwischenlagerstufen einzurichten, in denen Güter ohne weitere Bearbeitung dennoch einen Prozessschritt, beispielsweise bei der Reifung, durchlaufen. Dies ist besonders für den Lebens- und Genussmittelbereich typisch (z.B. Wein, Spirituosen, Bier oder Käse).
- *Akquisitionsfunktion:* Bestände, die für potenzielle Kunden sichtbar sind, können aufgrund ihrer Präsenz zusätzliche Kaufanreize wecken (z.B. «Bei uns sind sämtliche Produkte des angebotenen Sortiments innerhalb von 24 Stunden lieferbar!»). Akquisitionsbestände werden auf Basis von strategischen Entscheidungen der Geschäftsleitung oder des Vertriebs gebildet und lassen sich nicht vollständig durch logistische Überlegungen begründen.

1.4 Zielbeziehungen des Bestandsmanagements

Wolfgang Stölzle, Erik Hofmann, Stefan Selensky

1.4.1 Hinführung zu Zielbeziehungen des Bestandsmanagements

Übergeordnetes Ziel des Bestandsmanagements ist die Versorgung der wertschöpfenden Tätigkeiten mit dem benötigten Material, sodass eine reibungslose Leistungserstellung stattfinden kann (Stölzle et al., 2004, S. 31). Spezifische Zielvorgaben des Bestandsmanagements sollten sich aus den Zielen des Supply Chain Managements ableiten lassen. Dabei gilt es, die Bestände gemäß den Leistungsanforderungen der Supply-Chain-Partner «kostenoptimal» zu halten (Bräckling et al., 2014, S. 14). Die Herausforderung liegt dabei in der Regel darin, konkret zu bestimmen, was als «kostenoptimal» zu bezeichnen ist. Denn produkt-, material- sowie informationsflussbezogene Einflussfaktoren aus den Leistungsanforderungen können sowohl bestandsvermindernd als auch -erhöhend wirken. Zudem entfalten diese Faktoren auch einen Effekt auf die entscheidungsrelevanten Kosten im Zusammenhang mit Beständen. Dementsprechend gilt es, im klassischen Bestandsmanagement auf Akteursebene, die Leistungsanforderungen der Supply-Chain-Akteure zu erfüllen *(Effektivitätsziel)* und unter dieser Vorgabe die Bestandskosten zu minimieren *(Effizienzziel)*.

Unter Rückgriff auf Effektivität und Effizienz eröffnet sich im engeren Sinne ein Spannungsfeld aus zwei gegenläufigen Zieldimensionen, bestehend aus dem *effektivitätsgetriebenen Servicegrad* einerseits sowie den *effizienzfokussierten Lagerhaltungskosten* andererseits. Der Servicegrad lässt sich auch in der Kostendimension, konkret in Gestalt der Fehlmengenkosten, messen: Ist der Servicegrad hoch, sind die Fehlmengenkosten niedrig, und umgekehrt. Die Lagerhaltungskosten bestehen dabei im Wesentlichen aus den Lagerbestandskosten, welche alle vor allem Kapitalbindungskosten umfassen, sowie den Lagerhauskosten, welche für das Betreiben der Lagerhäuser anfallen. Die Lagerhauskosten haben in der Regel langfristigen Charakter und lassen sich nur schwer kurz- sowie mittelfristigen Bestandsveränderungen zuordnen, sodass sie in der Praxis oftmals als prozentualer Aufschlag auf die Lagerbestandskosten verrechnet werden. Gemeinsam ergibt sich zwischen den gesamten Lagerhaltungskosten und dem Servicegrad entsprechend der Zielkonflikt des Bestandsmanagements, der sich in direkt vom Bestandsniveau beeinflussten Kostengrößen ausdrückt (vgl. ▶ Abb. 10).

Im weiteren Sinne müssen darüber hinaus noch die Kosten für Verpackung, Auftragsabwicklung, Transport sowie Loskosten im Kontext von Entscheidungen über Bestände berücksichtigt werden, da diese maßgeblich von bestandsoptimierenden Maßnahmen beeinflusst werden. Schließlich lassen sich Bestandskosten im sehr weiten Sinne auf die Implikationen zu den Bezugspunkten in Einkauf (Beschaffung), Fertigung (Produktion) und Vertrieb (Absatz) zurückführen.

Die Problematik des skizzierten Spannungsfeldes gründet darin, dass es in der Regel nicht möglich ist, alle Zielgrößen gleichzeitig vollumfänglich zu adressieren und eine Verbesserung in einer Kostendimension oftmals negative Auswirkungen in einer anderen hat. Beispielsweise führt eine Reduktion der Lagerhaltungskosten durch Bestandsreduzierung zumeist zu einer Erhöhung der Servicegradkosten durch Senkung der Lieferbereitschaft. Dieser Konflikt ließe sich zum

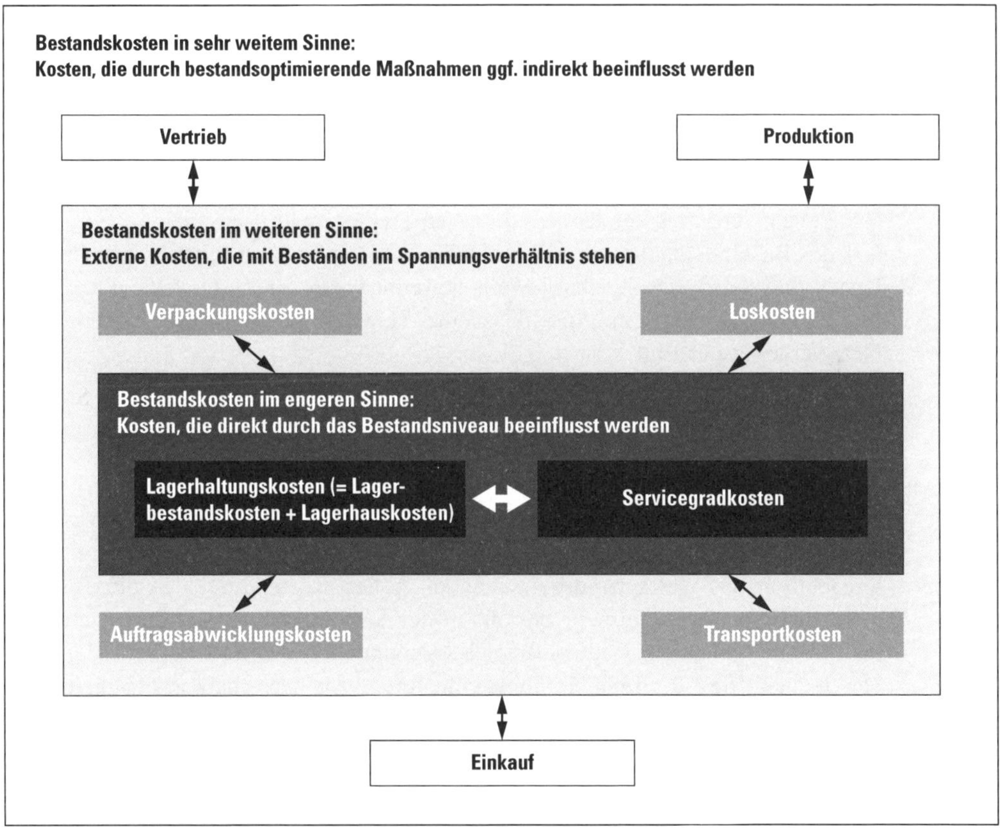

▲ Abb. 10 Die Zielkonflikte des Bestandsmanagements in Abhängigkeit vom Betrachtungsumfang

Beispiel mindern, indem Waren in sehr kleinen Losen termin- und bedarfsgerecht eingekauft werden, sodass die Versorgung ohne Lager sichergestellt werden kann (siehe Just-in-time-Anlieferung, Abschnitt 4.1.3). Während Lagerhaltungskosten und Servicegradkosten des belieferten Unternehmens bei erfolgreicher Umsetzung stark sinken, steigen die Kosten für Auftragsabwicklung und Transport an. Auch mit Blick auf die Verpackungs- und Loskosten wäre je nach konkreter Ausgestaltung ein Effekt sichtbar.

Aus der Akteurssicht bietet sich als Ausweg aus diesem «Dilemma» eine unterschiedliche *Priorisierung der Zieldimensionen* an. Um diese entsprechend vornehmen zu können, stellt sich zunächst die Frage nach der primären Funktion der Bestände beziehungsweise dem Ziel einer Bestandsinitiative zur Erreichung der übergeordneten strategischen Ziele (siehe Bestandsstrategie, Abschnitt 2.1). Neben der Perspektive einzelner Supply-Chain-Akteure ist jedoch ebenso die Netzwerkebene – also die Wertschöpfung zwischen mehreren Akteuren – zu berücksichtigen. Hier lässt sich eine solche Priorisierung meist nicht einfach ableiten, weil die Akteure aufgrund ihres unterschiedlichen Kontextes eigene Zielgrößen verfolgen. Es gilt deshalb, durch Abstimmungs- und Koordinationsprozesse ein gemeinsames Verständnis der Netzwerkpartner in der Supply Chain über die relevanten Zielgrößen und die angestrebten Zielerreichungsgrade zu erzielen und daraus entsprechende Anforderungen an das Bestandsmanagement der einzelnen Akteure abzuleiten.

Für den weiteren Diskurs im Spannungsfeld der Zieldimensionen wird nachfolgend ein vertieftes Verständnis für deren Treiber und Zusammenhänge im Kontext des Bestandsmanagements geschaffen. Dabei seien zunächst Lagerhaltungskosten und Servicegradkosten jeweils getrennt voneinander aus Akteursperspektive betrachtet, bevor im Anschluss eine Skizzierung des Spannungsfelds auf Netzwerkebene erfolgt.

1.4.2 Bestände und Lagerhaltungskosten

Lange galten hohe Lagerbestände als ein Zeichen für solides Wirtschaften und ein Garant für eine hohe Versorgungssicherheit. Heute ist dieser Ansatz vor allem hinsichtlich des vielfach vorherrschenden hohen Kostendrucks in dieser Form nicht mehr haltbar. Vielmehr besteht in der Reduktion von Beständen und der damit einhergehenden Reduzierung des gebundenen Kapitals oft eine der vielversprechendsten Rationalisierungsmaßnahmen von Unternehmen. Indizien für bestehende Trends zum Bestandsniveau in der Praxis lassen sich anhand der relativen Höhen der Bestände im Vergleich zu den Bilanzsummen und Umsätzen in ausgewählten Branchen ablesen (vgl. ▶ Abb. 11). Die Zahlen basieren auf hochgerechneten Angaben aus Jahresabschlüssen in Deutschland ansässiger Unternehmen, die mithilfe des Verfahrens der gebundenen Hochrechnung geschätzt wurden.

Vorräte	1990	1997	2003	2009	2012	2013	2014	2015	2016	2017	2018
Alle Unternehmen											
in % der Bilanzsumme	24.5	18.9	15.1	15.1	16.1	15.7	15.4	15.1	15.0	15.3	15.6*
in % des Umsatzes	15.6	12.7	10.9	11.1	11.0	11.1	11.1	11.3	11.6	11.9	12.3*
Produzierendes Gewerbe											
in % der Bilanzsumme		18.9	15.6	15.6	16.7	16.4	16.1	15.6	15.5	16.0	
in % des Umsatzes		15.6	13.7	13.9	13.3	13.5	13.6	13.9	14.7	15.3	
Verarbeitendes Gewerbe gesamt											
in % der Bilanzsumme		20.2	16.4	16.8	17.9	17.6	17.4	16.6	16.3	16.4	
in % des Umsatzes		13.8	12.8	15.1	14.7	14.8	14.8	14.9	15.3	15.6	
Herstellung von Nahrungs- und Futtermitteln, Getränken und Tabakerzeugnissen											
in % der Bilanzsumme		16.9	14.5	13.7	15.1	15.1	14.5	14.1	13.9	14.0	
in % des Umsatzes		7.7	7.4	6.9	7.6	7.6	7.4	7.6	7.8	7.8	
Herstellung von Textilien, Bekleidung, Leder, Lederwaren und Schuhen											
in % der Bilanzsumme		32.5	27.7	27.3	29.5	29.9	30.8	28.7	28.8	29.6	
in % des Umsatzes		18.3	17.0	18.3	18.2	18.1	18.6	18.9	19.3	19.6	
Herstellung von elektornischen und optischen Erzeugnissen sowie elektrischen Ausrüstungen											
in % der Bilanzsumme		21.4	14.6	18.4	19.0	16.9	19.4	18.8	18.9	18.7	
in % des Umsatzes		16.9	16.0	21.4	22.3	22.5	22.2	24.0	23.2	22.4	
Fahrzeugbau											
in % der Bilanzsumme		13.5	13.2	12.6	12.3	12.0	12.2	11.6	11.4	11.5	
in % des Umsatzes		9.6	10.4	13.9	11.8	12.1	11.9	11.1	11.1	11.8	
Baugewerbe											
in % der Bilanzsumme		39.8	39.4	40.8	43.8	44.2	43.0	44.2	43.6	45.8	
in % des Umsatzes		34.9	33.6	31.7	35.0	35.2	33.2	34.6	35.6	40.6	

* Schätzung

▲ Abb. 11 Entwicklung der Bestandshöhen in ausgewählten Branchen zwischen 1997 und 2018 (Deutsche Bundesbank, 2020)

Vor allem in den Jahren zwischen 1990 (24.5%) und 2003 (15.1%) ist eine markante Reduktion der Bestände in Relation zur Bilanzsumme zu beobachten. In den meisten Branchen ist das Bestandsniveau seit 2006 jedoch stagnierend bis leicht steigend. Das uneinheitliche Bild führt zur Frage: Wie hoch ist ein adäquates Bestandsniveau für Unternehmen und Supply Chains?

In den 1990er Jahren strebten zahlreiche Unternehmen die Reduktion der Durchlaufzeiten und Kapitalbindungskosten mit einer gezielten Bestandsreduktion an. Oft wurden dabei Produkte sowie Distributions- und Beschaffungskanäle nicht ausreichend differenziert betrachtet. Die Anwendung der sogenannten «Rasenmäher-Methode» (pauschale Reduktion über alle Bestandsarten hinweg) führte mitunter zu einer überzogenen Bestandsreduktion, welche zu Lasten des avisierten Servicegrads ging (Alicke et al., 2004, S. 487). Teil dieser übermäßigen Maßnahmen war die Verringerung der Fertigungstiefe durch Outsourcing, welche eine Herausbildung mehrstufiger und verzweigter Supply Chains bewirkte.

Ein weiterer Treiber für die Reduktion der Bestandshöhen seit den 1990er Jahren ging mit dem Fortschritt in der Informations- und Kommunikationstechnologie sowie der branchenübergreifenden Einführung von Enterprise Resource Planning (ERP) einher. Das vorherrschende Prinzip der Sukzessivplanung glich die Materialbedarfe systematisch mit den Kapazitäten mehrstufig ab. Dies erlaubte eine Prozess- und funktionsübergreifende Steuerung der verschiedenen Unternehmensbereiche mit den zugehörigen ICT-Teilsystemen (Werner, 2004, S. 425). Wurde bis zur Jahrtausendwende der Fokus zunächst recht einseitig auf die Kostenseite gelegt, folgte später eine stärker ausgewogene Betrachtung von Beständen unter Berücksichtigung der Prozesskosten und des Servicegrads. Die ERP-Systeme wurden in den 2000er Jahren um Module wie Vertrieb oder Personalwirtschaft ergänzt und ab etwa 2010 um Module mit dem Anspruch erweitert, die gesamte unternehmensinterne Wertschöpfungskette einschließlich aller lieferantenseitigen Schnittstellen abzudecken (mehr Informationen unter www.erp-systeme.de). Seit Mitte der 2000er Jahre gewinnt das Sales & Operations Planning (S&OP) im Supply Chain Management immer mehr an Bedeutung. S&OP steht für die Synchronisation verschiedener Unternehmensfunktionen sowohl aus planerischer als auch aus ausführender Sicht. Mit der Zeit gewann dieses cross-funktionale Konzept immer mehr an Bedeutung, da der Einfluss aller Abteilungen entlang der unternehmensinternen Wertschöpfung auf den Unternehmenserfolg immer deutlicher wurde. So sind Produktion, Beschaffung, Distribution, Vertrieb, Marketing und Rechnungswesen in den S&OP-Prozess einzubeziehen, indem Veränderungen bei Nachfrage oder Bedarf den jeweiligen Funktionsbereichen kommuniziert und geeignete Maßnahmen beschlossen werden (Ganesan, 2015, S. 175). Wird dieser Prozess durch entsprechende IT-Systeme unterstützt, können Effizienzsteigerungen und bestandsreduzierende Mengenanpassungen gewährleistet werden, weil die cross-funktionalen Planungssysteme die Darstellung und Simulation von verschiedenen Ressourcenallokationen nahezu in Echtzeit ermöglichen (Daxböck et al., 2014, S. 273).

Auch im Zeitalter von Digitalisierung und Industrie 4.0 sind die Bestandskosten von nicht zu vernachlässigender Bedeutung, da der zunehmende Automatisierungsgrad und die Vernetzung physischer Materialien die Lagerhaltung maßgeblich beeinflussen. Der Zugang zu den relevanten Einflussfaktoren auf der Kostenseite wird nachfolgend über gängige Berechnungsansätze der Lagerhaltungskosten gelegt. Dabei wird nicht der Anspruch einer lückenlosen Bestandsrechnung verfolgt. Im Zentrum stehen vielmehr die Zusammenhänge der einzelnen Faktoren, aus welchen sich die Treiber der Lagerhaltungskosten ableiten lassen.

Lagerbestandskosten

Durch Bestände wird Kapital gebunden, welches einem Unternehmen somit nicht mehr für andere Aktivitäten und Investitionen zur Verfügung steht. Durch das gebundene Kapital entstehen deshalb sogenannte Opportunitätskosten. Oft werden diese auch als kalkulatorische Zinskosten bezeichnet, denn sie lassen sich aus dem Lagerbestandswert und einem Zinssatz berechnen.

$$\text{Kapitalbindungskosten (KB)} = \frac{\begin{matrix}\text{Durchschnittlicher} \\ \text{Lagerbestandswert (LW)}\end{matrix} \cdot \text{Zinssatz (p)}}{100}$$

Als Zinssatz wird häufig der kalkulatorische Zinssatz des Unternehmens eingesetzt. Dieser ist eine Lenkungsgröße, die weitgehend unabhängig vom Marktzinsniveau unternehmensspezifisch festgelegt wird und allgemein der genaueren Darstellung der Wirtschaftlichkeit sowie der Glättung des Zinsaufwandes dient. Es gibt verschiedene Möglichkeiten, den kalkulatorischen Zinssatz zu ermitteln, wobei die Eignung jeweils von der Art der Gesamtfinanzierung eines Unternehmens abhängt. So ist bei einer Mischfinanzierung aus Eigen- und Fremdkapital die Berechnung des gewogenen Durchschnittszinssatzes (englisch Weighted Average Cost of Capital, WACC) üblich. Der durchschnittliche Lagerbestandswert (durchschnittlich im Lager gebundenes Kapital) wird nach Maßgabe der Regelmäßigkeit der Bestandsveränderung unterschiedlich ermittelt.

- Bei unregelmäßigen Lagerzu- und -abgängen:

$$\text{LW} = \frac{\text{Jahresanfangsbestand} + 12 \text{ Monatsendbestände}}{13} \cdot \text{Einstandspreis (E)}$$

- Bei regelmäßigen Lagerzu- und -abgängen:

$$\text{LW} = \frac{\text{Lagerbestand (LB)}}{2} \cdot \text{Einstandspreis (E)}$$

Die durchschnittlichen Kapitalbindungskosten lassen sich damit wie folgt berechnen:

$$\text{KB} = \frac{\text{LB} \cdot \text{E} \cdot \text{p}}{2 \cdot 100}$$

Aus der Berechnungsformel lassen sich entsprechend der Lagerbestand (durchschnittliche Menge beziehungsweise Bestandshöhe), der Einstandspreis sowie der Zinssatz als Determinanten für die Kapitalbindungskosten bestimmen. Die Determinanten werden ihrerseits durch «Treiber» beeinflusst. ▶ Abb. 12 gibt einen Überblick über die wesentlichen Treiber für bestandsbezogene Kapitalbindungskosten (im engeren Sinne).

Vor dem Hintergrund eines ganzheitlichen Verständnisses von Beständen sind bei einem Diskurs über Kapitalbindungskosten auch Waren während des Transports und ihrer Bearbeitung zu beachten. So ist das Kapital nicht erst dann gebun-

Kapitalbindungskosten (im engeren Sinne)	
Determinanten	**Treiber**
Lagerbestand (Menge)	■ *Sortimentsbreite:* Für jeden Artikel im Sortiment werden Sicherheitsbestände und Puffer gehalten. Mit jedem zusätzlichen Artikel erhöht sich entsprechend der Lagerbestand. ■ *Anzahl Lagerstandorte:* Werden Bestände an mehreren Standorten gelagert, steigt der gesamte Sicherheitsbestand, sofern die Bestände unabhängig voneinander disponiert werden. ■ *(Lager-)Dauer:* Mit einem reduzierten Lagerumschlag steigt der durchschnittliche Lagerbestand.
(Einstands-) Preis	■ *Einkaufsmengen:* Können nur Kleinstmengen oder Einzelstücke beschafft werden, lassen sich keine Mengenrabatte erzielen. Der Einstandspreis steigt.
Diskontierungs-/ Zinssatz	■ *Haltbarkeit der Produkte und Teile:* Verfällt mit zunehmender Aufbewahrung der Wert des eingelagerten Artikels (z. B. wirtschaftliche Obsoleszenz), so sind die Bestände mit einem höheren Zinssatz zu diskontieren. ■ *Spezifität:* Bei Artikeln mit hoher Spezifität steigt das Risiko, diese nicht mehr veräußern zu können. Entsprechend höher ist der Diskontierungszinssatz zu wählen. ■ *Finanzierungsform des Unternehmens:* Je nach Finanzstruktur verändert sich der Zinssatz, der für die Kosten des gebundenen Kapitals maßgeblich ist. Eine höhere Fremdkapitalquote lässt den Zinssatz in der Regel steigen. ■ *Definition der Opportunitätskosten:* Die Definition der Opportunitätskosten für gebundenes Kapital hängt von der Kultur des Unternehmens ab. Oftmals wird der Kostensatz bewusst sehr hoch angesetzt, um gebundenes Kapital zu vermeiden.

▲ Abb. 12 Treiber für die bestandsbezogenen Kapitalbindungskosten (im engeren Sinne) (abgeleitet aus Pfohl, 2018)

Kapitalbindungskosten (erweiterte Betrachtung)	
Determinanten	**Treiber**
Bestand in Arbeit (WIP)	■ *Fertigungstiefe:* Je mehr Fertigungsschritte im Unternehmen durchlaufen werden, desto mehr Materialien und Halbfertigfabrikate befinden sich in der Produktion. ■ *Durchlaufzeiten:* Je länger die Durchlaufzeit über die Gesamtheit der Fertigungsschritte ist, desto mehr Materialien und Halbfertigfabrikate befinden sich im Fertigungsprozess. ■ *Wartezeiten und Störungen:* Steht die Fertigung still oder bilden sich «Warteschlangen» vor den Fertigungsstufen, so befinden sich Materialien und Halbfertigfabrikate länger in der Fertigung mit der Folge zunehmender Durchlaufzeiten.
Transport-/ Unterwegs-bestand	■ *Beschaffungswege:* Werden Artikel über lange Distanzen und mit relativ langsamen Transportmitteln beschafft, so erhöht sich die Transportdauer. Dadurch steigt die Dauer der Kapitalbindung ebenfalls an. Zudem kommen Nachlieferungen in größeren zeitlichen Abständen an den Bedarfspunkten an, sodass dort zur Aufrechterhaltung der Versorgung größere Mengen an Materialien und Halbfertigfabrikaten vorgehalten werden müssen. ■ *Übergang der Ware:* Die Incoterms (internationale Handelsbräuche) legen u. a. den Zeitpunkt des Eigentumsübergangs fest. Dies berührt auch das Risiko der Beschädigung oder des Untergangs der Produkte während des Transports. Bei Lieferung «ab Werk» (ex works) sind demnach die relevanten Produkte sofort bei Auslieferung in der Hoheit des Kunden und damit in seinem Bestand. Gegenläufig verhält es sich bei Lieferung «frei Haus» (englisch Delivered Duty Paid, DDP). Die Incoterms wirken analog auf der Distributionsseite für Fertigprodukte.

▲ Abb. 13 Treiber für die bestandsbezogenen Kapitalbindungskosten (im weiteren Sinne)

den, wenn die Artikel im Lager «liegen», sondern bereits bei deren Übernahme von Lieferanten über Zwischenbestände in der Produktion bis hin zur Übergabe an die Kunden. In einer erweiterten Betrachtung sind damit der Bestand in Arbeit (Work in Progress, WIP) sowie der Transport- bzw. Unterwegsbestand als Determinanten der bestandsbezogenen Kapitalbindungskosten zu berücksichtigen (vgl. ◀ Abb. 13).

Lagerhauskosten

Lagerhäuser stellen ein zentrales Element des Bestandsmanagements dar. Entsprechend fallen neben dem gebundenen Kapital durch Bestände auch Kosten für das Betreiben von Lagern an, da zur operativen Umsetzung der Bau bzw. die Anmietung sowie der Unterhalt von Lagern finanziert werden muss. Lagerhauskosten bestehen im Wesentlichen aus Personal- und Anlagekosten. Zu Letzteren zählen dabei vor allem Abschreibungen, Versicherungen und Steuern, Instandhaltung und Betriebskosten (Pfohl, 2016, S. 191). Die Anzahl, die Standorte und die Koordination des Zusammenspiels mehrerer Lagerhäuser (z. B. Entscheidung darüber, welche Waren- oder Kundengruppen aus welchem Lager bedient werden oder Orchestration der Warenflüsse zwischen den Lagern) werden auf strategischer Ebene und oftmals sehr langfristig entschieden.

Da Lagerhäuser flexibel über verschiedene Warengruppen eingesetzt werden, fällt es in der Praxis meist schwer, den Kosteneffekt einzelner Bestände innerhalb der Lagerhauskosten trennscharf zu identifizieren. Oftmals werden die Lagerhauskosten deshalb als prozentualer Aufschlag auf die Lagerbestandskosten aufgerechnet und als deren Teil ausgewiesen. Wichtige Determinanten der Lagerhauskosten und deren Treiber sind in ▶ Abb. 14 dargestellt.

Lagerhauskosten	
Determinanten	**Treiber**
Lagerplatzkosten	▪ *Flächenpreise:* Je höher die Flächenpreise in der jeweiligen Region, desto teurer sind die Kosten der einzelnen Lagerplätze. ▪ *Nutzungsgrad des Lagerhauses:* Bei geringer Auslastung im Lager werden die Kosten der ungenutzten Lagerplätze auf die eingelagerten Bestände aufgerechnet. Erhöhte Lagerplatzkosten sind die Folge.
Lagerbewegungskosten	▪ *Personalkosten:* In wenig automatisierten Lagerhäusern treiben die Personalkosten die Lagerbewegungskosten. Sind die Lohnkosten am Lagerstandort hoch, fallen höhere Kosten für jede Ein- und Auslagerung sowie Bewegungen innerhalb des Lagers an. ▪ *Automatisierungsgrad:* Bei hoch automatisierten Lagern verschieben sich die Kosten für Lagerbewegungen von den Personal- in Richtung der Anlagekosten. Somit reduziert sich deren Abhängigkeit vom Lohnniveau und der Betrieb wird tendenziell kosteneffizienter, sofern gut ausgelastet. ▪ *Anzahl der Bewegungen im Lager:* Je höher die Frequenz der Lagerbewegungen, desto höher die Kosten zum Betreiben des Lagers. Je nach Fixkosten der Anlagen kann eine höhere Auslastung bezüglich der Lagerbewegungen für einzelne Bestände jedoch auch eine Kostenreduktion bedeuten.

▲ Abb. 14 Determinanten und Treiber von Lagerhauskosten

1.4.3 Bestände und Servicegrad

In nahezu allen Branchen ist eine Zunahme der Kundenorientierung zu beobachten. Während der Begriff als solcher bereits sehr alt ist, gewann er in den letzten Jahren besonders durch die steigenden Grade der Individualisierung nochmals an Bedeutung. Eng verbunden mit der Kundenorientierung ist der Begriff des Service, welcher im Wesentlichen den Output eines ganzen Systems beschreibt. Im Kontext von produzierenden Unternehmen kann zwischen dem Lieferservice und dem Versorgungsservice unterschieden werden. Während der Lieferservice den Materialfluss zum Kunden beschreibt, bezeichnet der Versorgungsservice den Materialfluss in der Beschaffung zur Befriedigung der eigenen Produktionsanforderungen (Pfohl, 2018).

Neben der Unterscheidung zwischen beschaffungs- und distributionsorientiertem Service lässt sich Service in die vier Komponenten Lieferzeit, Lieferzuverlässigkeit, Lieferungsbeschaffenheit und Lieferflexibilität zerlegen (Pfohl, 2018). Je nach Vereinbarung zwischen den Supply-Chain-Partnern bezieht sich ein vertraglich zugesichertes Serviceniveau dabei auf eine oder mehrere dieser Komponenten. In der Praxis steht oftmals die Lieferzuverlässigkeit, also die Wahrscheinlichkeit, mit der die vereinbarte Lieferzeit eingehalten werden kann, im Fokus. Aus Bestandssicht ist dabei die Lieferbereitschaft die wichtigste Kenngröße, welche erheblichen Einfluss auf die Lieferzuverlässigkeit und damit das Lieferserviceniveau hat (vgl. ▶ Abb. 15).

Lieferbereitschaft beschreibt die Wahrscheinlichkeit, mit der eingehende Aufträge vom Lager befriedigt werden können. Die Kennzahl wird in der Regel als

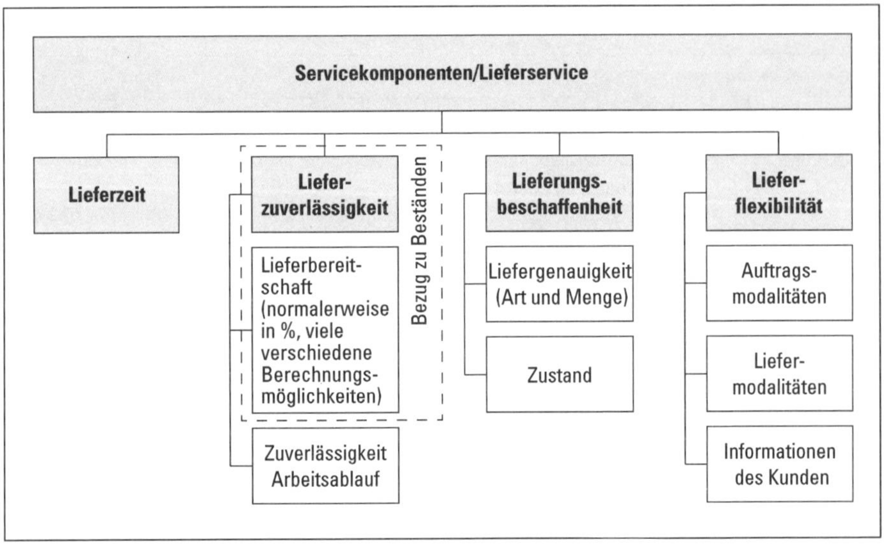

▲ Abb. 15 Lieferzeit, Lieferzuverlässigkeit, Lieferungsbeschaffenheit und Lieferflexibilität stellen die vier Servicekomponenten dar (in Anlehnung an Pfohl, 2018, S. 33ff.)

Prozentsatz ausgegeben, wobei für die Berechnung eine Vielzahl an Möglichkeit in Literatur und Praxis existieren. Während einige Berechnungsansätze dabei die Häufigkeit der Wiederbeschaffungszeiträume berücksichtigen, in denen keine Fehlmengen auftreten, beziehen andere die Größe der jeweiligen Fehlmengen mit ein.

Ein Blick auf die Abhängigkeiten in den Zieldimensionen verdeutlicht, dass ein hoher Servicegrad alleine betrachtet ebenso wenig als oberstes Ziel im Bestandsmanagement heranzuziehen ist wie minimale Lagerhaltungskosten. Auf der

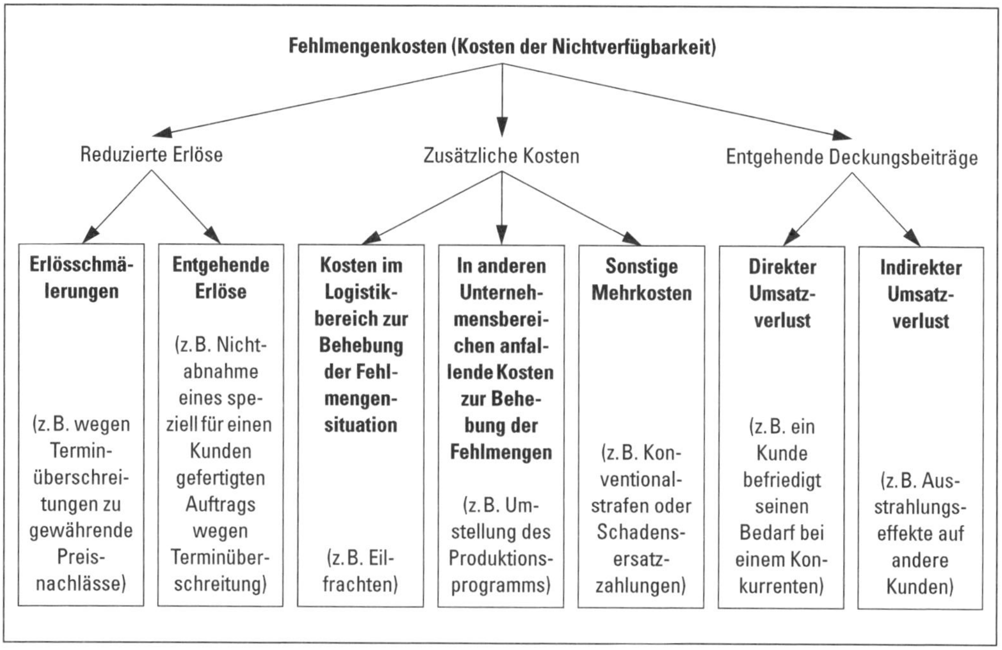

▲ Abb. 16 Fehlmengenkosten und ihre Komponenten (in Anlehnung an Stölzle et al., 2004, S. 24)

	Anteil der Kundenreaktion bei Stock-out	**Umsatzverlust für den Handel**	**Umsatzverlust für den Hersteller**
Geschäftswechsel	21%	Ja	Nein
Verschieben des Kaufs	17%	Nein	Nein
Markenwechsel	37%	Nein	Ja
Substitution innerhalb der Marke	16%	Nein	Nein
Kaufabbruch	9%	Ja	Ja

▲ Abb. 17 Übersicht der Kundenreaktionen bei Stock-outs im Handel (in Anlehnung an ECR-Europe, 2016; Stölzle & Helm, 2006)

Servicegrad	
Determinanten	**Treiber**
Lieferzeit	■ *Versorgungslieferzeit:* Auf der Versorgungsseite führen kürzere Lieferzeiten zu niedrigeren Beständen, da kurzfristig disponiert werden kann, um eigene Kundenbedürfnisse schnell zu befriedigen. ■ *Distributionsseitige Lieferzeit:* Wird dem Kunden eine kurze Lieferzeit zugesichert, müssen oftmals höhere Bestände vorgehalten werden, um diese zu erfüllen. Jedoch führt eine kurze Lieferzeit ebenso zu einem schnelleren Warenübergang, was den Lagerumschlag und somit die Zeitspanne im eigenen Lager reduziert. ■ *Effizienz und Geschwindigkeit der Arbeitsabläufe:* Je schneller die unterstützenden Teilschritte der Auftragsbearbeitung durchlaufen werden, desto eher können kurze Lieferzeiten auch ohne Bestandserhöhung realisiert sowie die durchschnittliche Lagerzeit reduziert werden.
Lieferzuverlässigkeit	■ *Lieferbereitschaft:* Je höher die Bereitschaft, direkt vom Lager zu liefern, desto höher auch die Lieferzuverlässigkeit. Um eine hohe Lieferbereitschaft auch ohne übermäßige Bestände zu gewährleisten, ist eine hohe Güte bezüglich der Nachfrageprognosen von Relevanz. ■ *Nachfragevolatilität:* Eine hohe Volatilität der Nachfrage mindert die Genauigkeit der Prognosen und erhöht somit die Notwendigkeit eines vergrößerten Sicherheitsbestandes, um eine hohe Lieferzuverlässigkeit zu gewährleisten. ■ *Zuverlässigkeit der Arbeitsabläufe:* Klar definierte und robuste Prozesse bei der Auftragsbearbeitung stellen die Lieferzuverlässigkeit sicher, sofern die benötigten Waren vorhanden sind. Nötige Sicherheitsbestände zum Ausgleich von Ausfällen sinken.
Lieferungsbeschaffenheit	■ *Genauigkeit nach Art und Menge:* Je höher die Anforderungen, Waren in großen Mengen und bestimmten Varianten zu liefern, desto größer das notwendige Lager. Besonders bei einer großen Sortimentsbreite kommt dieser Effekt zum Tragen. ■ *Zustand der Lieferung:* Je höher die Anforderungen an die Unversehrtheit der gelieferten Waren, umso höher sind die anfallenden Aufwände im Lagerungsprozess, welche wiederum die Lagerhaltungskosten erhöhen.
Lieferflexibilität	■ *Standardisierung der Auftragsmodalitäten:* Je mehr Entscheidungen bezüglich der Auftragsmodalitäten dem Kunden eingeräumt werden, desto eher müssen Puffer im Bestandsmanagement bereitgestellt werden, um individuelle Anfragen zu befriedigen. ■ *Informationsfluss zum Kunden:* Je transparenter Informationen zum Stand von Aufträgen oder Lieferverzögerungen mit dem Kunden geteilt werden, desto geringer fallen Kundenbeschwerden aus. Somit können die servicerelevanten Konsequenzen eines niedrigen Bestandsniveaus gemildert werden. ■ *Produktionsflexibilität:* Je niedriger die Kosten zur Umstellung des Produktionsprogramms und je flexibler einsetzbar die Ressourcen, desto eher können spezifische Wünsche des Kunden auch ohne vorgehaltenen Bestand befriedigt werden.

▲ Abb. 18 Determinanten und Treiber des Servicegrads (in Anlehnung an Pfohl, 2018)

einen Seite kann ein hoher Servicegrad durch Vorhalten eines hohen Lagerbestands trotz Schwankungen im Leistungsprozess, beispielsweise bedingt durch eine geringe Liefertreue des Lieferanten, erreicht werden (Schönherr, 2015, S. 46). Dies führt allerdings im Gegenzug zu hohen Kapitalbindungskosten.

Auf der anderen Seite hat ein niedriger Servicegrad durch niedrige Bestände ebenso negative Kosteneffekte. Letztere treten in sehr unterschiedlichen Facetten auf. Auf der Lieferseite umfassen diese Servicegradkosten vor allem vertraglich festgelegte Fehlmengenkosten und Pönalen, Kosten für Reklamationen sowie langfristig rückläufige Umsätze aufgrund mangelnder Kundenzufriedenheit. Bei Betrachtung des Versorgungsservice entstehen servicebezogene Kosten vor allem aufgrund von Umplanung, Außerbetriebnahme, Stillstand und Wiederanlauf von Anlagen. Eine ausführliche Übersicht möglicher Fehlmengenkosten zeigt ◀ Abb. 16.

Die Fehlmengenkosten sind oft schwer zu operationalisieren und meist nur in Bezug auf spezifische Situationen zu ermitteln. Besonders im Handel spielen Fehlmengen bzw. «Stock-outs» eine große Rolle. Eine Übersicht über mögliche Kundenreaktionen und die Auswirkungen auf Händler und Hersteller ist in ◀ Abb. 17 zu sehen. Auch wenn diese Zusammenhänge schwer abschließend quantifizierbar sind, kann davon ausgegangen werden, dass, um eine Erhöhung des Umsatzes der Hersteller bzw. Händler um 1 % zu erreichen, eine Erhöhung der Regalverfügbarkeit um 3 % bzw. 2 % notwendig ist (Mitchell, 2012). Über die entgangenen Umsätze hinaus sind Pönalen für Hersteller für jede unvollständige Lieferung von durchschnittlich 50 % der entgangenen Bruttomarge als «Strafe» üblich.

Auch wenn eine exakte Berechnung der tatsächlichen (Fehlmengen-)Kosten oft nicht möglich erscheint, so lassen sich Determinanten und Treiber des Servicegrades identifizieren, welche die Wirkzusammenhänge im Kontext von Beständen näher beschreiben (vgl. ◀ Abb. 18).

1.4.4 Integrative Betrachtung der Bestandskosten

In den vorangegangenen Abschnitten wurden die Zieldimensionen Lagerhaltungskosten sowie Servicegrad und deren Treiber jeweils separat voneinander beleuchtet. Die betriebswirtschaftliche Relevanz von niedrigen Lagerhaltungskosten bei gleichzeitig hohem Servicegrad sollte damit deutlich geworden sein. Nun wird der Fokus auf die gesamten Bestandskosten (im engeren Sinne) und die konträre Beziehung der beiden Dimensionen Lagerhaltungskosten und Fehlmengenkosten gelegt. Hierfür spielt das bestandsorientierte Verfügbarkeitsniveau eine große Rolle, welches sich mithilfe der in ▶ Abb. 19 dargestellten Größen ermitteln lässt.

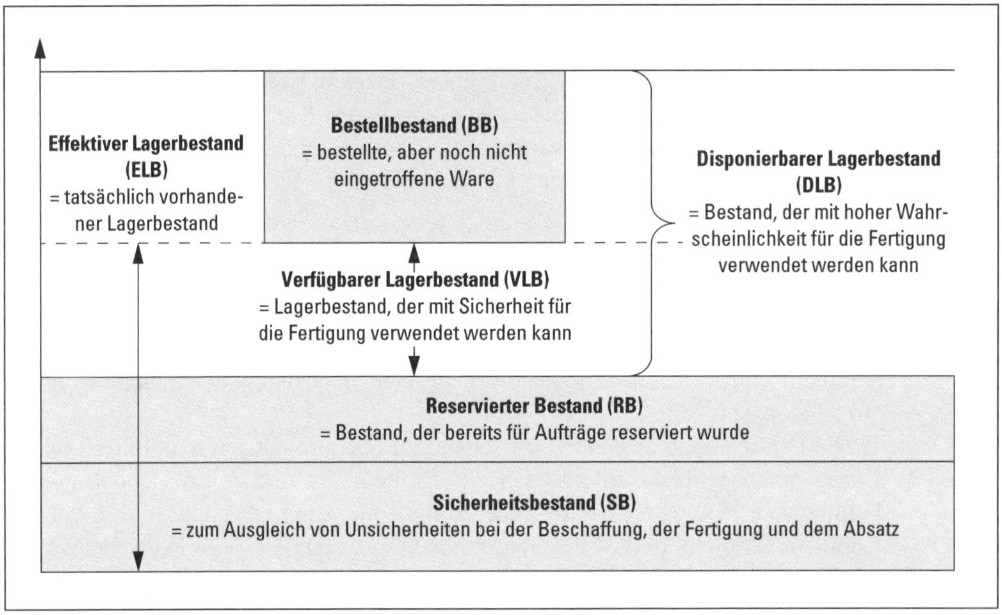

▲ Abb. 19 Bestimmung des Lagerbestands gestützt auf das Verfügbarkeitsniveau

Der verfügbare Lagerbestand (VLB), der sicher für neue Aufträge verwendet werden kann, ist zu unterscheiden vom effektiven Lagerbestand (ELB). Der ELB zieht auch die reservierten Bestände und Sicherheitsbestände mit in die Betrachtung ein, welche für neue Aufträge nicht per se frei verfügbar sind. Ferner ist in der Planung der Bestellbestand (BB) zu berücksichtigen, welcher noch nicht physisch vorhanden, jedoch bereits geordert ist. Der frei disponierbare Lagerbestand (DLB) umfasst also auch potentielle Bestände, die mit hoher Wahrscheinlichkeit bald verfügbar sein werden. Trifft der BB nicht rechtzeitig, in falscher Menge oder mangelhafter Qualität bei der Lieferstelle ein, können Aufträge nicht planungsgemäß ausgeführt werden, was wiederum mit Fehlmengenkosten verbunden ist.

Mit Blick auf die integrative Betrachtung der Bestandskosten gesamt ist folgender Zusammenhang zu konstatieren: Ist die Verfügbarkeit zu gering, so fallen Fehlmengenkosten und damit überhöhte Bestandskosten an, welche sich durch die geringen Lagerhaltungskosten nicht kompensieren lassen. Im Gegenzug dazu führt eine hohe Verfügbarkeit aufgrund der überhöhten Lagerhaltungskosten zu ebenso überhöhten Bestandskosten. Adäquate Bestandskosten vor dem Hintergrund der Verfügbarkeit liegen in der «optimalen» Balance zwischen den Lagerhaltungs- und Fehlmengenkosten. Dieser Trade-off zwischen den beiden Kenngrößen bildet einen zentralen Zielkonflikt des Bestandsmanagements (vgl. ▶ Abb. 20).

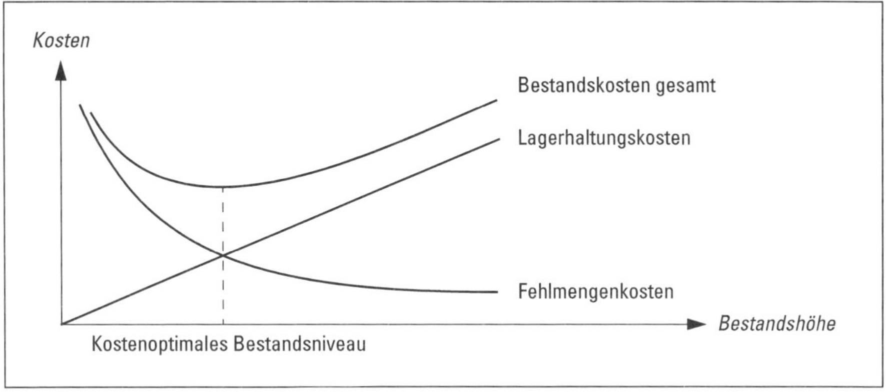

▲ Abb. 20 Zusammenhang zwischen dem Bestandskostenniveau und der Verfügbarkeit

Der dargestellte Trade-off ist ein Ausdruck der konfliktären Zielgrößen zwischen der Verfügbarkeit des Sortiments und möglichst geringen Kosten.

Anhand einer großen Sortimentsbreite sei nun exemplarisch der Zusammenhang zwischen Bestandsniveau und Verfügbarkeit illustriert.

Beispiel große Sortimentsbreite: Mit einer großen Sortimentsbreite lassen sich etwa die Bedürfnisse der Kunden besser befriedigen, wodurch ein Unternehmen höhere Umsätze erzielen kann. Voraussetzung für den absatzseitigen Erfolg ist, dass das gesamte Sortiment für den Kunden immer verfügbar ist, was gleichzeitig einen hohen Servicegrad voraussetzt. Dieser lässt sich allerdings meist nur mit entsprechenden Beständen realisieren. Um die Fehlkosten gering zu halten, ist in einem breiten Sortiment für jedes einzelne Produkt ein gewisses Maß an Sicherheitsbeständen zu halten. Dies erhöht wiederum die Lagerhaltungskosten sowie die Administrationskosten, resultierend aus der gesteigerten Komplexität in der Planung und im Produktionsprozess. Je größer die Komplexität, desto höher sind auch die Anforderungen an die Informationsversorgung entlang der Supply Chain. Die Informationsqualität wirkt sich wiederum als Treiber auf den Servicegrad aus. Sind die Informationen nicht in ausreichender Güte zugänglich, so entstehen Fehlmengenkosten aufgrund von Verzögerungen oder falschen Mengen. IT-Systeme bieten die Möglichkeit, den Zugang zu Informationen zu erhöhen, benötigen aber ihrerseits Ressourcen. Zudem stellt sich die Frage, ob sich leistungsstarke IT-Systeme im Vergleich zu den Chancen einer großen Sortimentsbreite in der Praxis überhaupt lohnen. Eine große Sortimentsbreite als Treiber der Lagerhaltungskosten führt entweder direkt zu höheren Lagerhaltungskosten oder zu höheren Fehlmengenkosten, sofern der Servicegrad nicht durch anderweitige (kostspielige) Maßnahmen sichergestellt wird.

1.4.5 Steigerung des Unternehmenserfolgs durch Bestandsmanagement

Maßnahmen des Bestandsmanagements können den Erfolg eines Unternehmens unmittelbar oder mittelbar beeinflussen. Wie sich die Zieldimensionen auf eine wertorientierte Erfolgskennzahl auswirken, lässt sich am Beispiel des Economic-Value-Added-(EVA-)Werttreiberbaums darstellen (vgl. ► Abb. 21).

Einen unmittelbaren Einfluss auf den Unternehmenserfolg übt die Höhe der Bestände als Teil des Nettoumlaufvermögens aus. Je geringer das investierte Kapital, desto geringer sind auch die periodenbezogenen Kapitalkosten und desto höher ist der EVA. Die Senkung des Bestandswertes spiegelt sich direkt im Erfolg wider. Neben dem Umlaufvermögen ist auch das Anlagevermögen in Form von

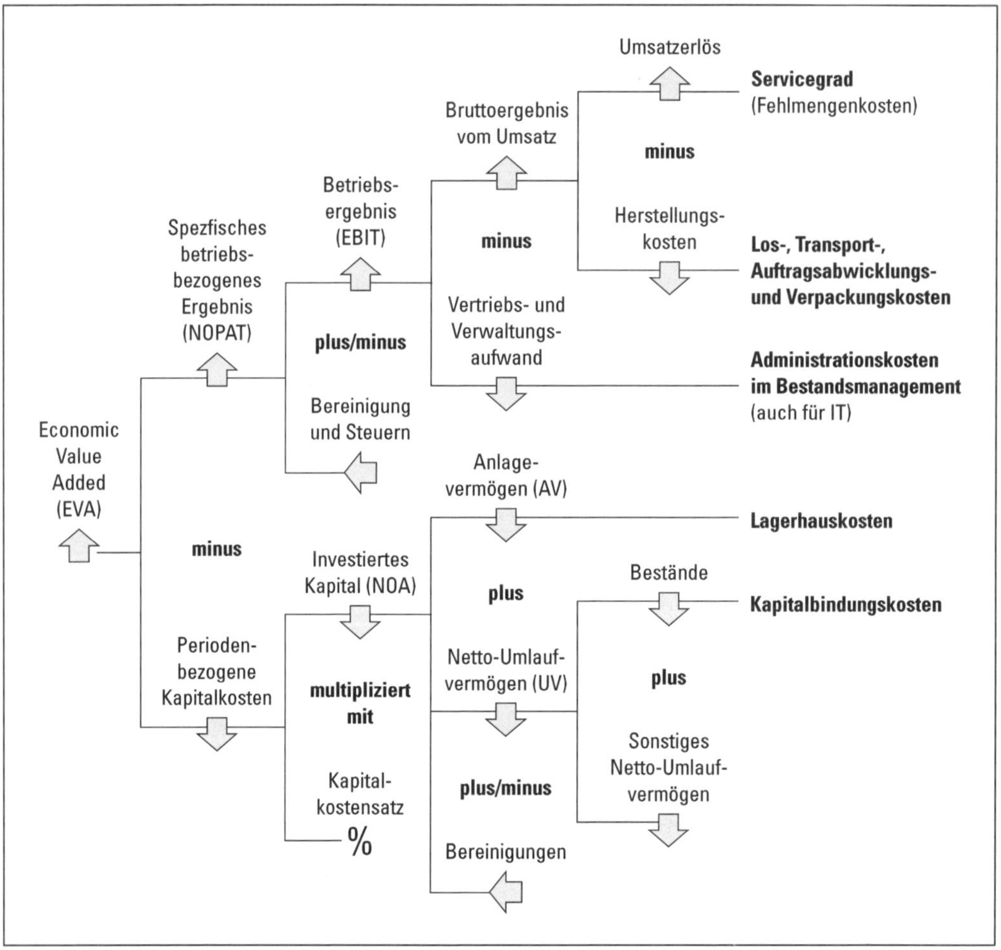

▲ Abb. 21 Übersicht über die Werthebel des Bestandsmanagements anhand des Treiberbaums (in Anlehnung an Eßig et al., 2013, S. 37)

Lagerhauskosten direkt vom Bestandsmanagement betroffen. Eine Minderung der langfristig gebundenen Ressourcen in Lagerhäusern trägt somit durch eine Senkung der periodenbezogenen Kapitalkosten zum Unternehmenserfolg bei. Auf das operative Betriebsergebnis wirken sich vor allem die Bestandskosten im weiteren Sinne aus, also Los-, Transport-, Auftragsabwicklungs- und Verpackungskosten. Sie werden von Bestandsentscheidungen beeinflusst und haben selbst wiederum einen direkten Effekt auf die Herstellungskosten, welche das Betriebsergebnis beeinflussen. Zuletzt werden durch den Servicegrad nicht nur die Kostenseite, sondern durch Stock-outs (Fehlmengen) auch der Umsatzerlös und damit das Betriebsergebnis negativ beeinflusst.

Innerhalb der übergeordneten Kostenkategorien stellt sich eine genaue Zuordnung der anfallenden Kosten zum Bestandsmanagement meist als schwierig dar. Bedingt durch die Verrechnung auf Kostenstellen werden die Prozesskosten, welche im Zusammenhang mit den Beständen anfallen, nicht separat ausgewiesen. Unter diesen Umständen sind auch Rückschlüsse und vollumfängliche Beurteilungen von Maßnahmen im Bestandsmanagement kaum möglich. Es besteht die Gefahr, dass eine Kostenumverteilung auf eine andere Kostenstelle stattfindet und dies als Einsparung im Bestandsmanagement interpretiert wird. So führen etwa kleinere Losgrößen im Einkauf zu weniger Lagerbestand und benötigtem Lagerplatz, dementsprechend sinken die Kosten für die Lagerung. Gleichzeitig steigen jedoch die damit zusammenhängenden Administrationskosten von der Bestellabwicklung bis hin zur Buchhaltung aufgrund des erhöhten Bearbeitungsbedarfs von Aufträgen, Bestellungen, Rechnungen oder Zahlungen.

Die größte Herausforderung bezüglich der Messung des Einflusses auf den Unternehmenserfolg stellt die Zieldimension des Servicegrads dar. Die genauen Auswirkungen eines hohen beziehungsweise niedrigen Servicegrads auf die realisierten Erlöse lassen sich in der Regel nur schwer quantifizieren. Der Servicegrad ist lediglich ein mittelbarer Einflussfaktor nebst vielen anderen, wie zum Beispiel die Marktlage, die Wettbewerbsposition oder Maßnahmen des Verkaufs.

1.4.6 Zielbeziehungen auf Supply-Chain-Ebene

Ein Ausgleich der konfliktären Zieldimensionen im Bestandsmanagement auf Unternehmensebene kann durch strategische Priorisierung der Ziele erreicht werden. Dies gilt prinzipiell auch auf der Netzwerkebene. In der Regel unterscheidet sich die Ausgestaltung der Zielpriorisierung je nach Perspektive. Die Zusammenhänge der Zielgrößen Lagerhaltungskosten und Servicegradkosten stellen sich in der Supply Chain auf der Netzwerkebene wie folgt dar.

Lagerhaltungskosten umfassen aus Supply-Chain-Sicht alle Kapitalbindungs- und Lagerhauskosten, die während der Herstellung eines Produktes vom Rohstoff bis zur Auslieferung an den Endkunden entlang der Supply Chain anfallen. Dies entspricht der Summe der Lagerhaltungskosten der einzelnen Supply-Chain-Akteure. Die drei Hauptdeterminanten Bestand (Menge und Dauer), Wert und Zinssatz bestimmen auch aus Netzwerksicht die Lagerhaltungskosten. Darüber hinaus erweitert sich bei Betrachtung der gesamten Supply Chain der Entscheidungsspielraum bezüglich der Beeinflussung der einzelnen Determinanten sowie der Koordinationsbedarf. Denn auf der Netzwerkebene sind bei den Supply-Chain-Akteuren unterschiedliche Ausprägungen der Treiber und Determinanten der Zieldimensionen vorzufinden.

Somit wird neben allen bisher erwähnten Entscheidungen im Kontext von Beständen auch die Frage relevant, an welcher Stelle der logistischen Prozesskette, d.h. bei welchem Akteur, Bestände in definierter Höhe und Wertigkeit sowie zu welchem Zinssatz aufgebaut werden sollten. Der Wert der Güter hat hierbei einen besonders großen Einfluss, da er gemäß der Wertzuwachskurve zunimmt, je weiter Bestände entlang der Supply Chain zum Endkunden hin anfallen. Die Zieldimension der Lagerhaltungskosten muss auf Netzwerkebene demnach unter zusätzlicher Berücksichtigung dieser neuen Entscheidungsdimensionen betrachtet werden.

Zur Steuerung und Verteilung von Beständen und damit der Lagerhaltungskosten zwischen Supply-Chain-Partnern eignen sich Konzepte wie zum Beispiel die JIT-Anlieferung. Während hiermit aus Unternehmenssicht Bestände gesenkt werden, führt die Anwendung des Konzepts aus Supply-Chain-Sicht nur dann zu einer realen Bestandssenkung, wenn es durchgängig über alle Stufen angewendet wird. Falls lediglich punktuell eingesetzt, ergibt sich oftmals eine Verschiebung der Bestände, zum Beispiel hin zum Zulieferer oder Kunden. Auch dies kann als bewusste Maßnahme aus Netzwerksicht angesehen werden, sofern die Lagerhaltung bei den betroffenen Akteuren wirtschaftlich vorteilhaft ist (z.B. durch hochautomatisierte Lagerhäuser und damit geringere Lagerhauskosten oder niedrigere Kapitalkosten). Auf Maßnahmen des Bestandsmanagements und deren Auswirkungen auf Netzwerkebene wird in Kapitel 4 im Detail eingegangen.

Auf Netzwerkebene wird mit Blick auf den Servicegrad die Beziehung zwischen den Endkunden und ihren direkten Lieferanten fokussiert, wobei sich die Serviceleistung dieser Lieferanten aus der gemeinsam erreichten Performance der gesamten Supply Chain ergibt. Die klassische Sicht der Servicebeziehungen zwischen einzelnen Akteuren ist dabei insofern relevant, als sie zu dieser übergeordneten Supply-Chain-Performance beiträgt. Beim Servicegrad zum Endkunden hin geht es demnach allein um den Lieferservice, während beim Servicegrad innerhalb der Supply Chain vor allem der Versorgungsservice über mehrere Supply-Chain-Stufen hinweg unter Einbindung der Vorlieferanten eine Rolle spielt. Entsprechend sind bei den Servicegradkosten zwischen den einzelnen Supply-Chain-Akteuren vor allem Versorgungsservice-Kosten relevant (z.B. für Umplanung und Stillstand der Anlagen eines der Akteure), bei den Servicegradkosten zwischen den Endkunden und ihren direkten Lieferanten hingegen vor allem Lieferservice-Kosten (z.B. Pönalen für verspätete Lieferungen oder Umsatzeinbussen).

Die Festlegung der Determinanten des Supply-Chain-internen Servicegrades (Lieferzeit, Zuverlässigkeit, Beschaffenheit und Flexibilität) kann dabei als Stellhebel zur Zielerreichung des externen Servicegrades gegenüber den Endkunden verwendet werden. Interne Lieferservice-Kosten zwischen den Akteuren der Supply Chain (z.B. Pönalen) sollten dementsprechend möglichst reduziert werden. Sie können in diesem Kontext als Kontrollmechanismus bzw. Anreizsystem dienen, um alle Supply-Chain-Partner auf das gemeinsame Serviceziel bei den Endkunden einzustellen. Jedoch besteht bei zu hohen internen Lieferservice-Kosten das Risiko, dass einzelne Partner ihr Supply-Chain-Engagement aufgeben. Entsprechend ist dieses Spannungsfeld der Anreize sorgsam auszubalancieren.

Neben den beiden zentralen Zieldimensionen Lagerhaltungs- und Servicegradkosten müssen auch die erweiterten Bestandskosten auf Netzwerkebene differenziert betrachtet werden. So können bei Bestandsentscheidungen zusätzlich zu den möglichen unternehmensinternen Effekten auf Loskosten, Auftragsabwicklungskosten, Transportkosten oder Verpackungskosten auch Veränderungen dieser Kostenkategorien bei anderen Akteuren der Supply Chain entstehen, sodass der Zielkonflikt auf Netzwerkebene noch weitreichender ausfällt als auf Akteursebene. Da diese Kosteneffekte bei verschiedenen Akteuren entlang der Supply Chain oftmals auch zeitlich versetzt wirken, sind sie besonders schwer vor ihrem Eintritt zu antizipieren.

Der Abwägungsprozess zur Priorisierung der einzelnen Zielgrößen sowie zur Festlegung der jeweiligen Zielwerte gestaltet sich auf Netzwerkebene der Supply Chain deutlich komplexer als auf Unternehmensebene. So werden Entscheidungen über Bestände stets auf Akteursebene getroffen, sodass Bestandsentscheidungen auf Netzwerkebene nahezu immer im Lichte von Anreizen zu sehen sind. Auf Netzwerkebene müssen demnach im Austausch zwischen den Akteuren Kompromisse herbeigeführt werden, um die Wettbewerbsposition der gesamten Supply Chain zu verbessern. Hierbei können einzelne Akteure zum Beispiel aufgrund der herrschenden Abhängigkeitsverhältnisse mehr Einfluss ausüben als andere. In der Regel existiert keine organisatorische Instanz sowie kein Mechanismus, der eine explizite Ausformulierung und Priorisierung der Ziele auf Netzwerkebene zulässt. Vielmehr ergibt sich das Zielsystem aus der Vielzahl an Einzelvereinbarungen und eingesetzter Instrumente zwischen den Akteuren bottom-up. Darüber hinaus stellt sich auf Netzwerkebene nicht nur die Frage, inwiefern Lagerhaltungs- oder Servicegradkosten zu priorisieren sind. Vielmehr ist die Frage zentral, «wo» in der Supply Chain (d.h. bei welchem Akteur) welche der Kostenkategorien wie stark zu priorisieren ist, um dem Endkunden den notwendigen Service kosteneffizient anbieten zu können. Es entstehen somit deutlich mehr Stellhebel, das Gesamtsystem zu optimieren.

Eine zusammenfassende Gegenüberstellung der jeweiligen Ziele auf Akteurs- und Netzwerkebene findet sich in ▶ Abb. 22.

Ziele des Bestandsmanagements	Ziele auf Akteursebene	Ziele auf Netzwerkebene
Kapitalbindungskosten	▪ Niveau der Bestände und Dauer im Unternehmen reduzieren ▪ Einlagerung von Produkten mit möglichst niedriger Wertigkeit	▪ Menge der Bestände und Dauer über die gesamte Supply Chain reduzieren ▪ Berücksichtigung der unterschiedlichen Zinskosten und Wertigkeit der Güter bei den jeweiligen Supply-Chain-Akteuren
Lagerhauskosten	▪ Senkung der Betriebskosten der Lagerhäuser im Unternehmen	▪ Möglichst effiziente Verteilung der Bestände zwischen den Lagerhäusern der Supply-Chain-Partner ▪ Ausnutzen von Kostenvorteilen durch Berücksichtigung unterschiedlicher Gegebenheiten bei den Supply-Chain-Akteuren (z.B. erhöhte Bestandsmenge, wenn bei einem Partner ein hoch automatisiertes Lager vorliegt)
Servicegradkosten	▪ Senkung der Servicegradkosten bzgl. Versorgungs- und Lieferservice für das Unternehmen	▪ Senkung der externen Servicegradkosten (Lieferservice) gegenüber den Endkunden durch Supply-Chain-interne Performance ▪ Differenzierung als Supply Chain gegenüber dem Wettbewerb durch außerordentlichen Service ▪ Kooperative Festlegung des internen Servicegrades, sodass die Versorgung der Supply-Chain-Partner sowie der externe Lieferservice zum Endkunden hin möglichst effizient sichergestellt werden können
Verpackungskosten	▪ Senkung der Kosten für Verpackung und Materialschäden im Verantwortungsbereich des Unternehmens	▪ Senkung der Kosten für die Verpackung und Materialschäden entlang der Supply Chain bis zum Endkunden ▪ Berücksichtigung der Supply-Chain-Partner hinsichtlich Vorgaben beim Ver- und Entpacken ▪ Einhalten von Standards und Normen über die Supply Chain hinweg
Loskosten	▪ Optimierung der Losgrößen, sodass resultierende Kosten (z.B. Rüst- oder Bestellkosten) für das Unternehmen gesenkt werden	▪ Berücksichtigung der Losgrößenanforderungen über mehrere Supply-Chain-Stufen hinweg, um Kostenvorteile im Gesamtsystem zu erreichen
Auftragsabwicklungskosten	▪ Senkung der Kosten für die Abwicklung eines Auftrages im Unternehmen	▪ Senkung der Kosten für die gemeinsame Bearbeitung von Aufträgen entlang der Supply-Chain-Stufen
Transportkosten	▪ Senkung der Kosten der vom Unternehmen ausgeführten bzw. verantworteten Transporte	▪ Senkung der Transportkosten über mehrere Supply-Chain-Stufen hinweg ▪ Kooperative Abstimmung und ggf. Bündelung von Transporten zwischen den Supply-Chain-Akteuren zur Senkung der Gesamtkosten

▲ Abb. 22 Gegenüberstellung der Ziele auf der Akteurs- und der Netzwerkebene

1.5 Sichtweisen auf Bestände

Wolfgang Stölzle, Stefan Selensky

1.5.1 Hinführung zu Sichtweisen auf Bestände

Generell gibt es verschiedene Sichtweisen, aus denen Bestände betrachtet und auf deren Basis diese beeinflusst werden können. Im vorhergehenden Abschnitt 1.4 wurde bereits auf die Ziele des Bestandsmanagements und den dabei entstehen-

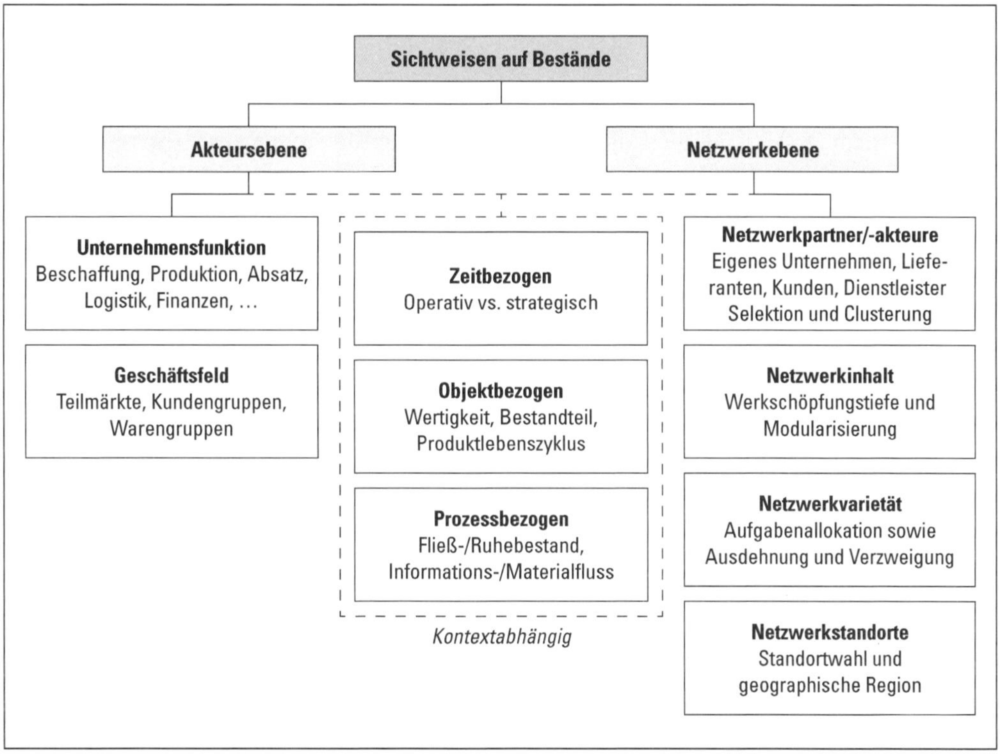

▲ Abb. 23 Sichtweisen auf Bestände auf Akteurs- und Netzwerkebene

den inhaltlichen Konflikt eingegangen. Fortführend geht dieser Abschnitt näher auf die verschiedenen Blickwinkel ein, mit denen Bestandsmanagement betrieben werden kann, und thematisiert dabei entstehende Spannungen und Zusammenhänge. Eine Übersicht möglicher Perspektiven auf das Bestandsmanagement enthält ◀ Abb. 23. Zunächst erfolgt eine Aufteilung der möglichen Sichtweisen nach Akteurs- und Netzwerkebene. Während die Betrachtung der Bestände auf Akteursebene nach Unternehmensfunktion oder Geschäftsfeldern erfolgen kann, wird auf der Netzwerkebene zwischen der Betrachtung der Akteure in der Supply Chain selbst, dem Einfluss der Tiefe und der Modularität der Wertschöpfung (Netzwerkinhalt), der Netzwerkvarietät und den Standorten des Netzwerks unterschieden. Darüber hinaus gibt es noch kontextabhängige Sichtweisen auf Bestände, die sowohl auf Akteurs- wie auch auf Netzwerkebene relevant sind. Zu diesen gehören der Zeit-, der Objekt- und der Prozessbezug.

1.5.2 Sichtweisen auf Bestände auf der Akteursebene

Auf der Akteursebene wird in der Praxis typischerweise zunächst eine funktionelle Sichtweise eingenommen. Einer ganzheitlichen Bestandsoptimierung in Unternehmen stehen oft historisch gewachsene, konkurrierende Bereichsinteressen entgegen; es kommt zu einem Zielkonflikt. So besteht in allen Bereichen durch die individuelle Zielsetzung eine Tendenz zur Erhöhung von Beständen, welche in starkem Konflikt zu dem Ziel der ganzheitlichen Bestandsoptimierung steht. ▶ Abb. 24 zeigt die einzelnen Ziele der Unternehmensbereiche und stellt diese den Zielen und Forderungen eines übergeordneten Bestandsmanagements gegenüber (Stölzle et al., 2004):

- *Zielkonflikt «Große Bestellmengen vs. kleine Anlieferungsmengen»:* Während das Beschaffungsmanagement (Einkauf) eines Unternehmens stets möglichst große Bestellmengen anstrebt, um Preise und Bestellkosten zu optimieren, werden für eine übergeordnete Bestandsoptimierung kleine, bedarfsgerechte Anliefermengen benötigt, um die Kapitalbindungskosten möglichst niedrig zu halten.
- *Zielkonflikt «Sicherheitsbestände vs. Konsolidierung der Lagerstandorte»:* Während das Produktionsmanagement (Fertigung) eines Unternehmens angehalten ist, die Produktion durch verteilte Sicherheitsbestände unter gleichmäßiger Auslastung zu halten, strebt das Bestandsmanagement durch Konsolidierung von Lagerstandorten eine Optimierung des Bestandsniveaus an.
- *Zielkonflikt «Große Puffer und große Lose vs. kurze Wiederbeschaffungszeiten»:* Während in der Produktion große Lose zur Minimierung von Rüstzeiten zu großen Puffern führen, strebt ein übergeordnetes Bestandsmanagement schlanke Bestände mit möglichst kurzen Wiederbeschaffungszeiten an.

Ziele der Unternehmensbereiche				Ziele des Bestandsmanagements
Beschaffung *Versorgungssicherheit und niedrige Einkaufspreise*	Große Bestellmengen	vs.	Kleine Anlieferungsmengen	Kapitalbindungskosten senken
Produktion *Gleichmäßige Auslastung der Kapazitäten*	Sicherheitsbestände	vs.	Konsolidierung der Lagerstandorte	Kapitalbindungskosten senken
Produktion *Gleichmäßige Auslastung der Kapazitäten*	Große Puffer, große Lose	vs.	Kurze Wiederbeschaffungszeiten	Schlanke Bestände
Distribution *Schnelle und individuelle Erfüllung der Kundenwünsche*	Hohe Lieferbereitschaft	vs.	Flexible Kapazitäten	Beschaffungs- und Transportkosten senken
Distribution *Schnelle und individuelle Erfüllung der Kundenwünsche*	Sortimentsausweitung	vs.	Materialversorgung nach Produktionsplan (push)	Beschaffungs- und Transportkosten senken
Logistik *Termingerechte Lieferung und niedrige Transportkosten*	Große Standardlose	vs.	Bedarfsgerechte Fertigung	Senkung der Fehlmengenkosten
Finanzen *Geringe Kapitalbindung und Flexibilität bei Liquiditätsüberschüssen*	Flexible Eigenfertigung	vs.	Sortimentsbereinigung	Senkung der Fehlmengenkosten

▲ Abb. 24 Bestandsmanagement im Spannungsfeld konfliktärer Bereichsinteressen (in Anlehnung an Hartmann, 1999)

- *Zielkonflikt «Hohe Lieferbereitschaft vs. flexible Kapazitäten»:* Während in der Distribution (Vertrieb) die Erfüllung von Kundenwünschen durch eine hohe Lieferbereitschaft oberste Priorität hat, zielt das Bestandsmanagement darauf ab, Beschaffungs- und Transportkosten durch flexible Kapazitäten zu senken.

- *Zielkonflikt «Sortimentsausweitung vs. Materialversorgung nach Produktionsplan»:* Während im Absatz durch ein möglichst breites Sortiment individuelle Kundenwünsche erfüllt werden sollen, zielt das Bestandsmanagement auf eine Kostenoptimierung durch bedarfsgerechte «Push»-Versorgung nach Produktionsplan ab.
- *Zielkonflikt «Große Standardlose vs. bedarfsgerechte Fertigung»:* Während in der Logistik möglichst große Standardlose den Ablauf vereinfachen und Transportkosten senken, zielt das Bestandsmanagement durch eine bedarfs- und servicegradgerechte Fertigung auf eine Senkung der Fehlmengenkosten ab.
- *Zielkonflikt «Flexible Eigenfertigung vs. Sortimentsbereinigung»:* Während der Finanzbereich eines Unternehmens auf flexible Eigenfertigung zur Minderung der Kapitalbindung und Erhöhung der Flexibilität abzielt, sollen im Bestandsmanagement durch Bereinigung des Sortiments Fehlmengenkosten reduziert werden.

Die strategische Stoßrichtung aus Sicht der einzelnen Unternehmensbereiche ist folglich eine Harmonisierung der Bestandsziele über die Funktionsstrategien hinweg, welche mit einer übergeordneten Geschäftsfeld- oder Unternehmensstrategie abgestimmt sind. Beispielsweise kann sich eine solche Abstimmung auf geeignete Kennzahlen stützen. Amazon hat etwa zur Bestandsoptimierung den sogenannten *Inventory Performance Index* eingeführt, welcher das Verhältnis von Lagerbestand zu Abverkauf bewertet. Die Abstimmung erfolgt demzufolge über einen zentralen Kennzahlenmonitor, welcher diverse Parameter in den Index einpflegt (Lucas, 2020). Die Optimierung bzw. Erreichung der Bestandsziele sollte indes keine abgekapselte Aufgabe jeder Funktion sein, sondern in einer abgestimmten Strategieformulierung mit einem gemeinsamen Zielsystem umgesetzt werden.

Zur Lösung dieses Konflikts ist in der Regel eine übergeordnete Strategieformulierung notwendig. Diese kann entweder nach dem «Top-down»- oder dem «Bottom-up»-Prinzip vollzogen werden. Während beim Top-down-Ansatz die Funktionsstrategien aus den übergeordneten (Unternehmens-)Strategien abgeleitet werden, erfolgt beim Bottom-up-Prinzip eine Konsolidierung der Strategien von unten nach oben. Die beiden Ansätze schließen sich gegenseitig nicht komplett aus. Sie können im Rahmen eines «Gegenstromverfahrens» auch ergänzend eingesetzt oder gemischt werden, zum Beispiel wenn die Geschäftsfeldstrategie von der Unternehmensstrategie top-down abgeleitet wird und ein Abgleich mit den zuvor bottom-up konsolidierten Funktionsstrategien erfolgt. Ausgehend von diesem Abgleich lassen sich Anpassungen zur Harmonisierung in umgekehrter Wirkungsrichtung vollziehen. Darauf geht Abschnitt 2.1 «Bestandsstrategie» im Detail ein.

1.5.3 Kontextabhängige Sichtweisen auf Bestände

Die kontextabhängigen Sichtweisen können sowohl auf der Akteurs- wie auch auf der Netzwerkebene eingenommen werden. Dabei ist der zugrundeliegende Ansatz auf beiden Ebenen nach demselben Prinzip zu verstehen.

Durch eine differenzierte Betrachtung der Bestände hinsichtlich ihrer *zeitbezogenen Faktoren* können nebst dem Aufbau von langfristigen Wettbewerbsvorteilen auch kurzfristige Erfolgspotentiale erkannt und umgesetzt werden. Unter Planung wird ein antizipatives Entscheiden verstanden, es muss also im Voraus festgelegt werden, was zu tun ist. Hinsichtlich der zeitbezogenen Stoßrichtung für das Bestandsmanagement ist demzufolge zwischen strategischer und operativer Planung zu unterscheiden:

- Als «strategisch» gelten langfristige und grundsätzliche Entscheidungen mit einem verhältnismäßig langen Zeithorizont. Sie sind eher abstrakt, global und wenig konkret (Müller-Stewens & Lechner, 2016). Strategische Entscheidungen liegen meist in der Verantwortung der obersten Führungsebene, weil dadurch mitunter Ressourcen langfristig gebunden werden. Strategisches Handeln liegt vor, wenn einerseits ein Plan über das Vorgehen zur Erreichung der unternehmerischen Ziele existiert sowie zweitens in diesem Plan Reaktionen anderer Marktteilnehmer so berücksichtigt werden, dass die Zielerreichung trotzdem möglich ist (Kasprik, 2013). Auch wenn der Wirkungshorizont der strategischen Planung langfristiger Natur ist, kann ihr Aktionshorizont durchaus kurzfristig sein (Becker, 2006, S. 212). Im Rahmen des Bestandsmanagements bedeutet dies die Formulierung langfristiger Ziele in Bezug auf das Bestandsniveau und das Ableiten aller für deren Erreichung notwendigen Maßnahmen.
- Die operative Planung baut auf der strategischen Planung auf und setzt sie in einem, verglichen zur strategischen Planung, kurzen Zeitraum in konkrete Maßnahmen um (Weber et al., 2014, S. 82). Sie beschäftigt sich mit klar definierten Problemen, meistens mit kurzfristigen Aktivitäten und Detailproblemen. Eine direkte Zuordnung von operativ zu kurzfristig und strategisch zu langfristig ist mit Vorsicht zu vollziehen. Obwohl operative Pläne in der Regel kurzfristig orientiert sind, können auch strategische Pläne kurzfristig umzusetzende Aktionen mit einem jedoch meist längerem Wirkungshorizont beinhalten (Becker, 2006, S. 212). Angewandt auf das Bestandsmanagement ist hierunter die konkrete Ausgestaltung von Maßnahmen wie beispielsweise die Beschaffungslogistik, die Bestellmengenoptimierung oder die Sortimentsbreite zu verstehen.

Aus einer zeitbezogenen Perspektive lassen sich Bestände über ihren Wirkungshorizont abgrenzen und entsprechend in der Strategiehierarchie einordnen. Kurzfristige Aktivitäten müssen folglich nicht zwingend die Anpassung eines ganzen Zielsystems zur Folge haben, sondern können vielmehr durch eine zeitliche Unterscheidung getrennt und nachfolgend harmonisiert werden.

Im Zentrum des Interesses aus einer *objektbezogenen Sichtweise* stehen die Bestände. Es stellt sich die Frage, wie durch die Gestaltung der Objekte und Teilobjekte die Kapitalbindungskosten ohne Einbußen des Servicegrads gesenkt werden können. Mit fortschreitendem Verarbeitungsprozess im Rahmen der Wertschöpfung steigen der Wert sowie die Spezifität eines Objekts. Investierte Arbeit sowie eingearbeitete Materialien lassen somit die Wertdichte eines Objekts steigen. Die Wertdichte gibt den Produktwert oder Artikelkosten pro Kubikmeter bzw. Kilogramm wieder. Die Spezifität bezieht sich auf die Anzahl möglicher Weiterverwendungsmöglichkeiten. Sind Letztere gering, so ist das Risiko eines raschen Wertzerfalls bei Überbeständen groß. Rohstoffe auf der einen Seite besitzen beispielsweise eine geringe Spezifität, da sie sich zu fast beliebig vielen Produkten weiterverarbeiten lassen. Kundenspezifische Sonderanfertigungen auf der anderen Seite besitzen eine hohe Spezifität, da sie nur schwer ohne Anpassungen an einen anderen Kunden weiterzuveräußern sind. Mit steigender Wertedichte und Spezifität nehmen zwar entsprechend die Kapitalbindungskosten zu, andere flankierende Kostenbestandteile fallen jedoch weniger ins Gewicht. So haben etwa Transportkosten im Vergleich geringere Konsequenzen bei höherer Wertdichte als wenn Letztere verhältnismäßig niedrig sind (Schönsleben, 2016, S. 119). Die strategische Stoßrichtung in der Strategieformulierung ist demnach die adäquate Gestaltung der Objekte entlang der Supply Chain mit dem Ziel, Kostenpotentiale zu realisieren.

Gemäß der in Abschnitt 1.3 ausgeführten Klassifizierung von Beständen in Rohstoffe, Hilfsstoffe, Betriebsstoffe, unfertige Erzeugnisse oder fertige Erzeugnisse findet analog die Unterscheidung der Wertdichte und Spezifität der Objekte statt. In der Regel weisen fertige Erzeugnisse in beiden Kategorien die höchsten Werte auf, weshalb die Höhe dieser Bestände möglichst niedrig zu halten ist. Dies geschieht womöglich auf Kosten höherer Bestände in den verbleibenden Kategorien. Bei einer höheren Variantenvielfalt verstärkt sich der Effekt, da sich unfertige Erzeugnisse mit verhältnismäßig wenig zusätzlichem Aufwand zu verschiedenen Varianten fertig produzieren lassen.

Ein anderer Ansatz zur objektbezogenen Sicht auf Bestände resultiert aus der Betrachtung der Produkte aus Marktsicht. Von der Markteinführung bis zum Ausscheiden durchläuft ein Produkt typischerweise verschiedene Phasen, die sogenannten Produktlebensphasen. Diese sind in ihrer Ausprägung je nach Produkt sehr unterschiedlich, lassen sich aber in einer gemeinsamen Grundstruktur systematisieren. Entsprechend können je nach Phase und Produktart Handlungsempfehlungen bezüglich der Bestände abgeleitet werden. In der ersten Phase, der *Einführungsphase,* wird das Produkt entwickelt und auf dem Markt eingeführt. Diese Phase wird aufgrund einer erwarteten, latenten und unsicheren Nachfrage geplant und unterliegt somit einer großen Prognoseunsicherheit. Je nach Branche und Sortiment werden in der Testphase zwischen 30 und 95 % der Produkte wieder verworfen. Die Einführungsphase ist sehr anfällig für mangelnde Verfügbarkeit der Bestände, erfahrungsgemäß entfallen 50 % der gesamten Out-of-Stock-Situationen auf diese Phase. Nach der erfolgreichen Einführungsphase folgt die *Wachstumsphase,* in welcher die Höhe der Bestände rasch erhöht wird. In der *Reifephase* beginnt sich das Wachstum abzuflachen und es wird versucht, weitere Marktsegmente zu erschließen. Ist die Erstversorgung des Marktes abgeschlossen, stagniert die Nachfrage in der *Sättigungsphase.* Im letzten Zyklus, der *Degenerationsphase,* sinkt die Nachfrage immer stärker, bis das Produkt komplett verdrängt wird. Im Durchschnitt fallen 30 % der Bestände auf Artikel in dieser letzten Phase, womit diese im Verhältnis zum tatsächlichen Bedarf deutlich überbevorratet werden. Die erläuterten Lebenszyklen unterscheiden sich in der Dauer der einzelnen Phasen wie auch der Gesamtdauer von Branche zu Branche. Modische Artikel beispielsweise erfahren in ihren kurzen Phasen sehr starke Anstiege wie auch ein schnelles Sinken der Nachfrage. Konsumgüter haben in der Regel einen kürzeren Zyklus als Investitionsgüter, und Ersatzteile sind gekennzeichnet von einer hohen Abhängigkeit von ihrem Hauptprodukt. Je nach Produkt und Branche gelten also andere Rahmenbedingungen, wobei die Abstimmung des Bestandsmanagements aufgrund der beschriebenen Out-of-Stock- und Überbestands-Problematiken vor allem in der ersten und letzten Phase einer integrierten Sichtweise bedarf.

Die bei der objektbezogenen Perspektive typischerweise angewandten Klassifizierungsarten finden sich in ▶ Abb. 25.

Links oben hinten im Würfel befinden sich Bestände mit einer schmalen Variantenvielfalt, einer geringen Wertedichte sowie einem langen Produktlebenszyklus. Eine verstärkte Lagerhaltung ist in einem solchen Szenario wenig kost-

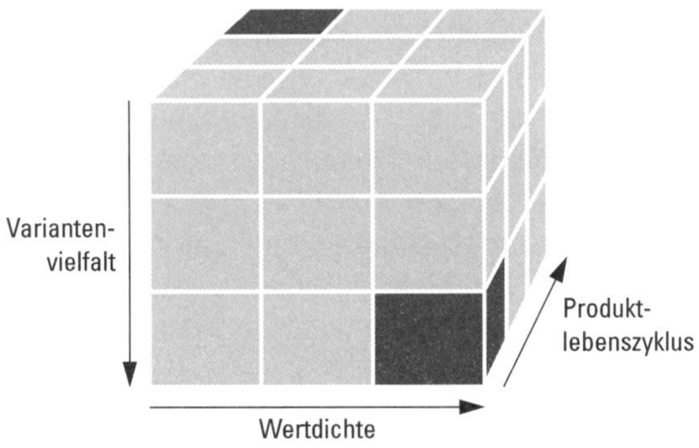

▲ Abb. 25 Strategieanpassung aus einer objektbezogenen Sichtweise (in Anlehnung an Bretzke & Barkawi, 2012, S. 301)

spielig, da die Sicherheitsbestände aufgrund genauer Prognosen klein gehalten werden können und wenig Kapital binden (Bretzke & Barkawi, 2012). Dieser Kategorie können beispielsweise Schrauben oder Nägel zugeordnet werden, die eine geringe Wertdichte implizieren und deren Sicherheitsbestände aufgrund der Prognostizierbarkeit der Nachfrage klein gehalten werden können. Das genaue Gegenteil findet sich im Szenario rechts unten vorne. Objekte in diesem Cluster haben eine hohe Wertdichte, einen schnellen Produktlebenszyklus und eine hohe Variantenvielfalt. Lagerhaltung ist für diese Objektgruppe mit sehr hohen Kapitalbindungskosten verbunden und das Risiko von Überbeständen ist aufgrund der kurzen Lebenszyklen entsprechend hoch. Solche Produkte sind beispielsweise Smartphones oder Laptops. Durch die Einarbeitung wertvoller Materialien und die intensiven Entwicklungskosten weisen diese Objekte eine hohe Wertdichte auf. Betrachtet man die Dynamik der Märkte bei der Entwicklung neuer Versionen, erkennt man schnelle Produktlebenszyklen und eine hohe Variantenvielfalt zur Abschöpfung der Zahlungsbereitschaft.

Kaum ein Unternehmen, welches einen hohen Professionalitätsanspruch aufweist, kommt heutzutage ohne den Einsatz von schlanken Methoden in der Produktion aus. Die unter «Lean Production» oder «Toyota Produktionssystem» (TPS) bekannt gewordenen Ansätze bilden eine elementare Basis für einen effizienten, konkurrenzfähigen und modernen Materialfluss. TPS thematisiert in der enormen Vielfalt an Vorgehensweisen unter anderem Aspekte wie «Verschwendung vermeiden», «Überproduktion minimieren» oder «Kaizen-Prinzip leben»[1] (Dickmann, 2015). Die Ansätze orientieren sich im Kern an einer *prozessbezogenen Sichtweise.* Denn nach dieser Philosophie gehen ineffiziente und störungsanfällige Materialflüsse bzw. Prozesse mit höheren Beständen entlang des Wertschöpfungsprozesses in Form von Zwischenlagern oder Puffern sowie hohe Fehlmengenkosten einher.

Zwischenbestände entstehen einerseits auf natürliche Weise ohne bewusstes Handeln von Mitarbeitenden, beispielsweise durch mangelhafte Kommunikation oder durch Probleme innerhalb des Prozessflusses. Anderseits können Zwischenlager absichtlich aufgebaut werden, zum Beispiel zum Abfedern von wechselnden Kapazitätsengpässen (Brenner & Brunner, 2016). Oft werden Zwischenlager aufgrund von Prozessen mit einer zu geringen Flexibilität hinsichtlich der schwankenden und schnell ändernden Kundenanforderungen eingerichtet. Mit einem schlanken, flexiblen und störungsfreien Materialfluss lassen sich also Kostenpotentiale aus dem Abbau von Beständen realisieren.

---

1 Kaizen kommt aus dem Japanischen und beschreibt einen kontinuierlichen Verbesserungsprozess durch das Empowerment und die Partizipation aller Mitarbeiter. Das Prinzip von Kaizen ist ein erfolgreiches Management im täglichen Betrieb eines Unternehmens in der Aufrechterhaltung und Verbesserung der Standards (Imai, 1997). Formulierte Ziele sollen demnach unternehmensweit am Ort des Geschehens umgesetzt werden. Kaizen-Methoden sind das Herzstück des «Toyota Produktionssystems». (Dickmann, 2015, S. 25)

Genau hier setzt auch der Lean-Ansatz an. Charakteristisch sind möglichst kleine Losgrößen, kleine Sicherheiten bzw. Puffer, maximale Flexibilität gegenüber den Kunden und dabei vergleichsweise kleine Prozesskosten. Der Ansatz folgt der Logik, das richtige Produkt zum richtigen Zeitpunkt am richtigen Ort und in der richtigen Menge zur Verfügung zu stellen. Darüber wird nebst dem Materialfluss im Produktionsprozess auch derjenige im Lager berücksichtigt. Ein schlanker Materialfluss beginnt nicht zuletzt im Lager. Durch ein zu statisches System verlieren Unternehmen an Effizienz und Lieferfähigkeit. Ein flexibles Lager erhöht den Raumnutzungsgrad durch eine erhöhte Zugriffsmöglichkeit um bis zu 50% (Dickmann, 2015, S. 332). Eine flussorientierte Sichtweise beschäftigt sich auch mit einer effizienten Gestaltung der Schnittstellen. Insbesondere der Übergang von Beständen von einer Stelle zur nächsten sollte sich ohne Informationsverlust bewältigen lassen, sodass die korrekten Informationen jederzeit abrufbar sind und zugeordnet werden können. Ansonsten besteht die Gefahr, dass das Finden einzelner Aufträge in der Fülle der Bestände zu hohen Aufwänden führt (Brenner & Brunner, 2016). Mit zunehmender Verlagerung der Wertschöpfung zu Lieferanten und dem Denken in Netzwerken verlagert sich diese Schnittstellenproblematik mit erhöhter Relevanz auf die Außengrenzen des Unternehmens. Auch hier lassen sich Störungen dank einem flussorientierten Denken minimieren.

1.5.4 Sichtweisen auf Bestände auf Netzwerkebene

Unternehmen sind klar abgrenzbare Einheiten und können direkt hierarchisch gesteuert werden. Eine Abstimmung der Bereichsziele hat direkte Auswirkungen auf den Unternehmenserfolg. Eine Steigerung der Wirtschaftlichkeit der Supply Chain ist hingegen nur unter Berücksichtigung selbstständiger, in der Regel aber verbundener Unternehmen möglich. Oftmals hat sich ein Supply-Chain-Akteur des Netzwerks schlechter zu stellen, indem er beispielsweise ein höheres Bestandsniveau im Sinne eines Puffers für vor- bzw. nachgelagerte Supply-Chain-Partner übernimmt (Eßig et al., 2013). Die Berücksichtigung der Wirtschaftlichkeit der einzelnen Supply-Chain-Partner bildet eine erste strategische Stoßrichtung für ein Bestandsmanagement auf Netzwerkebene. Da eine direkte Steuerung der Supply-Chain-Partner im Gegensatz zu den unternehmensinternen Funktionsbereichen nicht möglich ist, sind die strategischen Möglichkeiten auf Netzwerkebene jedoch beschränkt.

Eine weitere Stoßrichtung für ein Bestandsmanagement auf Netzwerkebene ist über die Betrachtung der Supply-Chain-Typen und deren Koordinationsmechanismen möglich. Um der großen Bandbreite von Netzwerken zwischen Markt und Hierarchie gerecht zu werden, haben Gereffi et al. (2005) fünf zentrale Supply-Chain-Typen identifiziert (vgl. ▶ Abb. 26).

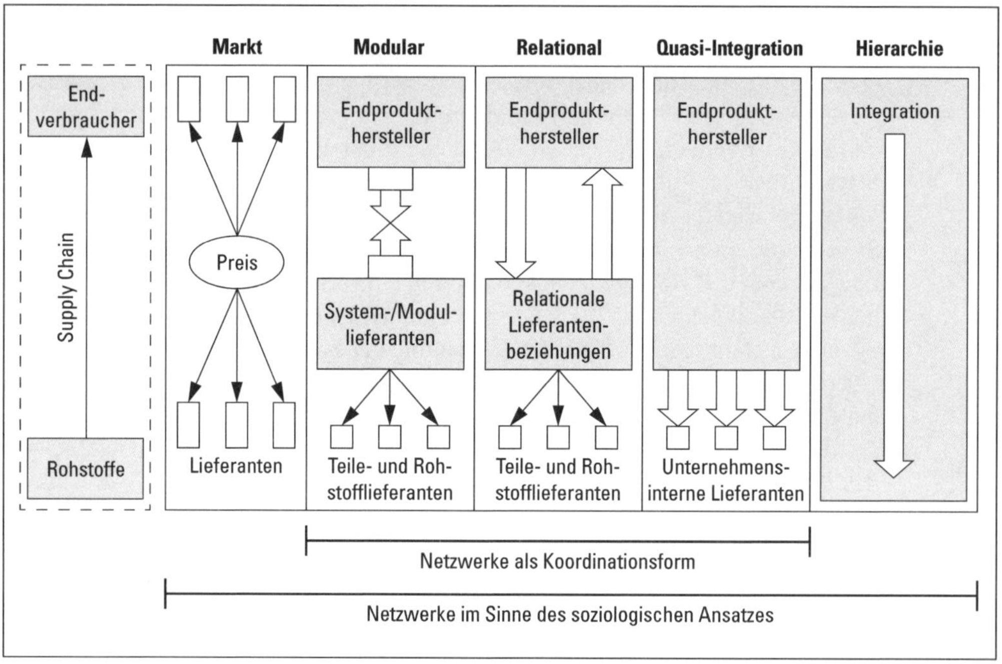

▲ Abb. 26 Unterschiedliche Supply-Chain-Typen und ihre Koordinationsmechanismen (in Anlehnung an Gereffi et al., 2005)

Die Ausprägung des Bestandsmanagements auf Netzwerkebene hängt mit dem vorherrschenden Supply-Chain-Typ zusammen. Dabei gilt es zu beachten, dass die Beziehung zwischen dem Fokus im Bestandsmanagement und dem Typ der Supply Chain wechselseitig geprägt ist und dass diese sich demzufolge durchaus gegenseitig voraussetzen. Die einzelnen Koordinationsmechanismen und deren Implikationen auf das Bestandsmanagement werden im Folgenden kurz erläutert (Eßig et al., 2013, S. 13ff.).

- *Marktliche Supply Chains* werden preislich gesteuert, wobei zwischen den Akteuren der Supply Chain vornehmlich Marktbeziehungen herrschen. In der Regel ist dieser Supply-Chain-Typ bei Standardteilen und C-Materialien (siehe ABC-Analyse in Abschnitt 2.2) vorzufinden, welche eine geringe Spezifität oder häufig wertmäßig einen geringen Anteil aufweisen. Entsprechend fällt der Einfluss auf die Lagerhaltungskosten auf Kunden- und Lieferantenseite gering aus, sodass Waren tendenziell vermehrt im Lager vorgehalten werden. Hinzu kommt, dass Kunden aufgrund von Pauschalkontrollen oftmals einen gewissen Sicherheitsbestand anlegen, um die Versorgung zu sichern. Andererseits spricht aus Kundensicht die Vielzahl und lose Bindung an alternative Lieferanten am Markt dafür, dass auch mit einem moderaten Bestandsniveau ein hoher Versorgungsgrad gewährleistet werden kann.

- *Modulare Supply Chains* beschreiben Netzwerke von Lieferketten, die eine gewisse Individualität und Komplexität der ausgetauschten Leistungen implizieren, wobei diese allerdings gut beschreibbar sind (z. B. Scheinwerfer von Automobilen). Durch die Individualität der Produkte und oftmals höhere Wertdichte fallen Lagerhaltungskosten auf Lieferantenseite besonders ins Gewicht, sofern diese eine Vielzahl an Kunden bedienen. Kundenseitig besteht in diesem Supply-Chain-Typ eine gewisse Abhängigkeit aufgrund der Individualität der Leistungen. Resultierende Risiken für den Kunden können entweder durch den Aufbau von Beständen und damit durch eine Erhöhung der Lagerhaltungskosten gemindert werden oder durch eine Verteilung auf mehrere Systemlieferanten, wodurch jedoch Auftragsabwicklungs- und Loskosten steigen.
- *Relationale Supply Chains* sind durch individuelle und komplexe Austauschprozesse bestimmt, welche mit einer schwierigen Beschreibbarkeit einhergehen. Es herrschen wechselseitige Abhängigkeiten von den Kompetenzen des Partners. Vor dem Hintergrund des Bestandsmanagements führen diese Abhängigkeiten tendenziell zum Aufbau erhöhter Bestände. Durch die enge Zusammenarbeit haben im Gegenzug jedoch oftmals optimierte Auftragsabwicklung und Bestellprozesse sowie gebündelte Transporte einen positiven Effekt auf die erweiterten Bestandskosten in der Supply Chain.
- *«Quasi-integrierte» Supply Chains* bilden eine besondere Ausprägungsform des modularen Supply-Chain-Typs. Zusätzlich prägt dieser Typ die Koordination insofern, dass die Problemlösungsfähigkeit aufgrund der beispielsweise hohen Technologiekomplexität einseitig beim Auftraggeber liegt. Durch die Überwachung findet eine «Gefangennahme» der Zulieferpartner statt. Durch den hohen Grad an Machtasymmetrie zu Gunsten des Kunden kann von diesem ein sehr hoher Servicegrad eingefordert werden, was oftmals die Bestände beim Lieferanten erhöht. Andererseits können durch die «Quasi-Integration» Abläufe und Prozesse standardisiert und optimiert werden, wodurch sich Los- und Auftragsabwicklungskosten reduzieren.
- *Hierarchische Supply Chains* sehen eine vollständige Integration der Lieferkette in das Unternehmen vor. Dieser Typ der Supply Chain bietet großes Potential zur unternehmensübergreifenden Bestandsoptimierung. So können Höhe und Ort der Bestände übergeordnet und kosteneffizient geplant und entsprechende Maßnahmen hierarchisch durchgesetzt werden. Beispielsweise können Bestände an Orten der Supply Chain gelagert werden, wo Kapitalbindungs- und Lagerkosten am vorteilhaftesten sind, und der erwartete Servicegrad kann entsprechend den Interessen und Bedürfnissen aller Partner definiert werden.

Neben den Supply-Chain-Typen beinhaltet die Dimension der Netzwerkgestaltung verschiedene Stoßrichtungen für das Bestandsmanagement auf der Netzwerkebene. Auf der einen Seite ist dabei die grundsätzliche Wertschöpfungsart, wie die Produkte im Zusammenspiel zu erstellen sind, handlungsleitend. Auf der anderen Seite stehen die Eigenschaften der Produkte, welche durch die Supply Chain kundenseitig zur Verfügung gestellt werden. Aus einer übergeordneten Netzwerksicht sind folgende Dimensionen zu berücksichtigen (Eßig et al., 2013):

- *Netzwerkinhalt* betrifft die Entscheidungen zur Wertschöpfungstiefe und der Modularisierung in der Supply Chain. Die Wertschöpfungstiefe bezieht sich auf das «Make or Buy» auf Akteurs- und Netzwerkebene und somit auf den Anteil der Eigenfertigung bei der Gütererstellung. Damit einhergehend ist die Modularität der beschafften Materialien und Materialgruppen. Die Modularität bestimmt, inwiefern Einzelteile oder bereits zusammengesetzte Erzeugnisse erworben werden. Die Gestaltung der Wertschöpfungstiefe nimmt auf die Bestände insofern Einfluss, als bei einem verstärkten Outsourcing die Abhängigkeit zu den Partnern zunimmt. Dies führt dazu, dass einzelne Unternehmen höhere Sicherheitsbestände halten müssen und dadurch die Lagerhaltungskosten steigen. Konträr hierzu fallen durch einen hohen Eigenfertigungsanteil eine Vielzahl an Rohstoffen und Halbzeugen an, welche sonst als Bestände des Lieferanten auftreten würden. Als Moderator dieser gegenläufigen Effekte spielt die Modularität der Produkte eine wichtige Rolle. Ist diese bei einer Vielzahl an Komponenten gering, steigt die Komplexität für das Bestandsmanagement, denn die Bestandshaltung und -optimierung wird durch die komplexe, granulare Materialversorgung erschwert. Demzufolge hat der Netzwerkinhalt vor allem Einfluss auf die Dimension Lagerhaltungskosten. Unter Betrachtung der erweiterten Bestandskosten fallen durch eine reduzierte Wertschöpfungstiefe höhere Kosten für die Auftragsabwicklung und den Transport an.
- *Netzwerkpartner* beschreiben Kunden, Lieferanten und Dienstleister in den Supply Chains. Bei der Selektion der Netzwerkpartner stehen unter anderem die logistischen Fertigkeiten des Partners im Fokus der Betrachtung. Bei der Wahl der Netzwerkpartner ist es für das Bestandsmanagement von Bedeutung, Synergieeffekte zu generieren, aber gleichermaßen auch einen «Logistik-Fit» sicherzustellen. Hierbei gilt es, die jeweilige Logistikstruktur und -organisation sowie die Technologien im Bestandsmanagementansatz zu berücksichtigen. Zusätzlich lassen sich im Sinne der Bestandsoptimierung intensivierte Beziehungen mit den Netzwerkpartnern aufbauen, um etwa in der Supply Chain die Fehlmengenkosten zu reduzieren.
- *Netzwerkvarietät* bezieht sich auf die Ausgestaltung der Netzwerkstruktur. Dabei kann jedem «Knoten» des Netzwerks eine dedizierte Aufgabe zugeteilt werden mit dem Ziel, eine Arbeitsteilung und Koordination im Sinne der gesamthaft zu erbringenden Leistungen zu erreichen. Die Variation der Netzwerkstruktur kann als Instrument zur Bestandsoptimierung genutzt werden. Die Formulierung der Rollen in der Supply Chain bestimmt beispielsweise die Allokation des Material- und Warenflusses, was sich übergreifend auf die

Bestände der einzelnen Partner auswirkt. Entsprechend kann über die Netzwerkvarietät die Verteilung der Bestände unternehmensübergreifend gesteuert und somit optimiert werden.

- *Netzwerkstandorte* beinhalten Entscheidungen zur Standortwahl und zur geografischen Reichweite des Netzwerks. Die Netzwerkstandorte nehmen dementsprechend absatz-, produktions- und beschaffungsseitig Einfluss auf den geographischen «Fußabdruck» der Supply Chain. Das Bestandsmanagement wird dabei einerseits maßgeblich durch die Standortfaktoren beeinflusst. Dies sind zum Beispiel die vorherrschenden Kostenniveaus für Transport und Beschaffung oder auch Anforderungen bezüglich der Lieferzeiten. Darüber hinaus bestimmen die Netzwerkstandorte die Höhe der Bestände durch die Ausgestaltung der Logistiknetzwerke und durch die Nähe zu Kunden, Lieferanten und Dienstleistern. Je nach Distanz zwischen den Partnern und der Komplexität der Transportwege sind höhere Sicherheitsbestände vorzuhalten. Im Zielkonflikt des Bestandsmanagement nimmt dadurch die Bestimmung der Netzwerkstandorte einen Einfluss sowohl auf die Lagerhaltungs- als auch auf die Servicegradkosten.

Die skizzierten Dimensionen sind in der Praxis oft nicht unabhängig voneinander zu betrachten. Die Entscheidungen über die Netzwerkstandorte beispielsweise hängen stark mit der Wahl der Netzwerkpartner zusammen. Aus einer interorganisatorischen Sichtweise heraus eröffnen sich vielfach Interessenskonflikte zwischen den involvierten Akteuren. Im Bestandsmanagement auf übergeordneter Netzwerkebene entstehen je nach vorherrschendem Supply-Chain-Typ oder der erfolgten Netzwerkgestaltung diverse Spannungen zwischen den einzelnen Supply-Chain-Akteuren. Eine Beleuchtung der Integrationseckpunkte des Bestandsmanagements in Supply Chains soll schematisch aufzeigen, wie diese Interessenskonflikte und Spannungen grundsätzlich angegangen werden sollten.

1.6 Integration des Bestandsmanagements in Supply Chains

Wolfgang Stölzle, Stefan Selensky

Integration beschreibt im Allgemeinen die Eingliederung in ein größeres Ganzes. Basierend auf den in Kapitel 1 bisher beschriebenen Zusammenhängen lassen sich verschiedene Integrationseckpunkte erkennen, welche für eine umfassende Betrachtung in ein Bestandsmanagement in Supply Chains zu integrieren sind (vgl. ► Abb. 27). So sind die Ziele, die Funktionsbereiche, die Stufen des Wertschöpfungsprozesses und die Entscheidungshorizonte in die Betrachtung mit aufzunehmen. Für jede dieser Dimensionen sollte idealtypisch eine Integration auf Akteurs- und auf Netzwerkebene erfolgen. Als Behelfsmittel lässt sich hierbei der «Fit-Gedanke» heranziehen. Die Herstellung eines solchen «Fits» bildet demnach auch die zentrale Anforderung an das Management von Beständen in Supply Chains, da sich nur über eine harmonisierte Ausgestaltung der verschiedenen Subsysteme und Ziele ein effektives Gesamtsystem gestalten lässt.

Integration der Ziele: Auf der strategischen Ebene eines Unternehmens seien zunächst Prioritäten bezüglich der Supply-Chain-Ziele festgelegt. Diese Priorisierung gilt es in das Bestandsmanagement des Unternehmens als generelle Orientierung für eine strategische Ausrichtung einfließen zu lassen. Dieser Prozess kann einerseits top-down ablaufen, sodass sich die Bestandsziele aus den Zielen des SCM ableiten, oder die Ziele des Bestandsmanagement können bottom-up die übergreifenden Supply-Chain-Ziele (mit)prägen. In dieser Phase findet auch im Bestandsmanagement selbst durch die in Abschnitt 1.4 dargelegten Zielkonflikte eine eigene Zielintegration statt. Die konfliktären direkten Zielgrößen Lagerhaltungs- und Servicegradkosten müssen gegeneinander sowie gegenüber den damit verbundenen Kostenkategorien (insbesondere Transport-, Los-, Verpackungs- und Auftragsabwicklungskosten) austariert werden. So ist beispielsweise eine Reduktion der Lagerhaltungskosten durch kleinere, aber häufigere Bestellungen mit den hierdurch ansteigenden Auftragsabwicklungs- und Loskosten abzuwägen.

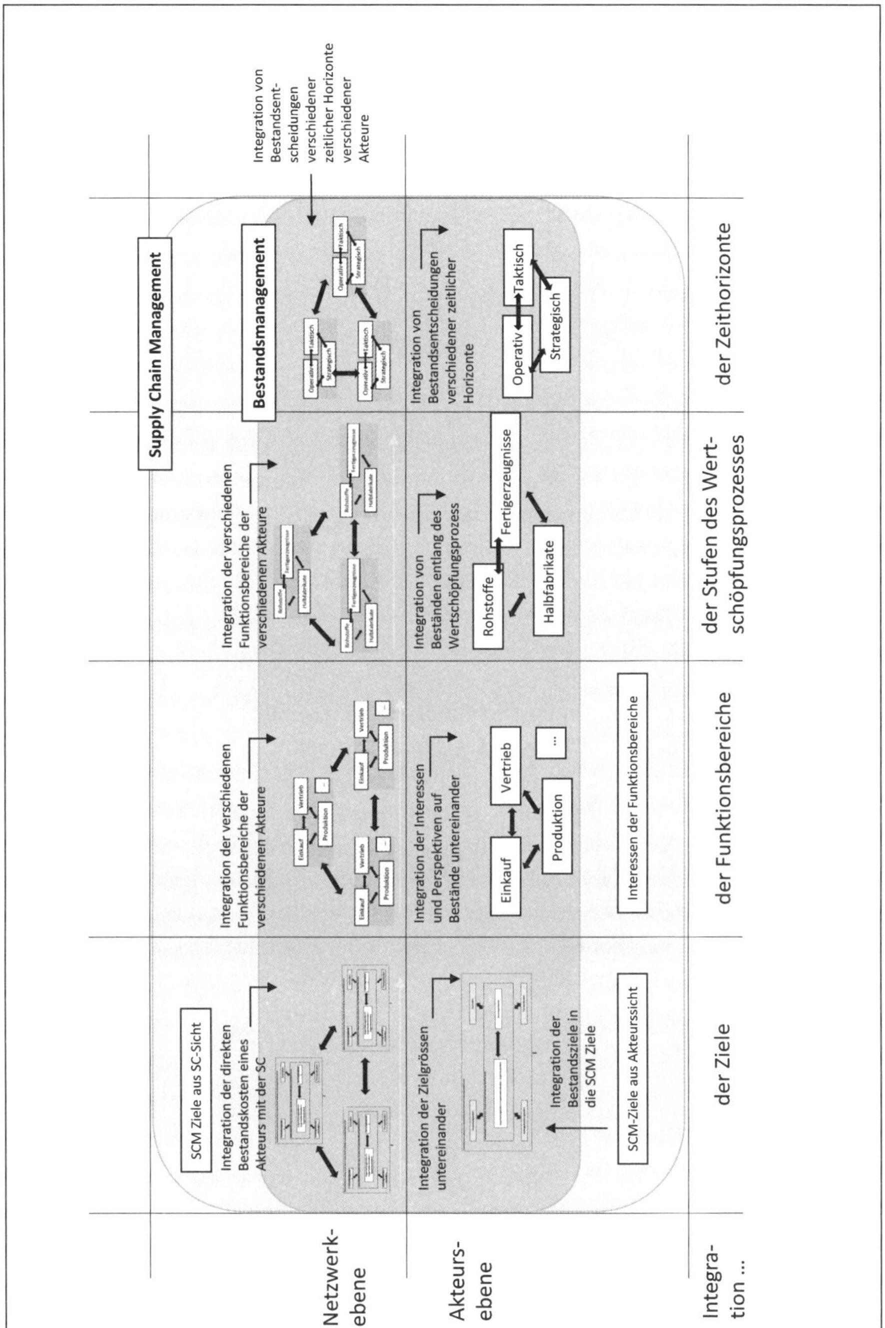

▲ Abb. 27 Übersicht der Integrationseckpunkte des Bestandsmanagements in Supply Chains

Auf Netzwerkebene gestaltet sich diese Integration der Ziele nochmals deutlich komplexer. So gilt es einerseits, die Zielpriorisierung eines einzelnen Akteurs mit jener der anderen Supply-Chain-Akteure zu harmonisieren. Ist etwa die Supply Chain auf einen sehr hohen Servicegrad zu Lasten höherer Lagerhaltungskosten ausgelegt, muss die individuelle Priorisierung eines Supply-Chain-Akteurs in diese integriert werden. Darüber hinaus gilt es, auf Netzwerkebene das Spannungsfeld der durch Bestände beeinflussten Kosten (Transport-, Los-, Verpackungs- und Auftragsabwicklungskosten) gemeinsam mit den anderen involvierten Supply-Chain-Akteuren auszugestalten. So können beispielsweise Maßnahmen wie eine Just-in-Time-Anlieferung zur Senkung der Lagerhaltungs- und Servicekosten bei einem Akteur gleichzeitig zu höheren Transport- und Lagerhaltungskosten bei einem anderen Akteur führen. Solche Zielkonflikte und Spannungen sind im Rahmen der Integration auf Netzwerkebene gemeinsam aufzulösen.

Integration der Funktionsbereiche: Wie in Abschnitt 1.5 aufgezeigt, haben die verschiedenen Funktionsbereiche eines Unternehmens unterschiedliche Interessen mit Beständen sowie im Hinblick auf das Management von Beständen. So sind von Bestandsentscheidungen stets eine Vielzahl an Unternehmensbereichen betroffen, auch wenn diese nicht immer in die Entscheidung selbst involviert sind. Entsprechend notwendig ist die Integration der verschiedenen Perspektiven auf Bestände. So ist aus Sicht der Distribution beispielsweise ein breites Sortiment mit hohen Beständen als Wettbewerbsvorteil anzusehen und als Möglichkeit, Kundenwünsche möglichst individuell zu befriedigen. Gleichzeitig wird es aus enger finanzieller Sicht des Finanzbereichs als überhöhte Kapitalbindung und Minderung der Liquidität angesehen.

Ungleich komplexer wird die Integration der verschieden Funktionsinteressen der wiederum verschiedenen Akteure aus Netzwerkperspektive. Dies einerseits aufgrund der höheren Anzahl beteiligter Funktionen verschiedener Organisationen sowie andererseits aufgrund der vielfältigen und undurchsichtigen Verknüpfungen und indirekten Beeinflussungen. Auch hier ergeben sich Konflikte durch unterschiedliche Sichtweisen, wobei deren Lösung auf Basis von Kompromissen gefunden werden muss. Ist beispielsweise die Distribution eines Lieferanten auf Basis des unternehmensinternen Interessenkonfliktes zwischen den Funktionsbereichen angehalten, Bestände niedrig zu halten, entsteht ein Konflikt mit der Beschaffung des Kunden, sofern dieser ein breites Sortiment mit hohen Beständen erwartet.

Integration der Stufen des Wertschöpfungsprozesses: Die in Abschnitt 1.3 aufgezeigte Klassifizierung von Beständen anhand des Wertschöpfungsprozesses in Rohstoffe, Halbfabrikate und Fertigfabrikate spielt für Bestandsentscheidungen aus wirtschaftlicher Sicht eine Rolle. Je nachdem, in welcher Form ein Unternehmen seine Bestände vorhält, ergeben sich Effekte auf die Kostenstruktur im Zusammenspiel mit den involvierten Unternehmensfunktionen. So resultiert aus einem Bestand an Fertigfabrikaten zwar eine gewisse Nähe der Vorratshaltung zum Kunden und damit auch schnelle Lieferzeiten, jedoch verursacht deren Lagerung aufgrund der Wertzuwachskurve spürbar höhere Kapitalbindungskosten. Genau umgekehrt lassen sich durch eine schwerpunktmäßige Lagerung von Roh- und Halbfabrikaten die Lagerhaltungskosten reduzieren, jedoch können hierdurch negative Auswirkungen auf den Absatz entstehen, was wiederum die Servicegradkosten erhöht.

Aus Netzwerksicht kann die skizzierte Integration entlang der Wertschöpfungstiefe noch weitergedacht werden. Je näher am (End-)Kunden (Konsument) Bestände entlang der Supply Chain anfallen, desto schneller kann die Supply Chain auf sprunghafte Nachfrageschwankungen reagieren. Jedoch entstehen ebenso erhöhte Lagerhaltungskosten, welche ohne geeignete Verteilmechanismen von einigen wenigen Akteuren der Supply Chain zu tragen sind. Ein Ansatz, welcher für die angedeutete Herausforderung eine Lösung anbietet, ist das sogenannte «Postponement» (siehe Abschnitt 4.1.5).

Integration von Entscheidungshorizonten: Zuletzt ist bei Bestandsentscheidungen noch eine Integration des zeitlichen Horizonts zu beachten, wobei dieser bei Bestandsentscheidungen jeweils kurz- bis mittelfristig oder langfristig ausfallen kann. So müssen aus Akteurssicht beispielsweise kurzfristige Bestandserhöhungen zur Sicherung der Versorgung im Kontext von Disruptionen gegen langfristige Maßnahmen zur Senkung des Bestandsniveaus abgewogen werden.

Aus Netzwerksicht gestaltet sich diese Integration schwieriger, da die verschiedenen zeitlichen Entscheidungshorizonte der involvierten Supply-Chain-Akteure aufeinander abzustimmen sind. So können operative kurzfristige Initiativen einzelner Akteure in Konflikt mit langfristigen Bestandsausrichtungen anderer Akteure der Supply Chain stehen. Beispielsweise entsteht ein Konflikt, wenn sich die Supply Chain langfristig über einen besonders hohen Servicegrad differenzieren möchte, einzelne Akteure jedoch aufgrund kurzfristiger finanzieller Zielvorgaben ihre Lagerhaltungskosten herunterfahren und entsprechend Bestände reduzieren müssen.

Fazit: Trotz der verschiedenen Ansprüche eines integrierenden Bestandsmanagements in Supply Chains gestaltet sich dessen Umsetzung in der Praxis oftmals schwierig. Die Wirkung verschiedener Maßnahmen ist dabei stark von der internen Akzeptanz in den einzelnen Unternehmen abhängig. Häufig fehlt den einzelnen Akteuren das Verständnis, welchen Zusatznutzen ein übergeordnetes und am Kunden ausgerichtetes SCM und somit auch ein darin integriertes Bestandsmanagement mit sich bringt. Ein integriertes, an der Supply Chain orientiertes Bestandsmanagement sollte folglich nicht als Zusatzaufwand, sondern als Chance auch auf zusätzliche Erträge gesehen werden. Denn eine solche Interpretation lässt den Anspruch einer gemeinsamen Bestandsperspektive auf Akteurs- und Netzwerkebene entstehen, bei dessen erreichter Realisierung sich Mitarbeitende, Funktionsbereiche und Supply-Chain-Partner in einem harmonisierten Umfeld mit gleichgerichteten Bestandszielen und -aufgaben wiederfinden.

Kapitel 2

Handlungsfelder und Methoden des Bestandsmanagements

2.1 Bestandsstrategie

Erik Hofmann, Stefan Selensky

Das Management von Beständen in Supply Chains hat nicht nur eine operative Seite, sondern weist auch einen strategischen Bezug auf. Im Kontext der sogenannten «Bestandsstrategie» stellt sich zunächst die Frage, wie sich diese interpretieren lässt. Vereinfacht ausgedrückt versteht man unter einer Strategie den langfristigen Plan, der genau definiert, auf welche Art und Weise man übergeordnete Ziele zu erreichen gedenkt (Welge et al., 2017, S. 18). Übertragen auf das Bestandsmanagement bedeutet dies, dass unter einer «Bestandsstrategie» der Plan zu verstehen ist, um die formulierten Bestandsziele (siehe Abschnitt 1.3) zu realisieren.

Konstituierende Elemente einer Bestandsstrategie sind damit erstens das Vorliegen von übergeordneten Bestandszielen und zweitens eines ausgearbeiteten Plans inklusive korrespondierender Maßnahmen, um diese Ziele zu erreichen. In der unternehmerischen Praxis fehlt es mitunter an beiden Elementen. So tun sich Unternehmen häufig schwer damit, die von unterschiedlichen Partikularinteressen geprägten Bestandsziele einzelner Funktionsbereiche in eine übergeordnete Gesamtzielsetzung zu überführen. Weiterhin lassen sich in der Praxis vielfach keine dezidiert auf Bestände ausgerichteten Langfristmaßnahmenpläne identifizieren. Damit steht die Frage im Raum, ob eine Bestandsstrategie in der unternehmerischen Praxis überhaupt existiert. Es lassen sich in diesem Zusammenhang Parallelen zur Anlagenwirtschaft ziehen. Der effiziente Betrieb von Sachanlagen und Infrastruktur ist von essentieller Bedeutung für Industrieunternehmen. Dennoch beschäftigen sich Unternehmen oftmals nicht aktiv mit einer «Anlagenstrategie», sondern gestalten den Ausbau und Betrieb reaktiv gemäß den Anforderungen wichtiger Unternehmensfunktionen.

Während die Strategie-Begriffe in anderen Bereichen wie beispielsweise auf Ebene des Gesamtunternehmens (Corporate Strategy) oder auf Funktionalebene wie etwa des Absatzes (Marketing- oder Vertriebsstrategie) oder der Operations (Produktions- oder Supply-Chain-Strategie) klar gesetzt und definiert erscheinen, gestaltet sich die konzeptionelle Herleitung einer Bestandsstrategie differenzier-

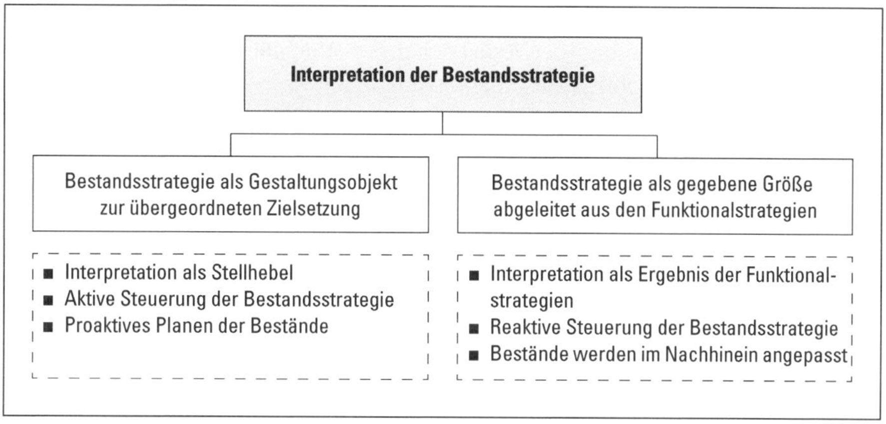

▲ Abb. 28 Grundsätzliche Perspektiven auf die Bestandsstrategie

ter, zumal eine Problemstellung hinsichtlich des «Wesens der Bestandsstrategie» vorliegt. Um sich der skizzierten Problemstellung anzunähern, scheint die Einnahme zweier grundlegender Perspektiven hilfreich zu sein: einerseits die Bestandsstrategie als aktiv gesteuertes Gestaltungsobjekt in Unternehmen, sowie andererseits die Bestandsstrategie als Residualgröße, welche sich passiv aus den übrigen Funktionalstrategien ableitet (◀ Abb. 28).

Die Auslegung der Bestandsstrategie als aktiv und frei gestaltbares Objekt im Unternehmen mag zwar aus einer bewussten Verhaltenssteuerung in Bezug auf Bestände wünschenswert erscheinen, spielt im Praxisalltag aber immer noch eine untergeordnete Rolle (Hoppenheit et al., 2016, S. 122). Übergeordnete Bestandsentscheidungen haben vielfach aufgrund der fehlenden funktionalen Verankerung von Beständen auf Gesamtunternehmensebene weniger Gewicht als Bestandsentscheidungen auf Funktionsbereichs- oder Geschäftsfeldebene. Näher an der praktischen Realität scheint dementsprechend die Interpretation der Bestandsstrategie als passives Resultat im Sinne einer «Residualgröße» zu sein. Treu dem Motto «Strategy follows Structure» ergibt sich diese Residualgröße dabei als Summe der in den einzelnen Funktionalstrategien adressierten Bestandsziele und -maßnahmen, welche – im Idealfall – noch einer koordinierenden Abstimmung unterzogen werden.

Ein Beispiel für eine Bestandsstrategie als Residual ist ein Szenario, in dem der Vertrieb (Absatzfunktion) Kunden einen sehr hohen und vertraglichen festgelegten Servicegrad zusichert. Entsprechend müssen Bestände zu den Kunden hin aufgebaut werden, um diese Anforderungen zu erfüllen. Konfliktär zu dieser Maxime des Bestandsaufbaus zu Kunden hin steht allerdings möglicherweise die Zielsetzung der finanziellen Perspektive des Unternehmens, Kapitalbindung und somit Finanzierungskosten zu senken (siehe auch Abschnitt 1.5). Innerhalb dieser festgelegten Rahmenbedingungen stellt sich nun für die Bestandsstrategie die Frage, wie hoch Bestände zur Erfüllung der gegebenen Anforderungen sein müssen und welche Maßnahmen das Bestandsniveau verbessern können, jeweils unter Berücksichtigung der logistischen Leistungsfähigkeit des Unternehmens sowie weiteren wichtigen Rahmenbedingungen (wie etwa das Vorliegen direkter oder indirekter Absatzkanäle). Maßnahmen im Rahmen der abzuleitenden Bestandsstrategie müssten dabei Faktoren wie etwa den Ort der Bestände (Werden Bestände beim Unternehmen selbst oder bei Partnern geführt?) oder den Einsatz bestimmter Logistikkonzepte (Ließe sich das Bestandsniveau mit Hilfe von Vendor-Managed Inventory [VMI] bei Einhaltung gleichzeitig hoher Serviceanforderungen reduzieren?) beinhalten (siehe Kapitel 4 und Kapitel 6).

Das fiktive Beispiel zeigt auf, wie die verschiedenen, teilweise auch konfliktären Anforderungen der Funktionalstrategien den Spielraum der Bestandsstrategie definieren. In der Praxis stellt sich oftmals eine Mischform der oben beschrieben Perspektiven auf die Bestandsstrategie ein. Die Bestandsstrategie wird weder als reine Residualgröße noch als gänzlich frei gestaltbares Objekt gesehen. Die Aufgabe der Bestandsstrategie liegt vielmehr in der ausgleichenden Zusammenführung der Anforderungen aller relevanter Bezugspunkte bei gleichzeitiger Formulierung eines zielgerichteten Maßnahmenpakets. Das Finden eines Kompromisses zwischen den voneinander abweichenden Bestandszielen und -maßnahmen der Funktionalstrategien bei gleichzeitiger Reduktion der Bestände stellt somit den Charakter einer integrierten Bestandsstrategie dar.

Unabhängig davon, ob eine Bestandsstrategie aktiv gestaltet wird oder sich als Residualgröße ergibt, lässt sich eine Bestandsstrategie anhand einiger wesentlicher Eigenschaften zusammenfassend charakterisieren. Eine Bestandsstrategie ergibt sich – wie oben beschrieben – in Anlehnung an die allgemeine Strategiedefinition aus der Kombination von Zielen mit Maßnahmen. Die Bestandsziele lassen sich dabei durch Ausgestaltung und Priorisierung des Zielkonflikts im Bestandsmanagement beschreiben und operationalisieren (Abschnitt 1.4). Als Maßnahmen kommen zum einen die Ausgestaltung der Funktionalstrategien sowie zum anderen der Einsatz bestandsspezifischer Konzepte und Instrumente (Kapitel 4 und Kapitel 6) in Betracht. Ferner gilt es, diese Ziele und deren Umsetzung zu koordinieren. Hierbei bietet es sich an, die Bestandsverantwortung organisatorisch zu verankern und so ein strategisches Bestandsmanagement im Unternehmen zu etablieren. Bei der organisatorischen Ausgestaltung und Umsetzung einer Bestandsstrategie ist dabei ein Austausch mit den Verantwortlichen aller für Bestände relevanten Bereiche wichtig. Idealerweise wird festgelegt, wie, d.h. durch welche Person bzw. Personengruppe, im Konfliktfall eine Entscheidung zu treffen ist. Bestandteile der daraus folgenden Bestandsstrategie sind weiterhin das Festhalten und die Dokumentation der getroffenen Entscheidung inklusive deren Begründung. Dies trägt zu einer schnellen und erhöhten Akzeptanzbildung der Bestandsstrategie bei. Auch stellt sich die wichtige Frage, welche organisatorische Einheit diese vermittelnde Rolle und die Formulierung der Bestandsstrategie übernimmt. Die Antwort fällt je nach spezifischer Unternehmenssituation differenziert aus.

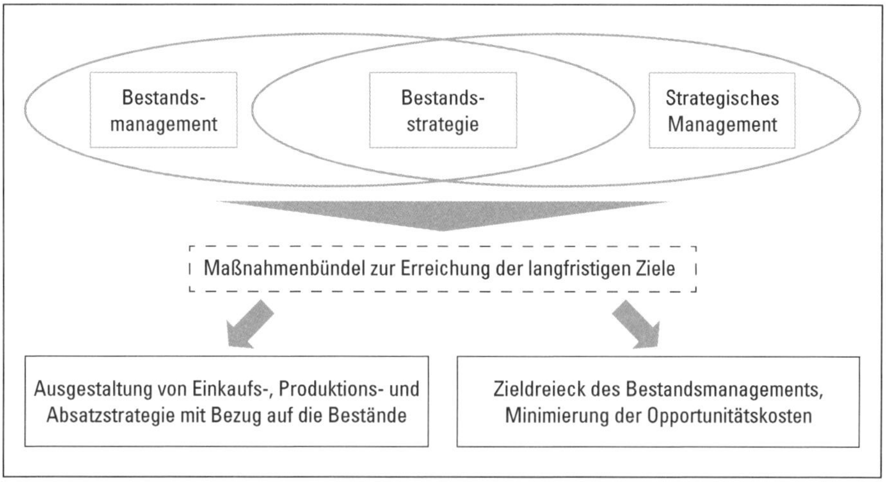

▲ Abb. 29 Herleitung und Zusammensetzung des Begriffs «Bestandsstrategie»

Neben der formalen Definition und Abgrenzung der Bestandsstrategie kann diese praxisorientiert anhand von acht zentralen Fragen beschrieben werden (▶ Abb. 30). Zentraler Ansatzpunkt ist dabei die Lagerung von Gütern und die Entscheidungen darüber, wie diese Lagerung stattzufinden hat:

- Institutionelle Sicht: Wer lagert die Güter ein? Erfolgt die Lagerung durch die eigene Organisation, Lieferanten, Kunden oder Dienstleister?
- Ursprung der Materialien: Woher stammen die eingelagerten Güter und wie werden diese angeliefert?
- Art der Nachbestellung: Wie erfolgt die Nachbestellung der Güter? Zu welchen Zeitpunkten bzw. bei welchen Meldebeständen? Wie erfolgt die Auslösung der Nachbestellung? Gibt es Mindestbestellmengen?
- Art der Güter: Was wird gelagert? Welche Güter und in welchem Zustand werden diese gelagert (z.B. Rohstoffe oder Fertigprodukte bzw. verderblich oder haltbar)?
- Menge der Güter: Wie viel wird gelagert? Welche Mengen liegen an welchem Lagerort vor?
- Ort der Lagerung: Wo befinden sich die Lagerorte? Welche Kapazitäten haben die Lagerorte und wie sind diese ausgestattet?
- Art des Lagerabrufs: Wie wird Ware aus dem Lager abgerufen? Auf Basis welcher Regeln und wie erfolgt die Auslösung des Abrufs?
- Art der Auslieferung: Wie und womit erfolgt die physische Auslieferung aus dem Lager? Gibt es zeitliche Restriktionen bei der Auslieferung?

Die Antworten auf diese Fragen liefern erste klare Orientierungspunkte, mit denen eine zuvor definierte Bestandsstrategie, d.h. eine Priorisierung bestimmter Bestandsziele, sich konkretisieren lässt.

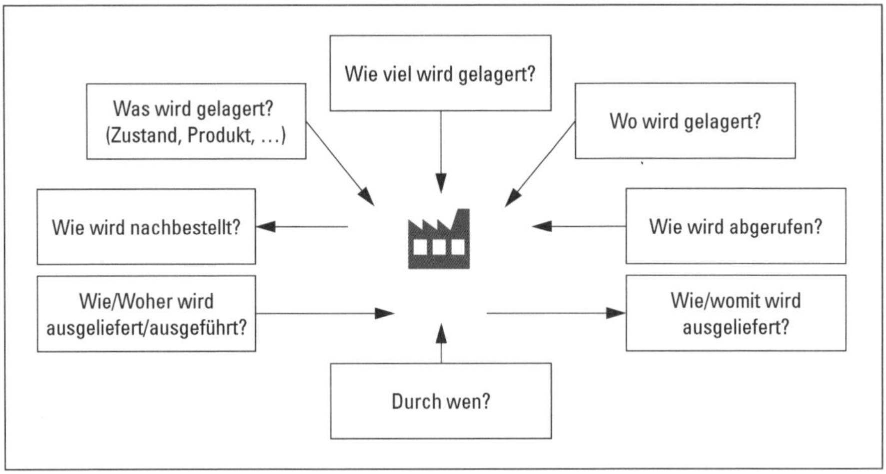

▲ Abb. 30 Zentrale Fragestellungen rund um die Bestandsstrategie

Bei der Festlegung einer Bestandsstrategie, ob aktiv ausgearbeitet oder passiv durch Integration verschiedener Interessen abgeleitet, sind zwei verschiedene Mechanismen beobachtbar. So werden in einem Top-down-Verfahren die Ziele des gesamten Unternehmens auf einzelne Geschäftsbereiche bzw. Business Units (BUs) und Funktionsbereiche und von dort auf einzelne Warengruppen heruntergebrochen und anschließend in konkrete Maßnahmen übersetzt. Die formulierten Maßnahmen auf Ebene der einzelnen Warengruppen beeinflussen ihrerseits wiederum die Bestandsmaßnahmen auf den übergeordneten Ebenen der Funktionsbereiche bzw. Business Units oder die Gesamtziele auf Unternehmensebene in einem Bottom-up-Verfahren (Erner & Hammer, 2019, S. 145). In der Praxis herrscht vielfach eine Kombination beider Mechanismen vor. Bei einem solchen «Gegenstrom-Verfahren» werden zwischen den einzelnen Hierarchie- und Funktionsebenen im «Vor-und-zurück-Mechanismus» koordinierende Abstimmungen zwischen den Zielen (top-down) und möglichen korrespondierenden Maßnahmen (bottom-up) vorgenommen. Koordinierende Abstimmungen erfolgen im Gegenstrom-Verfahren auch «seitwärts» (auf gleicher Hierarchieebene) zwischen einzelnen Funktionsbereichen (z.B. Einkauf, Beschaffungslogistik und Fertigung oder Produktion, Vertrieb und Absatzlogistik) (▶ Abb. 31).

Von Relevanz ist bei der Organisationsebenen-spezifischen Ausgestaltung der Bestandsstrategie die Berücksichtigung der auftretenden Interdependenzen – und das bezogen auf unterschiedliche und gleiche Hierarchie-Ebenen:

- Unterschiedliche Hierarchie-Ebene: So muss die Bestandsstrategie einer bestimmten Warengruppe auf tiefster Ebene in der Regel zur Strategie auf den höheren Ebenen passen. Ausnahmen hiervon bestehen dann, wenn die Warengruppe etwa ganz besondere Anforderungen an die Bestandsstrategie auf die übergeordneten Ebenen hat (z.B. hinsichtlich der Art der Lagerung im technologischen Sinne).

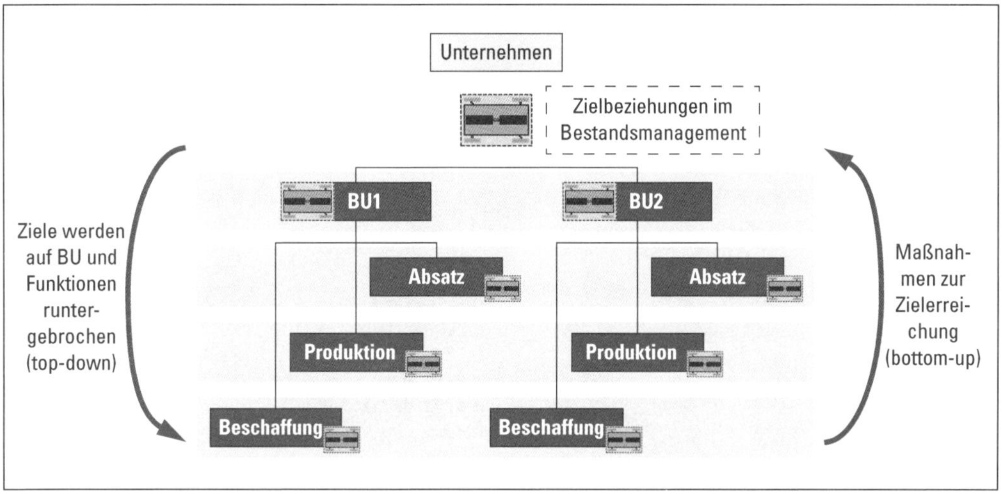

▲ Abb. 31 Mechanismen bei der Festlegung von Bestandsstrategien auf verschiedenen organisatorischen Ebenen

- Gleiche Hierarchie-Ebene: In der Regel muss sich die Fertigung nach dem Absatz richten ebenso wie sich der Einkauf an der Fertigung zu orientieren hat. Es sei denn, Bestände sind ein «kritischer Engpassfaktor». Dann ist eine Ausrichtung auch andersherum denkbar: der Vertrieb sollte nur das verkaufen, was auch produziert werden kann. Und die Fertigung kann nur das produzieren, wofür auch Material verfügbar ist.

Grundsätzlich hat die Ebene, auf welcher eine Bestandsstrategie formuliert wird, großen Einfluss auf die Strategie selbst. So sind Bestandsstrategien auf tieferer Ebene (z.B. Warengruppe oder Funktionsbereich) sehr detailliert und konkret auszuarbeiten, müssen jedoch anschließend mit der Vielzahl weiterer Strategien in Einklang gebracht werden. Bestandsstrategien auf höherer Ebene (z.B. Unternehmens- oder Business-Unit-Ebene) haben dagegen in der Regel einen deutlich höheren Abstraktionsgrad. Mit Bezug zur Supply Chain lässt sich gar eine unternehmensübergreifende Ebene identifizieren, mit welcher ein weiterer Koordinationsaufwand einhergeht.

Während sich die Strategiefindung bezüglich Beständen aufgrund der verschiedenen Einheiten und Ebenen bereits aus der Unternehmensperspektive komplex gestaltet, müssen aus Netzwerkperspektive in der Supply Chain noch zusätzliche Aspekte berücksichtigt werden (▶ Abb. 32). Prinzipiell würde das Festlegen einer Bestandsstrategie aus Netzwerkperspektive die Definition einer einheitlichen und abgestimmten Strategie inklusive der Harmonisierung der Bestandsziele entlang der gesamten Supply Chain bedeuten. In der Praxis geht ein solches übergreifendes Bestandskonstrukt jedoch mit einer Komplexitätssteigerung einher, da sich einzelne Akteure ohne hierarchische Weisungsbefugnis oftmals nur schwer in diesem hohen Maße aufeinander einstimmen lassen. Zudem sind Unternehmen oftmals Mitglied mehrerer Supply Chains mit teilweise konträren Bestandsinteressen.

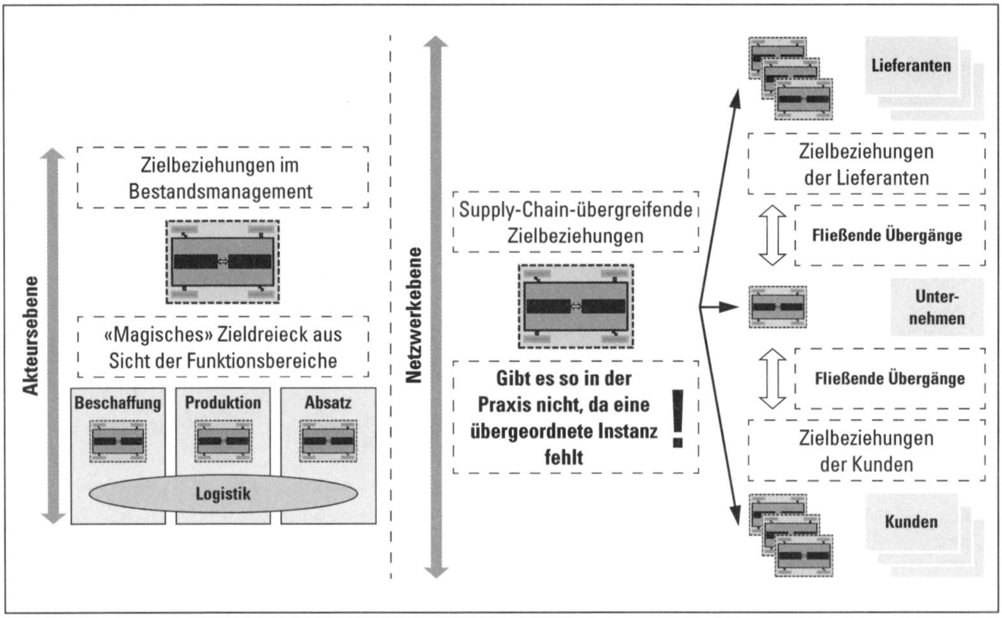

▲ Abb. 32 Bestandsstrategie aus Netzwerkperspektive der Supply Chain

In der Praxis sind es insbesondere Akteure mit sehr hoher Marktmacht, die in ihren Supply Chains eine Koordination der Bestandsstrategie über die Unternehmensgrenzen hinweg zumindest ansatzweise durchsetzen können. Man spricht in diesem Fall von «Quasi-Integration» der Supply-Chain-Akteure.

Auch wenn sich die Supply-Chain-weite Abstimmung einer Bestandsstrategie komplex gestaltet, gibt es einige finanzielle Anreize, welche für eine unternehmensübergreifende Koordination der Bestände sprechen. Ein Beispiel aus dem Bereich des Supply Chain Finance legt diese monetären Vorteile anschaulich dar (▶ Abb. 33).

Im Beispiel haben der Lieferant und der Kunde deutlich höhere Kapitalkosten (gemessen am WACC, Weighted Average Cost of Capital) als das fokale Unternehmen. Dies ist oftmals der Fall, wenn das fokale Unternehmen ein großer Konzern ist und es sich bei den Lieferanten oder Kunden um kleine oder mittelständische Unternehmen handelt. Für die Kunden und Lieferanten ist Kapitalbindung durch Bestände entsprechend mit höheren Kapitalbindungskosten verbunden als für das fokale Unternehmen. Dennoch würde ohne unternehmensübergreifende Strategie das fokale Unternehmen üblicherweise versuchen, die eigene Kapitalbindung zu reduzieren, indem es die Waren so spät wie möglich in den eigenen Bestand (und somit in die eigene Bilanz) aufnimmt und möglichst schnell wieder aus dem eigenen Bestand an die Kunden veräußert. Grund hierfür ist sein Bestreben nach Einsparung von Kapitalkosten. Möglichkeiten der Umsetzung einer solchen fokussierten Strategie sind beispielsweise eine vertraglich vereinbarte Anlie-

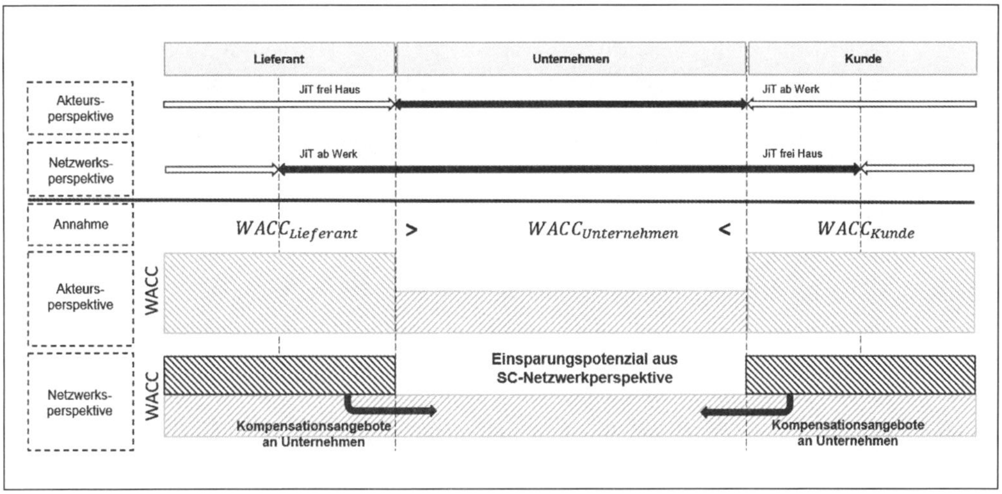

▲ Abb. 33 Beispiel einer koordinierten Bestandsstrategie auf Netzwerkebene im Bereich Supply Chain Finance

ferung durch den Lieferanten «Just-in-Time (JIT) frei Haus» sowie einen Weiterverkauf an den Kunden «JIT ab Werk».

Bei Betrachtung aus einer übergeordneten Netzwerkperspektive wird deutlich, dass aufgrund der Unterschiede hinsichtlich der Kapitalkosten ein Verbesserungspotential für alle Akteure der Supply Chain existiert. Dieses Potential entsteht, indem das fokale Unternehmen eine höhere und längere Bestandslast für die verbunden Partner (Lieferanten und Kunden) mitträgt. In diesem Fall profitiert die Supply Chain von den insgesamt geringeren Kapitalbindungskosten, da die Bestände in Summe eine längere Zeitdauer zu einem geringeren Kapitalbindungskostensatz zu tragen sind. Die zunächst höheren Bestandskosten auf Seiten des fokalen Unternehmens sind jedoch anschließend von den profitierenden Partnern durch korrespondierende Kompensationsangebote auszugleichen, um einen Anreiz für das fokale Unternehmen zu schaffen, einen solchen koordinierenden Ansatz auf Netzwerkebene zu verfolgen (Hofmann & Wetzel, 2020). Die Kompensationsangebote können dabei monetärer oder nichtmonetärer Natur sein. Letzteres umfasst beispielsweise die Verpflichtung eines begünstigten Lieferanten, das fokale Unternehmen als einen zu bevorzugenden Abnehmer zu behandeln.

Abschließend ist zu konstatieren, dass die Formulierung und Umsetzung einer Bestandsstrategie ein komplexes Unterfangen darstellt und von einer Vielzahl von Faktoren beeinflusst wird, auf Unternehmensebene und noch mehr auf Netzwerkebene der Supply Chain. Grundsätzlich nimmt die Komplexität jedoch ab, je tiefer man die Bezugsebene der Bestandsstrategie wählt (z.B. auf Ebene der Warengruppenstrategie). Entsprechend einfacher wird dabei auch die unternehmensübergreifende Abstimmung von Bestandsstrategien, beispielsweise der Einkaufsseite des Kunden und der Vertriebsseite des Lieferanten für eine bestimmte

Warengruppe, da die Komplexität in einem so klar abgegrenzten Bereich beherrschbar bleibt. Allerdings ist nicht zu vernachlässigen, dass solche Koordinationsformen die Bestandsstrategien der Unternehmen auf höheren Ebenen beeinflussen, sodass die Akteure der Supply Chain ihre Strategien auf Basis der einzelnen Zulieferer- oder Abnehmer-Beziehungen in Form von «Zirkelbeziehungen» ständig hinterfragen müssen.

2.2 Materialklassifikation und Versorgungsstrategien

Tim Germann[1]

2.2.1 Perspektiven auf Versorgungsstrategien

Die im Spannungsfeld von gegenläufigen Zieldimensionen (Abschnitt 1.4) gewählte Bestandsstrategie auf Unternehmensebene (Abschnitt 2.1) manifestiert sich auf operativer Ebene in den Versorgungsstrategien für die bewirtschafteten Materialien. Diese Versorgungsstrategien müssen sich konkret aus den Verfügbarkeitszielen ableiten und vom operativen Beschaffungs- und Bestandsmanagement umgesetzt werden können. An die Versorgungsstrategien knüpfen dann die Bedarfsplanung (Abschnitt 2.3) sowie die entsprechenden Bestellpolitiken und Lagerhaltungsmodelle (Abschnitt 2.4) an.

Grundsätzlich lassen sich drei Versorgungsstrategien unterscheiden:

- *Beschaffung auf Lager:* Hier werden gezielt Vorratslager angelegt. Dies bietet die größte Sicherheit in Bezug auf die Verfügbarkeit benötigter Materialien und erlaubt tendenziell günstige Beschaffungs- und Transportkosten durch Ausnutzung von Skaleneffekten. Damit einher gehen Lagerhaltungs- und Kapitalbindungskosten, die gegen eine übermäßige Lagerhaltung sprechen.
- *Beschaffung im Bedarfsfall:* Materialien werden nur beschafft, wenn ein Bedarf vorliegt bzw. konkret geplant ist. Der Wiederbeschaffungszeit kommt hier eine zentrale Bedeutung zu, um die Verfügbarkeit zum benötigten Zeitpunkt zu garantieren. Bei dieser Versorgungsstrategie fallen in der Regel die Skaleneffekte weg und der Arbeitsaufwand erhöht sich, sodass die Beschaffungskosten höher liegen als bei der Beschaffung auf Lager. Dem stehen generell geringere Lagerhaltungs- und Kapitalbindungskosten gegenüber.
- *Bedarfssynchrone Beschaffung:* Sie wird auch als Just-In-Time-Beschaffung bezeichnet, bringt die Bestandshöhe und damit die Lagerhaltungs- und Kapitalbindungskosten auf ein notwendiges Mindestmaß. Der Preis dafür sind die

---

1 Viele Abschnitte in diesem Unterkapitel basieren stark auf der ersten Auflage von Stölzle et al. (2004) und wurden unverändert oder überarbeitet übernommen.

hohen Ansprüche an Transportorganisation und Kommunikation, die sich in tendenziell höheren Beschaffungs- und Transportkosten niederschlagen. Dieser koordinationsintensive Ansatz belohnt mit «schlanken» Bestandsniveaus, ist aber immer mit einem gewissen Risiko der Nichtverfügbarkeit bei Bedarf von Material verbunden, falls die Versorgung nicht plangemäß läuft.

Für die Entscheidung, welche Materialien mit welcher Versorgungsstrategie zu bewirtschaften sind, werden als Kriterien primär deren Verbrauchswert und Verbrauchsregelmäßigkeit herangezogen. In einer Modellwelt ließen sich allein damit die Versorgungsstrategien festlegen:

- Lagerhaltung für Materialien, deren Wert nur einen kleinen Teil des Verbrauchs ausmacht.
- Beschaffung im Bedarfsfall für Materialien, die einen hohen Wert haben, deren Bedarf aber kaum vorhersehbar ist.
- Bedarfssynchrone Beschaffung mit möglichst kleinen Pufferlagern für die Materialien mit gut prognostizierbarem Bedarf und relativ hohem Verbrauchswert.

Mit einem realistischeren Blick auf die Herausforderungen der Beschaffung in globalen Supply Chains ist klar, dass es eine Vielzahl an Faktoren gibt, welche bei der Ausgestaltung von Versorgungsstrategien zusätzlich berücksichtigt werden müssen. Die Frage, inwieweit Materialien «wichtig» für den Unternehmenserfolg sind und inwieweit es sich lohnt, in Bestände zu investieren, kann aus verschiedenen Blickwinkeln beantwortet werden. Entsprechend bieten sich unterschiedliche Kriterien an, um Materialien geeignete Versorgungsstrategien zuzuordnen:

- *Blickwinkel Absatz: Optimierung des Kundenservicegrads*
  Um immer lieferbereit zu sein, richten sich Versorgungsstrategien daran aus, wie gut der Bedarf eines Materials prognostizierbar ist. Ebenso können die Absatzrisiken, die Umschlagshäufigkeit oder die Höhe von Marge respektive Deckungsbeitrag eines Artikels als Kriterien herangezogen werden.
- *Blickwinkel Produktion: Optimierung der Produktionsversorgung*
  Für eine hohe und reibungslose Kapazitätsauslastung berücksichtigen Versorgungsstrategien zum Beispiel die Bedarfsmuster von Materialien (regelmäßig, unregelmäßig, sporadisch) und die Tatsache, ob Bedarfe abhängig voneinander sind (Stücklisten). Daneben können die Kapitalbindung der Produktionsbestände und die Kapazität der Produktionslager Versorgungsstrategien bestimmen. Auch die Haltbarkeit, Gefahrgüterklasse oder Sicherheitsrelevanz von Materialien kann deren Bewirtschaftung lenken.
- *Blickwinkel Beschaffung: Optimierung der Materialverfügbarkeit*
  Damit Fehlmengen vermieden werden, müssen sich Versorgungsstrategien an die Situation auf den Beschaffungsmärkten anpassen. Hier spielen die Liefer- und Wiederbeschaffungszeiten eine zentrale Rolle. Auch die Anfälligkeit der Lieferfähigkeit der Zulieferer, Einkaufspreisschwankungen und geltende Mindestbestellmengen haben Einfluss auf die Versorgungsstrategien.

2.2.2 Notwendigkeit der Materialklassifizierung

Große Materialstämme sind in Unternehmen weit verbreitet. Systeme mit mehreren Zehn- oder sogar Hunderttausend zu disponierenden Artikelnummern sind keine Seltenheit. Lange Produktlebenszyklen mit hohen Bevorratungsdauern, Variantenvielfalt, Sortimentsänderungen und Produktinnovationen tragen dazu bei, dass die Bewirtschaftung der diversen Bestandsarten sehr komplex ist.

Eine Individualisierung der Materialbewirtschaftung für jede Artikelnummer ist wirtschaftlich kaum möglich, auch mit maximaler Systemunterstützung, denn zu groß wäre der Arbeitsaufwand, zu unkritisch sind viele Materialien. Für ein effizientes Bestandsmanagement ist es jedoch keineswegs notwendig, jeden Artikel einzeln bzw. alle Artikel vergleichbar intensiv zu behandeln. Es ist ganz im Gegenteil sinnvoll, die Materialien nach relevanten Kriterien zu bewerten und zu Gruppen mit gleichem Anforderungscharakter zusammenzufassen. Eine solche Materialklassifizierung ist die Grundlage dafür, um das Bestandsmanagement in sinnvollem Maße für «ähnliche» Materialien zu differenzieren. Ähnliche Materialien werden ähnlich bewirtschaftet, d.h. Versorgungs- und Dispositionsstrategien werden nicht für Einzelmaterialien, sondern gleich für ganze Materialklassen ausgestaltet.

Die «Klassiker-Methode» zur Materialklassifikation ist die ABC-XYZ-Analyse, welche den Verbrauchswert und die Verbrauchsregelmäßigkeit als primäre Einflussfaktoren für die Ausgestaltung der Versorgungsstrategie verwendet. Weitere Ansätze nach Vrat (2014) fokussieren die Folgen einer Nichtverfügbarkeit und klassifizieren Materialien nach den Fehlmengenkosten. In der Konsequenz sehen Versorgungsstrategien zum Beispiel vor, ob Bestände geführt werden müssen, sollen oder können. Ergänzend erlaubt eine Materialklassifizierung nach Beschaffungsmärkten bzw. Lieferherkunft – z.B. in international, regional oder lokal – eine bessere Berücksichtigung der Wiederbeschaffungszeiten in den Versorgungsstrategien.

Mit einer Kombination der Methoden bzw. einer komplementären Anwendung der Analysekriterien können die bewirtschafteten Materialien eines Unternehmens so gruppiert werden, dass die Versorgungsstrategien den Anforderungen aus verschiedenen funktionalen Blickwinkeln gerecht werden.

2.2.3 ABC-XYZ-Analyse

Die ABC-Analyse klassifiziert Materialien nach deren Verbrauchswert, der sich aus der verbrauchten Menge multipliziert mit deren Preis ergibt. Diese Methode ist motiviert durch die empirische Beobachtung, dass in vielen Unternehmen der wertmäßig größte Teil der Materialien mengenmäßig nur einen kleinen Teil ausmacht, während der mengenmäßig größte Teil wertmäßig am kleinsten ist. Der Verbrauchswert als Kriterium für die Ausgestaltung von Versorgungsstrategien legt nahe, dass sich Bestandsmanagement besonders für die wertmäßig ausschlaggebendsten Materialien eignet. Durch einen gezielten Fokus auf relativ wenige Materialien kann auf einen vergleichsweise großen Anteil der Gesamtkosten Einfluss genommen werden.

In Abhängigkeit von ihrem mengen- und wertmäßigen Anteil werden Artikelbestände in drei unterschiedliche Kategorien (A, B und C) eingeteilt (Kerth et al., 2015, S. 3):

- A-Güter sind mengenmäßig gering (ca. 10 %), wertmäßig hingegen stark am Umsatz beteiligt (ca. 80 %).
- B-Güter zeichnen sich sowohl bezüglich der Menge (ca. 20 %) als auch des Wertes (ca. 15 %) durch einen mittleren Anteil am Umsatz aus.
- C-Güter sind mengenmäßig stark (ca. 70 %), wertmäßig hingegen gering am Umsatz beteiligt (ca. 5 %).

Mit einer Lorenzkurve lassen sich diese Anteile anschaulich darstellen (▶ Abb. 34).

Die Durchführung der ABC-Analyse erfolgt in den folgenden Schritten, die anhand des Zahlenbeispiels in ▶ Abb. 35 nachvollzogen werden können:

1. Multiplikation der verbrauchten Menge (in Stück) mit dem Preis (pro Stück), um den Verbrauchswert der einzelnen Materialien zu erhalten
2. Summieren aller einzelnen Verbrauchswerte zum Gesamtverbrauchswert
3. Berechnen der prozentualen Anteile der einzelnen Verbrauchswerte jedes Materials am Gesamtverbrauchswert
4. Sortieren der Materialien absteigend nach ihren prozentualen Anteilen am Gesamtverbrauchswert

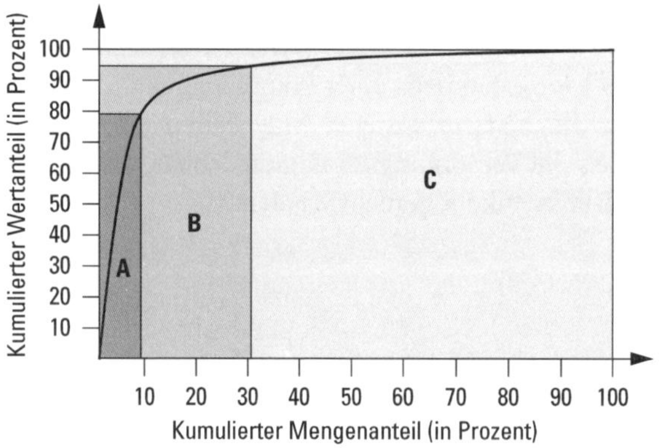

	Wert-anteil	Mengen-anteil
A	~80%	~10%
B	~15%	~20%
C	~5%	~70%

▲ Abb. 34 ABC-Klassengrenzen

Artikel-nummer	Material	Preis pro Stk.	Verbrauch in Stk.	Verbrauchs-wert (absolut)	Anteil am Gesamt-verbrauchswert (in %)	Kumulierte Wertanteile in %	ABC-Klasse
81-23	Achslenkerlager	181	1 626	294 306	79,5 %	79,5 %	A
76-29	Verstellpumpe	19 602	2	39 204	10,6 %	90,1 %	B
89-40	Tür-Sensor	389	36	14 004	3,8 %	93,9 %	B
84-00	Einlage D	33	204	6 732	1,8 %	95,7 %	B
73-57	Heizregister	2 247	3	6 741	1,8 %	97,5 %	C
84-41	Impulsübertrager	750	3	2 250	0,6 %	98,1 %	C
86-71	Steckplatte	200	11	2 200	0,6 %	98,7 %	C
81-22	Bügel Achslenker	800	2	1 600	0,4 %	99,2 %	C
71-26	Schichtfeder	394	4	1 576	0,4 %	99,6 %	C
62-43	Federhalter	375	4	1 500	0,4 %	100,0 %	C
	Summe:			**370 113**			

▲ Abb. 35 Vorgehen ABC-Analyse

5. Kumulieren der Wertanteile entlang dieser Sortierreihenfolge
6. Klassifizieren der Materialien gemäß der gewählten ABC-Klassengrenzen (A: bis 80 %, B: folgend bis 95 %, C: folgend bis 100 % der kumulierten Anteile am Gesamtverbrauchswert)

Die Kombination der ABC-Analyse, wo der Verbrauchswert der bewirtschafteten Materialien als Analysekriterium dient, mit der XYZ-Analyse, welche die Verbrauchsregelmäßigkeit betrachtet, hat sich bewährt, da beide Aspekte materialwirtschaftliche Entscheidungen beeinflussen (Arnolds et al., 2016, S. 27).

Motiviert durch die Tatsache, dass Materialien im Unternehmen in ganz unterschiedlichen Mustern verbraucht werden, gruppiert sie die XYZ-Analyse nach Maßgabe ähnlicher Verbrauchsregelmäßigkeit. Die Verbrauchsregelmäßigkeit eines Materials hängt direkt mit dessen Prognostizierbarkeit zusammen. Je regelmäßiger der Verbrauch, desto genauer lässt sich der zukünftige Bedarf vorhersagen und planen (Abschnitt 2.3). Die Vorhersagegenauigkeit ist folglich ein Hauptmerkmal, an dem sich Materialien in den XYZ-Güterklassen unterscheiden:

- X-Artikel sind durch einen regelmäßigen, d.h. relativ konstanten und schwankungsarmen Verbrauchsverlauf gekennzeichnet. Bei Bedarfsprognosen kann mit den gängigen Methoden eine hohe Vorhersagegenauigkeit erzielt werden.
- Y-Artikel haben einen unregelmäßigen Bedarf, der durch größere Schwankungen gekennzeichnet ist. Oft lassen sich in den Verbrauchskurven gewisse Muster erkennen, wie z.B. saisonale Schwankungen, lineare oder exponentielle

Trendverläufe. Für diese charakteristischen Muster existieren Prognosemethoden, mit welchen sich eine mittlere Vorhersagegenauigkeit erzielen lässt.
- Z-Artikel werden sporadisch bzw. ohne klares Muster verbraucht. Bedarfsprognosen sind nicht verlässlich möglich. Werden dennoch übliche Prognosemethoden angewendet, resultiert üblicherweise eine sehr niedrige Vorhersagegenauigkeit.

Während die Beschreibung der Verbrauchsregelmäßigkeit von Materialien sprachlich leicht fällt – beispielsweise konstant, regelmäßig, unregelmäßig, saisonal schwankend oder sporadisch – ist die rechnerische Greifbarkeit und Abgrenzung weniger intuitiv. So fällt es zum Beispiel schwer, die Verbrauchsregelmäßigkeit in ▶ Abb. 36 spontan zu klassifizieren.

Für die methodische Analyse der Regelmäßigkeit eines Verbrauchs sind verschiedene Kriterien denkbar:

- *Min-Max-Korridor:*
  Betrachtet wird die Differenz zwischen dem größten und dem kleinsten Verbrauch während einer Zeiteinheit (z.B. einer Woche) im Analysezeitraum. Diese Spannweite ist eine Kennzahl für die Regelmäßigkeit der Verbrauchshöhe. Das Beispiel der ▶ Abb. 36 weist einen Min-Max-Korridor von 65 Mengeneinheiten auf, da der Verbrauch zwischen minimal 5 und maximal 70 schwankt. Je kleiner der Korridor, desto regelmäßiger der Verbrauch.

- *Nullperiodenanteil:*
  Analysiert wird, in wie vielen Zeiteinheiten des Analysezeitraums kein Verbrauch stattgefunden hat. Dividiert durch die Gesamtanzahl betrachteter Zeiteinheiten ergibt sich der Nullperiodenanteil. Im Beispiel der ▶ Abb. 37 ist der Nullperiodenanteil 50%, da in 18 von 36 Wochen kein Verbrauch stattgefunden hat. Je kleiner der Nullperiodenanteil, desto regelmäßiger der Verbrauch.

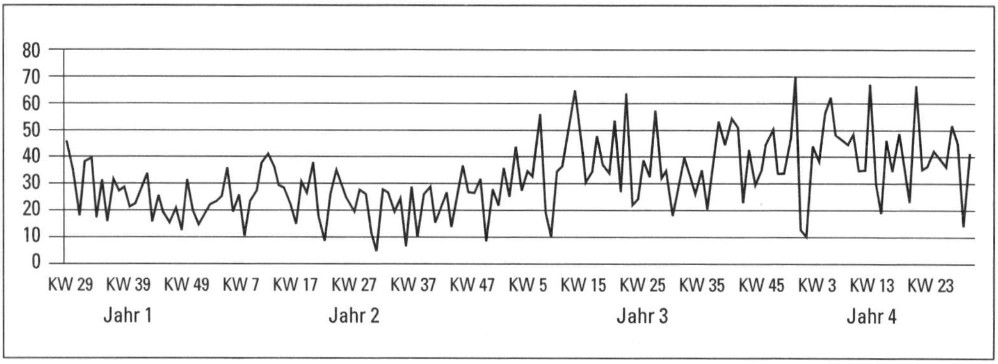

▲ Abb. 36 Beispiel Verbrauchskurve

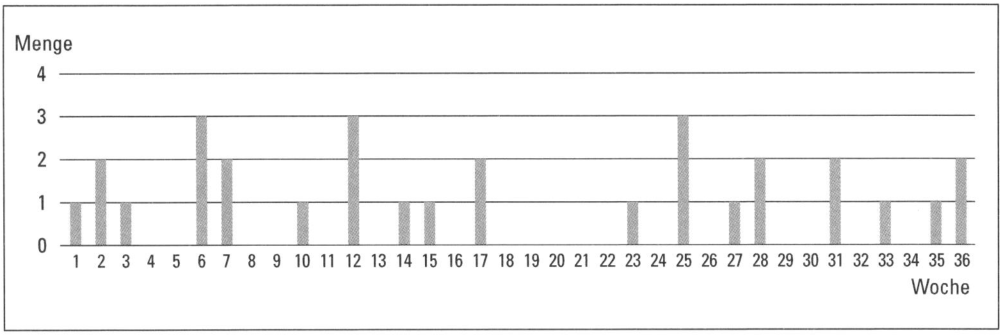

▲ Abb. 37 Beispiel Nullperiodenanteil

- *Schwankungskoeffizient:*
  Die beiden obigen Kennzahlen haben beide jeweils einen Nachteil: Der Min-Max-Korridor berücksichtigt nicht, in welchem zeitlichen Abstand die Verbräuche erfolgen. Der Nullperiodenanteil erlaubt keinen Rückschluss auf die tatsächliche Höhe der Verbräuche im Gegensatz zum Variationskoeffizienten, der die Höhe und Häufigkeit des Verbrauchs kombiniert betrachtet. Der Variationskoeffizient (v) wird berechnet, indem die Standardabweichung einer Datenreihe aller Verbräuche (x) durch deren Mittelwert dividiert wird.

  $$v = \frac{\text{Standardabweichung}}{\text{Mittelwert}} = \frac{\sigma(x)}{\bar{x}} = \frac{\sqrt{\frac{1}{n}\sum_{i=1}^{n}(x_i - \bar{x})^2}}{\bar{x}}$$

  Mit der Standardabweichung und dem Mittelwert basiert der Variationskoeffizient auf zwei üblichen Maßen der deskriptiven Statistik. Diese benötigen jedoch eine robuste, d.h. große Datenreihe für eine statistisch valide Berechnung. Je nach Variationskoeffizient werden die analysierten Materialien in Klassen eingeteilt, wobei es bei der Festlegung der XYZ-Klassengrenzen keine allgemeingültige «Best Practice» gibt. Häufig wird die folgende Abgrenzung als Orientierung vorgeschlagen (Kerth et al., 2015, S. 9):

  X-Güter: $0 < v \leq 0{,}4$
  Y-Güter: $0{,}4 < v \leq 0{,}8$
  Z-Güter: $0{,}8 < v$

Die absolute Höhe der Variationskoeffizienten von Materialien hängt in einem Unternehmen stark von der Art der Wertschöpfung und der Branchenzugehörigkeit ab. Sinnvoller erscheint deshalb der Ansatz, die Bandbreite der tatsächlichen Variationskoeffizienten individuell in die drei Klassen abzugrenzen.

2.2.4 Formulierung von Versorgungsstrategien

Bei der kombinierten ABC-XYZ-Analyse werden alle Materialien in einem Unternehmen in ein Feld der in ▶ Abb. 38 aufgespannten Matrix klassifiziert. Dies bestimmt die Formulierung der jeweiligen Versorgungsstrategie. Hierzu gehören Empfehlungen zu Beschaffungsarten, Lieferkonzepten, Lagerhaltung, Dispositionsaufwänden, Bedarfsplanung (Abschnitt 2.3) und Bestandssteuerung (Abschnitt 2.4).

Die neun Felder der Matrix in ▶ Abb. 38 gelten als nicht trennscharf. Somit lassen sich nicht generell exakt neun unterschiedliche Versorgungsstrategien unterscheiden. Während die Empfehlungen für die Extreme, d.h. für die vier Ecken, sehr klar sind, ist für die Materialien in der Mitte zu prüfen, aus welcher Richtung die Versorgungsstrategie geprägt werden soll.

- *AX-Materialien*
  Durch den hohen Verbrauchswert schlagen sich hohe Bestände an AX-Artikeln stark in der Kapitalbindung nieder. Es lohnt sich folglich, Aufwand in genaue Bedarfs- und Kostenanalysen sowie die genaue Überwachung der Bestandsniveaus zu stecken, um nur so viel Material vorrätig zu halten wie absolut notwendig. Es ist ratsam, eng mit den Lieferanten zusammenzuarbeiten und langfristige Rahmenverträge abzuschließen. Da die Bedarfe durch den regelmäßigen Verbrauch mit einer hohen Genauigkeit prognostiziert werden können, sind eine zuverlässige Planung und eine bedarfssynchrone Beschaffung möglich. Es bieten sich Just-in-Time-Konzepte mit strategischen Lieferanten an. Diese können durch eine feinmaschige Koordination in logistischen Prozessketten genau den tatsächlichen Bedarf liefern. Je nach Ausgestaltung lässt sich das Bestandsniveau der betreffenden Materialien beim Abnehmer auf nahezu null reduzieren.
- *CX-Materialien*
  Durch den tiefen Verbrauchswert schlagen sich Bestände an CX-Artikeln kaum in der Kapitalbindung nieder. Gleichzeitig ist deren Bedarf gut prognostizierbar und planbar. Dies ermöglicht den Fokus auf eine optimierte Beschaffung auf Lager. Es wird ein eigener Lagerbestand geführt, der verbrauchsgesteuert zu vordefinierten Zeitpunkten mit vordefinierten Mengen immer wieder aufgefüllt wird. Die konstanten Verbrauchsmengen ermöglichen zum Beispiel die Anwendung von Verfahren zur Optimierung der Bestelllosgrößen (Andler'sche Losgrößenformel, Abschnitt 2.4). Die Bestandssteuerung kann deshalb gut automatisiert werden, wodurch sich die bestellfixen Kosten reduzieren und die Lagerhaltung Gesamtkosten-effizient gestaltet wird. Auch der Aufwand zur laufenden Überwachung der Bestandsniveaus kann klein gehalten werden.

Vorhersagegenauigkeit \ Verbrauchswert	**A** hoch	**B** mittel	**C** tief
X hoch	■ Bedarfssynchrone Beschaffung ■ Just-in-Time-Lieferung mit Bestandspuffern extern ■ Hohe Aufmerksamkeit von Planung und Disposition		■ Beschaffung auf Lager ■ Standard-Lieferpläne mit festgelegten Losgrößen ■ Bestelltermine sind verbrauchsgesteuert
Y mittel			
Z tief	■ Beschaffung im Bedarfsfall ■ Keine Lagerhaltung ■ Bestelltermine und Losgrößen sind programmgesteuert (MRP 2)		■ Beschaffung via Lieferanten-Kanban ■ Kanban-Bestände ■ Hohe Automatisierung, festgelegte Losgrößen

▲ Abb. 38 ABC-XYZ-Matrix

- *CZ-Materialien*
  Der geringe Verbrauchswert lässt Bestände von CZ-Materialien hinsichtlich der Kapitalbildung nur schwach ins Gewicht fallen, wodurch grundsätzlich eine Beschaffung auf Lager ratsam ist. Aufgrund der schwierigen Prognostizierbarkeit der Bedarfe greifen jedoch die etablierten Methoden zur Optimierung der Lagerhaltung nicht. Der sporadische oder sehr unregelmäßige Verbrauch lässt keine generalisierbaren Rückschlüsse zu sinnvollen Bestellmengen und -zeitpunkten sowie (Sicherheits-)Bestandsniveaus zu. Die einzige Möglichkeit ist eine strikte Verbrauchssteuerung mit sehr kurzen Wiederbeschaffungszeiten. Falls ein Bedarf auftritt, soll dieser sehr schnell vom Lieferanten bedient werden können. Dies sind typische Merkmale eines Lieferanten-Kanbans, welches sich hier anbietet. Solche Lieferkonzepte, bei denen die C-Teile-Lieferanten die Kanban-Behälter (z.B. für Schrauben) direkt am Verbrauchsort selbst steuern, sind als etablierte Dienstleistungen am Markt verfügbar. So können die CZ-Bestände bewusst an Dienstleister delegiert werden und benötigen keinen minimalen Planungs- und Dispositionsaufwand. Erfolgskritisch ist dabei, dass die Kanban-Behälter mit ausreichend Sicherheitsmarge dimensioniert sind und die Lieferanten eine schnelle Reaktions- und Lieferzeit haben.

- *AZ-Materialien*
  Der hohe Verbrauchswert von AZ-Materialien spricht gegen eine Lagerhaltung. Die kaum vorhersehbaren Bedarfe geben keine Motivation, in eng koordinierte Lieferantenbeziehungen mit hohem wiederkehrendem Planungsaufwand zu investieren. Dies spricht dafür, AZ-Materialien nur im konkreten Bedarfsfall zu

beschaffen und nicht als Lagerbestand vorrätig zu halten. Da die Verbrauchsdaten aus der Vergangenheit keinen Rückschluss auf zukünftige Bedarfe zulassen, können keine stochastischen Prognosen unabhängiger Bedarfe erstellt werden. Die Notwendigkeit einer Bestellung, die Bestellmenge und der Bestellzeitpunkt ergeben sich ausschließlich durch Bedarfe, die abhängig von einem Absatzmengenplan oder von konkreten Produktionsprogrammen deterministisch ermittelt werden (Abschnitt 2.3), zum Beispiel durch Stücklistenauflösung oder dem Manufacturing Resource Planning (MRP 2).

- *B- und Y-Materialien*
  Die Versorgungsstrategien für die verbleibenden B- bzw. Y-Materialklassen grenzen sich kaum explizit von den vier oben beschriebenen Empfehlungen ab. Vielmehr ist es aufgrund ihrer schwer einzuordnenden Eigenschaften mit mittlerem Verbrauchswert und mittlerer Prognostizierbarkeit erforderlich, dass sie sich fallweise Anleihen aus den anderen Strategien ziehen.
  Für die AY- und BX-Materialien erscheint eine Orientierung am bedarfssynchronen Just-in-Time-Ansatz mit externen Pufferbeständen der AX-Klasse sinnvoll. Als verwandte Konzepte, die etwas flexibler und weniger koordinationsintensiv sind, bieten sich Konsignationslager oder Just-in-Time-Konzepte mit internen Pufferbeständen an. BZ-Materialien mit ihrer geringen Prognostizierbarkeit sind wie AZ-Materialien prädestiniert dafür, nur im konkreten Bedarfsfall beschafft zu werden. Für diejenigen BY- und CY-Güter, in deren Verbrauchskurven sich typische Muster wie wiederkehrende saisonale Schwankungen oder mathematisch beschreibbare Trends finden lassen, können Prognosemethoden (Abschnitt 2.3) die Planbarkeit verbessern. Diese hilft bei der Optimierung der Bestellmengen und -zeitpunkte im Rahmen einer Beschaffung auf Lager, analog zu CX-Materialien. Je nach Markt werden einzelne CY- und BZ-Materialien von Dienstleistern auch als Lieferanten-Kanban angeboten, wodurch sie wie CZ-Materialien beschafft werden können.

Da das Ergebnis der ABC-XYZ-Analyse auf Vergangenheitsdaten beruht, sollte die Analyse periodisch (z.B. jährlich) wiederholt werden, um Änderungen an Preis und Verbrauchsmustern zu berücksichtigen. Unternehmens- und branchenspezifisch können die mengen- und wertmäßigen Anteile zwar von den oben genannten Richtgrößen zur Klassenabgrenzung abweichen, doch die grundsätzlichen Aussagen der ABC-XYZ-Analyse treffen in den meisten Fällen zu.

2.3 Bedarfsplanung

Tim Germann[1]

2.3.1 Abhängige und unabhängige Bedarfe

Um das Ziel des Bestandsmanagements – die ausreichende und zugleich effiziente Deckung aller Materialbedarfe im Unternehmen – zu erreichen, ist eine Vorstellung über die zukünftigen Bedarfe in einem gegebenen Planungshorizont nötig.

Der zukünftige Bedarf eines Materials setzt sich aus einer abhängigen und einer unabhängigen Komponente zusammen:

- Ein abhängiger Bedarf entsteht durch die Stücklistenauflösung eines geplanten Produktionsprogramms. Die benötigte Menge ist also *abhängig* davon, wie oft das Material für das Produktionsprogramm gebraucht wird. Der abhängige Bedarf wird auch als deterministischer, programmorientierter oder geplanter Bedarf bezeichnet.
- Ein unabhängiger Bedarf, auch stochastischer oder ungeplanter Bedarf genannt, entsteht durch unvorhergesehene Ereignisse wie Schäden, Abnutzung, Unfall oder auf Stufe von Fertigprodukten. Diese Bedarfe sind folglich unabhängig von geplanten Absatz- und Produktionsprogrammen und mit Unsicherheit behaftet. Die unabhängigen Bedarfe können dennoch einem Muster folgen. Dieses dient als Basis für eine Bedarfsprognose.

Mit dem Wissen über die zukünftig zu deckenden Materialbedarfe können dann – ausgerichtet an den Versorgungsstrategien (Abschnitt 2.2) – die Planung der Bestellungen, der Beschaffungslogistik und der Bestände sowie die Bestandssteuerung (Abschnitt 2.4) angegangen werden.

1 Viele Abschnitte in diesem Unterkapitel basieren stark auf der ersten Auflage von Stölzle et al. (2004) und wurden unverändert oder überarbeitet übernommen.

2.3.2 Verfahren zur deterministischen Bedarfsermittlung

Bei produzierenden Unternehmen schreibt das Produktionsprogramm vor, welche Menge an Produkten zu produzieren ist. Daraus ergibt sich automatisch der Bedarf (vor allem) an Roh- und Hilfsstoffen (ferner auch Betriebsstoffe), aus denen die absatzfähigen Produkte produziert werden. Die rechnerische Ermittlung dieses Bedarfs basiert auf der festgelegten, *determinierten* Menge der Endprodukte, für die klar definiert ist, welche Materialien dafür nötig sind. Die Planungsmethoden heißen deshalb auch Verfahren deterministischer Bedarfsermittlung. Sie geben eine Antwort darauf, wie viel Bedarf besteht, um ein geplantes Soll im Absatz erfüllen zu können (Arnolds et al., 2016, S. 41–44).

Die geplante Menge des Bedarfs an absatzfertigen Produkten bestimmt die Menge der für die Produktion benötigten Materialien. Mit Hilfe eines Gozintographen (engl. «goes-into-graph») kann die modulare Bauweise über die verschiedenen Fertigungsstufen visualisiert werden (▶ Abb. 39). Unter dem Endprodukt auf der höchsten Fertigungsstufe zweigen Stufe um Stufe die Baugruppen und Teile ab. Auf der untersten Stufe stehen die Materialien, die das Unternehmen beschaffen muss, weil die vorherigen Fertigungsschritte nicht im Unternehmen durchgeführt werden. Zusätzlich zu der qualitativen Information in den Knoten über die teilemäßige Zusammensetzung des Endprodukts weisen die gerichteten Kanten die Anzahl der Einheiten aus, mit denen das Teil in das Produkt der nächsten Fertigungsstufe eingeht.

In vielen Unternehmen wird die mengenmäßige Zusammensetzung nicht visuell mit Hilfe des Gozintographen dargestellt, sondern in Stücklisten aufgeschlüsselt. Hierbei unterscheidet man zwischen Varianten (Arnolds et al., 2016,

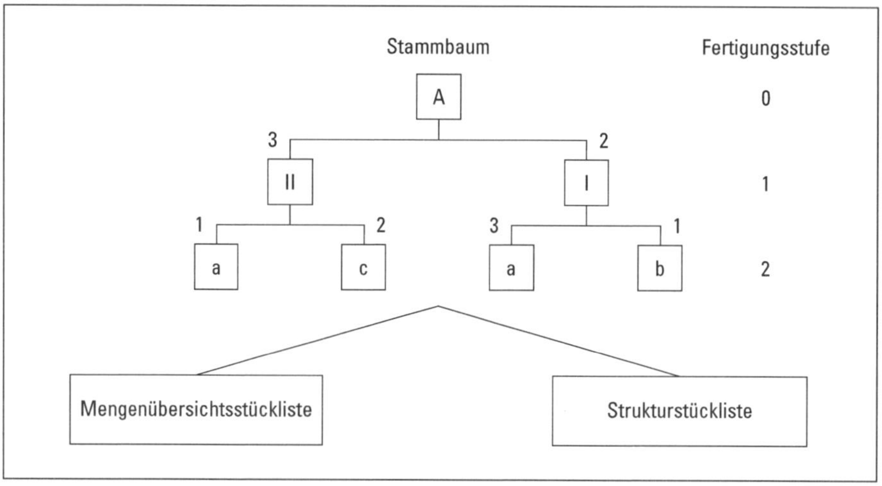

▲ Abb. 39 Beispiel Gozintograph

S. 41–43), die in unterschiedlichem Ausmaß Informationen über die genaue Zusammensetzung liefern (vgl. ▶ Abb. 40 und ▶ Abb. 41). Die Strukturstückliste besitzt denselben Informationsgehalt wie der Gozintograph, da sie die Zusammensetzung jeder Ebene aufschlüsselt. Die Mengenübersichtsstückliste dagegen enthält alle Komponenten, die in ein Produkt eingehen, mit der jeweiligen Gesamtmenge, erlaubt jedoch keinen Rückschluss auf die Fertigungsstruktur. Gleiche Teile, die an mehreren Stellen in ein Produkt eingehen, werden daher in einer Position zusammengefasst. Im dargestellten Beispiel wird das Teil a sowohl für Baugruppe I als auch II benötigt. Für eine Einheit der Baugruppe I werden drei Einheiten des Teils a benötigt, insgesamt also sechs, weil in das Erzeugnis A zwei Einheiten der Baugruppe I eingehen. Für eine Einheit der Baugruppe II wird bloß eine Einheit des Teils a gebraucht, jedoch erfordert das Erzeugnis A drei Einheiten der Baugruppe II, sodass hier auch drei Einheiten des Teils a benötigt werden. Der Gesamtbedarf von Teil a für das Erzeugnis A berechnet sich also wie folgt:

$$(2 \cdot 3) + (3 \cdot 1) = 9$$

Die eben beschriebene Zusammensetzung geht aus dem Gozintographen und der Strukturstückliste hervor, nicht aber aus der Mengenübersichtsstückliste, die lediglich aussagt, dass für das Erzeugnis A insgesamt neun Einheiten vom Teil a gebraucht werden.

Erzeugnis A		
Sach-Nr.	**Menge**	**Bezeichnung**
I	2	Baugruppe
II	3	Baugruppe
a	9	Teil
b	2	Teil
c	6	Teil

▲ Abb. 40 Mengenübersichtsstückliste

Erzeugnis A			
Fertigungsstufe	**Sach-Nr.**	**Menge**	**Bezeichnung**
1	I	2	Baugruppe
└2	a	3	Teil
└2	b	1	Teil
1	II	3	Baugruppe
└2	a	1	Teil
└2	c	2	Teil

▲ Abb. 41 Strukturstückliste

2.3.3 Verfahren zur stochastischen Bedarfsermittlung

Liegt noch kein als determiniert angenommener Absatzmengenplan vor, kann auch nicht mit den deterministischen Methoden auf den unabhängigen bzw. abhängigen Bedarf zurückgeschlossen werden. Vor allem bei abhängigen Bedarfsgütern mit niedrigem Wert, die in großer Menge gebraucht werden (z.B. Schrauben) treten zudem häufig Verlust und Unbrauchbarkeit durch Beschädigung in größeren Dimensionen auf, sodass der deterministisch ermittelte Bedarf vom tatsächlichen Bedarf abweichen kann.

Ist das Soll also noch unbekannt oder aufgrund des Verlust- oder Beschädigungsrisikos nicht verlässlich, muss auf Erfahrungswerte zurückgegriffen werden. Diese Erfahrungswerte können intuitiv angewendet werden – ein Lagerist mit jahrelanger Berufserfahrung kann oft per «Bauchgefühl» kompetent beurteilen, wie viele Schrauben bestellt werden sollten, wenn laut rechnerischem Soll 10 000 benötigt werden –, sie können sich jedoch auch auf mathematische Verfahren stützen. Dabei wird aus den Verbrauchsdaten der Vergangenheit eine Prognose über den Verbrauch der Zukunft aufgestellt. Die mathematische Teildisziplin der Stochastik kennt verschiedene Verfahren, die zur Bedarfsprognose geeignet sind.

Für alle Verfahren müssen Verbrauchswerte beziehungsweise Materialbedarfswerte über einen bestimmten Zeitraum in der Vergangenheit vorliegen. Diese beobachteten Daten bilden Zeitreihen, auf deren Basis eine Prognose der zukünftigen Bedarfe erfolgen kann. Dabei wird zunächst unterstellt, dass die zukünftige Entwicklung der Verbrauchswerte in ähnlicher Weise wie bei den zurückliegenden Beobachtungswerten erfolgt. Die Auswahl eines passenden Bedarfsprognoseverfahrens hängt von der Kenntnis eines charakteristischen Verbrauchsverlaufs einer Zeitreihe ab.

Typische Verbrauchsverläufe

Modelltypisch betrachtet, lassen sich die Verbrauchsverläufe in der Praxis in verschiedene Typen einteilen. Die gängigsten und für die Prognosemethoden bedeutendsten Verläufe (konstant, trendförmig, saisonal schwankend, trend-saisonal sowie vollkommen unregelmäßiger Bedarf) werden nachfolgend erläutert.

Ein konstanter beziehungsweise horizontaler Verbrauchsverlauf ist gegeben, wenn die Verbrauchswerte langfristig um einen annähernd konstant hohen Bedarf schwanken. Es entstehen lediglich kurzfristig Schwankungen um einen bestimmten Mittelwert. Regelmäßigkeiten in den Schwankungen oder Trends lassen sich nicht erkennen. Bezüglich des Mittelwertes gleichen sich diese Schwankungen langfristig aus. Da es sich um einen gleichbleibenden Trend handelt, spricht man auch von einem *Trend nullter Ordnung.* ▶ Abb. 42 zeigt einen typisch konstanten Verbrauchsverlauf.

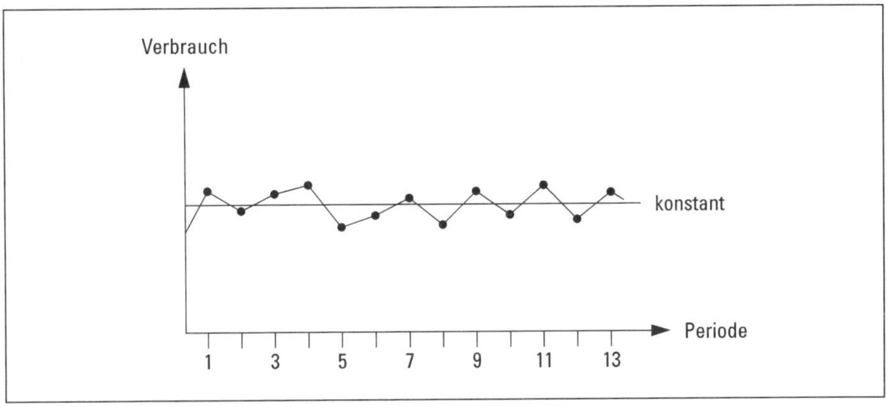

▲ Abb. 42 Beispiel eines konstanten Verbrauchsverlaufs

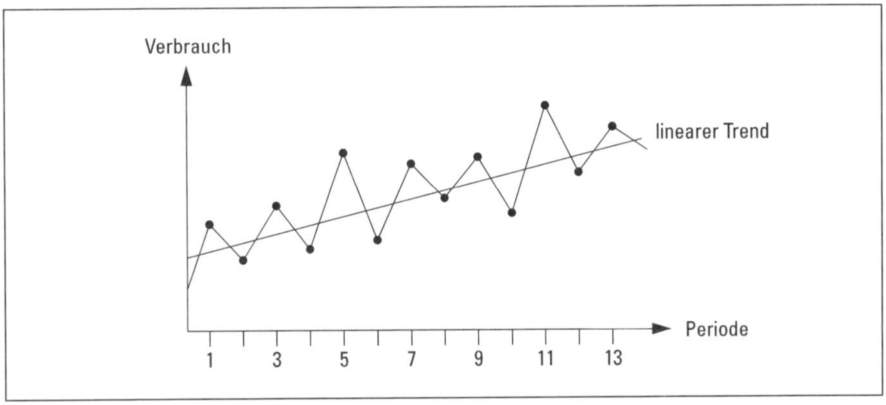

▲ Abb. 43 Beispiel eines linear-trendförmigen Verbrauchsverlaufs

Wird bei der Betrachtung des Bedarfs über einen längeren Zeitraum hinweg festgestellt, dass der Verbrauch um einen linear steigenden oder fallenden Mittelwert schwankt, liegt ein sogenannter *Trend* vor. Steigt oder fällt der (Material-)Bedarf linear, so handelt es sich um einen linearen Trend beziehungsweise einen Trend erster Ordnung. Steigende oder fallende Verläufe, die keinen linearen Trend aufweisen, werden als Trend höherer Ordnung bezeichnet. ◀ Abb. 43 enthält einen typisch linear steigenden Verbrauchsverlauf, ▶ Abb. 44 zeigt einen nichtlinear steigenden Verbrauchsverlauf.

Liegen periodisch wiederkehrende Verbrauchsschwankungen vor, spricht man von einem saisonalen Verbrauchsverlauf. Zwei Bedingungen müssen bei einem saisonalen Verbrauchsverlauf mindestens erfüllt sein:

1. Die zyklisch wiederkehrenden Spitzen- und Minimalverbrauche können rund 30 bis 50% vom langfristigen Durchschnittsverbrauch abweichen und lassen sich deutlich von zufälligen Bedarfsschwankungen unterscheiden.

2. Die zyklischen Schwankungen müssen auf eine eindeutige Ursache zurückzuführen sein. Es wird davon ausgegangen, dass diese Ursache auch in Zukunft Schwankungen verursacht.

Es sind eine Vielzahl von Ursachen für *zyklische Verbrauchsschwankungen* denkbar: Eine häufige Ursache saisonaler Schwankungen liegt im Wechsel externer Rahmenbedingungen des Absatzbereichs. So können der Wechsel der Jahres- und Ferienzeiten sowie von Feiertagen (Weihnachten, Ostern) ebenso wie Wetteränderungen, bedeutende Sportereignisse oder Messen einen schwankenden Bedarf bewirken (▶ Abb. 45).

Eine Kombination aus einem Verbrauchsverlauf mit saisonalen Schwankungen und einem trendförmigen Verbrauchsverlauf ist ebenfalls möglich und bildet den trend-saisonalen Verbrauchsverlauf (▶ Abb. 46).

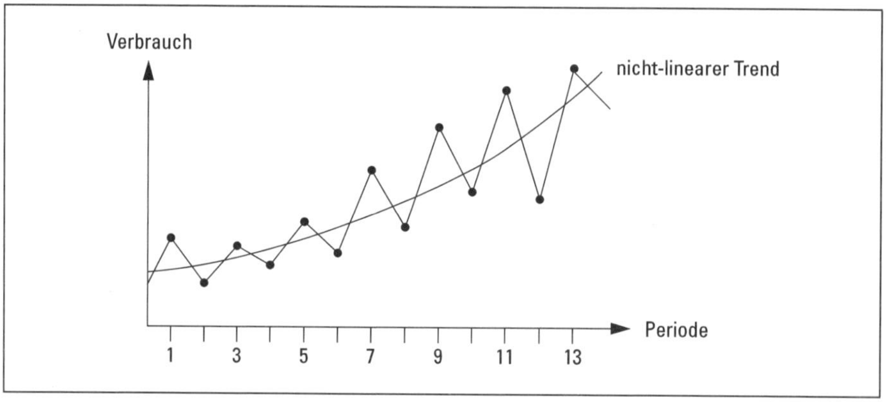

▲ Abb. 44 Beispiel eines nichtlinearen-trendförmigen Verbrauchsverlaufs

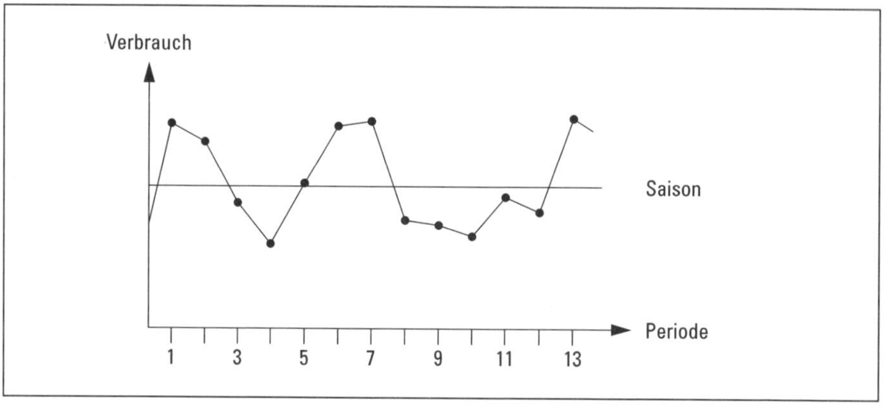

▲ Abb. 45 Beispiel eines Verbrauchsverlaufs mit saisonalen Schwankungen

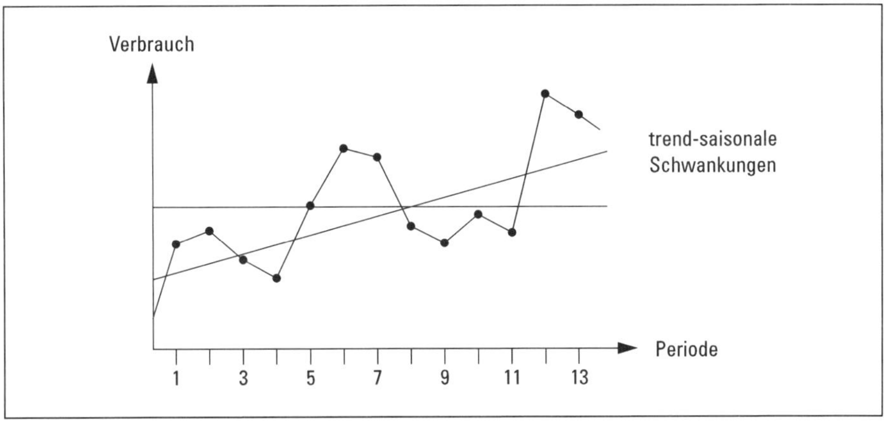

▲ Abb. 46 Beispiel eines trendförmigen Verbrauchsverlaufs mit saisonalen Schwankungen

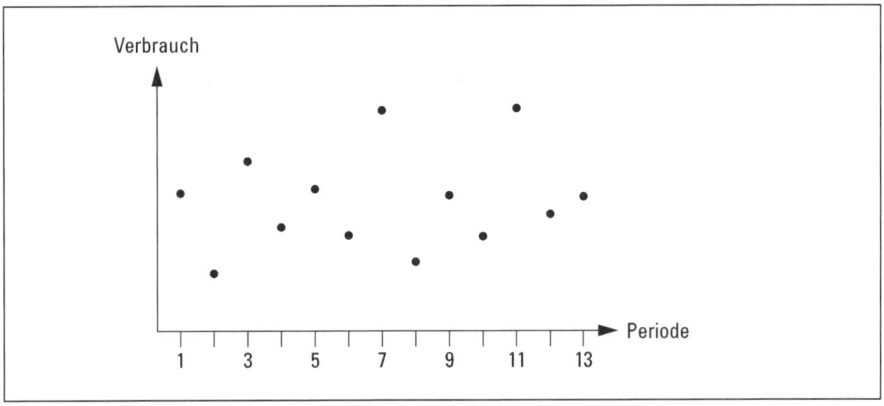

▲ Abb. 47 Beispiel eines nicht prognostizierbaren Verbrauchsverlaufs

Methode	**Gleitender Mittelwert**	**Gewogener gleitender Mittelwert**	**Exponentielle Glättung 1. Ordnung**	**Lineare Regression**	**Bereinigte Saisonfaktoren**
Konstanter Verbrauch	●	●	●		
Trendmäßiger Verbrauch	◐		◐	●	
Saisonaler Verbrauch					●
● geeignet ◐ bedingt geeignet					

▲ Abb. 48 Eignung von Prognoseverfahren

Ein vollkommen unregelmäßiger bzw. sporadischer Verbrauchsverlauf ist nicht prognostizierbar, sodass sich weder konstante, trendförmige noch saisonale Tendenzen erkennen lassen (◀ Abb. 47).

Ist das Muster des Verbrauchsverlaufs erkannt, kann ein geeignetes stochastisches Verfahren gewählt werden. Die ◀ Abb. 48 zeigt auf, welche Prognoseverfahren am besten für welche Verbrauchsverläufe geeignet sind.

Methoden der Bedarfsermittlung für konstante Bedarfsverläufe

Bei einem konstanten Bedarfsverlauf, der nur zufällige Schwankungen aufweist, können in Abhängigkeit von der gewählten Methode auch leichte Trends berücksichtigt werden.

Bei der Methode der Mittelwertbildung unterscheidet man die Bildung des arithmetischen Mittels, des gleitenden Mittels sowie eines gewogenen gleitenden Mittels (Oeldorf & Olfert, 2013, S. 144).

In die *einfache Mittelwertbildung* (arithmetisches Mittel) gehen alle vorhandenen Daten der Vergangenheit gleichberechtigt ein. Es wird deren Mittelwert gebildet, welcher der Annahme nach auch in Zukunft bestehen bleibt. Dieses Vorgehen ist ausschließlich bei über den gesamten Zeitraum exakt konstantem Bedarfsverlauf empfehlenswert, weil mit wachsender Anzahl der zu berücksichtigenden Vergangenheitswerte der Einfluss der jüngsten Verbrauchswerte kontinuierlich sinkt und ein Trend nicht «erkannt» wird.

Um diesen Nachteil zu vermeiden, wird in der Praxis die Methode des *gleitenden Mittelwerts* angewandt. Dabei ersetzt der jeweils neueste Periodenwert aus einer stets gleich langen Zeitreihe jeweils den ältesten Wert. Bei der gleitenden Mittelwertbildung sollte die Länge der Zeitreihe so gewählt werden, dass kurzfristige Zufallsschwankungen möglichst ausgeschaltet werden, die Zeitreihe aber überschaubar bleibt (z.B. 6–12 Monate; bei Artikeln mit niedrigen Verbrauchswerten auch bis zu 24 Monaten).

Periode	1	2	3	4	5	6	7	8	9
Materialbedarf	192	168	204	252	216	216	276	312	288
Gleitender Mittelwert							208[1]	222[2]	246
1 (192 + 168 + 204 + 252 + 216 + 216) = 1248; $\frac{1248}{6} = 208$									
2 (1248 – 192 + 276) = 1332; $\frac{1332}{6} = 222$									

▲ Abb. 49 Prognose mit gleitendem Mittelwert über 6 Monate

Bei der Methode des *gewogenen gleitenden Mittels* werden einzelne Perioden gewichtet. Um Trends besser berücksichtigen zu können, werden jüngere Perioden höher gewichtet als ältere. Mit Hilfe der nachstehenden Formel lässt sich das gewogene gleitende Mittel berechnen (mit V = Vorhersagewert für die kommende Periode; B = Bedarf der Periode i; G = Gewichtungsfaktor):

$$\mathrm{v} = \frac{B_1 \cdot G_1 + B_2 \cdot G_2 + B_3 \cdot G_3 + \ldots + B_m \cdot G_n}{G_1 + G_2 + G_3 + \ldots + G_n}$$

In ▶ Abb. 50 werden die Daten des Beispiels erneut aufgegriffen, und unter Verwendung der angegebenen Gewichtungsfaktoren wird der Vorhersagewert für die kommende Periode berechnet.

Periode	**1**	**2**	**3**	**4**	**5**	**6**	**7**	**8**	**9**
Materialbedarf	192	168	204	252	216	216	(276)	(312)	(288)
Gewichtungsfaktor	4%	8%	12%	20%	26%	30%			
Gleitender gewogener Mittelwert							216,96[1]		

1 $V = \frac{(192 \cdot 4 + 168 \cdot 8 + 204 \cdot 12 + 252 \cdot 20 + 216 \cdot 26 + 216 \cdot 30)}{(4 + 8 + 12 + 20 + 26 + 30)} = \frac{(21\,696)}{(100)} = 216{,}96$

▲ Abb. 50 Prognose mit gewogenem Mittelwert

Die Methode der *exponentiellen Glättung* ist ähnlich dem gleitenden Mittelwert in der Lage, leichte Trends zu erkennen und für die Prognose zu berücksichtigen. Die Methode ist in mehreren Varianten anzutreffen; nachfolgend wird die exponentielle Glättung erster Ordnung erläutert (Oeldorf & Olfert, 2013, S. 147). Diese orientiert sich für die Prognose der nächsten Periode am vorherigen Prognosewert und berücksichtigt den effektiv eingetretenen Prognosefehler. Der Prognosefehler geht jedoch nicht direkt in die nächste Prognose ein, sondern wird mit einem Faktor (α) gewichtet. Je niedriger dieser gewählt wird, desto stärker werden Schwankungen geglättet. Demgegenüber trägt ein hoher Gewichtungsfaktor Schwankungen stärker Rechnung. In der Praxis hat sich bewährt, α zwischen 0,1 und 0,4 zu wählen. Die Formel lautet:

$$V_n = V_a + \alpha \times (T_a - V_a)$$

V_n = Vorhersagewert
V_a = alter Vorhersagewert der vorherigen Periode
T_a = tatsächlicher Bedarf der vorherigen Periode
α = Glättungsfaktor

Der neu ermittelte Vorhersagewert wird wiederum in die Prognose der darauffolgenden Periode eingehen.

Die exponentielle Glättung bietet zwei Vorteile:

- Lernfähigkeit: Interpretiert man obige Gleichung als «neue Prognose = alte Prognose + α (Bedarf – alte Prognose)», so stellt der Klammerausdruck als

Periode	Verbrauch I_t	Mittelwert $P_{t+1} \cdot \alpha = 0{,}3$	Berechnung $P_{t+1} = (1-\alpha) \cdot P_t + (\alpha \cdot I_t)$
1	100	100,00	$(1-0{,}3) \cdot 100 + 0{,}3 \cdot 100 = 100{,}00$
2	104	101,20	$(1-0{,}3) \cdot 100 + 0{,}3 \cdot 104 = 101{,}20$
3	96	99,64	$(1-0{,}3) \cdot 101{,}20 + 0{,}3 \cdot 96 = 99{,}64$
4	104	100,95	$(1-0{,}3) \cdot 99{,}64 + 0{,}3 \cdot 104 = 100{,}95$
5	96	99,46	$(1-0{,}3) \cdot 100{,}95 + 0{,}3 \cdot 96 = 99{,}46$
6	105	101,12	$(1-0{,}3) \cdot 99{,}46 + 0{,}3 \cdot 105 = 101{,}12$

▲ Abb. 51 Prognose mit exponentieller Glättung

Differenz zwischen tatsächlichem und geschätztem Bedarf einer Periode die Prognoseabweichung dar, aus der die Methode je nach der Wahl des Glättungsfaktors mehr oder weniger «lernt». Diese Prognoseabweichung spielt eine wichtige Rolle bei der Bemessung von Sicherheitsbeständen zur Absicherung des Fehlmengenrisikos.

- Aktualität: Durch die in Richtung Vergangenheit abnehmende Gewichtung des Bedarfs wird erreicht, dass auch der Einfluss der älteren Daten (exponentiell sinkend) kleiner wird.

Das Beispiel in ◀ Abb. 51 verdeutlicht die Anwendung der exponentiellen Glättung erster Ordnung (für α wird der Wert 0,3 angesetzt).

2.3.3.1 Methoden der Bedarfsermittlung für Bedarfsverläufe mit Trend

Starke, kontinuierliche Trends können durch Mittelwertbildung oder exponentielle Glättung nicht ausreichend berücksichtigt werden. Zudem hat vor allem die exponentielle Glättung den Nachteil, dass sie nur den Bedarf für die kommende Periode prognostizieren kann. Insbesondere bei einem Trend interessiert aber, mit welchen Bedarfsmengen auch in mittelfristiger Zukunft zu rechnen ist, um die Beschaffung effizient zu gestalten.

Bedarfsverläufe können unterschiedlichen Trends folgen. Mit Hilfe der linearen Regression kann beispielsweise ein linearer Trend erfasst werden, was in der Praxis der betrieblichen Beschaffung im Rahmen mittelfristiger Zeiträume in der Regel ausreichend ist (Oeldorf & Olfert, 2013, S. 150). Dem Verfahren liegt die Annahme zugrunde, dass die Bedarfswerte abhängig von der Zeit (Perioden) steigen bzw. fallen, also eine sogenannte Korrelation besteht. Aufgrund der Komplexität des Verfahrens wird an dieser Stelle auf eine detaillierte mathematische Herleitung verzichtet und stattdessen anhand eines Beispiels (▶ Abb. 52) die konkreten Berechnungsschritte gezeigt, die mit Hilfe von Tabellenkalkulationsprogrammen durchaus schnell durchgeführt werden können.

Gegeben sei eine Zeitreihe von Bedarfswerten aus 12 zurückliegenden Beschaffungsperioden. ▶ Abb. 52 zeigt diesen Bedarfsverlauf, dessen zufällige

Periode	Bedarfsmenge (Tonnen)	Periode	Bedarfsmenge (Tonnen)
1	79	**7**	126
2	102	**8**	103
3	91	**9**	135
4	108	**10**	120
5	87	**11**	143
6	117	**12**	139

▲ Abb. 52 Historischer Bedarf für Regressionsbeispiel

Schwankungen zusätzlich einem linear steigenden Trend folgen. Zur Bedarfsprognose wird eine mathematische Funktion angenähert, die für zukünftige Perioden beschreiben kann, in welchem Bereich sich der Bedarf voraussichtlich befinden wird. Lineare Funktionen werden durch folgendes Gleichungsmuster ausgedrückt:

$$y = b\,x + a$$

y = Wert auf der y-Achse, in diesem Fall die Bedarfsmenge
x = Wert auf der x-Achse, in diesem Fall die Zeit (Periode)
b = lineare Steigung der Trendkurve
a = Schnittpunkt der Trendkurve mit der y-Achse

Könnte man also b und a bestimmen, wäre es möglich, durch das Einsetzen einer zukünftigen Periodenzahl (x) den Bedarf (y) zu diesem Zeitpunkt zu errechnen. Die Regressionsanalyse bietet folgende Formel zur Berechnung der Steigung b an:

$$b = \frac{\sum_{i=1}^{n} (x_i - \bar{x})(y_i - \bar{y})}{\sum_{i=1}^{n} (x_i - \bar{x})^2}$$

Die Ausdrücke $\bar{x}$ und $\bar{y}$ bezeichnen die Mittelwerte der x- bzw. y-Werte, also der Perioden bzw. Bedarfsmengen. Im Beispiel betragen diese Mittelwerte 6,5 und 112,5. Mit diesen Werten können die Ausdrücke nun Stück für Stück per Tabellenkalkulation berechnet werden. Die tabellarische Auflistung in ▶ Abb. 53 verdeutlicht die einzelnen Rechenschritte.

Diese Ergebnisse können nun in die Formel für den Regressionskoeffizienten eingesetzt werden:

$$b = \frac{712}{143} \approx 4{,}98$$

A	B	C	D	E	F
y_i (Bedarfs-menge)	x_i (Periodenwert)	$(x_i - \bar{x})$ (Spalte B – Mittelwert B)	$(x_i - \bar{x})^2$ (Spalte C)²	$(y_i - \bar{y})$ (Spalte A – Mittelwert A)	$(x_i - \bar{x})\ (y_i - \bar{y})$ (Spalte C · Spalte E)
79	1	−5.5	30.25	−33.5	184.25
102	2	−4.5	20.25	−10.5	47.25
91	3	−3.5	12.25	−21.5	75.25
108	4	−2.5	6.25	−4.5	11.25
87	5	−1.5	2.25	−25.5	38.25
117	6	−0.5	0.25	4.5	−2.25
126	7	0.5	0.25	13.5	6.75
103	8	1.5	2.25	−9.5	−14.25
135	9	2.5	6.25	22.5	56.25
120	10	3.5	12.25	7.5	26.25
143	11	4.5	20.25	30.5	137.25
139	12	5.5	30.25	26.5	145.75
Mittelwert $\bar{y} = 112.5$	Mittelwert $\bar{x} = 6,5$		Summe $\Sigma = 143$		Summe $\Sigma = 712$

▲ Abb. 53 Rechenschritte

Die Bedarfsmenge steigt statistisch also um 4,98 Tonnen pro Beschaffungsperiode. Nun muss noch die Gleichungsvariable a berechnet werden:

$$a = \bar{y} - b\,\bar{x}$$

Die nötigen Variablen sind bereits verfügbar und können sofort eingesetzt werden:

$$a = 112{,}5 - (4{,}98 \times 6{,}5) \approx 80{,}14$$

Damit steht die Funktionsgleichung für den Trend fest:

$$y = 4{,}98\,x + 80{,}14$$

Durch Einsetzen von beliebigen zukünftigen Periodenwerten (x) in die Gleichung kann die dafür prognostizierte Bedarfsmenge berechnet werden. ▶ Abb. 54 zeigt die Vergangenheitswerte in Perioden 1 bis 12 und schreibt in gestrichelter Linie die errechnete Trendlinie mit Steigung b und Schnittpunkt a auf der y-Achse. Es wird deutlich, dass die Regressionsanalyse lineare Trends ohne zeitliche Verzögerung und mengenmäßig adäquat vorherzusagen vermag.

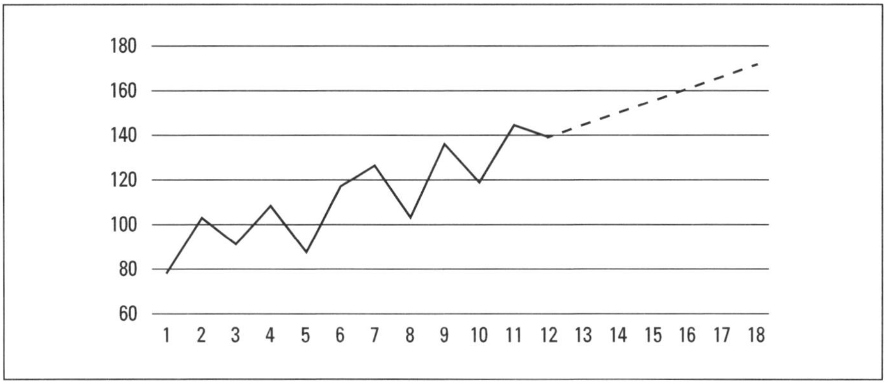

▲ Abb. 54 Prognose mit linearer Regression

2.3.3.2 Methoden der Bedarfsermittlung für Bedarfsverläufe mit saisonalen Schwankungen

Manche Bedarfe unterliegen saisonalen Schwankungen. Diese können, anders als die zufälligen Schwankungen, prognostiziert werden, denn wenn beispielsweise ein Ersatzteil in den Wintermonaten der letzten Jahre immer deutlich häufiger nachgefragt wurde als in den Sommermonaten, liegt die Vermutung nahe, dass dies beispielsweise auf niedrige Außentemperaturen oder Eisbildung zurückzuführen ist und der Bedarf auch im kommenden Winter wieder ausschlagen wird. Saisonale Schwankungen können auch quartals- oder wochenweise auftreten.

Um Prognosen für Bedarfe mit saisonalen Schwankungen zu erstellen, bietet sich folgende Methode zur Bereinigung von Saisonfaktoren an (Tempelmeier, 2020, S. 132ff.):

1. Berechnen der Saisonfaktoren pro wiederkehrender Zeiteinheit (z.B. für alle Monate)
2. Bereinigung der Bedarfsdaten aus der Vergangenheit um diese Saisonfaktoren
3. Prognose der saisonbereinigten Bedarfe und Korrektur um Saisonfaktoren

Die ▶ Abb. 55 zeigt eine Verbrauchskurve mit saisonalen Schwankungen. Es ist deutlich zu erkennen, dass der Bedarf jeweils in den Wintermonaten signifikant höher ist als im Sommer.

Die ▶ Abb. 56 zeigt die Beispieldaten im Detail. Ziel ist es, eine Prognose für die zweite Hälfte des Jahres 5 zu erstellen. Im ersten Schritt werden für die vergangenen Monatsverbräuche in Relation zum jeweiligen gleitenden Mittelwert über die 6 vorherigen und 6 darauffolgenden Monate gesetzt. So wurden im Juni des Jahres 2 vier Einheiten verbraucht. Der relevante Jahresmittelwert ist 7.75 Einheiten, was dem Mittelwert der Verbräuche von Dezember Jahr 1 bis November Jahr 2 entspricht. Der Saisonfaktor von 0.52 für Juni Jahr 2 wird errechnet, indem der Bedarf (4) durch den relevanten Jahresmittelwert (7.75) geteilt wird.

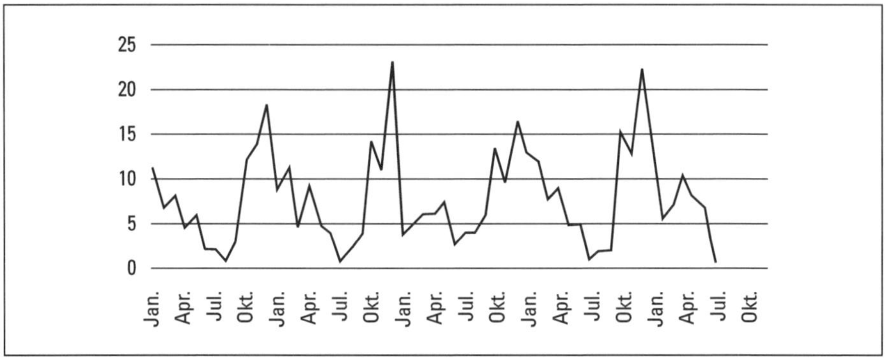

▲ Abb. 55 Beispiel für Bedarf mit saisonaler Schwankung

	Jan.	Feb.	Mrz.	Apr.	Mai	Jun.	Jul.	Aug.	Sept.	Okt.	Nov.	Dez.
Bedarf Jahr 1	11	7	8	5	6	2	2	1	3	12	14	18
gl. 12 Mt. Ø							7.42	7.25	7.58	7.33	7.67	7.58
Saisonfaktor							0.27	0.14	0.40	1.64	1.83	2.37
Bedarf Jahr 2	9	11	5	9	5	4	1	2	4	14	11	23
gl. 12 Mt. Ø	7.75	7.67	7.75	7.83	8.00	7.75	8.17	7.75	7.25	7.33	7.08	7.25
Saisonfaktor	1.16	1.43	0.65	1.15	0.63	0.52	0.12	0.26	0.55	1.91	1.55	3.17
Bedarf Jahr 3	4	5	6	6	7	3	4	4	6	13	10	16
gl. 12 Mt. Ø	7.17	7.42	7.58	7.75	7.67	7.58	7.00	7.75	8.33	8.50	8.75	8.58
Saisonfaktor	0.56	0.67	0.79	0.77	0.91	0.40	0.57	0.52	0.72	1.53	1.14	1.86
Bedarf Jahr 4	13	12	8	9	5	5	1	2	2	15	13	22
gl. 12 Mt. Ø	8.75	8.50	8.33	8.00	8.17	8.42	8.92	8.92	8.42	8.33	8.42	8.67
Saisonfaktor	1.49	1.41	0.96	1.13	0.61	0.59	0.11	0.22	0.24	1.80	1.54	2.54
Bedarf Jahr 5	13	6	7	10	8	7	1	?	?	?	?	?
gl. 12 Mt. Ø												
Saisonfaktor												

▲ Abb. 56 Berechnung von Saisonfaktoren

Für jeden Monat wird dann aus den resultierenden Saisonfaktoren der Mittelwert gebildet. So ist zum Beispiel der durchschnittliche Saisonfaktor für den Juni 0.50, was dem Mittelwert von 0.52, 0.40 und 0.59 entspricht.

Monat	Jan.	Feb.	Mrz.	Apr.	Mai	Jun.	Jul.	Aug.	Sept.	Okt.	Nov.	Dez.
Ø Saisonfaktor	1.07	1.17	0.80	1.02	0.72	0.50	0.27	0.28	0.48	1.72	1.52	2.49

▲ Abb. 57 Berechnung der durchschnittlichen Saisonfaktoren

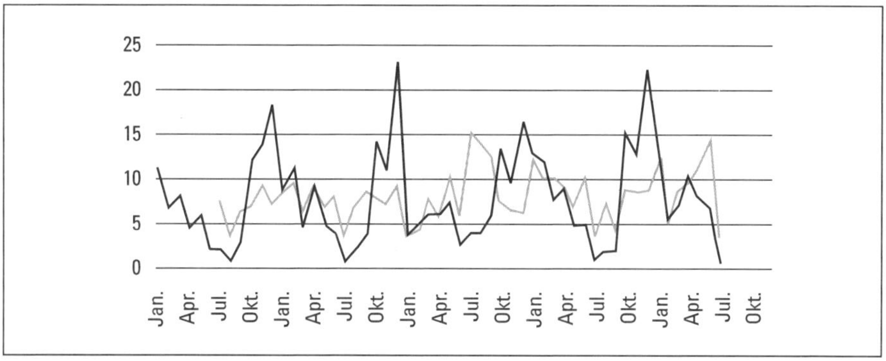

▲ Abb. 58 Bereinigung um die Saisonalität

Im nächsten Schritt werden die historischen Verbrauchsdaten um die Saisonfaktoren bereinigt, indem die tatsächlichen Bedarfe durch die ermittelten durchschnittlichen Saisonfaktoren dividiert werden. Die ◀ Abb. 58 stellt die tatsächliche (schwarz) und die bereinigte Zeitreihe (grau) gegenüber.

Diese bereinigten, saisonunabhängigen Verbrauchsdaten können im nächsten Schritt als Input für eine passende Prognosemethode (z. B. exponentielle Glättung oder lineare Regression) verwendet werden, da sie keine saisonalen Schwankungen mehr aufweisen. Die daraus resultierenden Bedarfswerte müssen dann im letzten Schritt wieder mit dem entsprechenden Saisonfaktor multipliziert werden. Würde die exponentielle Glättung für den obigen Oktober des Jahres 5 zum Beispiel einen Bedarf von 8.00 Einheiten ermitteln, ergäbe sich durch die Multiplikation mit dem Saisonfaktor 1.72 ein Prognosewert von 13.76 Einheiten.

2.4 Bestandssteuerung

Tim Germann[1]

2.4.1 Parameter des Bestandsmengenverlaufs

Am Anfang der Antwort auf die Frage, wann bzw. in welchen Abständen bestellt wird, steht die Wahl der Versorgungsstrategie (Abschnitt 2.2). Um diejenigen Versorgungsstrategien, welche eine Lagerhaltung von Beständen vorsehen, effizient zu gestalten, sind folgende Fragen zu beantworten:

- Wie viel wird auf einmal bestellt?
- Wann und in welcher Regelmäßigkeit wird bestellt?
- Wie hoch sollen die Sicherheitsbestände sein?

Methoden zur Bestandssteuerung beeinflussen die Bestände direkt und regulieren die Parameter des Bestandsmengenverlaufs. Sie betreffen die Ermittlung der optimalen Bestellmenge, die Festlegung von Meldebeständen und Bestellzeitpunkten im Rahmen vom Bestellpolitiken ebenso wie die Dimensionierung von Sicherheitsbeständen.

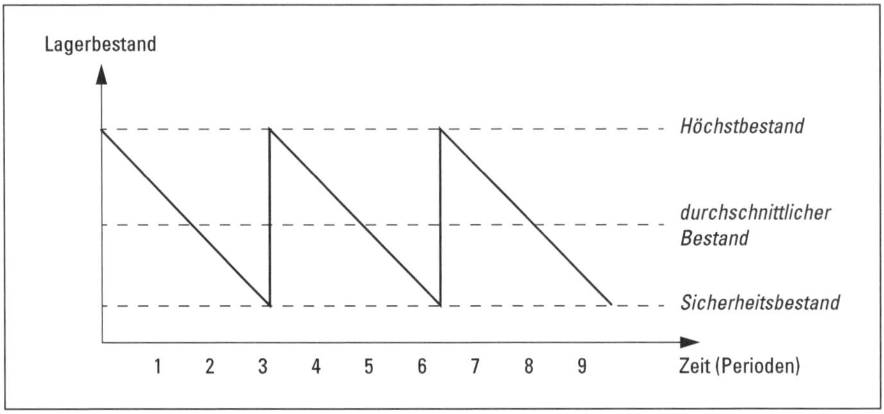

▲ Abb. 59 Sägezahnkurve zum Bestandsverlauf

1 Viele Abschnitte in diesem Unterkapitel basieren stark auf der ersten Auflage von Stölzle et al. (2004) und wurden unverändert oder überarbeitet übernommen.

Der Verlauf von Materialbestandshöhen folgt einer «Sägezahnkurve» (◀ Abb. 59). Materialzugänge sorgen in mehr oder weniger regelmäßigen Abständen für einen sprunghaften Anstieg der Bestände, die anschließend etappenweise verbraucht werden. Mehrere Parameter charakterisieren Winkel, Tiefe sowie Länge der «Sägezähne» und sind direkt oder indirekt beeinflussbar (Pfohl, 2018, S. 103).

Der Wertebereich der y-Achse ist grundsätzlich beschränkt durch die maximale Lagerkapazität sowie durch den Wert null («kein Bestand»). Schon durch den Umstand, dass in den wenigsten Fällen nur ein Artikel gelagert wird, liegt der *Höchstbestand* in den meisten Fällen unterhalb der praktisch möglichen Lagerkapazität, weil ein Teil davon für andere Materialien reserviert bleiben muss. Analog dazu stellt der *Mindest-* oder *Sicherheitsbestand* die untere Grenze dar, die planmäßig nicht unterschritten werden sollte, um einen Bestandspuffer für unvorhersehbare Verzögerungen bei der Wiederbeschaffung zu gewährleisten. Der *Durchschnittsbestand* ändert sich dynamisch und insbesondere bei Anpassung der Bestandssteuerung. Tendenziell strebt Bestandsmanagement eine Minderung der durchschnittlichen Bestandshöhe an.

Auf der x-Achse werden die wiederkehrenden *Bestellzeitpunkte* abgetragen (▶ Abb. 60). Sie geben die Zeitpunkte für die Auffüllung der Vorräte mit einer fixen oder variablen Menge an. Die Auffüllmenge wird auch als Losgröße bezeichnet. Die Dauer zwischen dem Zeitpunkt der Bestellung und dem tatsächlichen Eingang der Lieferung ist die Wiederbeschaffungszeit. Wie stark das Diagramm an diesen Punkten tatsächlich an Sägezähne erinnert, hängt von der Beschaffungsstrategie ab: Eine Just-in-Time-Belieferung führt im Gegensatz zur Beschaffung auf Lager zu häufigen, aber mengenmäßig geringen Lagereingängen. Wie schnell und in welcher Form die aufgefüllten Vorräte anschließend wieder abgebaut werden, hängt wiederum vom dem Bedarfsverlauf (Abschnitt 2.3) ab.

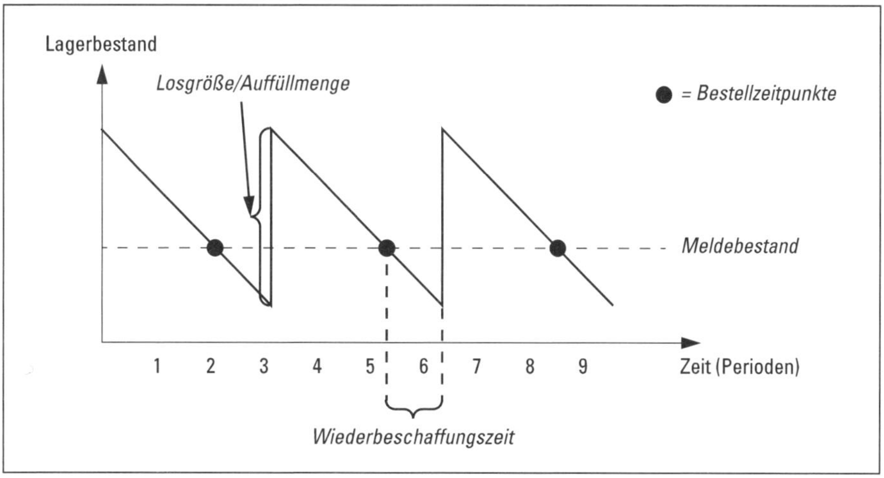

▲ Abb. 60 Parameter zur Bestandssteuerung

2.4.2 Festlegung der Meldebestände und Bestellpunkte

Die fixe oder variable Festlegung von Bestellzeitpunkt und Bestellmenge für ein Material an Lager kann als Bestellpolitik bezeichnet werden. Die ▶ Abb. 61 grenzt die vier gängigsten Modelle ab. Jede dieser Bestellpolitiken verursacht spezifische Kontrollaktivitäten. Die Eignung der Bestellpolitiken lässt sich im Zusammenspiel mit dem Bedarfsmuster und der Versorgungsstrategie beurteilen (Tempelmeier, 2020, S. 98ff.).

Den geringsten Steuerungsaufwand bereitet die (t, q)-Regel, da hier sowohl die Bestellmenge (q) als auch die Bestellzeitpunkte (t) fix sind und die Bestellung automatisch ablaufen kann (▶ Abb. 62). Allerdings schlagen die Bestände bei Absatzschwankungen entsprechend aus, sodass Fehlmengen möglich sind und überhöhte Lagerbestände auftreten können. Damit ist diese Bestellpolitik aus Sicht des Bestandsmanagements nur für sehr konstante Bedarfsverläufe zu empfehlen.

Die weiteren Politiken erfordern eine stetige Bestandsmengenüberwachung. Bei der (t, S)-Regel beispielsweise erfolgt die Bestellung noch immer in gleichbleibenden Abständen (t), aber die Bestellmenge (q) variiert, weil sie als Differenz zwischen dem festgelegten Höchstbestand (S) und der Bestandshöhe zum

		Bestellmenge	
		q (fixe Bestellmenge)	**S** (variable Bestellmenge)
Bestellzeitpunkt	**s** (variabler Bestellzeitpunkt)	**(s, q)-Regel**	**(s, S)-Regel**
	t (fixer Bestellzeitpunkt)	**(t, q)-Regel**	**(t, S)-Regel**

▲ Abb. 61 Klassische Bestellpolitiken (Pfohl, 2018, S. 108)

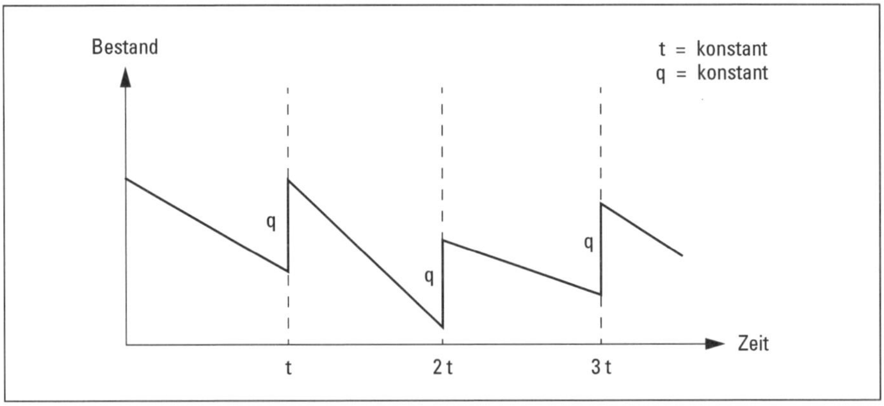

▲ Abb. 62 Lagerbewegungen bei der (t, q)-Regel

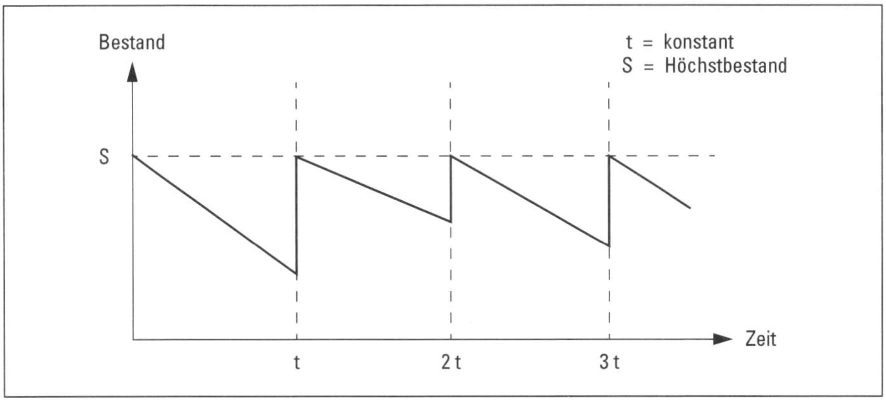

▲ Abb. 63 Lagerbewegungen bei der (t, S)-Regel

Zeitpunkt der Bestellung bemessen wird (◀ Abb. 63). Der Steuerungsaufwand hält sich, abgesehen von der Bestandsmengenkontrolle, in Grenzen, so wie die Bestandshöhe auch. Fehlmengen sind mit dieser Bestellpolitik möglich, was sich mit entsprechender Hochsetzung der Sicherheitsbestandslevels und der damit einhergehenden Erhöhung von Lagerhaltungs- und Kapitalbindungskosten verhindern lässt.

Eine Kontrolle nach jeder Bestandsentnahme, möglichst automatisiert, erfordert die (s, q)-Regel, die dahingehend einen höheren Steuerungsaufwand erfordert, als dass der Bestellrhythmus variabel ist (▶ Abb. 64). Es wird der Meldebestand (s) als weitere Gerade auf der y-Achse definiert. Erreicht die Bestandshöhe diesen Meldebestand, wird die Bestellung mit fixer Bestellmenge (q) ausgelöst. Der Bestellzeitpunkt (t) ist folglich variabel und hängt vom effektiven Verbrauch ab. Die Lagerhaltungs- und Kapitalbindungskosten können hiermit gut reduziert werden. Fehlmengen treten nicht mehr auf, vorausgesetzt, die geplante Wiederbeschaffungszeit wird eingehalten.

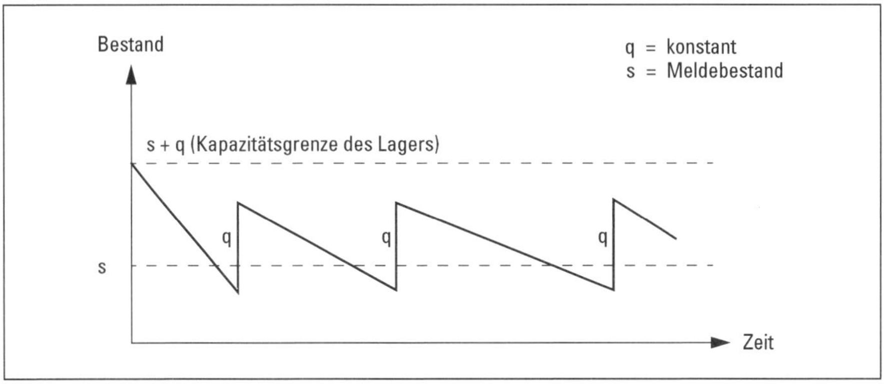

▲ Abb. 64 Lagerbewegungen bei der (s, q)-Regel

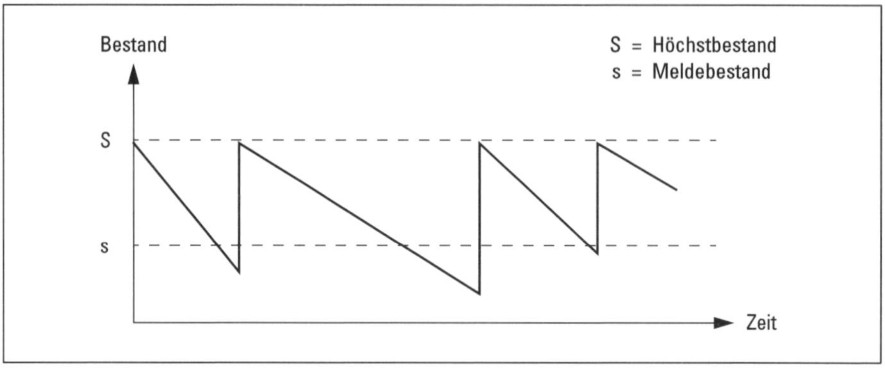

▲ Abb. 65 Lagerbewegungen bei der (s, S)-Regel

Die höchste Kontrolle über die Bestände gewährleistet die (s, S)-Regel (◀ Abb. 65). Sie macht die zeitlich variable Bestellauslösung vom Erreichen des Meldebestands (s) abhängig und passt außerdem die Bestellmenge (q) variabel entsprechend der Differenz bis zum festgelegen Höchstbestand (S) an. Diese Methode erfordert ein hohes Maß an Überwachung des Bestands sowie Flexibilität in der Bestandssteuerung und in den Logistikprozessen.

Der Meldebestand kann, zumindest bei konstantem bis leicht steigendem Bedarf, sinnvoll festgelegt werden, indem zunächst reflektiert wird, wie lang die (gesamte) Wiederbeschaffungszeit einschließlich außer- und innerbetrieblicher Beschaffungszeit und Unsicherheitszuschlag ist (▶ Abb. 66). Anschließend ermittelt man die gesamten Verbräuche innerhalb mehrerer solcher Wiederbeschaf-

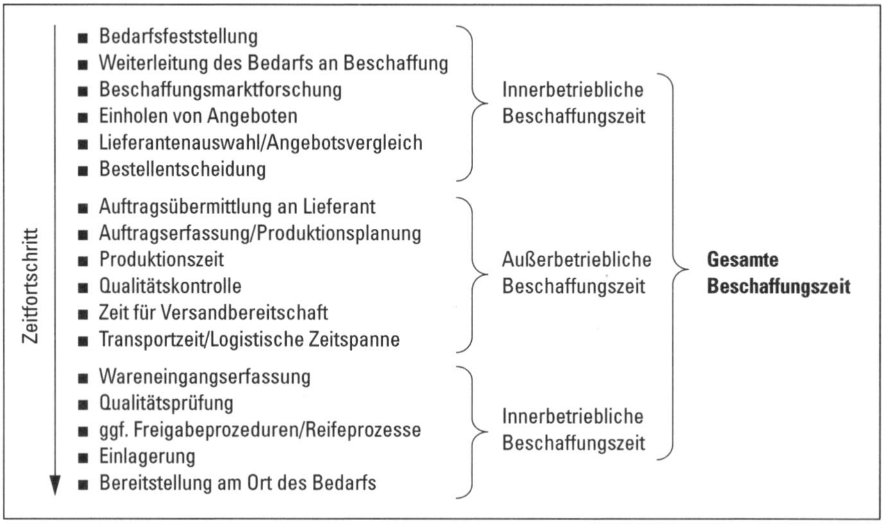

▲ Abb. 66 Zusammensetzung der gesamten Beschaffungszeit

fungszeiten in der nahen Vergangenheit. Der höchste der so berechneten Werte kann dann unter der Annahme, dass die zukünftigen Bestandsabgänge nicht höher sein werden als die maximalen Abgänge der Vergangenheit, als Meldebestand festgelegt werden.

2.4.3 Ermittlung der optimalen Bestellmenge

Bei der Festlegung der Bestellmenge q zur Umsetzung der Bestellpolitik für einen Artikel spielen, wie in den vorherigen Kapiteln aufgezeigt, eine ganze Reihe von Determinanten eine wichtige Rolle. Die *Andler'sche Losgrößenformel* gibt eine gute Orientierungshilfe bei der Festlegung der Bestandssteuerungsparameter in der Praxis. Es ist jedoch nicht ratsam, die Resultate der Andler-Methode ohne Reflektion in die Praxis zu übernehmen, da sie auf einer ganzen Reihe von Annahmen beruht, die in Realität oft nicht vorliegen (Bräbander, 2018, S. 23).

In ▶ Abb. 67 sind die Zusammenhänge dargestellt, nach denen die Andler-Formel die optimale Bestellmenge errechnet:

- Je größer die Bestellmenge, desto größer sind die durchschnittlichen Lagerbestände. Die Lagerhaltungskosten steigen deshalb mit größer werdenden Bestellmengen. Umgekehrt sinken sie mit kleiner werdenden Bestellmengen.
- Je größer die Bestellmenge, desto seltener muss bestellt werden, wodurch die bestellfixen Kosten seltener anfallen. Die Bestellkosten sinken deshalb mit größer werdenden Bestellmengen. Umgekehrt steigen sie mit kleiner werdenden Bestellmengen.

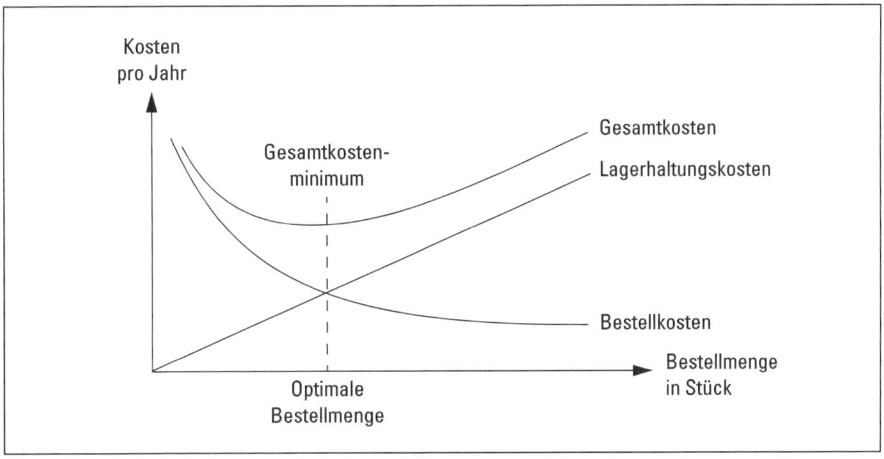

▲ Abb. 67 Bestellmengenoptimierung

Die Andler-Formel ermittelt in diesem Spannungsfeld die gesamtkostenminimale Lösung, das heißt die optimale Bestellmenge, wo die Summe aus Lagerhaltungskosten und Bestellkosten die kleinsten Gesamtkosten ergibt. Aus der Visualisierung in ◀ Abb. 67 wird deutlich, dass sich das Optimum dort befindet, wo sich die Kurven der Lagerhaltungs- und Bestellkosten kreuzen und wo diese beiden Bestandteile der Gesamtkosten gleich hoch sind.

Die Berechnung dazu erfolgt über die Andler-Formel:

$$BM_{opt} = \sqrt{\frac{200 \cdot J \cdot BK}{E \cdot LHS}}$$

BM = Optimale Bestellmenge
J = Jahresbedarf in Mengeneinheiten
BK = Bestellfixe Kosten pro Bestellvorgang (Bestellprozesskosten, Lieferung etc.)
E = Einstandspreis pro Mengeneinheit
LHS = Lagerhaltungskostensatz, der prozentual bemisst, wie hoch die jährlichen Lagerhaltungskosten sind, die pro durchschnittlich eingelagerter Werteinheit anfallen. Wenn z.B. für die Lagerung von durchschnittlich 100 Werteinheiten Lagerhaltungskosten von 5 Werteinheiten anfallen, so ist der Lagerhaltungskostensatz 5%.

Analog kann die Formel auch nach der optimalen Bestellhäufigkeit aufgelöst werden:

$$n_{opt} = \sqrt{\frac{J \cdot E \cdot LHS}{200 \cdot BK}}$$

n = Optimale Bestellhäufigkeit, in Anzahl Bestellungen pro Jahr

Die ▶ Abb. 68 stellt ein Rechenbeispiel dar.

Die exemplarischen Kurven in ◀ Abb. 67 sind für verschiedene Materialien und Unternehmen nicht übertragbar. Die Kurven können zum Beispiel in Abhängigkeit von der Höhe des Einstandspreises steiler oder weniger steil ausfallen,

J = Jahresbedarf	1200 Stück
BK = Bestellfixe Kosten	250 CHF
E = Einstandspreis pro Stück	40 CHF
LHS = Lagerhaltungskostensatz (in %)	20%
$BM_{opt} = \sqrt{\frac{200 \cdot 1200 \cdot 250}{40 \cdot 20}}$ = 274 Stk.	
$n_{opt} = \sqrt{\frac{1200 \cdot 40 \cdot 20}{200 \cdot 250}}$ = 4,38 Best./Jahr	

▲ Abb. 68 Rechenbeispiel Andler-Formel

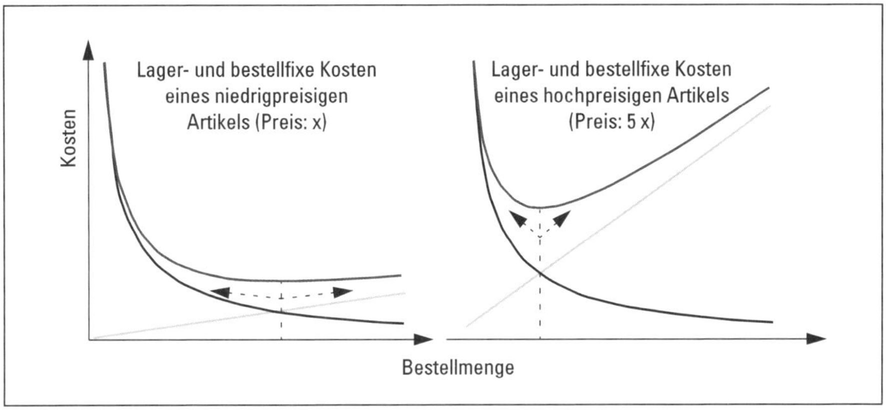

▲ Abb. 69 Bestellmengenoptimierung

wodurch sich ein entsprechend anderer Verlauf der Gesamtkostenkurve ergibt. Davon hängt dann auch ab, wie empfindlich die Gesamtkosten auf Abweichungen von der optimalen Lösung reagieren. In ◀ Abb. 69 wird deutlich, dass die Gesamtkosten von niedrigpreisigen Materialien weniger sensibel auf Abweichungen vom Optimum reagieren als jene von hochpreisigen Materialien.

Die Einfachheit der Andler-Formel kommt daher, dass sie verschiedene Annahmen trifft, die in der Praxis eher selten gegeben sind:

- Die Beschaffungsmenge wird in gleichbleibende Bestellmengen während der Planperiode aufgeteilt.
- Die Einstandspreise (direkte Beschaffungskosten) sind fix und weder von der Bestellmenge noch vom Bestellzeitpunkt abhängig.
- Die fixen Kosten pro Bestellung (indirekte Beschaffungskosten) sind genau bestimmbar und während der Planperiode konstant.
- Die Fehlmengenkosten werden nicht von der Höhe der Bestellmenge beeinflusst. Dies bedeutet konkret, dass die Sicherheitsbestände immer ausreichend hoch angesetzt werden, sodass Fehlmengenkosten nie auftreten können.
- Der Lagerhaltungskostensatz ist genau bestimmbar und ebenfalls während der Planperiode konstant. Er bezieht sich auf den durchschnittlich gelagerten Materialwert.
- Die Lagerabgangsraten bleiben konstant. Damit wird unterstellt, dass im Durchschnitt immer die Hälfte der Bestellmenge auf Lager liegt.
- Die Lieferzeit ist praktisch gleich null und es gibt keine Mindestbestellmengen.
- Die Bestellungen einzelner Artikel sind voneinander unabhängig.

Grundsätzlich kann die Andler'sche Formel als Anhaltspunkt für die Gestaltung der Versorgungsstrategie empfohlen werden. Das Ergebnis ist dann unter Berücksichtigung der Annahmen entsprechend zu interpretieren und für die praktische Anwendung zu übersetzen.

2.4.4 Dimensionierung der Sicherheitsbestände

Während der Meldebestand die Materialmenge ist, welche in der Regel innerhalb der Wiederbeschaffungszeit verbraucht wird, bis die nächste Lieferung das Lager wieder auffüllt, erfüllt der Sicherheitsbestand die Rolle, unregelmäßige Schwankungen und Fehler zu «puffern». Welche Risiken konkret und in welchem Umfang abgedeckt werden, liegt im Ermessen des Unternehmens und sollte im Rahmen der Festlegung der Versorgungsstrategien entschieden werden.

Es besteht zum Beispiel die Möglichkeit, das Risiko der Überschreitung der Wiederbeschaffungszeit mit dem Sicherheitsbestand abzufedern. Dies bietet sich dann an, wenn es erfahrungsgemäß Schwankungen bei den Wiederbeschaffungszeiten gibt, zum Beispiel wegen schwankender Transportzeiten oder unzuverlässiger Lieferfähigkeit des Lieferanten. In der Praxis wird häufig der Sicherheitsbestand aus Gründen der Einfachheit gleich hoch wie der Meldebestand angesetzt. Wenn aus unvorhergesehenen Gründen die nach Erreichen des Meldebestands ausgelöste Bestellung nicht innerhalb der Wiederbeschaffungszeit geliefert werden kann, vermag der Sicherheitsbestand noch eine zweite Wiederbeschaffungszeit zu überbrücken. So bietet der Sicherheitsbestand eine gute Vorsorge gegen Schwankungen bei der Wiederbeschaffungszeit, ist aber auch relativ hoch und bindet dadurch vergleichsweise viel Kapital. Als Gegenmaßnahme kann versucht werden, die Wiederbeschaffungszeit möglichst kurz und damit den Sicherheitsbestand klein zu halten, beispielsweise durch die Wahl einer schnelleren Transportoption. Jedoch birgt eine gezielt kurz gewählte Wiederbeschaffungszeit wiederum die Gefahr, dass bei Ausfall des Lieferanten so schnell keine Alternative gefunden werden kann, und ist zudem oft mit höheren Kosten verbunden. Eine gezielte Verkürzung ist folglich nur dann sinnvoll, wenn der Kostenanstieg durch die Einsparungseffekte beim Sicherheitsbestand mehr als ausgeglichen wird.

Eine wichtige Funktion des Sicherheitsbestands ist häufig der Ausgleich von Fehlprognosen. Aufgrund der Zufallsschwankungen kann auch eine adäquate Prognosemethode nie mit hundertprozentiger Sicherheit den Bedarf voraussagen (Abschnitt 2.3) und es kommt in jedem Fall zu positiven und negativen Prognosefehlern. Diese fallen umso stärker aus, wenn die gewählte Prognosemethode dem tatsächlichen Bedarfsverlauf nicht gerecht wird. Dieser Fehler kann entweder bereits in der Prognose selbst berücksichtigt oder in Form von Sicherheitsbestand gepuffert werden. Dafür kommt eine weitere statistische Methode zur Anwendung. Sie geht davon aus, dass die Prognosefehler nach der Gauß'schen Normalverteilung um die tatsächlichen Werte schwanken. Unter dieser Prämisse lässt sich berechnen, wie stark die tatsächlichen Werte von der Prognose mit einer bestimmten Wahrscheinlichkeit abweichen werden. Im Umkehrschluss kann der Sicherheitsbestand in der Höhe dieser Abweichung die Lieferfähigkeit mit der besagten Wahrscheinlichkeit sicherstellen. Die Sicherheitsbestände können mit folgender Formel berechnet werden.[1]

Die grundlegende Formel für den Sicherheitsbestand lautet (Pfohl, 2016, S. 114):

$$SB = k \times S$$

SB = Sicherheitsbestand
k = Sicherheitsfaktor
S = (empirische) Standardabweichung

Die Standardabweichung berechnet sich wie folgt:

$$S = \sqrt{\frac{1}{n-1}\sum_{i=1}^{n}(x_i - \bar{x})^2}$$

S = Standardabweichung
n = Anzahl der vorliegenden Prognosedaten (für die Standardabweichung einer empirischen Stichprobe wird der Wert um 1 reduziert, daher $n - 1$)
x_i = einzelner Prognosefehlerwert (in Mengeneinheiten)
$\bar{x}$ = Mittelwert der Prognosewerte (in Mengeneinheiten)

Periode *i*	Abweichung tatsächlicher Bedarf – Prognose (in Tonnen) x_i	$(x_i - \bar{x})$	$(x_i - \bar{x})^2$
1	0.12	0.05	0.00
2	−0.27	−0.34	0.12
3	−0.08	−0.15	0.02
4	0.17	0.10	0.01
5	−0.02	−0.09	0.01
6	0.21	0.14	0.02
7	0.09	0.02	0.00
8	0.32	0.25	0.06
9	0.23	0.16	0.03
10	0.20	0.13	0.02
11	−0.12	−0.19	0.04
12	−0.01	−0.08	0.0064
$n - 1 = 11$	Mittelwert $\bar{x} = 0.07$		Summe $\sum_{i=1}^{n}(x_i - \bar{x})^2 \approx 0.33$
$S = \sqrt{\frac{1}{n-1}\sum_{i=1}^{n}(x_i - \bar{x})^2} \approx \sqrt{\frac{0.33}{11}} \approx 0.17$			

▲ Abb. 70 Rechenbeispiel Sicherheitsbestand

1 Für einen ausführlicheren Ansatz sei auf den Abschnitt 3.1 verwiesen.

Die Berechnung kann anhand der Spalten in ◀ Abb. 70 verdeutlicht werden; die Standardabweichung beträgt in diesem Fall 0,17.

Über den Sicherheitsfaktor k kann Einfluss genommen werden auf die Wahrscheinlichkeit, mit welcher der tatsächliche Bedarfswert innerhalb eines zu berechnenden Intervalls um den prognostizierten Wert liegen wird. In der logistischen Praxis ist hierbei in aller Regel das positive Intervall von größter Bedeutung, denn es kann eher ein positiver Prognosefehlerwert akzeptiert werden als ein negativer (Fehlmenge). Diese Wahrscheinlichkeit entspricht dem Servicegrad. Soll dieser beispielsweise bei 90% liegen, bedeutet das, dass der Bedarf in 90% aller Fälle mindestens gedeckt ist; nur in 10% der Fälle liegt der tatsächliche Bedarf also noch höher als der Prognosewert plus der Sicherheitsbestand.[1] Die ▶ Abb. 71 zeigt eine Übersicht über ausgewählte Servicegrade mit den dazugehörigen Sicherheitsfaktoren k (Arnolds et al., 2016, S. 52).

Für den Sicherheitsbestand aus dem Beispiel heißt das, dass er für einen 90%igen Servicegrad 0.22 Tonnen (1.28 × 0.17) betragen muss, für einen Servicegrad von 95% schon 0.28 Tonnen (1.64 × 0.17) und für einen Servicegrad von 99% 0.40 Tonnen (2.33 × 0.17). Es wird deutlich, dass die Werte nicht linear zueinander stehen. Tatsächlich geht eine Verbesserung eines schon hoch angesetzten Servicegrades mit einer unverhältnismäßigen Steigerung des Sicherheitsbestands sowie der damit verbunden Lagerhaltungskosten einher.

Servicegrad (Wahrscheinlichkeit)	**Sicherheitsfaktor k**
90%	1,28
95%	1,64
98%	2,05
99%	2,33
99.5%	2,58
99.99%	3,72

▲ Abb. 71 Ausgewählte Werte für Sicherheitsfaktor k

1 Zur statistischen Herleitung des Faktors k siehe (Pfohl, 2016, S. 112–116).

2.5 Bestands-Controlling

Tim Germann[1]

2.5.1 Kennzahlen als Bestandsmanagement-Instrument

Der Einsatz von Konzepten und Maßnahmen der Bestandsanalyse, Bestandsplanung und Bestandssteuerung garantiert nicht, dass die geplanten Größen auch wie vorgesehen realisiert werden können. In der Praxis nehmen das Zusammenspiel von strategischen ebenso wie Ad-hoc-Entscheidungen, die schnelle Veränderung von Rahmenbedingungen, Annahmen und Verhaltensmustern sowie die Komplexität von Produktions- und Distributionssystemen auf Standort- und Supply-Chain-Ebene Einfluss auf die Bestände und die Bestandsentwicklung.

Im Rahmen des Bestands-Controllings wird deshalb eine mögliche Veränderung von Rahmenbedingungen, Annahmen und Steuerungsparametern regelmäßig überprüft.

Der Grundsatz «You cannot manage what you cannot measure!» stellt die Kernanforderung objektiv messbarer Ziele für die laufende Analyse der Realdaten eines Unternehmens dar, welche üblicherweise nur mit großem Aufwand überblickbar sind. Kennzahlen erfüllen diese Anforderung und sind als betriebswirtschaftliche Messgrößen in vielen Managementbereichen ein wichtiges Instrument – so auch im Bestandsmanagement. Sie ermöglichen eine systematische Planung und Überprüfung von messbaren Zielen.

Kennzahlen (englisch: Key Performance Indicators, KPIs) fassen in Zahlen ausdrückbare Informationen für den innerbetrieblichen und zwischenbetrieblichen Vergleich zusammen und ermöglichen einen Vergleich im Zeitablauf.

Kennzahlen sind quantitative Daten, welche die komplexe Realität wirtschaftlicher Aufgabenfelder verdichten und damit schnell sowie prägnant über Sachverhalte berichten können, die sonst nur mit großem Zeitaufwand erkennbar wären. Sie können verschiedene Ansprüche erfüllen (Weber & Schäffer, 2020, S. 24):

- Kennzahlen als Kontrollinstrument zur Messung
- Kennzahlen als Steuerungsinstrument zur kontinuierlichen Verbesserung
- Kennzahlen als Führungsinstrument zum Monitoring.

1 Viele Abschnitte in diesem Unterkapitel basieren stark auf der ersten Auflage von Stölzle et al. (2004) und wurden unverändert oder überarbeitet übernommen.

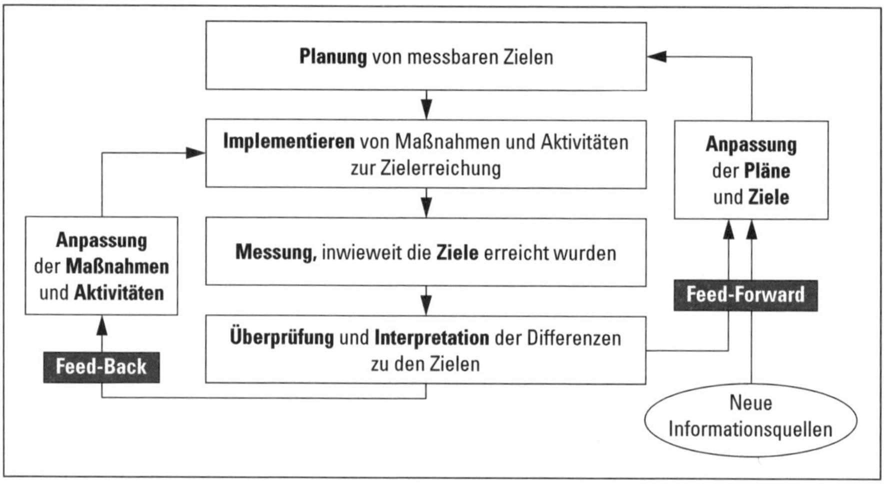

▲ Abb. 72 Regelkreis zur Bestandskontrolle

Für das Bestandsmanagement gilt es, die Unternehmensziele in Soll-Werte für die Planung umzusetzen und diese regelmäßig den realisierten Ist-Werten gegenüberzustellen. Durch die Messung der Abweichung wird die Zielerreichung deutlich. Die detaillierte Analyse und Interpretation dieser Abweichung kann dann wiederum Maßnahmen zur Anpassung des operativen Bestandsmanagements auslösen oder zur Hinterfragung der gesetzten Ziele motivieren. Durch die Anwendung von Bestandsmanagement-Kennzahlen in diesem kontinuierlichen Controlling-Regelkreis (◀ Abb. 72) etablieren sie sich als aussagekräftige Entscheidungsgrundlage, um das Bestandsmanagement zu optimieren (Brecht, 2012, S. 25).

2.5.2 Etablierte Kennzahlen im Bestandsmanagement

Zur Unterstützung des Bestandsmanagements sind weder Entscheidungen nach dem reinen Bauchgefühl noch die willkürliche Erhebung eines umfangreichen Kennzahlenpools nützlich. Es bedarf einer zielgerichteten Auswahl an Kennzahlen. Das Bestandsmanagement stellt einige spezifische Anforderungen an die Kennzahlenauswahl. So müssen Kennzahlen

1. einen klaren Zusammenhang zwischen Kennzahl und Beständen aufweisen
2. als Frühwarnindikator verwendbar sein,
   - um den immer kürzeren Durchlaufzeiten in bestandskritischen Prozessen gerecht zu werden
   - um kurzfristige Fehlentwicklungen bei der Nutzung des Umlaufvermögens zu erkennen
   - um den Aufbau von unnötig hohen Beständen zu verhindern, da diese nur schwer einzuschätzen sind.

Bestandsverlauf	Lager	Finanzen	Bestandsanalyse	Lieferservice
Höchstbestand (a)	Ø Lagerbestand (a)	Kapitalbindungskosten (a)	Bestandsstruktur (r)	Lieferbereitschaft (r)
Meldebestand (a)	Ø Lagerdauer (a)	Anteil der Vorräte am Umsatz (r)	Bevorratungsquote (r)	Fehllieferungs- und Verzugsquote (r)
Sicherheitsbestand (a)	Lagerreichweite (a)	Lagerkostensatz (r)		
	Lagerumschlagskoeffizient (r)			
	Sicherheitskoeffizient (r)			

(a) Absolute Kennzahl
→ Der beschriebene Zustand wird unmittelbar wiedergegeben
(r) Relative Kennzahl
→ Zwei Kennzahlen mit sachlogischem Zusammenhang werden in ein Verhältnis gesetzt

▲ Abb. 73 Etablierte Kennzahlen im Bestandsmanagement

In der praktischen Anwendung haben sich verschiedene Kennzahlen etabliert, die diese Ansprüche erfüllen und unterschiedliche Aspekte des Bestandsmanagements fokussieren (in Anlehnung an Arnolds et al., 2016, S. 370ff.). Sie werden nach ◄ Abb. 73 tabellarisch erläutert.

Bestandsverlauf	
Höchstbestand	**Berechnung:** Höchstbestand = Sicherheitsbestand + ø Bestellmenge **Interpretation:** Die Kennzahl dient zur Planung und Kontrolle der Lagerbestände, insbesondere zur Überwachung wertintensiver Bestände, die hohe Kapitalbindungskosten verursachen. Als Treiber für diese Kennzahl sind insbesondere zu hohe Sicherheitsbestände, zu große Bestellmengen, eine schlechte Terminplanung in der Beschaffung und zu lange Bestellintervalle zu nennen.
Meldebestand	**Berechnung:** Meldebestand = Tagesverbrauch · Wiederbeschaffungszeit + Sicherheitsbestand **Interpretation:** Der Meldebestand ist eine Kennzahl zur Optimierung der Bestellmenge. Er wird aus dem durchschnittlichen Tagesverbrauch multipliziert mit der zu erwartenden Lieferzeit zuzüglich eines Sicherheitsbestands an Vorräten berechnet.
Sicherheitsbestand	**Berechnung:** Der Sicherheitsbestand lässt sich auf verschiedene Arten berechnen. Beispielsweise kann er aus der Standardabweichung von einem prognostizierten Durchschnittsbedarf multipliziert mit einem Sicherheitsfaktor in Abhängigkeit von der Lieferbereitschaft ermittelt werden. Siehe Abschnitt 3.1 «Dimensionierung von Sicherheitsbeständen». **Interpretation:** Diese Kennzahl lässt Rückschlüsse auf mögliche Fehler in der Sortimentspolitik, auf mangelnde Bestandstransparenz oder einen fehlerhaften Materialfluss zu.

Lager	
Durchschnittlicher Lagerbestand	**Berechnung:** Ø Lagerbestand = (Anfangsbestand + 365 Tagesbestände) / 366 **Interpretation:** Diese Kennzahl ist ausschlaggebend zur Berechnung der durchschnittlichen Kapitalbindung im Lager. Sie ist damit für das Bestandsmanagement von großer Bedeutung. Änderungen der Kennzahl wirken sich auf die Kapitalbindungskosten und damit auf die Lagerhaltungskosten aus. Abweichungsursachen sind zu hohe Sicherheitsbestände, ungenaue Bedarfsvorhersagen, mangelnde Transparenz eines Lagers, eine ungünstige Sortimentsstruktur oder ein zu hoher Anteil an C-Artikeln.
Durchschnittliche Lagerdauer bzw. Umschlagsdauer	**Berechnung:** Ø Lagerdauer = 360 Tage · Ø Lagerbestand / Jahresverbrauch **Interpretation:** Die Kennzahl zeigt an, über welchen Zeitraum Waren durchschnittlich im Lager verbleiben. Außerdem informiert die Kennzahl darüber, wie viele Verbrauchsperioden mit einem durchschnittlichen Lagerbestand abgedeckt werden. Die Wirtschaftlichkeit verbessert sich, wenn die Lagerdauer reduziert werden kann und die Kapitalbindung dadurch niedriger wird. Wenn eine kürzere Lagerdauer vorliegt, können die Waren schneller wieder in liquide Mittel umgewandelt werden.
Lagerreichweite	**Berechnung:** a) $\text{Lagerreichweite} = \frac{\text{aktueller Lagerbestand am Stichtag}}{\text{ø Bedarf pro Zeiteinheit}} \cdot 100\ [\%]$ b) $\text{Lagerreichweite} = \frac{\text{Lagerbestand + offene Bestellmengen}}{\text{geplanter Verbrauch pro Zeiteinheit}} \cdot 100\ [\%]$ **Interpretation:** Die Kennzahl berichtet über interne Versorgungssicherheit durch Bestände in Tagen, Wochen oder Monaten. Veränderungen der Lagerreichweite können die Lieferbereitschaft beeinflussen und führen zu Fehlmengenkosten oder erhöhten Lagerhaltungskosten. Die Hauptgründe für eine unangemessene Lagerreichweite sind Fehler in der Bestands- und Produktionsplanung sowie Lieferengpässe.
Lagerumschlags-koeffizient bzw. Umschlagshäufigkeit	**Berechnung:** $\text{Lagerumschlagskoeffizient} = \frac{\text{Lagerabgänge (pro Periode)}}{\text{ø Lagerbestand}}$ **Interpretation:** Die Umschlagshäufigkeit gibt Auskunft über die Zusammensetzung der Lagerbestände. Sie zeigt an, wie oft sich das Lager oder bestimmte Lagerbestände in einer Verbrauchsperiode (meistens 1 Jahr) umschlagen. Als Faustregel wird oft vorgeschlagen, Vorräte mit einer Umschlagshäufigkeit von $x < 0{,}5$ aus dem Lagerbestand zu entfernen. Die Beseitigung von sogenanntem «Totbestand» führt nicht nur zum Freiwerden unter Umständen wertvoller Lagerfläche, sondern setzt auch gebundenes Kapital frei.
Sicherheitskoeffizient	**Berechnung:** $\text{Sicherheitskoeffizient} = \frac{\text{Sicherheitsbestand}}{\text{ø Lagerbestand}} \cdot 100\ [\%]$ **Interpretation:** Der Sicherheitskoeffizient gibt den relativen Anteil des Sicherheitsbestands am durchschnittlichen Lagerbestand an und zeigt damit, wie stark Letzterer durch den «fixen» Sicherheitsbestandssockel belastet wird. Zu hohe Sicherheitsbestände können so identifiziert und abgebaut werden.

Finanzen	
Kapitalbindungskosten	**Berechnung:** Kapitalbindungskosten = Ø Lagerbestand · kalkulatorischer Zinssatz für kurzfristiges Fremdkapital **Interpretation:** Bei den Kapitalbindungskosten handelt es sich um Opportunitätskosten für das Kapital, das für vorgehaltene Bestände benötigt wird. Die Entscheidung, Kapital für Bestände aufzuwenden, verhindert einen anderweitigen Einsatz. Die Kosten werden als Zinskosten für die kurzfristige Beschaffung des entsprechenden Kapitals am Markt beziffert.
Anteil der Vorräte am Umsatz	**Berechnung:** $\text{Anteil der Vorräte am Umsatz} = \frac{\text{Vorräte (Lagerbestandswert)}}{\text{Umsatz (bzw. Gesamtleistung)}} \cdot 100\,[\%]$ **Interpretation:** Die Kennzahl bezieht sich auf die Bestandsintensität des Unternehmens. Ein hoher Anteil der Bestände am Umsatz kann den Unternehmenswert beziehungsweise die Kapitalrentabilität (ROI) negativ beeinflussen. Eine ähnliche Ausprägung dieser Kennzahl ist der Anteil der Vorräte am Umlaufvermögen. Auch diese verdeutlicht die Auswirkungen der Bestände auf die Rentabilität.
Lagerkostensatz	**Berechnung:** Lagerkostensatz = Lagerkosten · 100 [%] / Ø Lagerbestand **Interpretation:** Beim Lagerkostensatz werden die Lagerkosten ins Verhältnis zum durchschnittlichen Lagerbestand gesetzt. Die Lagerkosten bestehen aus den Kosten, die im Bereich Lager anfallen – das sind z. B. Personalkosten, Abschreibungen und Zinsen, Instandhaltungskosten, Versicherungskosten, Energiekosten (Strom, Heizung usw.) sowie Kosten für Schwund, Bruch, Verderb oder Diebstahl.

Bestandsanalyse	
Bestandsstruktur	**Berechnung:** $\text{Bestandsstruktur Material X} = \frac{\text{Lagerbestandswert Material X}}{\text{Gesamtlagerbestand}} \cdot 100\,[\%]$ **Interpretation:** Mit Hilfe dieser Kennzahl und verschiedener artverwandter Kennzahlen, zum Beispiel Anteil der A-, B- und C-Artikel am Gesamtbestand oder Anteil der «Langsamdreher» am Lagerbestand, können Aussagen über die Zusammensetzung des Bestandssortiments getroffen werden. Abweichungsursachen sind für diese Kennzahl unter anderem die Breite des Sortiments, veränderte Bedarfe sowie veränderte Lagerkapazitäten.
Bevorratungsquote	**Berechnung:** Bevorratungsquote = Gesamtanzahl der bevorrateten Artikel / Gesamtanzahl der insgesamt beschafften Artikel **Interpretation:** Die Bevorratungsquote gibt Auskunft über die Bevorratungsintensität der beschafften Materialien bzw. wie viele der Materialien überhaupt an Lager gehalten werden. Eine Veränderung dieses Verhältnisses hat Auswirkung auf die Lagerhaltungskosten sowie die Kapitalbindungskosten – und damit auch auf die Liquidität und die Lieferbereitschaft des Unternehmens.

Lieferservice	
Lieferbereitschaft bzw. Lieferservicegrad	**Berechnung:** Lieferbereitschaftsgrad = Anzahl der sofort ausgelieferten Mengen · 100 [%] / Anzahl der insgesamt nachgefragten Mengen **Interpretation:** Die Kennzahl gibt Auskunft darüber, welcher Anteil der Aufträge direkt und vollständig bedient werden kann. Die Lieferbereitschaft gibt Hinweise zur auszuwählenden Bevorratungspolitik. Eine zu niedrige Lieferbereitschaft führt zu Fehlmengenkosten (z. B. Out-of-Stock oder Produktionsausfall), eine zu hohe Lieferbereitschaft führt zu Kapitalbindungs- und Lagerhaltungskosten.
Fehllieferungs- und Verzugsquote	**Berechnung:** Fehllieferungs- und Verzugsquote = Anzahl nicht korrekter oder verspäteter Lieferungen · 100 [%] / Gesamtzahl der Lieferungen **Interpretation:** Die Kennzahl verdeutlicht, wie oft es zu Fehlern oder Verzug kommt. Sie ist ein Maß für die Versorgungssicherheit und gibt Aufschluss über die Leistungsqualität.

Kapitel 3

Optimierungsmodelle im Bestandsmanagement

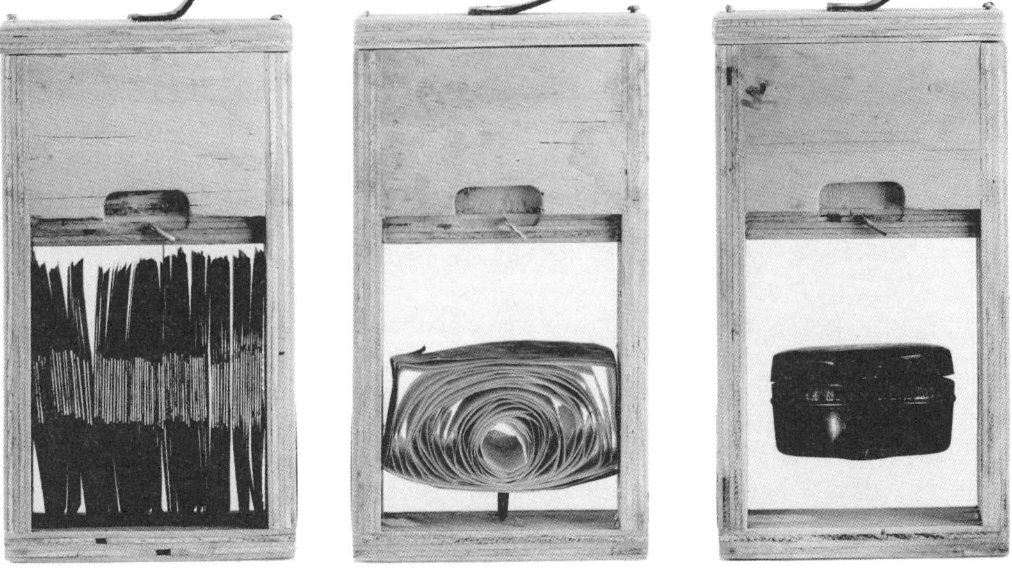

3.1 Dimensionierung von Sicherheitsbeständen

Julian Becker, Mathias Schmidt

3.1.1 Notwendigkeit zur Dimensionierung von Sicherheitsbeständen

Exzellente Supply Chains zeichnen sich heutzutage laut einer Studie von A.T. Kearney durch drei wesentliche Eigenschaften aus (van Dijk, 2013, S. 6): Erstens liefern sie ihre Produkte unter geringen Gesamtkosten an die Kunden. Zweitens liefern sie zuverlässig und erfüllen damit den geforderten Servicegrad und drittens benötigen sie für die zuverlässige Lieferung nur ein geringes Bestandsniveau innerhalb ihrer Supply Chain. Weitere Studien belegen, dass für erfolgreiche Unternehmen neben der Ausschöpfung von Kostensenkungspotenzialen die Steigerung der eigenen logistischen Leistungsfähigkeit, beispielsweise in Form von kurzen Lieferzeiten und einer hohen Liefertreue, von zunehmender Bedeutung ist (Handfield et al., 2013, S. 16). Um diese logistischen Anforderungen zu erfüllen, sind in Abhängigkeit von Produkt, Produktionsmodell und Auftragsabwicklungsprozess häufig sowohl Lagerbestände von Roh- und Halbfabrikaten innerhalb der Supply Chain als auch Lagerbestände an Fertigwaren am Ende der Supply Chain unabdingbar. Die Höhe dieser Bestände wird wesentlich durch die Bevorratung von Sicherheitsbeständen beeinflusst, welche den geforderten Servicegrad eines Lagers sicherstellen soll. Damit stellt die zielkonforme Dimensionierung von Sicherheitsbeständen einen zentralen Stellhebel zur Beeinflussung der logistischen Kosten und der logistischen Leistungsfähigkeit von Lagerstufen dar (Gudehus, 2012, S. 63).

In Wissenschaft und Praxis wurden dazu zahlreiche Verfahren zur Dimensionierung von Sicherheitsbeständen entwickelt, welche sich stark in ihrer Komplexität und dem resultierenden Anwendungsbezug unterscheiden (vgl. Abschnitt 2.4 «Bestandssteuerung»). So verfolgen beispielsweise mathematische Optimierungsverfahren das Ziel, die Dispositionsparameter eines Lagers wie Bestellzeitpunkte oder Sicherheitsbestände im Zeitverlauf kostenoptimal zu bestimmen. Dazu sind meist eine Vielzahl an spezifischen Nebenbedingungen zu berücksichtigen, welche den Erstellungs- und Parametrierungsaufwand von Optimierungsmodellen in der Praxis erschweren. Dies führt oftmals dazu, dass diese Ansätze für die praktische Anwendung zu kompliziert und nicht intuitiv nachvollziehbar erscheinen. Daher definieren Unternehmen ihre Sicherheitsbestände in den ERP- bzw. MRP-Systemen häufig als einen konstanten Vektor über den Planungshorizont (Babai & Dallery, 2009, S. 418). Eine Übersicht über gängige Ansätze finden sich beispielsweise in Gudehus (2012, S. 87ff.) oder Silver et al. (1998, S. 232ff.). Einen Vergleich einiger dieser Ansätze haben Schmidt et al. (2012) erstellt, indem sie in einer umfassenden Simulationsstudie die Erfüllung des Ziel-Servicegrads den notwendigen mittleren Beständen unter stationären Bedingungen gegenübergestellt haben. Die Ergebnisse zeigen die Vorteile der Dimensionierung von Sicherheitsbeständen auf Basis der Servicegradkennlinie besonders unter Unsicherheiten des Lagerzugangs und bei volatilen Absatzmengen. Dieser Ansatz ermöglicht eine logistische Positionierung im Zielkonflikt zwischen niedrigen Beständen einerseits und einem hohen Servicegrad andererseits. Dabei werden keine spezifischen stochastischen Verteilungen unterstellt, sondern es werden lediglich die Informationen über Mittel- und Maximalwerte benötigt. Diese Daten sind in der industriellen Praxis bereits häufig vorhanden oder können meist ohne großen Aufwand ermittelt werden. Ein besonderer Vorteil dieser transparenten Berechnungslogik liegt in der Möglichkeit, eine systematische Lageranalyse aufwandsarm durchzuführen. In dieser werden nicht nur Sicherheitsbestände dimensioniert, sondern es können auch vorhandene Bestandspotenziale aufgezeigt und darauf aufbauend konkrete Maßnahmen abgeleitet und bewertet werden.

In dem folgenden Abschnitt wird zunächst der Ansatz zur Dimensionierung von Sicherheitsbeständen auf Basis der Servicegradkennlinie vorgestellt. Darauf aufbauend erfolgt die Beschreibung des Ablaufs einer Dimensionierung innerhalb der logistischen Lageranalyse. Dazu soll ein Praxisbeispiel die konkrete Anwendung des Ansatzes veranschaulichen. Anschließend wird eine zeitdynamische Erweiterung der Servicegradkennlinie diskutiert. Diese Erweiterung ermöglicht, die Sicherheitsbestände im Zeitverlauf auf den vorliegenden Bedarfsverlauf dynamisch anzupassen.

3.1.2 Dimensionierung von Sicherheitsbeständen auf Basis der Servicegradkennlinie

Die Dimensionierung von Sicherheitsbeständen erfolgt zwangsläufig im Zielkonflikt zwischen niedrigen Beständen und einem hohen Servicegrad. Um sich in diesem Spannungsfeld zu positionieren, hat sich die Servicegradkennlinie in zahlreichen industriellen Anwendungen bewährt (vgl. Lutz, 2002, S. 123ff.; Lutz et al., 2003, S. 275ff.; Nyhuis & Wiendahl, 2012a, S. 275ff.; Schmidt et al., 2007; Vogel et al., 2006). Mit ihr ist es möglich, den Servicegrad eines Lagerartikels in Abhängigkeit von seinem mittleren Lagerbestand analytisch zu beschreiben. Die exemplarischen Verläufe der idealen Servicegradkennlinie sowie der realen Kennlinie sind in ▶ Abb. 74 dargestellt.

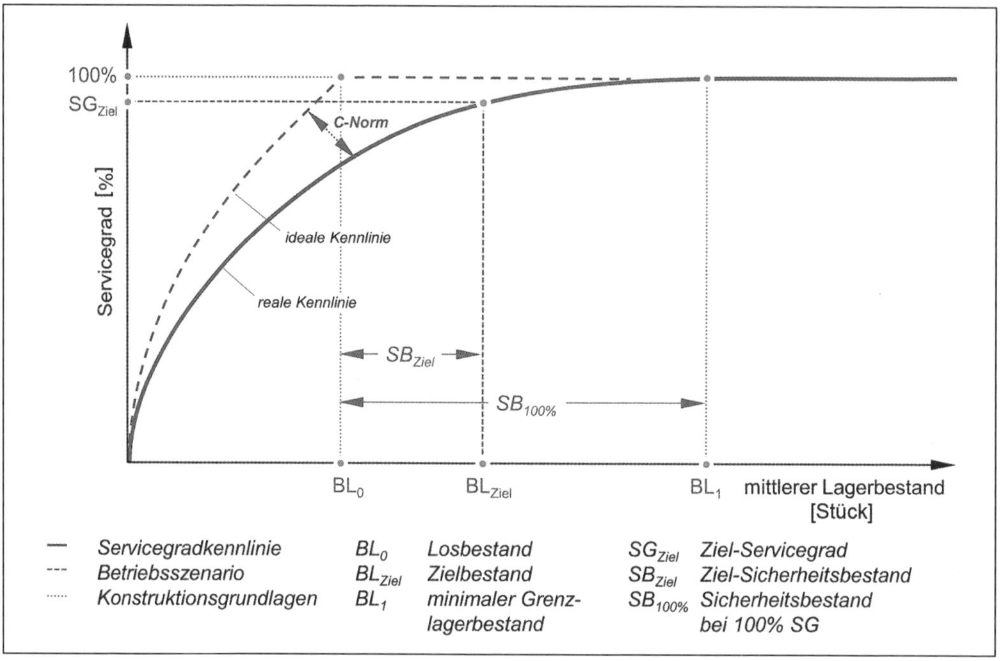

▲ Abb. 74 Exemplarische Darstellung der idealen und realen Servicegradkennlinie (in Anlehnung an Lutz, 2002, S. 105)

Der Verlauf der realen Servicegradkennlinie wird durch zwei Stützstellen, den Losbestand BL_0 und den praktisch minimalen Grenzlagerbestand BL_1, bestimmt (Nyhuis, 1996, S. 14ff.; Nyhuis & Wiendahl, 2012a, S. 253ff.). Der Losbestand kann näherungsweise als Zugangslosgröße definiert werden. Treten weder Planabweichungen im Zugang noch im Abgang des Lagers auf, so kann im Idealfall mit dem Losbestand jede Nachfrage bedient werden. Die ideale Servicegradkennlinie erreicht somit bereits ab BL_0 den maximal möglichen Servicegrad von 100 Prozent (Lutz, 2002, S. 48).

Unter realen Bedingungen können jedoch diverse Störungen zu Planabweichungen führen, welche in Fehlmengen und somit in einer Reduzierung des Servicegrads münden. Um dennoch einen 100%igen Servicegrad zu gewährleisten, ist der Lagerbestand um den Sicherheitsbestand $SB_{100\%}$ zu erhöhen. Durch die Addition dieses Sicherheitsbestands mit dem Losbestand ergibt sich der praktisch minimale Grenzlagerbestand BL_1. Er charakterisiert das Bestandsniveau, ab dem die Lieferfähigkeit des Lagers jederzeit sichergestellt ist. Neben den beiden Stützstellen BL_0 und BL_1 wird der Verlauf der realen Servicegradkennlinie durch den C-Norm-Parameter bestimmt. Dieser repräsentiert die Breite der vorhandenen Abweichungsverteilungen. Bei sehr schmalen Verteilungen schmiegt sich die reale Kennlinie der idealen Kennlinie an. Je breiter die Verteilungsformen sind, desto größer wird der C-Norm-Parameter und desto flacher verläuft die reale Servicegradkennlinie (Lutz, 2002, S. 49ff.). Zahlreiche Anwendungen in Unternehmen sowie empirische Untersuchungen haben gezeigt, dass C-Norm-Parameter meist zwischen 0,30 und 0,34 hinreichend genau abgeschätzt werden können.

Die auftretenden Planabweichungen in einem realen Lager resultieren zum einen aus Abweichungen des geplanten Lagerzugangs und zum anderen aus Abweichungen des erwarteten Lagerabgangs. Der Lagerzugang kann eine erwartete Liefermenge unterschreiten oder verspätet angeliefert werden. Die Gründe hierfür können sowohl in einer mangelhaften logistischen Leistungsfähigkeit der Lieferanten, beispielsweise in Form einer unzureichenden Termintreue, oder in einer unzureichenden Beschaffungsplanung liegen. Beispielsweise beruhen notwendige Dispositionsparameter wie Wiederbeschaffungszeiten in der Praxis häufig auf Schätzwerten, welche keiner systematischen Überprüfung und Anpassung unterliegen. Auf der Lagerabgangsseite sind Abweichungen zu berücksichtigen, sobald die reale Nachfrage größer als die erwartete Nachfrage ist.

Um den Sicherheitsbestand $SB_{100\%}$ für einen Artikel analytisch zu bestimmen, müssen die aufgetretenen maximalen Ausprägungen seiner Planabweichungen berücksichtigt werden (siehe ▶ Abb. 75). Diese erforderlichen Werte werden

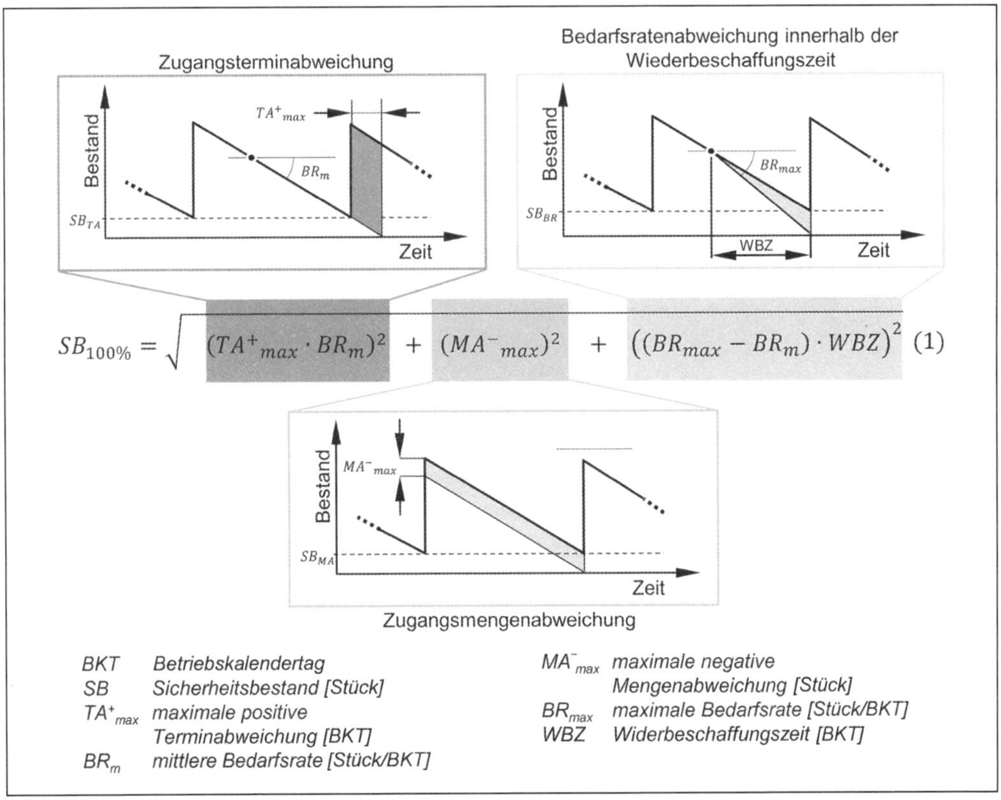

▲ Abb. 75 Planabweichungen zur Sicherheitsbestandsdimensionierung (in Anlehnung an Nyhuis, 1996, S. 14ff.)

meist bereits in gängigen ERP- bzw. MRP-Systemen erfasst oder können ohne großen Aufwand aus Vergangenheitsdaten ermittelt werden. Auf der Lagerzugangsseite ergibt sich der notwendige Sicherheitsbestandsanteil aufgrund von Zugangsterminabweichungen aus der Multiplikation der maximal positiven Terminabweichung (maximale Verspätung) mit der mittleren Bedarfsrate. Der notwendige Sicherheitsbestandsanteil aufgrund von Zugangsmengenabweichungen wird durch die maximale negative Mengenabweichung berücksichtigt (Nyhuis, 1996, S. 14ff.; Nyhuis & Wiendahl, 2012b, S. 253ff.). Da Mengenabweichungen in der industriellen Praxis meist durch kurzfristige Nachlieferungen oder durch eine frühzeitige Nachbestellung aufgefangen werden, kann ihr Einfluss häufig vernachlässigt werden. Auf der Lagerabgangsseite sind die maximalen Bedarfsratenabweichungen innerhalb des Risikozeitraums relevant. Bei Bestellpunktverfahren ergibt sich der entsprechende Sicherheitsbestandsanteil aus der maximalen Bedarfsratenabweichung innerhalb der Wiederbeschaffungszeit multipliziert mit der Wiederbeschaffungszeit (Nyhuis, 1996, S. 14ff.; Nyhuis & Wiendahl, 2012b, S. 253ff.). In der Praxis können die aufgezeigten Effekte einzeln, aber auch in Kombination miteinander auftreten. Da eine stochastische Unabhängigkeit der Planabweichungen unterstellt werden kann, ergibt sich der notwendige Sicherheitsbestand $SB_{100\%}$ in Gleichung (1) aus der geometrischen Addition der Effekte (Nyhuis, 1996, S. 17; Nyhuis & Wiendahl, 2012b, S. 257).[1]

In der industriellen Praxis ist die Fragestellung von besonderer Bedeutung, welche Sicherheitsbestände in einem Lager notwendig sind (SB_{Ziel}), um einen geforderten Zielservicegrad (SG_{Ziel}) eines Artikels zu erreichen. Mittels des Kennlinienverlaufs ist es möglich, sich in diesem Spannungsfeld zwischen mittleren Beständen und Servicegrad zu positionieren. Ist ein Ziel-Servicegrad festgelegt, ergibt sich der notwendige Sicherheitsbestand (Lutz, 2002, S. 106):

$$SB_{Ziel} = BL_0 \cdot (SG_{Ziel}^2 - 1) + SB_{100\%} \cdot \sqrt[c]{1-(1-SG_{Ziel})^c} \tag{2}$$

mit: $BL_0 = \dfrac{LG_{zu}}{2}$

mit:
- SB_{Ziel} Sicherheitsbestand bei Zielservicegrad [Stück]
- SG_{Ziel} Zielservicegrad [Stück]
- $SB_{100\%}$ Sicherheitsbestand bei 100%igem Servicegrad [Stück]
- BL_0 Losbestand [Stück]
- C C-Norm-Parameter ($C \geq 0$)
- LG_{zu} Mittlere Zugangslosgröße [Stück]

Die Dimensionierung von Sicherheitsbeständen auf Basis der Servicegradkennlinie kann sowohl bei den Bestellpunkt- als auch bei den Bestellrhythmusverfah-

1 Unter theoretischen Annahmen können die aufgezeigten Planabweichungen gleichzeitig eintreffen, sodass eine Addition der Effekte notwendig erscheint. Aus anwendungsorientierter Sicht ist eine geometrische Addition jedoch hinreichend genau und zu empfehlen.

ren[1] erfolgen (vgl. Abschnitt 2.4 «Bestandssteuerung»). Da sich die notwendigen Eingangsinformationen unabhängig von den Lagerpolitiken aus Vergangenheitsdaten berechnen, ist lediglich auf die korrekte Berechnungslogik zu achten. Für den Losbestand BL_0 bedeutet das beispielsweise, dass dieser sich bei variablen Zugangsmengen aus der halben mittleren Zugangslosgröße ergibt. Ist eine fixierte Losgröße q vorgegeben, sollte der Losbestand der Menge q/2 entsprechen. Bei Bestellrhythmusverfahren ist zu berücksichtigen, dass sich der Risikozeitraum um das Bestellintervall t vergrößert. Somit stellt die Servicegradkennlinie ein universell anwendbares, aufwandsarmes und transparentes Hilfsmittel dar, um zielkonforme Sicherheitsbestände zu dimensionieren.

3.1.3 Ablauf der Sicherheitsbestandsdimensionierung innerhalb der logistischen Lageranalyse

Die logistische Bestandsanalyse umfasst eine systematische Analysemethode für komplette Lagerbereiche. Das Ziel ist es, die Lagerbestände zielkonform zu dimensionieren, Bestandspotenziale aufzuzeigen und darauf aufbauend konkrete Maßnahmen abzuleiten (Lutz, 2002, S. 89). In der Vorbereitungsphase sind dazu die Ziele (z.B. Bestandssenkung oder Erreichung eines geforderten Servicegrads) und der Untersuchungsbereich (z.B. Artikelarten und/oder Lagerorte) der Analyse festzulegen. Die anschließende Analysephase beginnt mit der Aufnahme der notwendigen Datenbasis, um den Ist-Zustand quantitativ mit Kennzahlen zu beschreiben und um die Eingangsgrößen zur Sicherheitsbestandsdimensionierung zu ermitteln. Darauf aufbauend sind mit Artikelklassifizierungen und Ranglisten (vgl. Abschnitt 2.2 «Materialklassifikation und Versorgungsstrategien») die relevanten Artikel zur Bestandsdimensionierung zu ermitteln und erste offensichtliche Verbesserungsmaßnahmen («low-hanging fruits») abzuleiten. Nachdem die zu betrachtenden Artikel ausgewählt wurden, folgt für diese Artikel die kennliniengestützte Sicherheitsbestandsberechnung und Potenzialabschätzung. Die Positionierung und Berechnung der Zielbestände erfolgt gemäß der vorgestellten Logik gemäß den Gleichungen (1) und (2).

In der abschließenden Handlungsableitungsphase sind konkrete Maßnahmen zur Umsetzung auszuwählen und ein regelmäßiges Controlling einzuführen. Da die Maßnahmen mit unterschiedlichem Aufwand verbunden sind, sollte die Auswahl in einer Reihenfolge erfolgen, welche dem Aufwand-Nutzen-Verhältnis folgt (Lutz, 2002, S. 109ff.). In ▶ Abb. 76 sind drei wesentliche Schritte zur Verbesserung der logistischen Leistungsfähigkeit exemplarisch dargestellt.

Der erste Schritt umfasst die Anpassung des aktuellen Bestandsniveau $BL_{m,Ist}$ auf das berechnete Niveau $BL_{Ziel,1}$. Erfahrungsgemäß resultiert eine zielkonforme

1 Da die (t, q)-Lagerpolitik keinerlei Flexibilität bezüglich Bestellzyklus oder -menge zulässt, kann eine sinnvolle logistische Positionierung nicht erfolgen. Damit ist von der Anwendung dieser Lagerpolitik abzuraten.

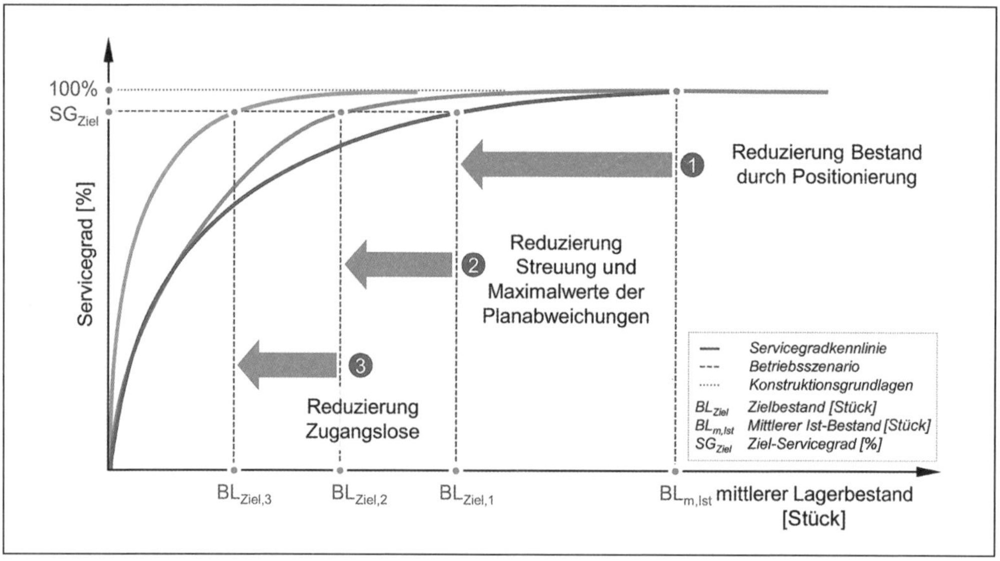

▲ Abb. 76 Schritte zur Verbesserung der Lagerleistung (in Anlehnung an Lutz, 2002, S. 113)

Positionierung auf der Servicegradkennlinie in einer Reduzierung des Sicherheitsbestands. Sollte eine Bestandserhöhung zur Servicegraderreichung notwendig sein, ist diese Anpassung als kurzfristige Maßnahme zu verstehen. Vielmehr sollte das langfristige Ziel sein, mit den nachfolgenden Schritten auf die Einflussparameter einzuwirken, um die Lagerbestände möglichst niedrig zu halten.

Sind die Bestandspotenziale einer Bestandsanpassung ausgeschöpft, ist nachfolgend die Beeinflussung des Kennlinienverlaufs anzustreben. Hierzu sind im zweiten Schritt die Parameter zu beeinflussen, welche den erforderlichen Sicherheitsbestand bestimmen. Die maßgeblichen Planabweichungen und entsprechenden Treibergrößen lassen sich direkt aus Gleichung (1) ableiten. Auch an dieser Stelle gilt es, Maßnahmen zur Reduzierung der Streuung und der Maximalwerte der Planabweichungen (Zugangstermin-, Zugangsmengen- und Bedarfsratenabweichungen) abzuleiten, die dem Aufwand-Nutzen-Verhältnis folgen. Da auf der Lagerabgangsseite die Bedarfsratenschwankungen durch den Kunden meist nicht unmittelbar beeinflussbar sind, verbleibt in diesem Zusammenhang die Reduzierung der Wiederbeschaffungszeit, um den abzudeckenden Risikozeitraum zu verkürzen.

Sind die Potenziale der Sicherheitsbestandsoptimierung ausgeschöpft ($BL_{Ziel,2}$), erfolgt im dritten Schritt eine Prüfung, ob eine Reduzierung der Zugangslose realisierbar ist. Diese Reduzierung führt zu einer Verringerung des Losbestands, sodass eine Verschiebung der Servicegradkennlinie in Richtung kleinerer mittlerer Bestände stattfindet ($BL_{Ziel,3}$).

Im folgenden Praxisbeispiel (Lutz, 2002, S. 123ff.) werden die Potenziale aus dem ersten Schritt zur Reduzierung der Lagerbestände nach ◀ Abb. 76 durch die logistische Positionierung aufgezeigt. Zum Zeitpunkt der Untersuchung verfolgte das Unternehmen das Ziel, die Bestände in seinem Fertigwarenlager zu senken unter Gewährleistung eines Servicegrads von mindestens 98 %. Dazu wurden Zielbestände für das gesamte Artikelspektrum mittels der Lagerkennlinien berechnet. Das Gesamtpotenzial ergab sich somit aus der Summe der artikelbezogenen Einzelpotenziale hinsichtlich der jeweiligen Bestandssenkung oder -anhebung.

Der in ▶ Abb. 77 exemplarisch betrachtete Beispielartikel wies mit einem Anteil von 2 % (72.346 Stück) den größten Anteil am Lagerbestand auf. Anhand der berechneten Zielbestände wird deutlich, dass bei der Einhaltung des Zielservicegrads eine Bestandsreduzierung von 51.618 Stück (71,3 %) möglich ist. Insgesamt ergab sich für 71 % aller Artikel im Fertigwarenlager ein signifikantes Potential zur Bestandsreduktion. Bei den restlichen Artikeln musste hingegen der Bestand leicht angehoben werden, um den geforderten Zielservicegrad zu erfüllen. Dennoch betrug das Gesamtbestandspotenzial ca. 1,44 Mio. Stück, ohne dadurch bestandsbedingte Servicegradverluste in Kauf nehmen zu müssen.

Um im zweiten Schritt zur Reduzierung der Lagerbestände nach ◀ Abb. 76 wirksame Maßnahmen auszuwählen, welche die Höhe des Sicherheitsbestands beeinflussen, wurden die jeweiligen Anteile am berechneten Ziel-Sicherheits-

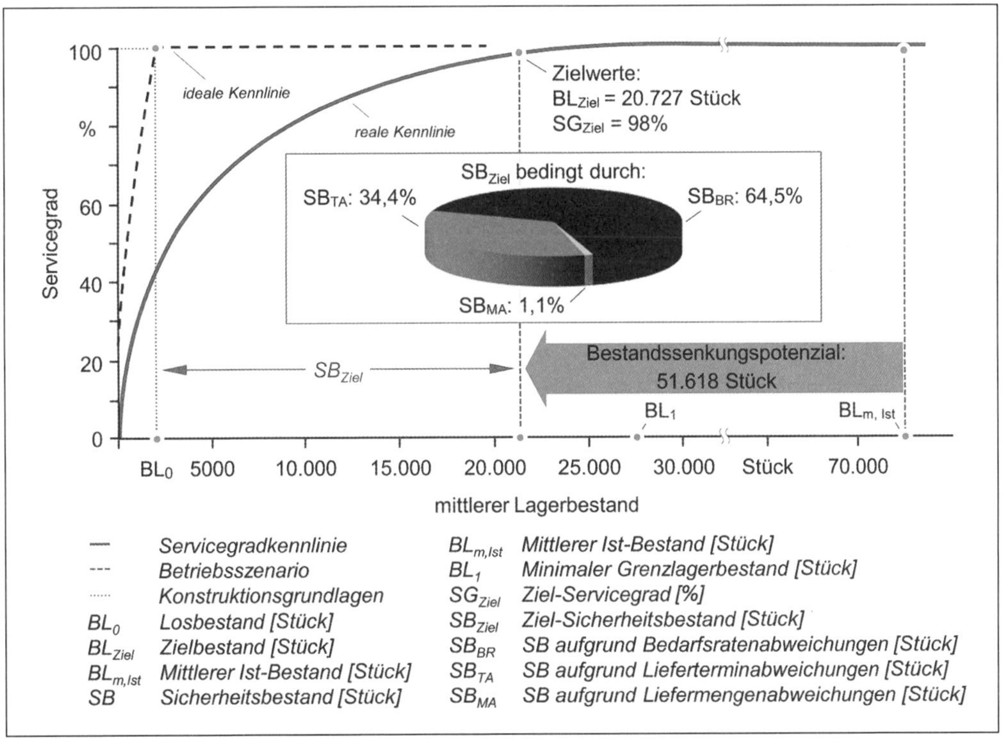

▲ Abb. 77 Sicherheitsbestandsdimensionierung eines Beispielartikels (in Anlehnung an Lutz, 2002, S. 129)

bestand hinsichtlich seiner Bestandteile analysiert. Die einzelnen Bestandteile lassen sich gemäß den einzelnen Termen in Gleichung (1) ermitteln. Der Sicherheitsbestand für den exemplarisch betrachteten Artikel setzte sich wie folgt zusammen: Sicherheitsbestandsanteil aufgrund von Bedarfsratenschwankungen in der Wiederbeschaffungszeit 64,5 %, aufgrund von Lieferterminabweichungen 34,4 % und aufgrund von Liefermengenabweichungen 1,1 %. Da der Anteil aufgrund von Liefermengenabweichungen vernachlässigbar gering ausfiel, wurden ausschließlich Maßnahmen zur Reduzierung der anderen beiden Anteile abgeleitet. Die Bedarfsratenschwankungen waren durch das Unternehmen nicht signifikant zu beeinflussen. Somit wurden konkrete Maßnahmen zur Verkürzung der Wiederbeschaffungszeit und zur Erhöhung der Termintreue auf Lieferantenseite beschlossen. Das aufgeführte Praxisbeispiel verdeutlicht, wie durch die Dimensionierung von Sicherheitsbeständen aufwandsarm die Logistikkosten gesenkt und die Logistikleistung gesteigert werden können.

3.1.4 Dimensionierung von Sicherheitsbeständen auf Basis der dynamischen Servicegradkennlinie

Der praktische Nutzen der Servicegradkennlinie zur Dimensionierung von Sicherheitsbeständen wurde im vorherigen Abschnitt deutlich. Ein wesentlicher Vorteil dieses Ansatzes besteht im Vergleich mit herkömmlichen Berechnungsverfahren darin, dass keine theoretischen Nachfrageverteilungen (z. B. Normalverteilung) unterstellt werden. Vielmehr ist die Kenntnis über die realen Mittelwerte und Maximalwerte der Planabweichungen ausreichend. Diese Informationen sind überwiegend in den Unternehmen vorhanden oder können meist ohne großen Aufwand aus Vergangenheitsdaten ermittelt werden. Jedoch liegen in Unternehmen häufig weitere Informationen vor, wie beispielsweise Prognosen über den zukünftigen Nachfrageverlauf, welche in dem vorgestellten Ansatz noch keine Berücksichtigung finden. Weist die Nachfrage zum Beispiel saisonale Schwankungen auf, erscheint es zweckmäßig, in Zeiten einer geringen Nachfrage weniger Sicherheitsbestand vorzuhalten als in Zeiten einer sehr hohen Nachfrage. Sind die Nachfrageverläufe hinreichend genau zu prognostizieren, sollten diese Prognoseinformationen genutzt werden. Aus diesem Grund wird im Folgenden eine Erweiterung des traditionellen Kennlinienansatzes vorgestellt (vgl. Becker, 2016; Becker et al., 2014). Dieser ermöglicht eine zeitdynamische Anpassung des Sicherheitsbestands und erschließt damit weitere, bisher ungenutzte Bestandspotenziale. Um der Dynamik der Umwelt gerecht zu werden, ergibt sich im Folgenden der dynamische Meldebestand aus der Summe der prognostizierten Nachfragemenge in der Wiederbeschaffungszeit und des dynamischen Sicherheitsbestands (Gleichung 3).

$$MB_i = \sum_{t=i+1}^{i+WBZ} p_t + SB_i(SG_{Ziel}) \tag{3}$$

mit: MB_i Dynamischer Meldebestand zum Zeitpunkt i [Stück]
p_t Prognose für den Zeitpunkt t [Stück]
WBZ Wiederbeschaffungszeit [BKT]
$SB_i(SG_{Ziel})$ Dynamischer Sicherheitsbestand zum Zeitpunkt i [Stück]

Der dynamische Sicherheitsbestand berechnet sich entsprechend der Kennlinienlogik gemäß Gleichung (1) und (2). Jedoch muss in die Berechnung des Sicherheitsbestands $SB_{100\%}$ der zeitdynamische Aspekt der Prognose einfließen, sodass dieser als dynamischer Sicherheitsbestand $SB_{100,i}$ bezeichnet wird (Gleichung 4). Wie oben bereits erläutert, sind insbesondere Zugangsterminabweichungen und Prognoseabweichungen (zuvor als Bedarfsratenabweichungen bezeichnet) bei der Sicherheitsbestandsberechnung zu berücksichtigen. Da Mengenabweichungen im Lagerzugang lediglich zu einer früheren Erreichung des Meldebestands führen, sofern keine kurzfristigen Nachlieferungen die Mengenabweichungen korrigieren können, wird dieser Sicherheitsbestandsanteil im Weiteren vernachlässigt.

In der ▶ Abb. 78 sind die beiden zu berücksichtigenden dynamischen Sicherheitsbestandsanteile dargestellt. Der linke Teil verdeutlicht die Notwendigkeit eines Sicherheitsbestands aufgrund von Zugangsterminabweichungen. Hierfür

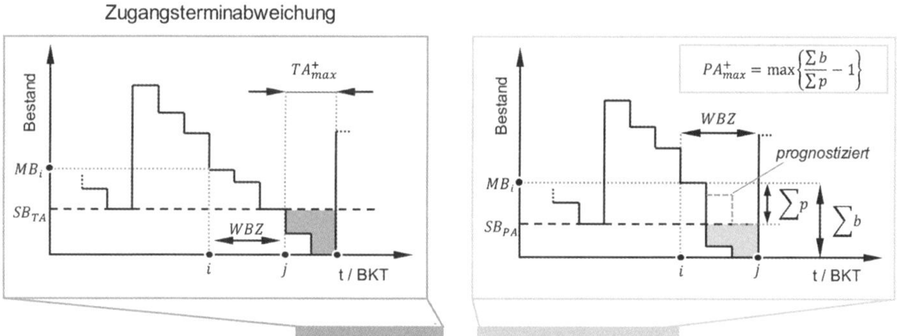

$$SB_{100,i} = \sqrt{\left(\sum_{t=j+1}^{j+TA^+_{max}} p_t\right)^2 + \left(PA^+_{max} \cdot \sum_{t=i+1}^{j} p_t\right)^2} \tag{4}$$

BKT	*Betriebskalendertag*	*PA^+_{max}*	*Maximal relative Prognoseabweichung innerhalb der WBZ [%]*
b_t	*Realer Bedarf zum Zeitpunkt t [Stück]*	*$SB_{100,i}$*	*Dynamischer Sicherheitsbestand [Stück]*
j	*Zeitpunkt i + WBZ [BKT]*	*TA^+_{max}*	*Maximal positive Terminabweichung [BKT]*
MB_i	*Meldebestand zum Zeitpunkt i [Stück]*	*WBZ*	*Wiederbeschaffungszeit [BKT]*
p_t	*Prognose für den Zeitpunkt t [Stück]*		

▲ Abb. 78 Sicherheitsbestand aufgrund von Zugangstermin- und Prognoseabweichungen (in Anlehnung an Becker, 2016, S. 62)

wird angenommen, dass die einfließende Prognose der realen Nachfrage entspricht. Der Sicherheitsbestandsanteil aufgrund von Zugangsterminabweichungen ergibt sich somit aus der prognostizierten Nachfrage innerhalb der maximalen positiven Terminabweichung TA^{+}_{max}.

Der rechte Teil verdeutlicht die Notwendigkeit eines Sicherheitsbestands aufgrund von Prognoseabweichungen innerhalb der Wiederbeschaffungszeit. Die für die Einhaltung der Lieferfähigkeit zu betrachtende Abweichung entspricht dem Produkt aus der maximalen relativen Prognoseabweichung innerhalb der Wiederbeschaffungszeit P^{+}_{max} und der entsprechenden Prognose (Becker, 2016, S. 55ff.). Mit diesem dynamischen Ansatz ist es möglich, unabhängig von dem eingesetzten Prognoseverfahren einen dynamischen Sicherheits- und Meldebestandsverlauf zu generieren.

Verschiedene Simulationsstudien belegen im Vergleich zur häufig genutzten Basisformel (vgl. Abschnitt 2.4 «Bestandssteuerung») und der traditionellen Servicegradkennlinie die Vorteile des dynamischen Ansatzes. In einer praxisorientierten Simulationsstudie wurde beispielsweise der stationäre, normalverteilte Bedarfsverlauf über 500 Betriebskalendertagen (BKT) variiert (Variationskoeffizienten 0,25; 0,75 und 2,0) und zusätzlich mit saisonalen Schwankungen (Zyklusfaktoren 0,25; 0,5; 1 und 2) sowie positiven Trendverläufen (50 %, 100 %, 150 % und 200 %) überlagert. Für die Wiederbeschaffungszeiten wurde eine Normalverteilung angenommen (Variationskoeffizienten 0,33; 0,6 und 0,8). Um eine Abhängigkeit der Prognose von der Nachfrage zu simulieren, wurde ein normalverteilter Prognoseabweichungsfaktor (Mittelwert: 0 Stk/BKT; Streuungen: 0,05 Stk/BKT; 0,25 Stk/BKT; 0,5 Stk/BKT; 0,75 Stk/BKT und 1 Stk/BKT) mit dem diskreten Nachfrageverlauf multipliziert. Die komprimierten Simulationsergebnisse der betrachteten Ansätze sind in ▶ Abb. 79 separat für die drei Bedarfsverhalten «stationärer Bedarfsverlauf», «mit saisonalen Schwankungen» und «mit positiven Trend» für einen Zielservicegrad von 95 % zusammengefasst.

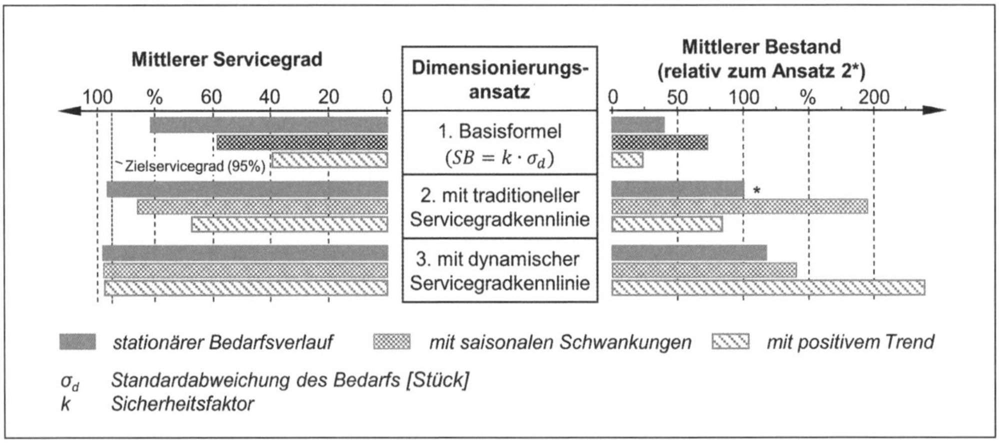

▲ Abb. 79 Logistischer Vergleich ausgewählter Ansätze zur Dimensionierung von Sicherheitsbeständen

Auf der linken Seite sind die erreichten mittleren Servicegrade der Simulationsreihen zusammengefasst dargestellt. Wie zu erwarten, erreicht die Basisformel im Mittel nicht das geforderte Servicegradniveau, da sie sämtliche Zugangsabweichungen vernachlässigt. Der traditionelle Dimensionierungsansatz mit der Servicegradkennlinie liefert zufriedenstellende Ergebnisse insbesondere bei stationären Bedarfsverläufen ohne Schwankungen oder Trends. Treten jedoch saisonale Schwankungen oder Trendverläufe auf, so stößt der traditionelle Ansatz erwartungsgemäß an seine Grenzen. Die dynamische Erweiterung der Servicegradkennlinie unterliegt nicht den statischen Modellierungsannahmen und erreicht auch bei saisonalen Schwankungen oder Trendverläufen im Mittel den gewünschten Zielservicegrad. Um einen Bestandsvergleich zwischen den Ansätzen vornehmen zu können, sind auf der rechten Seite die mittleren Bestände relativ zum Ansatz mit der traditionellen Servicegradkennlinie mit «stationärem Bedarfsverlauf» aufgetragen. Das höhere mittlere Bestandsniveau des dynamischen Ansatzes bei stationären Bedarfsverläufen ist auf Simulationsreihen mit extrem hohen Prognoseabweichungen zurückzuführen. Bei diesen Simulationsreihen wurde das geforderte Servicegradniveau erreicht, jedoch sind deutlich höhere mittlere Bestände erforderlich als bei geringeren Prognoseabweichungen. Somit wird die Abhängigkeit des dynamischen Sicherheitsbestands von der Prognoseabweichung deutlich. Bei saisonalen Schwankungen ergaben sich im Vergleich zum traditionellen Ansatz geringe mittlere Bestände, um den Zielservicegrad einzuhalten. Diese Beobachtung ist ebenfalls mit dem dynamischen Sicherheits- und Meldebestandsverlauf zu erklären. Bei geringen Bedarfen konnte der Sicherheitsbestand im Zeitverlauf reduziert werden, sodass insgesamt geringere mittlere Bestände notwendig sind. Das erforderliche höhere Bestandsniveau bei positiven Trendverläufen ist aufgrund von steigenden Prognosen in Verbindung mit höheren Planabweichungen zu beobachten. Grundsätzlich lässt sich festhalten, dass der dynamische Ansatz dem klassischen Ansatz immer dann überlegen ist, wenn die verfügbare Bedarfsprognose genauer ist als die mittlere Bedarfsrate.

Diese kompakte Zusammenfassung einer praxisorientierten Simulationsstudie stellt die logistischen und monetären Vorteile der dynamischen Erweiterung heraus.

3.1.5 Zusammenfassung und Ausblick

Die zielkonforme Dimensionierung von Sicherheitsbeständen ist ein zentraler Stellhebel, um die logistischen Kundenanforderungen unter wirtschaftlichen Restriktionen zu erfüllen. Die vorgestellte Methode auf Basis der Servicegradkennlinie bietet einen praxistauglichen Ansatz, der Unternehmen befähigt, sich in dem Spannungsfeld zwischen Beständen und Servicegrad zu positionieren, logistische Potenziale aufzuzeigen sowie konkrete Maßnahmen zu bewerten und abzuleiten.

Zahlreiche Anwendungen in der Wirtschaft belegen dabei die Vorteile dieser transparenten Vorgehensweise.

Des Weiteren zeigt sich, dass es mit der dynamischen Erweiterung des Ansatzes möglich ist, die Sicherheitsbestände im Zeitverlauf auf die vorliegende Bedarfssituation anzupassen und somit bisher ungenutzte Bestandspotenziale zu nutzen. Der dynamische Ansatz erfüllt dabei folgende anwendungsorientierte Kriterien:

- Die Einflussparameter und Berechnungsvorschriften sind nachvollziehbar und transparent beschrieben (akzeptiert).
- Der Ansatz kann unabhängig von spezifischen Prognoseverfahren angewendet werden (generisch).
- Anstatt theoretische Verteilungen der Planabweichungen zu unterstellen, genügen ihre Maximalwerte (realitätsbezogen).
- Der Ansatz kann ohne großen Aufwand in vorhandene ERP- bzw. MRP-Systeme implementiert oder gar mit einem handelsüblichen Kalkulationsprogramm berechnet werden (praxisorientiert).

3.2 Advanced Forecasting in Supply Chains

Stefan Helber, Katja Schimmelpfeng

3.2.1 Motivation

Die in Supply Chains zu treffenden Entscheidungen und die in der Folge ablaufenden Prozesse beruhen vielfach auf Prognosen, insbesondere bezüglich der künftigen Kundennachfrage. Damit beeinflussen diese Prognosen einerseits die zeitliche und räumliche Entwicklung der Bestände an Zwischen- und Endprodukten sowie andererseits auch die Bereitstellung und spätere Nutzung von Produktions- und Logistikkapazitäten in den jeweiligen Kern- und Unterstützungsprozessen. Dies gilt sowohl für unterschiedliche Branchen und Anwendungsbereiche der Herstellung von Sachgütern als auch für Dienstleistungen, beispielsweise die Kundenbetreuung in Call Centern (vgl. Helber & Stolletz, 2004, Kapitel 8; Krüger/Schimmelpfeng 2013) oder die Patientenbehandlung in der Notaufnahme von Krankenhäusern.

In vielen Unternehmen werden seit geraumer Zeit integrierte betriebswirtschaftliche IT-Systeme (APS, ERP) eingesetzt, um die jeweiligen Datenverwaltungs- und Planungsaufgaben zu lösen. Die in diesen Systemen über Kunden, deren Nachfrage, Aufträge etc. gespeicherten Informationen stellen mittlerweile eine umfangreiche Basis für die Prognose der zukünftigen Nachfrage dar, die als Inputdaten für die Lösung komplexer Planungsprobleme, zum Beispiel der Produktionsplanung, verwendet werden kann. Standardmäßig werden hierzu etablierte Verfahren wie zum Beispiel die exponentielle Glättung erster bzw. zweiter Ordnung eingesetzt. Aufgrund der großen Datenmenge (Big Data) sind heutzutage aber auch fortschrittlichere Prognosemethoden denkbar, bei denen zunächst komplexere Modelle des datenerzeugenden Prozesses generiert werden.

In diesem Beitrag wird zunächst kurz die traditionelle Vorgehensweise der Prognose aufgezeigt, bevor fortschrittlichere Varianten dargestellt werden.

3.2.2 Anwendungskontext und Ausgangslage

Der Ausgangspunkt einer Prognoserechnung ist oftmals die Notwendigkeit, Beschaffungs- oder Produktionsentscheidungen für Sachgüter bzw. Bereitstellungsentscheidungen für Produktionskapazitäten im Sachgüter- oder Dienstleistungsproduktionskontext treffen zu müssen, bevor die Nachfrage y_t nach diesen Gütern oder Kapazitäten zum Zeitpunkt t tatsächlich bekannt ist. Aus diesem Grund ermittelt man zu einem Zeitpunkt $\tau < t$ einen Prognosewert p_t für den zukünftigen Zeitpunkt t, der im Regelfall vom tatsächlich eintreffenden Bedarf y_t abweichen wird. Dadurch entsteht regelmäßig ein Prognosefehler

$$e_t = p_t - y_t,$$

dessen Merkmale entscheidend für die Beurteilung der Güte eines Prognoseverfahrens sind (vgl. Tempelmeier, 2015, Kapitel B.1; Diebold, 2007, Kapitel 12).

Es gibt einige zentrale Voraussetzungen für die Konstruktion eines Prognoseverfahrens, deren Überprüfung verdeutlicht, dass die Entwicklung eines solchen Verfahrens überaus anspruchsvoll sein kann und dass an dessen Ergebnisse keine übertriebenen und unrealistischen Anforderungen gestellt werden dürfen. Zu diesen *Voraussetzungen* zählen insbesondere die folgenden:

1. Die zeitliche Entwicklung der Nachfrage y_t folgt einem *stabilen* und *mathematisch beschreibbaren* Muster. Man hat also die Vorstellung, dass es einen verborgenen *datenerzeugenden Prozess* (Diebold 2007, S. 85) z.B. der Form

   $$y_t = c_1 x_{1,t} + c_2 x_{2,t} + c_3 x_{3,t} + \ldots + \varepsilon_t$$

   mit Einflussgrößen $x_{1,t}, x_{2,t}, x_{3,t} \ldots$ gibt, der im Zeitablauf die verschiedenen Bedarfswerte y_t erzeugt. Die Koeffizienten $c_1, c_2, c_3, \ldots$ bestimmen, wie die Einflussgrößen auf die zu prognostizierende Größe wirken. Sie sind und bleiben stets unbekannt. Mit ε_t wird die Ausprägung einer zufälligen Komponente bezeichnet. Es handelt sich also um einen stochastischen Prozess.
2. Alle Einflussgrößen $x_{1,t}, x_{2,t}, x_{3,t} \ldots$ dieses datenerzeugenden Prozesses und auch die Nachfrage y_t selbst sind über einen hinreichend langen Zeitraum *beobachtbar.*
3. Es gelingt, aus der Beobachtung der Einflussgrößen $x_{1,t}, x_{2,t}, x_{3,t} \ldots$ und der Zeitreihe der Nachfrage y_t zutreffend auf die prinzipielle mathematische *Struktur* zu schließen und zudem für das Prognosemodell

   $$p_t = \hat{c}_1 x_{1,t} + \hat{c}_2 x_{2,t} + \hat{c}_3 x_{3,t} + \ldots$$

   geeignete Schätzwerte $\hat{c}_1, \hat{c}_2, \hat{c}_3, \ldots$ für die wahren, aber unbekannten *Koeffizienten* $c_1, c_2, c_3, \ldots$ zu ermitteln, sodass also $c_1 \approx \hat{c}_1$, $c_2 \approx \hat{c}_2$, $c_3 \approx \hat{c}_3, \ldots$ gilt.

4. Zum Zeitpunkt τ (Prognoseerstellung für den künftigen Zeitpunkt t mit $\tau < t$) sind die *künftigen Werte der Einflussgrößen* $x_{1,t}$, $x_{2,t}$, $x_{3,t}$ … entweder bekannt oder ihrerseits selbst hinreichend präzise prognostizierbar, sodass die Prognosewerte p_t berechnet werden können.

Diese sehr geraffte Darstellung macht deutlich, dass es keineswegs trivial ist, Nachfragedaten präzise zu prognostizieren, weil häufig

- der datenerzeugende Prozess im Zeitablauf nicht hinreichend stabil ist,
- Vergangenheitswerte der zu prognostizierenden Größen wie auch der Einflussgrößen fehlen, unvollständig oder fehlerhaft sind,
- eine korrekte Identifizierung des datenerzeugenden Prozesses bzw. eine hinreichend genaue Schätzung seiner Parameter nicht gelingt oder
- die Fortschreibung der Einflussgrößen (wie z.B. des Wetters) in die Zukunft nicht hinreichend präzise möglich ist.

Durch die zunehmende Digitalisierung der betrieblichen Prozesse liegen mittlerweile große Datenbestände in einer maschinell verknüpfbaren und verarbeitbaren Form vor. Deren Analyse kann eine wertvolle Basis für innovative Geschäftsmodelle und bessere Entscheidungen über betriebliche Abläufe bieten und sich auf dem Umweg über Prognosemodelle auf die Entwicklung von Beständen in den Supply Chains auswirken.

3.2.3 Modellbeschreibung

Im vorherigen Abschnitt wurde bereits gezeigt, wie umfangreich und anspruchsvoll die Voraussetzungen für die Entwicklung betrieblicher Modelle der Nachfrageprognose sind. Dies erklärt, warum in der Praxis – wenn überhaupt – vielfach mit einfachsten sogenannten univariaten Prognosemodellen gearbeitet wird, in denen als einzige Einflussgröße die Zeit abgebildet wird. So bietet beispielsweise SAP im *Inventory Collaboration Hub* (SAP ICH) für die vier in ▶ Abb. 80 dargestellten Monatsverläufe der Nachfrage einfache Prognosemodelle an.

Im Fall einer im Mittel näherungsweise konstanten Nachfrage kann beispielsweise eine Prognose durch die Berechnung von

- einfachen Mittelwerten,
- gleitenden Mittelwerten über die letzten T Beobachtungen oder
- exponentiell geglätteten Mittelwerten 1. Ordnung erfolgen (vgl. Tempelmeier, 2015, Kapitel B.3.1.2).

Bei der Prognose mittels der exponentiellen Glättung 1. Ordnung wird in der Periode t nach Bekanntwerden der aktuellen Nachfrage y_t der Prognosewert p_{t+1} für die künftige Periode über die folgende Gleichung ermittelt:

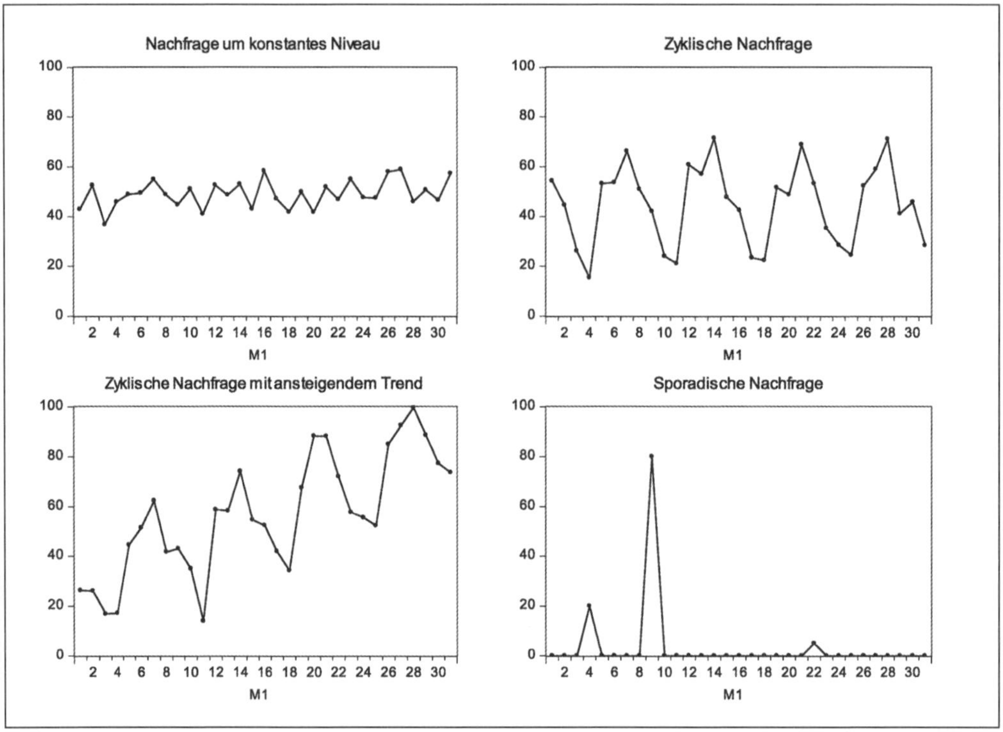

▲ Abb. 80 Übersicht der Typen von Nachfrageverläufen

$$p_{t+1} = \alpha \cdot y_t + (1 - \alpha) \cdot p_t$$

In dieser Gleichung stellt α mit $0 \leq \alpha \leq 1$ einen Glättungsparameter dar. Da die Prognosegleichung der exponentiellen Glättung 1. Ordnung rekursiv formuliert ist, lässt sie sich beliebig oft in sich selbst einsetzen, sodass man nach zwei solchen Schritten die äquivalente Beziehung

$$p_{t+1} = \alpha \cdot y_t + (1 - \alpha) \cdot \alpha \cdot y_{t-1} + (1 - \alpha)^2 \cdot \alpha \cdot y_{t-2} + (1 - \alpha)^3 \cdot p_{t-2}$$

erhält. Diese Beziehung zeigt, dass die Gewichtungsfaktoren der Beobachtungswerte exponentiell abnehmen, je älter die Beobachtungswerte sind. Das bedeutet, dass den aktuellen Beobachtungswerten ein relativ hohes Gewicht beigemessen wird und die Prognosewerte auf dauerhafte Änderungen des Nachfrageniveaus zumindest mit einer gewissen zeitlichen Verzögerung folgen können. Ähnliche Berechnungsformeln lassen sich für den Fall angeben, dass wie in der ◄ Abb. 80 die Nachfrageverläufe durch einen konstanten Trend und/oder ein saisonales Muster gekennzeichnet sind (vgl. Diebold, 2008, Kapitel 13.4; Tempelmeier, 2015, Kapitel B.3.2 und B.3.3).

Derartige Prognosemethoden sind seit Jahrzehnten bekannt, relativ leicht zu verstehen und anzuwenden und zudem auch in diversen IT-Systemen der Logistik sowie der Produktionsplanung und -steuerung implementiert. Sie beruhen auf einfachsten Vorstellungen des datenerzeugenden Prozesses und berücksichtigen als univariate Methoden ausschließlich die Zeit als Einflussgröße auf die zu prognostizierende Nachfrage. An die Genauigkeit der so errechneten Prognosewerte sollten daher keine übermäßigen Erwartungen gestellt werden.

Sehr viel leistungsfähiger können im betriebswirtschaftlichen Kontext solche Prognosemethoden sein, die auf einem präziseren und komplexeren Modell des datenerzeugenden Prozesses beruhen. Im Kontext der kurzfristigen betrieblichen Nachfrageprognose können dabei insbesondere

- saisonale Muster beispielsweise auf der Basis von Wochentagen,
- Kalendereffekte beispielsweise auf Grund von Feiertagen und
- betriebliche Werbemaßnahmen

eine große Bedeutung besitzen. Als Beispiel dient die Prognose des täglichen Nachfrageeingangs für ein fiktives Produkt. ▶ Abb. 81 zeigt das fiktive tägliche Nachfrageaufkommen im ersten Halbjahr. Offensichtlich ist die Zeitreihe durch erhebliche Schwankungen geprägt. In Konsumgütermärkten wird die Nachfrage unter Umständen sehr stark durch Werbemaßnahmen beeinflusst. ▶ Abb. 82 zeigt daher die in einer hier nicht näher spezifizierten Einheit gemessene tägliche Werbeintensität, zum Beispiel durch Postversand oder Online-Werbung. Ein Vergleich der beiden Abbildungen legt den Gedanken nahe, dass ein Zusammenhang zwischen der Werbung und der Nachfrage besteht. Das in der ▶ Abb. 83 dar-

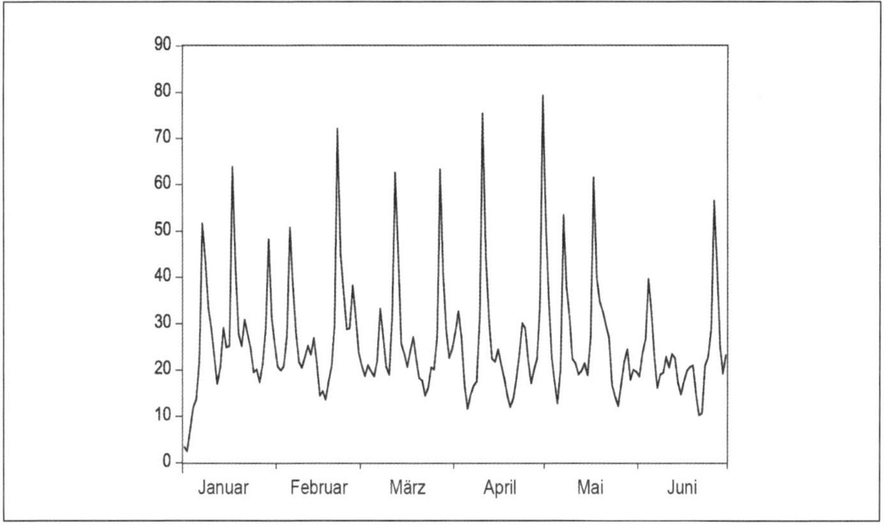

▲ Abb. 81 Beispiel für die tägliche Nachfrage im ersten Halbjahr

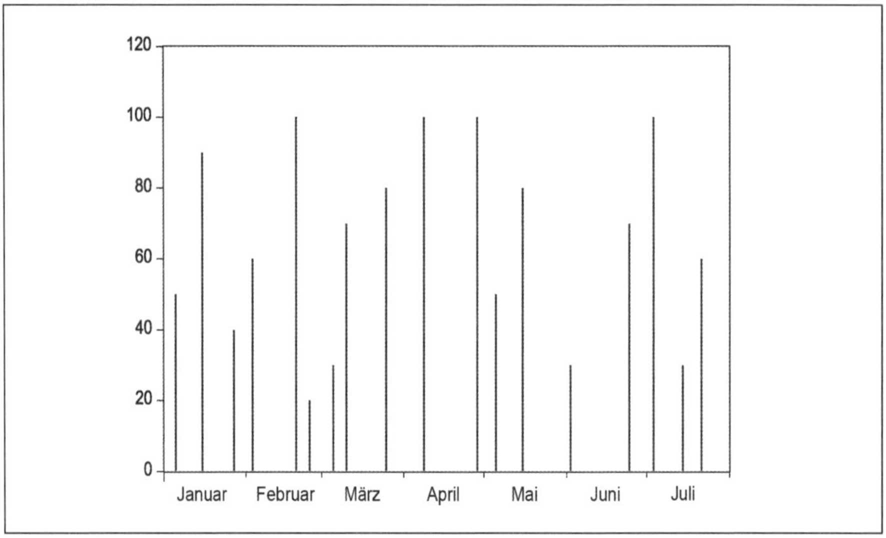

▲ Abb. 82 Beispiel für die tägliche Werbeintensität in den ersten sieben Monaten

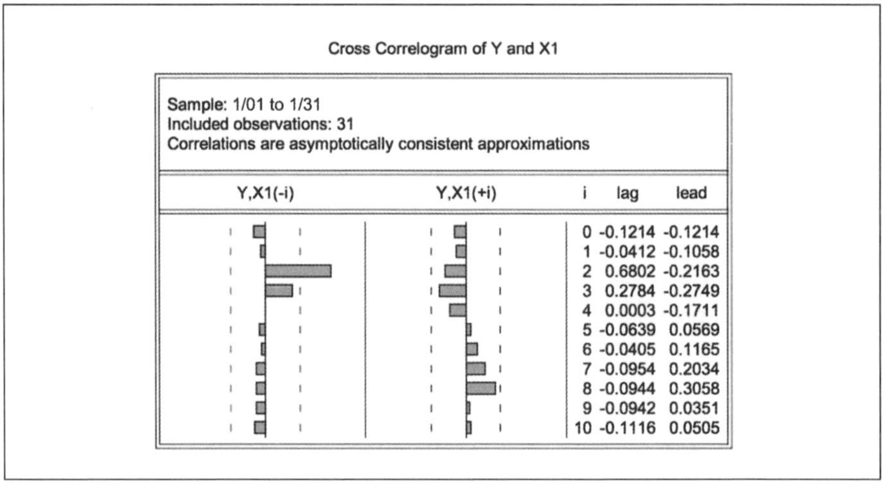

▲ Abb. 83 Beispiel für ein Kreuzkorrelogramm zwischen Nachfrage und Werbung

gestellte sogenannte Kreuzkorrelogramm zwischen der Zeitreihe Y der täglichen Nachfrage und der Zeitreihe X1 der täglichen Werbeintensität zeigt in der Tat, dass es mit einer zeitlichen Verzögerung von zwei Tagen einen Zusammenhang zwischen Werbung und Nachfrage gibt. Ein solches Kreuzkorrelogramm kann mit einer Software für die Zeitreihenanalyse und -prognose wie zum Beispiel EViews ermittelt werden. In vielen Fällen liegt die Annahme nahe, dass derartige Werbemaßnahmen eine zeitlich abklingende Wirkung haben. In der ▶ Abb. 84 wird die

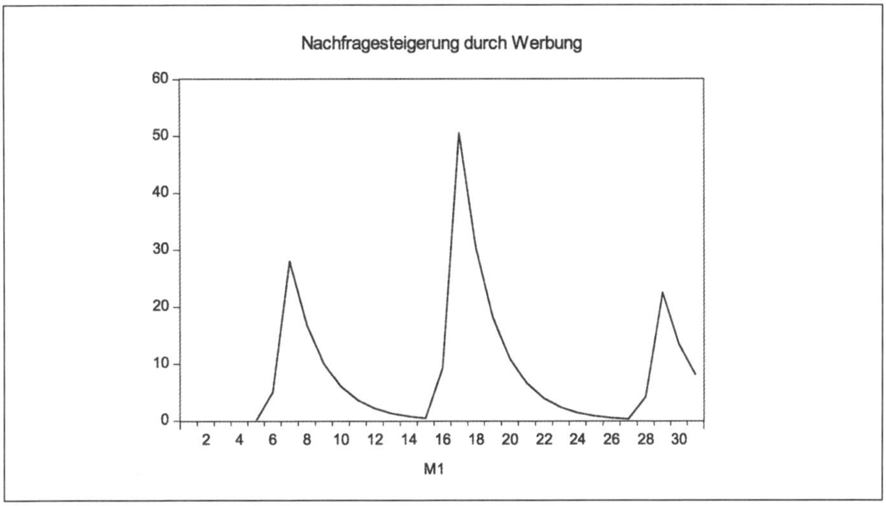

▲ Abb. 84 Beispiel für die Zusatznachfrage durch Werbung im ersten Monat

zusätzliche Nachfrage dargestellt, die im Monat Januar auf die Werbemaßnahmen (vgl. ◀ Abb. 82) zurückgeführt werden. In der Abbildung wird verdeutlicht, dass die Werbung bereits mit einer zeitlichen Verzögerung von einer Periode eine (zunächst nur schwache) Wirkung entfaltet, mit einer Verzögerung um zwei Perioden das Maximum der Wirkungsintensität erreicht und dann abklingt.

Rechnet man für dieses Beispiel in einer Regressionsrechnung unter Verwendung einer geeignet formulierten Transferfunktion (vgl. Box et al., 1994, Kapitel 10) die Wirkung der Werbung auf die Zeitreihe der Nachfrage heraus, so zeigt sich, dass die Nachfrage zudem ein wöchentliches Saisonmuster enthält. Dieses kann man dann durch sogenannte saisonale Dummy-Variablen erfassen. Das Ergebnis der Regressionsrechnung für den fiktiven Datensatz wird in ▶ Abb. 85 dargestellt. Beispielsweise gibt der Koeffizient 6,940142 der Dummy-Variable für die Montage an, welche Nachfrage an Montagen im Mittel zu erwarten wäre, wenn keine zusätzliche Nachfrage durch Werbung erzeugt würde.

Eine naheliegende Anforderung an ein Modell zur Beschreibung einer Zeitreihe, welches für die Prognose zukünftiger Daten verwendet werden soll, besteht darin, dass es gut zu den Daten der Vergangenheit passen muss. Die ▶ Abb. 86 zeigt dazu die sogenannte Ex-post-Prognose für das erste Halbjahr 2015. Offensichtlich passt das Regressionsmodell recht gut zu den beobachteten Daten. Im unteren Teil der Abbildung sind die täglichen Prognosefehler zu erkennen, die im Einzelfall durchaus erheblich sein können.

In Kenntnis des Regressionsmodells in ▶ Abb. 85 sowie der für den Monat Juli geplanten Werbemaßnahmen kann nun Ende Juni eine Prognose für den Monat Juli erstellt werden. ▶ Abb. 87 zeigt diese Prognose YF zusammen mit der dann

Dependent Variable: Y
Method: Least Squares
Sample (adjusted): 1/03 to 6/30
Included observations: 179 after adjustments

Variable	Coefficient	Std. Error	t-Statistic	Prob.
MO_DUM	6.940142	0.643383	10.78696	0.0000
DI_DUM	10.11033	0.613141	16.48940	0.0000
MI_DUM	12.06644	0.667035	18.08968	0.0000
DO_DUM	11.03789	0.728193	15.15792	0.0000
FR_DUM	8.526600	0.805925	10.57990	0.0000
SA_DUM	6.229818	0.760102	8.196026	0.0000
SO_DUM	5.583851	0.706828	7.899868	0.0000
X1(-1)	0.086462	0.010542	8.201919	0.0000
X1(-2)	0.493652	0.010425	47.35373	0.0000
Y(-1)	0.556369	0.017203	32.34089	0.0000

R-squared	0.958071	Mean dependent var	26.34881
Adjusted R-squared	0.955838	S.D. dependent var	12.34568
S.E. of regression	2.594420	Akaike info criterion	4.798848
Sum squared resid	1137.542	Schwarz criterion	4.976914
Log likelihood	-419.4969	Hannan-Quinn criter.	4.871052
Durbin-Watson stat	1.960676		

▲ Abb. 85 Beispiel für den Output der Regressionsrechnung für ein Halbjahr

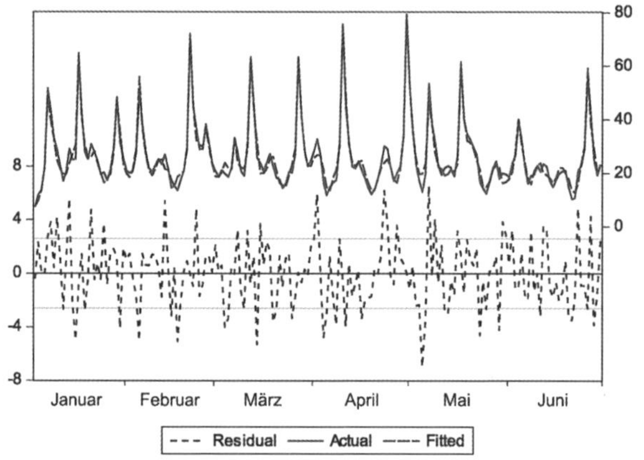

▲ Abb. 86 Beispiel für eine Ex-post-Prognose für das erste Halbjahr

realisierten Nachfrage Y. Ober- und unterhalb der Prognose YF finden sich die Grenzen des Konfidenzintervalls für die Prognose (YF+/–2*YSE). Die tatsächliche Realisation Y bewegt sich im Wesentlichen innerhalb dieses Intervalls und deutet damit auf die Sinnhaftigkeit des Prognosemodells für die vorliegenden Daten hin.

Dieses Beispiel zeigt, dass unter Verwendung geeigneter Methoden Nachfrageprognosen für Sachgüter wie für Dienstleistungen erzeugt werden können.

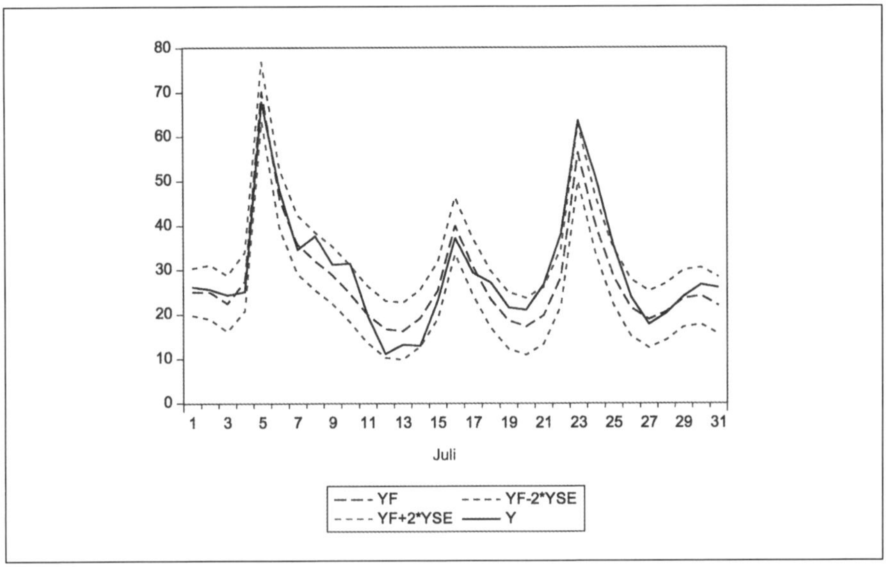

▲ Abb. 87 Darstellung der Prognose für den Monat Juli

Seit einigen Jahren wird für Prognosezwecke zum Beispiel im Bereich der Energieversorgung oder der Finanzwirtschaft auch zunehmend der Einsatz künstlicher neuronaler Netze thematisiert, von denen man sich erhofft, in robuster Weise auch mit komplexen, nichtlinearen Wirkungszusammenhängen umgehen zu können (vgl. Hyndman & Athanasopoulos, 2013, Kapitel 9.3; Mettenheim & Breitner, 2010).

3.2.4 Zusammenfassung und Ergebnis

Aus betriebswirtschaftlicher Sicht können präzise Prognosen offensichtlich sehr hilfreich sein, um beispielsweise die Bereitstellung von Material oder Arbeitskapazität rechtzeitig in die Wege leiten zu können und somit die Reaktionsfähigkeit der Supply Chain und ihrer begleitenden Servicesysteme wie zum Beispiel der Call Center für die Kundenbetreuung oder der Notaufnahme in Krankenhäusern sicherzustellen. Insofern stiften Prognosen prinzipiell Nutzen, insbesondere dann, wenn

- vernünftigerweise unterstellt werden kann, dass der datenerzeugende Prozess in der Vergangenheit stabil war und dies auch in der Zukunft sein wird, somit also keine Strukturbrüche vorliegen oder zu erwarten sind,

- zudem hinreichende Vergangenheitsdaten vorliegen, um zur Abbildung dieses Prozesses eine mathematische Modellstruktur identifizieren zu können und für diese auch die erforderlichen Koeffizienten zu schätzen, und
- die wesentlichen Einflussgrößen auf den datenerzeugenden Prozess ihrerseits für die Zukunft entweder bekannt sind oder zumindest selbst präzise geschätzt werden können.

Wenn diese Bedingungen im konkreten Fall nicht gegeben sind, so liegt der Gedanke nahe, die geringe Prognostizierbarkeit der Nachfrage als unvermeidbar zu akzeptieren. In diesem Fall erscheint es besonders naheliegend, sich bei der Gestaltung der Strukturen und Prozesse auf eine hohe Reaktionsfähigkeit der Supply Chain zu konzentrieren, um mit den unvermeidlich erscheinenden Nachfrageschwankungen flexibel umgehen zu können.

3.3 Belegungsplanung von Stranggießanlagen: Optimierung von Beständen in der Prozessindustrie

Thomas S. Spengler, Matthias Wichmann

3.3.1 Einordnung des Stranggießens in die Stahlerzeugung

In Unternehmen, in denen keine durchgängige Einzelauftragsproduktion möglich oder betriebswirtschaftlich sinnvoll ist, sind Entscheidungen über zu fertigende Losgrößen zu treffen. Diese Entscheidungen führen zwangsläufig zu Beständen in der Produktion und betreffen sowohl Zwischen- als auch Endprodukte.

Eine Industrie, in der eine Einzelauftragsproduktion in der Regel kaum möglich ist, ist die Prozessindustrie. In dieser werden zumeist stoffumwandelnde Prozesse zur Erzeugung der erwünschten Endprodukte angewendet. Stoffumwandelnde Prozesse finden sich beispielsweise in der chemischen, der glaserzeugenden, der Zellstoff-, der Zement- und der stahlerzeugenden Industrie. Aufgrund der zugrundliegenden chemischen Prozesse erfordern stoffumwandelnde Prozesse oftmals den Einsatz von Losgrößen, die über die mengenbezogene Nachfrage eines einzelnen Auftrags hinausgehen (Blohm et al., 2016).

Ein wesentlicher Industriezweig der Prozessindustrie ist die stahlerzeugende Industrie. In dieser werden in vierstufigen Produktionsrouten aus Rohstoffen hochgradig unterschiedliche Endprodukte erzeugt. Im Folgenden wird die Herstellung von Flachstahlerzeugnissen durch Erläuterung der einzelnen Produktionsstufen genauer beschrieben (vgl. hierzu und fortfolgend Degner et al. 2007).

Die erste Produktionsstufe ist die Erzeugung flüssigen Rohstahls. Die Produktion von Rohstahl erfolgt im Wesentlichen durch zwei Verfahrenswege. Der erste Verfahrensweg ist die Stahlerzeugung in der Hochofenroute. Hier wird durch den Einsatz von Eisenerz und Kokskohle bei Temperaturen von circa 2000 °C flüssiges Roheisen erzeugt. Dieses wird anschließend in Konvertern durch Zugabe von Schrotten und anderen Zuschlagselementen in kundengewünschte Stahllegierungen transformiert. Der zweite Verfahrensweg ist die Stahlerzeugung in der Elektrolichtbogenroute. Hier werden Stahlschrotte unter Zugabe von Legierungselementen mittels elektrisch erzeugter Lichtbögen in neuen Stahl eingeschmolzen.

Die zweite Produktionsstufe ist die Urformgebung von Stahl. In der Urformgebung wird flüssiger Stahl erstmals in eine feste Form überführt. Weltweit werden mehr als 90 % des Stahls mittels Stranggießanlagen vergossen (Stahleisen 2010). In Stranggießanlagen werden an der Oberseite in Rohstahlpfannen Chargen flüssigen Stahls eingestellt. Der Stahl wird durch eine verstellbare, wassergekühlte Kupferkokille mit rechteckigem Querschnitt gegossen. In der Folge entsteht eine feste Strangschale. Der an der Außenseite abgekühlte Stahl wird mittels Rollen gebogen und weiter gekühlt. Der entstehende feste Strang wird am Ende des Gießprozesses in Stahlquader, sogenannte Brammen, geschnitten. Der Prozess ist schematisch in ▶ Abb. 88 dargestellt. Die resultierenden Brammen können in den folgenden Produktionsstufen individuell weiterverarbeitet werden.

Die dritte Produktionsstufe ist die finale Formgebung. In der finalen Formgebung wird das Äußere des Werkstücks in die kundengewünschte Form gebracht. Hierzu werden vielfältige Walz-, Schneide- und Umformprozesse eingesetzt.

Die vierte Produktionsstufe ist die Oberflächenbearbeitung. Hier wird die Oberfläche der Werkstücke kundenwunschgerecht bearbeitet. In der Regel werden Oberflächenbehandlungen wie Verzinkungen und Beschichtungen aufgetra-

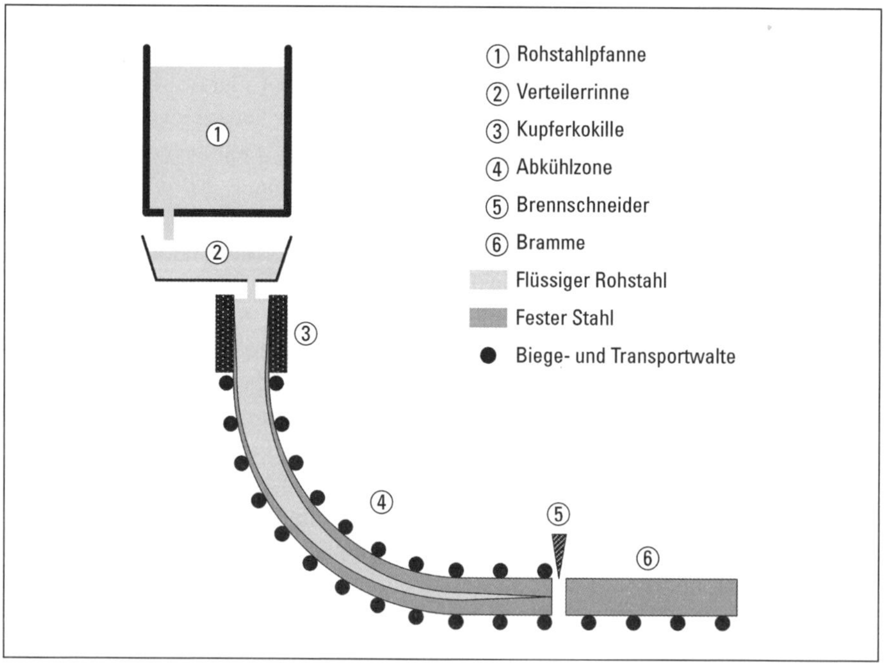

▲ Abb. 88 Graphische Darstellung der Stahlproduktion

gen. Das Spektrum der erzielbaren Produkte ist aufgrund der Vielfalt möglicher Oberflächenbehandlungen beginnend mit verschiedenen Beschichtungsmaterialien über Beschichtungsdicken in verschiedenen Stärken bis hin zu der Festlegung von Farben und Oberflächenmustern nahezu unüberschaubar groß.

Durch die Verbindung der Produktionsstufen und damit der ihnen innewohnenden Fertigungsspektren ergibt sich eine unübersichtliche Variantenvielfalt. So können in einem typischen Stahlwerk für Flachstahlprodukte, basierend auf Legierungs-, Breiten-, Dicken-, Gewichts- und Beschichtungsparametern, 55 Billionen unterschiedliche Produktvarianten erzeugt werden. Da das Variantenspektrum kundenseitig auch abgerufen wird, ist in der Folge eine auftragsbezogene Produktion erforderlich (vgl. Wichmann 2014).

Auch bei einer auftragsbasierten Produktion ergeben sich in Produktionsketten der stahlerzeugenden Industrie Bestände. Dafür sind drei Ursachen maßgeblich. Die erste Ursache ist die Fertigung exogen gegebener Losgrößen in der prozessindustriellen ersten Stufe der Produktion, da die Menge des Stahls in einer Rohstahlpfanne technologisch festgelegt ist. Auch dann, wenn nur für eine Teilmenge des Stahls Aufträge zugeordnet sind, wird die Restmenge des Stahls in Brammen vergossen. Diese werden so lange als Bestand zwischengelagert, bis passende Aufträge angenommen werden. Die zweite Ursache sind vielfältige Fertigungsrestriktionen in der dritten und vierten Produktionsstufe. So gibt es innerhalb einer jeden Produktionsstufe technologisch bedingte Anforderungen hinsichtlich der Bildung effizienter Produktionsreihenfolgen. Über mehrere Produktionsstufen hinweg unterscheiden sich jedoch die relevanten technologischen Parameter. In der Folge sind Bestände zwischen einzelnen Prozessstufen notwendig, um effiziente Produktionsprogramme bilden zu können. Die dritte Ursache sind technologisch erforderliche Abkühlzeiten zwischen einzelnen Prozessen. Dieser Beitrag konzentriert sich auf den Umgang mit der ersten Ursache der Bildung von Beständen, da hier das größte Potential zur Optimierung liegt.

3.3.2 Anforderungen an die Belegungsplanung von Stranggießanlagen

Die Festlegung von Produktionsplänen für die erste Stufe der Produktion ist Aufgabe der Belegungsplanung von Stranggießanlagen. Ziel dabei ist die Bestimmung einer konkreten Reihenfolge von Produktionsaufträgen.

Die Belegungsplanung von Stranggießanlagen adressiert fünf spezielle Eigenschaften des Produktionsprozesses, die eine eigenständige Modellierung der Produktion erforderlich machen. Diese Eigenschaften umfassen flexible Auftragsdimensionen, eine Materialversorgung in Chargen, eine kontinuierlich anpassbare Gießbreite, unterschiedliche Arten von Rüstvorgängen sowie den Blick auf parallele Maschinen. Diese Eigenschaften werden im Folgenden näher beschrieben.

Die erste Eigenschaft bezieht sich auf flexible Auftragsdimensionen. Jede Bramme, die zu gießen ist, wird durch drei Parameter charakterisiert: die Legierung, das Brammengewicht und die Brammenbreite. Legierung und Brammengewicht sind kundenauftragsspezifisch vorgegeben. Die Brammenbreite ist hingegen flexibel, da die zu erzeugende Bramme in der Regel weitere Umformprozesse durchläuft, in denen die Breite angepasst wird. In der Folge muss beim Gießen lediglich eine Breite innerhalb eines spezifischen Breitenintervalls erreicht werden, sodass eine Folgeumformung auf die gewünschte Zielbreite möglich ist. Die Eigenschaften eines Auftrags sind daher in der Folge flexibel.

Die zweite Eigenschaft ist die Materialversorgung in Chargen. Mit dem Material einer Rohstahlpfanne kann in der Regel mehr als eine Bramme erzeugt werden. Die chargenweise Anlieferung flüssigen Rohstahls mit einer festen Menge führt zu zwei planungsrelevanten Charakteristika. Erstens können mehrere Chargen einer Legierung unterbrechungsfrei nacheinander gegossen werden. In der Folge kann die über mehrere Chargen kumulierte Menge nicht zugeordneten Materials genutzt werden, um weitere Aufträge zu bedienen. Zweitens kann das Gießen einer Charge nicht unterbrochen werden. Demnach ist auch die nicht auftragszugeordnete Menge des Stahls einer Charge oder Chargensequenz zu gießen. Die resultierenden Brammen führen zu Beständen im System. Aufgrund des fehlenden Auftragsbezugs wird diese Menge zunächst als Verschnitt aufgefasst.

Die dritte Eigenschaft ist eine kontinuierlich anpassbare Gießbreite. So kann die Breite des Stahlstranges im Verlauf des Gießens kontinuierlich variiert werden. Dies erlaubt es, Brammen mit unterschiedlichen zulässigen Breitenintervallen nacheinander zu gießen. Hierbei ist jedoch zu berücksichtigen, dass die Gießbreite am Ende einer Bramme identisch mit der Gießbreite zu Beginn der Folgebramme ist. Die Regelung der Gießbreite beeinflusst darüber hinaus die Gießleistung der Stranggießanlage. Werden Brammen breiter gegossen, erhöht sich bei einer gegebenen Stranggeschwindigkeit die Menge des in einer Zeiteinheit erzeugten Stahls. Um die Produktivität von Stranggießanlagen in der Planung geeignet zu berücksichtigen, ist daher die Betrachtung der Strangbreite zwingend notwendig.

Die vierte Eigenschaft beschreibt zwei unterschiedliche Arten reihenfolgeabhängiger Rüstvorgänge. Folgen zwei Aufträge gleicher Legierung mit überlappendem, demnach in mindestens einem Wert übereinstimmenden Breitenintervall aufeinander, ist kein Rüstvorgang erforderlich. Die erste Art des Rüstens, ein breitenbezogenes Rüsten, tritt auf, wenn die Breitenintervalle zweier aufeinanderfolgender Aufträge nicht überlappen. Hierzu wird die aktuelle Charge vollständig abgegossen, anschließend die Kokille gereinigt, auf die Wunschbreite eingestellt und nachfolgend eine neue Charge mit der gewünschten Breite angegossen. In der Folge ergeben sich nichtproduktive Arbeitszeiten an der Stranggießanlage sowie Materialkosten für das auftragsfrei vergossene Material. Die zweite Art des Rüstens, ein legierungsbezogenes Rüsten, tritt auf, wenn die Legierung zweier aufeinanderfolgender Aufträge nicht übereinstimmt, die Breitenintervalle der Aufträge jedoch überlappen. In diesem Fall muss lediglich das Restmaterial der vorausgehenden Charge abgegossen und mit dem Gießen einer neuen Charge begonnen werden. Da Reinigungs- und Angussprozesse entfallen, ergeben sich kaum unnötige Prozesszeiten. Beide Arten von Rüstvorgängen sind in der Belegungsplanung zu berücksichtigen.

Die fünfte Eigenschaft ist die Berücksichtigung paralleler Stranggießanlagen. So sind in Stahlwerken in der Regel mehr als eine Stranggießanlage installiert. Da Stranggießanlagen oftmals der Engpass der Produktion sind, müssen sie leistungsmaximal belegt werden. Hieraus ergeben sich zwei Anforderungen. Erstens muss der Belegungsplan einer jeden Stranggießanlage so effizient wie möglich gestaltet werden. Zweitens sollten Stranggießanlagen annähernd gleich ausgelastet werden, um eine Überlastung einzelner Stranggießanlagen zu vermeiden.

Unter Berücksichtigung dieser Eigenschaften ist das Ziel der Belegungsplanung von Stranggießanlagen die Bestimmung einer Auftragsreihenfolge für jede Stranggießanlage. Zur Operationalisierung der damit verbundenen Ziele sind die Reihenfolgen so zu gestalten, dass die insgesamt anfallenden variablen Zusatzkosten minimal sind. Hierzu sind Aufträge zu Chargen und Stranggießanlagen zuzuordnen sowie die Gießbreite für jeden Auftrag festzulegen. Die variablen Zusatzkosten ergeben sich in der Folge aus der Abweichung der realisierten Produktion von einer theoretisch optimalen Nutzung der Produktionskapazitäten. Die Zusatzkosten umfassen drei Komponenten. Die erste Komponente beschreibt Materialkosten für auftragsfrei gegossene Stahlmengen. Die zweite Komponente besteht aus Rüstkosten für breitenabhängige Rüstvorgänge. Diese ergeben sich aus der Bewertung der notwendigen Reinigungs- und Angusszeiten. Die Bewertung legierungsbezogener Rüstvorgänge findet sich in der ersten Komponente wieder. Die dritte Komponente sind Opportunitätskosten für die Abweichung der realisierten von der maximalen Gießbreite. Diese Opportunitätskosten bewerten die Verlängerung der Gießzeit, die mit der Breitenabweichung verbunden ist.

Basierend auf den Eigenschaften und der Zielsetzung der Belegungsplanung ergeben sich im Wesentlichen zwei Datenbedarfe. Die erste Art von Daten betrifft die zu produzierenden Aufträge. Für jeden Auftrag sind die Legierung, das Gewicht, das zulässige Gießbreitenintervall sowie ein auftragsspezifischer Opportunitätskostensatz erforderlich. Die ersten drei Informationen sind auftragsnotwendig und daher jederzeit im Unternehmen vorliegend. Die auftragsspezifischen Opportunitätskosten ergeben sich aus der bewerteten Verlängerung der Gießzeit, wenn die Gießbreite um einen Millimeter reduziert wird. Die zweite Art von Daten betrifft die zugrundeliegenden Stranggießanlagen. Diese umfassen einerseits die Chargengröße und andererseits die anlagenspezifischen Rüstaufwendungen. Darüber hinaus ist die Festlegung einer minimalen Auftragsquote für jede Anlage notwendig. Die dritte Art von Daten sind Materialkosten. Diese bewerten das entstehende auftragsfreie Material.

Unter Verwendung dieser Daten ist die Formalisierung eines Entscheidungsmodells der Belegungsplanung von Stranggießanlagen möglich. Dieses erlaubt die Bestimmung einer Produktionsreihenfolge und des Gießbreiteverlaufs für jede Stranggießanlage. Dies umfasst auch die Bestimmung der notwendigen Anzahl und Verteilung von Chargen sowie die Festlegung der notwendigen Rüstvorgänge.

3.3.3 Modellbeschreibung

Zur Belegungsplanung von Stranggießanlagen gibt es in der Literatur vielfältige Ansätze. Eine große Gruppe von Ansätzen folgt einem zweistufigen Planungskonzept. In der ersten Stufe werden Aufträge zu Chargen gruppiert. In der zweiten Stufe werden Produktionsreihenfolgen von Chargen bestimmt (vgl. z.B. Tang and Wang 2008, Bellabdaoui and Teghem 2006, Chang et al. 2000, Frisch et al. 2001). Hierbei werden jedoch vielfältige Freiheitsgrade, die in der Breitenflexibilität der einzelnen Aufträge und der mengenbezogenen Zusammenfassung von Chargensequenzen liegen, vernachlässigt.

Ein simultanes Modell zur Bestimmung der Belegungsplanung paralleler Stranggießanlagen wird im Folgenden dargestellt (vgl. Wichmann und Spengler 2015). Die Idee der Modellierung besteht darin, für jede der K Stranggießanlagen einen Belegungsplan zu bestimmen, der angibt, welcher Auftrag i in Reihenfolgeposition j zu produzieren ist. Diese Entscheidung wird mit den binären Entscheidungsvariablen x_{ijk} abgebildet. Im Rahmen der Entscheidungsfindung wird ebenfalls über den Beginn einer neuen Charge mittels z_{jk}, das Durchführen eines breitenbezogenen Rüstens mittels γ_{jk} und eines legierungsbezogenen Rüstens mittels Δ_{jk} an Position j auf Stranggießanlage k entschieden. Daneben wird für jeden Auftrag i mittels b_i^b bzw. b_i^e die Gießbreite zu Beginn bzw. zum Ende seines Gießens festgelegt. Das Modell umfasst insgesamt eine Zielfunktion und 19 Nebenbedingungen.

$$Min\ Z = c^{sc} \cdot \left(\sum_{k=1}^{K} \sum_{j=1}^{n} z_{jk} \cdot Ch - \sum_{i=1}^{n} w_i\right) + \sum_{k=1}^{K} c_k^{se} \cdot \sum_{j=1}^{n} \gamma_{kj} + \sum_{i=1}^{n} c_i^{op} \cdot \left(b_i^{max} - \frac{b_i^b + b_i^e}{2}\right) \quad (1)$$

Die Zielfunktion (1) stellt auf die Minimierung der insgesamt anfallenden, beeinflussbaren variablen Zusatzkosten ab. Diese setzen sich aus den Materialkosten des gegossenen Stahls ohne Auftragsbezug, den Rüstkosten der Stranggießanlagen sowie den Opportunitätskosten der Gießsequenzen zusammen. Die Kosten des gegossenen Stahls ohne Auftragsbezug ergeben sich aus der Differenz der

Menge des insgesamt gegossenen Stahls und der Summe der auftragsbezogenen Stahlmenge, multipliziert mit dem Materialkostensatz c^{sc}. Die Menge des gegossenen Stahls ergibt sich hierbei aus der Multiplikation der Anfangsindikatoren von Chargen z_{jk} an Position j auf Stranggießanlage k und der Stahlmenge einer Charge Ch. Die Rüstkosten ergeben sich aus der Summe der Entscheidungen zur Durchführung eines breitenbezogenen Rüstens multipliziert mit dem anlagenspezifischen Rüstkostensatz c_k^{se}. Die Opportunitätskosten ergeben sich aus der Summe der auftragsspezifischen Opportunitätskosten. Diese setzen sich aus der Multiplikation des Opportunitätskostensatzes c_i^{op} und der Differenz aus maximaler und realisierter durchschnittlicher Gießbreite eines Auftrags zusammen.

Die Nebenbedingungen adressieren die im vorigen Abschnitt dargestellten Eigenschaften. Die erste Gruppe von Nebenbedingungen fokussiert die Gießbreitenintervalle. Die Nebenbedingungen (2) und (3) stellen sicher, dass die Anfangs- und die Endgießbreite eines Auftrags, b_i^b bzw. b_i^e, innerhalb der Unter- und Obergrenze des Gießbreitenintervalls liegen.

$$b_i^{min} \le b_i^b \le b_i^{max} \; \forall i = 1, \ldots, n \tag{2}$$

$$b_i^{min} \le b_i^e \le b_i^{max} \; \forall i = 1, \ldots, n \tag{3}$$

Die Nebenbedingungen (4) und (5) stellen sicher, dass die Anfangsgießbreite eines Auftrags im Gießbreitenintervall des vorher gegossenen Auftrags liegt oder ein breitenbezogener Rüstvorgang eingeführt wird.

$$\sum_{k=1}^{K} \sum_{j=2}^{m} \left(\sum_{i'=1}^{n} b_{i'}^{min} \cdot x_{i'j-1k} - M \cdot \gamma_{jk} \right) \cdot x_{ijk} - M \cdot \gamma_{1k} \cdot x_{i1k} \le b_i^b$$
$$\forall i = 1 \ldots n \tag{4}$$

$$\sum_{k=1}^{K} \sum_{j=2}^{m} \left(\sum_{i'=1}^{n} b_{i'}^{max} \cdot x_{i'j-1k} + M \cdot \gamma_{jk} \right) \cdot x_{ijk} + M \cdot \gamma_{1k} \cdot x_{i1k} \ge b_i^b$$
$$\forall i = 1 \ldots n \tag{5}$$

Abschließend stellen die Nebenbedingungen (6) und (7) sicher, dass die Endgießbreite eines Auftrags im Gießbreitenintervall des anschließend zu gießenden Auftrags liegen oder ein breitenbezogener Rüstvorgang, markiert durch γ_{jk}, eingeplant wird. Diese Bedingungen gelten nur dann, wenn nachfolgende Aufträge eingeplant werden.

$$\sum_{k=1}^{K} \sum_{j=1}^{m-1} \left(\sum_{i'=1}^{n} b_{i'}^{min} \cdot x_{i'j+1k} - M \cdot \left(1 - \sum_{i'=1}^{n} x_{i'j+1k} \right) - M \cdot \gamma_{j+1k} \right) \cdot x_{ijk}$$
$$- M \cdot x_{imk} \le b_i^e \quad \forall i = 1 \ldots n \tag{6}$$

$$\sum_{k=1}^{K}\sum_{j=1}^{m-1}\left(\sum_{i'=1}^{n} b_{i'}^{max}\cdot x_{i'j+1k}+M\cdot\left(1-\sum_{i'=1}^{n} x_{i'j+1k}\right)+M\cdot\gamma_{j+1k}\right)\cdot x_{ijk}$$
$$+M\cdot x_{imk}\geq b_i^e \quad \forall i=1\ldots n \tag{7}$$

Die zweite Gruppe von Nebenbedingungen adressiert die Einplanung von Aufträgen auf Positionen von Belegungsplänen. Das Ziel der Belegungsplanung ist die Einplanung einer gegebenen Menge von Aufträgen. Nebenbedingung (8) stellt sicher, dass jeder Auftrag i an einer Position auf einem der Belegungspläne der K Stranggießanlagen eingeplant ist. Nebenbedingung (9) stellt sicher, dass höchstens ein Auftrag an jeder Position j eines jeden Belegungsplans der K Stranggießanlagen eingeplant ist. Nebenbedingung (10) sorgt dafür, dass Belegungspläne unterbrechungsfrei von der ersten Position an belegt werden und eventuell nicht belegte Positionen am Ende der Belegungspläne liegen. Abschließend stellt Nebenbedingung (11) sicher, dass an jeder Stranggießanlage ein minimaler Anteil von $\lceil q\cdot n\rceil$ Aufträgen eingeplant wird, wobei q den prozentualen Anteil der insgesamt einzuplanenden Aufträge angibt.

$$\sum_{k=1}^{K}\sum_{j=1}^{m} x_{ijk}=1 \quad \forall i=1\ldots n \tag{8}$$

$$\sum_{i=1}^{n} x_{ijk}\leq 1 \quad \forall j=1\ldots m,\ k=1\ldots K \tag{9}$$

$$\sum_{i=1}^{n} x_{ij-1k}\geq\sum_{i=1}^{n} x_{ijk} \quad \forall j=2\ldots m,\ k=1\ldots K \tag{10}$$

$$\sum_{i=1}^{n}\sum_{j=1}^{m} x_{ijk}\geq\lceil q\cdot n\rceil \quad \forall k=1\ldots K \tag{11}$$

Die dritte Gruppe von Nebenbedingungen adressiert die chargenweise Materialversorgung. So wird mit der Variablen mat_{jk} der disponible Materialbestand der verwendeten Stahlpfanne an jeder Position j der K Stranggießanlagen fortgeschrieben. Nebenbedingung (12) stellt sicher, dass der disponible Materialbestand positiv und kleiner als das Füllgewicht einer Charge Ch ist. Nebenbedingung (13) stellt sicher, dass immer dann eine neue Charge eingesetzt wird, wenn der disponible Bestand geringer als die vom einzuplanenden Auftrag benötigte Stahlmenge ist. Darüber hinaus stellt Nebenbedingung (14) sicher, dass der disponible Bestand über die Positionen des Belegungsplans fortgeschrieben wird. Der disponible Bestand wird immer dann auf 0 zurückgesetzt, wenn ein legierungs- oder breitenbezogener Rüstvorgang vor Position j auf Stranggießanlage k eingeplant wird.

$$0 \leq mat_{jk} \leq Ch \quad \forall j = 1 \ldots m, k = 1 \ldots K \tag{12}$$

$$mat_{jk} + z_{jk} \cdot Ch \geq \sum_{i=1}^{n} w_i \cdot x_{ijk} \quad \forall j = 1 \ldots m, k = 1 \ldots K \tag{13}$$

$$(1 - \Delta_{jk}) \cdot \left(mat_{j-1k} + z_{j-1k} \cdot Ch - \sum_{i=1}^{n} w_i \cdot x_{ij-1k} \right) = mat_{jk}$$

$$\forall j = 2 \ldots m, k = 1 \ldots K \tag{14}$$

Die vierte Gruppe von Nebenbedingungen adressiert Rüstvorgänge. Hierbei stellt Nebenbedingung (15) sicher, dass immer dann ein legierungsbezogenes Rüsten erfolgt, wenn die Legierungen zweier aufeinanderfolgender Aufträge nicht zueinanderpassen. Dies basiert auf dem binären Parameter $fit_{ii'}$, der die Legierungsübereinstimmung der Aufträge i und i' darstellt. Nebenbedingung (16) stellt sicher, dass im Rahmen eines breitenbezogenen Rüstens auch ein legierungsbezogenes Rüsten berücksichtigt wird. Nebenbedingung (17) sorgt darüber hinaus dafür, dass bei jedem legierungsbezogenen Rüsten eine neue Charge an Position j auf Stranggießanlage k eingeplant wird.

$$\sum_{i=1}^{n} \sum_{i'=1}^{n} (1 - fit_{ii'}) \cdot x_{ij-1k} \cdot x_{i'jk} \leq \Delta_{jk} \quad \forall j = 2 \ldots m, k = 1 \ldots K \tag{15}$$

$$\gamma_{jk} \leq \Delta_{jk} \quad \forall j = 1 \ldots m, k = 1 \ldots K \tag{16}$$

$$\Delta_{jk} \leq z_{jk} \quad \forall j = 1 \ldots m, k = 1 \ldots K \tag{17}$$

Die sechste Gruppe von Nebenbedingungen sind Nichtnegativitäts- und Initialisierungsbedingungen. So werden mit den Nebenbedingungen (18) die binären Entscheidungsvariablen und mit den Nebenbedingungen (19) die kontinuierlichen Entscheidungsvariablen definiert. Nebenbedingung (20) initialisiert die disponiblen Materialbestände.

$$x_{ijk}, z_{jk}, \Delta_{jk}, \gamma_{jk} \in \{0; 1\} \quad \forall i = 1 \ldots n, j = 1 \ldots m, k = 1 \ldots K \tag{18}$$

$$mat_{jk}, b_i^b, b_i^e \geq 0 \quad \forall i = 1 \ldots n, j = 1 \ldots M, k = 1 \ldots K \tag{19}$$

$$mat_{1k} = 0 \quad \forall k = 1 \ldots K \tag{20}$$

Die dargestellte Modellierung führt zu einem gemischt-ganzzahligen Optimierungsproblem. In der Regel ist die Lösung des vorgestellten Modells schwierig, da es in die Klasse der NP-schweren Probleme fällt. Zur Lösung solcher Modelle wird auf spezielle Heuristiken zurückgegriffen. Für das konkret vorliegende Problem hat sich eine mehrstufige Greedy Randomized Adaptive Search Procedure (GRASP) als erfolgreich erwiesen (vgl. Resende und Ribeiro 2003). Hierbei verweist der Terminus «Greedy Randomized» auf eine myopische, zufallsbasierte Konstruktionsheuristik. Diese bestimmt in kurzer Zeit erste zulässige Belegungspläne für jede der Stranggießanlagen. Die identifizierten Belegungspläne werden mit Hilfe geeigneter lokaler Suchverfahren («Adaptive Search») verbessert. Insgesamt erlaubt dieses Vorgehen die gute Lösung des vorgestellten Problems für praxisnahe Problemgrößen in sehr kurzer Zeit.

3.3.4 Ergebnisbeschreibung und Interpretation

In diesem Abschnitt wird beispielhaft die Anwendung des Modells dargestellt. Dazu wird von einem Stahlwerk mit $K = 2$ Stranggießanlagen ausgegangen. Die Stahlmenge einer Charge beträgt $Ch = 100$ t, der Materialkostensatz $c^{sc} = 500$ €/t und der Rüstkostensatz $c_k^{se} = 10\,000$ €. Beide Anlagen sollen gleich gut ausgelastet werden. Daher beträgt die Verteilungsquote $q = 0{,}5$. Auf den Stranggießanlagen sollen die in ▶ Abb. 89 dargestellten Aufträge erzeugt werden.

i	Legierung	b_i^{min} [mm]	b_i^{max} [mm]	w_i [t]	c_i^{op} [€/mm]
1	2	1.381	1.448	29	62,06
2	2	1.552	1.756	25	36,38
3	2	1.755	1.906	19	23,46
4	1	1.610	1.710	23	35,29
5	1	1.418	1.514	17	33,28

i	Legierung	b_i^{min} [mm]	b_i^{max} [mm]	w_i [t]	c_i^{op} [€/mm]
6	2	1.346	1.401	24	54,87
7	2	1.326	1.481	29	59,33
8	1	1.614	1.801	29	40,11
9	1	1.512	1.621	21	35,86
10	1	1.365	1.497	29	58,07

▲ Abb. 89 Beispielhaftes Auftragsszenario

Nach Anwendung des Planungsalgorithmus werden die Aufträge in den in ▶ Abb. 90 dargestellten Belegungsplan verplant. Hierbei ergeben sich vier zu gießende Chargen, von denen jeweils zwei auf einer Anlage vergossen werden. Die erste Charge besteht aus den Aufträgen 5 und 10. Durch den Guss wird die Bramme für Auftrag 5 mit einer Gießbreite von 1.514 mm begonnen und mit einer Gießbreite von 1.497 mm beendet. Die Bramme für Auftrag 10 beginnt bei einer Gießbreite von 1.497 mm und endet mit 1.481 mm Breite. Ein Übergang zwischen den Brammen für Auftrag 5 und Auftrag 10 ist damit gewährleistet, und die Gießbreite wird größtmöglich eingestellt. Anschließend folgt die zweite Charge mit Legierung 2. Das Restmaterial der ersten Charge in Höhe von 54 t wird in auftragsfreie Brammen mit einer Breite von 1.481 mm vergossen.

Insgesamt fallen mit dem dargestellten Belegungsplan Gesamtkosten in Höhe von 106.742 € an. Diese ergeben sich aus Materialkosten in Höhe von 77.500 €, welche den entstandenen auftragsfreien Bestand von 155 t bewerten. Weiterhin fallen 20.000 € Rüstkosten für zwei Rüstvorgänge zu Beginn des Gießens an jeder

i	b_i^b [mm]	b_i^b [mm]	Charge
5	1.514	1.497	1
10	1.497	1.481	
7	1.481	1.448	2
1	1.448	1.401	
6	1.401	1.401	

i	b_i^b [mm]	b_i^b [mm]	Charge
3	1.906	1.756	3
2	1.756	1.756	
8	1.756	1.710	4
4	1.710	1.621	
9	1.621	1.621	

▲ Abb. 90 Beispielhafter Belegungsplan

Stranggießanlage an. Darüber hinaus ergeben sich Opportunitätskosten in Höhe von 9.242 €, welche die Belegungszeit der Stranggießanlagen, die höher als technologisch notwendig ausgefallen ist, bewerten.

Für das Bestandsmanagement in Supply Chains können aus dem Plan zwei wesentliche Informationen entnommen werden. Einerseits lässt sich die Menge entstehender Bestände, insbesondere auftragsfreier Brammen, identifizieren. Darüber hinaus ergeben sich Verweilzeiten von Brammen im Produktionsprozess. So werden für jeden Auftrag ein Fertigstellungszeitraum sowie eine zugehörige Durchlaufzeit durch den Belegungsplan determiniert. Unter Berücksichtigung zusätzlicher logistischer Restriktionen ermöglicht diese Information die Bestimmung von Produktionsplänen an Folgeaggregaten, die bestmöglich auf die Erzeugung der Stranggießanlagen ausgerichtet sind.

Kapitel 4

Konzepte zum Bestandsmanagement in Supply Chains

4.1 Konzepte für ein bestandsorientiertes Supply Chain Management

Wolfgang Stölzle[1]

4.1.1 Motivation

Bestandsmanagement zielt generell darauf ab, eine hohe Verfügbarkeit unterschiedlicher Güter zu möglichst geringen Kapitalbindungs- und Prozesskosten sicherzustellen. Fehlentscheidungen bei der Bedarfs-, Beschaffungs- und Vorratsplanung können erhebliche wirtschaftliche Konsequenzen mit sich bringen. Deshalb müssen Akteure im intraorganisationalen und interorganisationalen Bestandsmanagement für die einzelnen Material- und Warengruppen eine Balance aus hoher Lieferfähigkeit, gebundenem Kapital und niedrigen Prozesskosten finden. Intraorganisationales Bestandsmanagement fokussiert unternehmensinterne Bestrebungen zur Optimierung hinsichtlich Bestellung, Lagerung und Verbrauch von Waren und Materialien innerhalb einer Organisation (Akteursebene). Im Gegensatz dazu zielt interorganisationales Bestandsmanagement auf eine Verbesserung ebenjener Prozesse über organisationale Grenzen hinweg auf die Netzwerkebene der Supply Chain. Das heißt, mehrere selbstständige Unternehmen kooperieren hinsichtlich ihrer Tätigkeiten zum Bestandsmanagement mit dem Ziel, Kapitalbindungs- und Prozesskosten über mehrere Supply-Chain-Stufen hinweg zu reduzieren bzw. die Gesamt-Materialverfügbarkeiten zu erhöhen. Im Folgenden werden ausgewählte, intraorganisational etablierte Konzepte zum Bestandsmanagement gezielt in einem interorganisationalen Kontext beleuchtet. Davor erfolgt eine knappe Kennzeichnung der Besonderheiten des intraorganisationalen Bestandsmanagements.

Interne Bestandsoptimierungen erweisen sich für Akteure als Balanceakt zwischen der Aufrechterhaltung von Serviceniveau und der Realisierung von Kostensenkungen. So gewährleistet ein bestandsreiches Lager zwar Versorgungssicher-

1 Mitarbeit: Julian Hess

heit, bindet jedoch Kapital und erzeugt zudem erhöhte Logistikkosten (z.B. in der Lagerhaltung). Demgegenüber führen zu knapp bemessene Bestände zu Lieferengpässen und negativen Beeinträchtigungen von Produktionsprozessen, was mit Umsatzeinbußen, Imageschäden oder dem potenziellen Verlust von Kunden einhergehen kann.

Die Etablierung einer Querschnittsfunktion mit einer zentralen Gesamtprozessverantwortung über die verschiedenen Unternehmensbereiche wie Beschaffung, Produktion, Logistik und Vertrieb begünstigt die Gestaltung eines funktionsfähigen intraorganisationalen Bestandsmanagements (vgl. Abschnitt 1.5.1), welches seinerseits wiederum die Grundlage für die Vision einer interorganisationalen Ausweitung des Bestandsmanagements auf die Netzwerkebene einer Supply Chain bildet. Indessen liegt die Innovationskraft des Supply Chain Managements vor allem in der Betonung eines Integrationsgedankens (Geimer et al., 2005), sodass die von der Supply Chain abgedeckten Wertschöpfungsstufen auch mit Bezug zur Vorratshaltung angesprochen werden sollten. Mit Konzepten für ein bestandsorientiertes Supply Chain Management sollen daher Effizienzsteigerungen hinsichtlich der Bestandshaltung mit Fokus auf Kapitalbindungskosten, Kostensenkungen und die Liquidität aller involvierten Supply-Chain-Akteure erreicht werden. In der Praxis fokussiert sich das Bestandsmanagement von Unternehmen jedoch vielfach alleinig auf eine unternehmensinterne Reduzierung von Beständen. Damit sich die anvisierten Effizienzsteigerungen tatsächlich im gesamten Netzwerk realisieren lassen, gilt es, dieses zu kurz greifende intraorganisationale «Mindset» aufzubrechen und durch eine übergeordnete Funktionalität der Supply Chain zu erweitern.

Um das Bestandsmanagement effizient zu gestalten, existieren diverse Konzepte, welche in einzelnen Unternehmen und ganzen Supply Chains eingesetzt werden können. Sie reichen von Konzepten aus dem Bereich des Lean Managements über verschiedene Lagerhaltungs- und Belieferungsmodelle bis hin zu spezifischen Ansätzen für die Disposition, Bestandsplanung und Vorratsüberwachung. Gemeinsam ist all diesen Konzepten, dass sie ein gewisses Maß an Informationstransparenz bzw. virtueller Vernetzung der beteiligten Funktionen und Akteure erfordern. Unterschiede ergeben sich hingegen bei deren Anwendungsfeldern und Wirkungen auf die zentralen Zielgrößen im Bestandsmanagement (Verfügbarkeit, Prozesskosten, Kapitalbindung). Im Folgenden (siehe Abschnitt 4.1.2) werden etablierte Konzepte mit Auswirkungen auf das Bestandsmanagement vorgestellt und hinsichtlich ihres Potenzials zum Transfer ihrer Anwendung und Wirkung auf Netzwerkebene der Supply Chain analysiert (interorganisationale Ausrichtung als Auswahlkriterium). Die tabellarische Übersicht beinhaltet dazu je Konzept eine kompakte Beschreibung sowie eine inhaltliche Analyse, ob der Einsatz des jeweiligen Konzepts im Sinne eines interorganisationalen Bestandsmanagements bestandsrelevante, verfügbarkeitserhöhende oder kostensenkende Effekte auf interorganisationaler Ebene herbeiführen kann.

Im weiteren Verlauf (siehe Abschnitte 4.1.3 ff.) werden die ausgewählten Konzepte jeweils detailliert beschrieben. Darüber hinaus werden Implementierungsvoraussetzungen der Konzepte auf der unternehmensfokussierten Akteursebene sowie eine Beschreibung der Auswirkungen auf die Bestandssituation aus Sicht des fokalen Unternehmens dargestellt. Darüber hinaus kommen Interdependenzen mit anderen Konzepten zur Sprache.

4.1.2 Vorauswahl der Konzepte

Um eine geeignete Vorauswahl von Bestandsmanagement-Konzepten im Hinblick auf den zu leistenden Transfer auf die interorganisationale Ebene treffen zu können, werden die folgend aufgeführten Konzepte auf ihr Potenzial zur Unterstützung einer unternehmensübergreifenden Optimierung von Beständen geprüft. Dabei wird das Transferpotenzial in die Kategorien «nicht vorhanden», «bedingt vorhanden» und «vorhanden» unterteilt. Ein Transferpotenzial ist beispielsweise gegeben («bedingt vorhanden» oder «vorhanden»), wenn sich eine Anwendung des jeweiligen Konzepts direkt oder indirekt auf die Gesamtbestände der Netzwerkebene der Supply Chain auswirkt oder wenn sich interorganisationale Bestandsauswirkungen mit Anwendung des jeweiligen Konzepts gezielt steuern lassen. Das hier zugrundeliegende Konzeptverständnis fokussiert die Anwendung praktischer Tools und Prozesse und schließt universale Managementphilosophien wie etwa das Lean Management sowie konzeptübergreifend anzuwendende strategische Festlegungen von Service Levels, Melde- und Sicherheitsbeständen kategorisch aus. Zusammenfassend werden folgende (alternative) Auswahlkriterien herangezogen:

- Die Anwendung des Konzepts kann sich auf Bestände der Netzwerkebene der Supply Chain auswirken oder zielt direkt auf eine Optimierung von Beständen bzw. Zielgrößen im Bestandsmanagement auf Netzwerkebene.
- Die Umsetzung des Konzepts bedingt eine Harmonisierung von Warenbereitstellung und -nachfrage zwischen mehreren Supply-Chain-Stufen (Kooperation mehrerer Supply-Chain-Akteure).

In der folgenden Tabelle (▶ Abb. 91) werden Bestandsmanagement-Konzepte mit einer kompakten Konzeptbeschreibung, einer Einordnung des Transferpotenzials des jeweiligen Konzepts auf die interorganisationale Ebene sowie einem Kommentar zu Bestandswirkung und Transferpotenzial dargestellt.

	Konzeptbeschreibung	Transfer-potenzial	Kommentar zu Bestandswirkung und Transferpotenzial
1	**Lean Logistics** Der Begriff der Lean Logistics («schlanke Logistik») beschreibt eine Managementphilosophie, die darauf abzielt, Verschwendungen – beispielsweise in Form von Beständen und Zeitpuffern – weitgehend zu eliminieren. Die Umsetzung des Lean-Ansatzes umfasst die Etablierung einer bedarfsgesteuerten Produktion sowie die Reduktion von Ausfall- oder Stillstandzeiten (Günthner et al., 2013).	**nicht vorhanden**	Es handelt sich um kein Konzept, sondern eher um eine übergreifende, managementorientierte Rationalisierungsphilosophie zur Eliminierung von Verschwendungen auch mit Einfluss auf die Bestandssituation im Unternehmen. **Umsetzung** z. B. durch bedarfsgesteuerte Produktion mittels **Kanban/JIT/JIS.**
2	**Just-in-Time/Just-in-Sequence** Just-in-Time (JIT) ist ein Beschaffungskonzept, bei dem Materialien und Waren erst bereitgestellt werden, wenn sie nachgefragt sind. Im Extremfall lassen sich dadurch die Lagerbestände auf null reduzieren (Grün et al., 2019). Just-in-Sequence (JIS) ist eine Erweiterung des JIT-Ansatzes. Im Rahmen von JIS ist die Ressourcenanlieferung nicht nur zeitlich auf den Bedarf abgestimmt, sondern richtet sich nach der exakten Reihenfolge des Verbrauchs (Large, 2013).	**vorhanden**	In der gesamten logistischen Kette sind Durchlaufzeiten zu beschleunigen und die Kapitalbindung in Form von Beständen zu reduzieren. Eine Harmonisierung der vorhandenen Kapazitäten über die gesamte Supply Chain unter Einbindung der mitwirkenden Akteure ist erforderlich. In der Produktion entfallen Eingangslager und ein Großteil der Pufferlager. Voraussetzung: hohe Planungsgenauigkeit.
3	**Milkruns** Milkruns beschreiben eine Form des Direkttransports, bei der eine im Vorfeld festgelegte Rundtour von Lieferanten oder innerbetrieblichen Transporteuren abgefahren wird. Die Beförderung von Sendungen zu den Empfangsstellen erfolgt dabei ohne zwischenzeitlichen Güterumschlag (Grunewald, 2015). Die Grundidee und den Namensursprung des Milkrun-Konzepts bildet der amerikanische «Milchmann», der Haushalte auf seiner Route dann belieferte, wenn Leergut vor der Tür stand. Entsprechend dem tatsächlichen Verbrauch tauschte er das Leergut gegen befüllte Milchflaschen aus.	**nicht vorhanden**	Die Umsetzung des Milkrun-Konzepts kann mit einer Rundtour zwischen Bereitstellungsorten verschiedener Unternehmen interorganisational oder aber mit innerbetrieblichen Rundtouren intraorganisational erfolgen. Die dem Konzept zugrundeliegende Zielorientierung richtet sich im Wesentlichen auf die Rationalisierung von Transporten und somit nicht direkt auf die Optimierung der Bestände der in der Rundtour «angefahrenen» Stationen.
4	**Supermarkt-Konzept/Kanban** Das Supermarkt-Konzept beschreibt eine verbrauchsgesteuerte Form des produktionsnahen Lagerns. Die verbrauchende Einheit (z. B. Montagelinie) entnimmt die von ihr benötigten Materialien oder Bauteile in der erforderlichen Menge. Die daraus entstehende Bestandslücke am Lagerort löst eine Nachschublieferung in gleicher Höhe aus (Pull-Prinzip) (Vollmer, 2009).	**vorhanden**	Bestände in der Produktion können erheblich reduziert werden. Das Konzept bedarf daher eines dezentral aufgebauten Materialflusskonzepts zur Selbststeuerung des Materialflusses zwischen internen Stellen bzw. zwischen Zulieferern und abnehmenden Unternehmen. Eingangsbestände lassen sich, sofern Lieferanten in das Kanban-System eingebunden sind, z. T. vollständig vermeiden.

▲ Abb. 91 Transferpotenzial von Bestandsmanagement-Konzepten auf interorganisationale Ebene

	Konzeptbeschreibung	Transferpotenzial	Kommentar zu Bestandswirkung und Transferpotenzial
5	**Postponement** Beim Postponement wird die kundenindividuelle Differenzierung eines Produktes erst nach Eingang eines Auftrags vorgenommen, um Prognosesicherheit zu gewinnen. Kundenspezifische Produktmerkmale werden so erst möglichst spät eingebaut. Die Nachfrage kann dadurch mit einem relativ niedrigen Bestand an undifferenzierten Halbfertigerzeugnissen gedeckt werden, weil erst bei Eintritt eines tatsächlichen Bedarfs Individualisierungen am Produkt vorgenommen werden. Somit nimmt das Konzept direkten Einfluss auf die Bestände entlang der logistischen Kette (Cheng et al., 2010).	**vorhanden**	Postponement kann ein «Aufschaukeln» der Bestände über die gesamte Supply Chain hinweg vermeiden, indem Änderungen der Kundennachfrage zeitlich nahe am Endkunden abgefangen werden. Beispiel Hewlett Packard: Bestandskosten in der Supply Chain konnten um 5% gesenkt werden, indem Drucker modularisiert gefertigt und erst auf letzter Stufe ein kunden- bzw. länderspezifisches Netzteil hinzugefügt wurde.
6	**Mehrstufige Lagersysteme** Mehrstufige Lagersysteme verteilen Bestände gezielt über die gesamte Supply Chain. Aufgrund einer dezentralen Bevorratung der Bestände lässt sich die Materialverfügbarkeit erhöhen. So können Sicherheitsbestände im gesamten Wertschöpfungsnetzwerk durch definierte Hand- und Interventionslager möglichst gering gehalten werden, ohne dadurch die Kundenversorgung mit Waren zu gefährden (Fratzl, 1992).	**vorhanden**	Eine Verwendung mehrstufiger Lagersysteme bezweckt durch die gezielte Verteilung der Bestände über mehrere Akteure der Supply Chain und deren Standorte automatisch interorganisationale Effizienzvorteile. So erlaubt das Konzept direkt eine Optimierung von Kapitalbindung und Beständen auf Netzwerkebene der Supply Chain.
7	**Bestandspooling** Beim Bestandspooling werden bestimmte Materialien zwischen zwei oder mehreren Akteuren gemeinschaftlich genutzt, wobei ein Akteur als Anbieter und die anderen als Kunden des gemeinschaftlichen Bestands auftreten (Boone, 2002).	**vorhanden**	Alle Kunden im Pooling-Vertrag können ihren Warenbestand reduzieren, indem sie Zugriff auf das Lager des Pooling-Partners haben. So können, durch ein gemeinsames Lager, Kapitalbindungs- und Prozesskosten für alle entnehmenden Pooling-Kunden verringert und Synergieeffekte genutzt werden.
8	**Performance-based Contracting** Beim Performance-based Contracting (PBC) wird das Vergütungssystem für eine erbrachte Dienstleistung strikt an der effektiv erbrachten Leistungseinheit ausgerichtet. Es wird nicht mehr der Leistungsinput (z.B. eine Maschine), sondern das erbrachte Leistungsergebnis (z.B. die Herstellung von x Produkteinheiten mithilfe der Maschine) zum zentralen Vertragselement, an welches auch der Preis gekoppelt ist (Glas, 2012).	**bedingt vorhanden**	Die Möglichkeit, durch PBC interorganisationale Effizienzvorteile im Bestandsmanagement mehrerer Supply-Chain-Akteure zu erreichen, ist im Wesentlichen dann gegeben, wenn Bestände und Kapazitätsauslastungen als Effizienzkennzahlen (Performance-Based Measures) berücksichtigt werden. Dies führt zu einer ergebnisorientierten Performance-Definition, die gezielt eine Verringerung von Beständen über die involvierten Supply-Chain-Partner hinweg erlaubt.
9	**Konsignationslager** Ein Konsignationslager ist ein Lieferantenlager beim abnehmenden Unternehmen. Dabei kann sowohl der Konsignant (Zulieferer) als auch der Konsignator (Abnehmer) die Verantwortung für die Bestandsführung der Waren beim abnehmenden Unternehmen übernehmen. Die Eigentumsübertragung auf den Konsignator erfolgt erst mit der Warenentnahme aus dem Lager (Heß, 2008).	**vorhanden**	Der Konsignator kann seine Kapitalbindungskosten reduzieren, indem der Zulieferer bis zur Warenentnahme im Besitz der Ware bleibt. Weiterhin profitiert der Konsignator durch das Lager auf dem eigenen Werksgelände von einer erhöhten Warenverfügbarkeit. Der Konsignant leistet einen erhöhten Bestandsfinanzierungsbeitrag. Je nach vertraglicher Gestaltung übernimmt er außerdem Aufgaben wie die Ermittlung von Mindest- und Höchstbeständen, die Inventur des Lagers und den optimalen Transport der Ware.

▲ Abb. 91 Transferpotenzial von Bestandsmanagement-Konzepten auf interorganisationale Ebene (Forts.)

	Konzeptbeschreibung	Transfer-potenzial	Kommentar zu Bestandswirkung und Transferpotenzial
10	**Continuous Replenishment (Vendor-Managed Inventory/ Co-Managed Inventory/Buyer-Managed Inventory)** Continuous Replenishment ist ein Konzept zur kontinuierlichen Warenversorgung aus dem Bereich der Beschaffung, bei dem nach dem Pull-Prinzip effizient auf die Kundennachfrage reagiert wird. Der Abnehmer sorgt für eine integrierte Informationsübermittlung von Bestands-, Bewegungs- und Nachfragedaten, sodass der Hersteller bedarfsorientiert vordisponieren kann. Menge und Zeitpunkt der Wiederbeschaffung richten sich nach dem tatsächlichen Bedarf (Stollenwerk, 2016). Es werden in Bezug auf die Bestandsführung drei Unterarten des Continuous Replenishment unterschieden: Vendor-Managed Inventory, Co-Managed Inventory und Buyer-Managed Inventory.	**vorhanden**	Durch kooperative Zusammenarbeit von Hersteller und Abnehmer auf Basis von Echtzeit-Verkaufsdaten kann ein effizienter Warenfluss über mehrere Wertschöpfungsstufen realisiert werden, welcher Einsparungen von Transport- und Lagerkosten zulässt. Vor allem das Vendor-Managed Inventory (VMI) hat auch auf interorganisationaler Ebene unmittelbaren Einfluss auf die Bestände, da der Lieferant die Verantwortung für die Güterversorgung übernimmt und der Bestandsbesitz erst bei Warenentnahme beim Abnehmer auf diesen übergeht (Konsignationslager). Durch den späten Transfer des Bestandseigentums zum Abnehmer wird gebundenes Kapital beim Abnehmer frei. Der Lieferant hat durch den Besitz der Ware im Abnehmerlager einen Anreiz, Bestände zu reduzieren, um seinerseits gebundenes Kapital so gering wie möglich zu halten. Da auf Seiten des Lieferanten kein eigenes Outbound-Pufferlager mehr nötig ist, kann eine Stufe in der Supply Chain eingespart und somit der Gesamtbestand reduziert werden.
11	**Dynamische Lagerdisposition** Im Zuge einer dynamischen Lagerdisposition werden Bestände im Unternehmen kontinuierlich überwacht und die Bestands- und Nachschubdisposition wird weitgehend automatisiert vorgenommen. Ziel ist es, die gewünschte Lieferfähigkeit von Waren und Gütern zu minimalen Kosten sicherzustellen (Gudehus, 2012).	**bedingt vorhanden**	Aufgrund der weitgehend automatisierten, flexibel am Nachfrageverlauf orientierten Steuerung der Bestandssituation ermöglicht eine dynamische Lagerdisposition eine Senkung der Kapitalbindungs- und Prozesskosten sowie positive Effekte auf die Produktverfügbarkeit. Darüber hinaus kann eine dynamische Lagerdisposition eine «Aufschaukelung der Bestände» infolge von Nachfrageschwankungen («Bullwhip-Effekt») mindern. Durch Verringerung des Bullwhip-Effektes lässt sich über die Supply Chain hinweg ein geringeres Bestandsniveau erzielen, sofern die durch das Dispositionsprogramm prognostizierten Bedarfe den Absatzverlauf hinreichend adäquat abbilden.
12	**Warengruppenspezifische Lieferungsdifferenzierung** Abhängig von der Warengruppenklassifikation werden vom Zulieferer unterschiedliche Arten der Lieferung erbracht. Während pauschale Rahmenlieferungen in regelmäßigen Abständen erfolgen, werden situative Optionslieferungen nur dann initiiert, wenn ein bestimmter Meldebestand erreicht ist. Einzellieferungen finden je nach Bedarf statt (Stölzle et al., 2004).	**nicht vorhanden**	Eine Warengruppenklassifikation (z.B. ABC-Einteilung) hat eher Einfluss auf das zu verwendende Bestellverfahren (und damit indirekt Einfluss auf die Bestandssituation). Mit Blick auf die Bestände werden zwar Überbestände und der Aufbau von Ladenhütern vermieden. Abhängig von der getroffenen Klassifikation wird pro Güterart eine strategische Entscheidung getroffen, welche Konzepte des Bestandsmanagements zur Bestimmung optimaler Bestellmengen und -zeitpunkte heranzuziehen sind.

▲ Abb. 91 Transferpotenzial von Bestandsmanagement-Konzepten auf interorganisationale Ebene (Forts.)

	Konzeptbeschreibung	Transferpotenzial	Kommentar zu Bestandswirkung und Transferpotenzial
13	**Streckenlieferung** Eine Streckenlieferung beschreibt einen Ansatz aus der Logistik, bei dem die Ware direkt vom Hersteller an den Bedarfsort des Kunden geliefert wird, ohne dass der Händler bzw. die Handelszentrale mit der Ware physisch in Berührung kommt. Im Gegensatz zur klassischen Lagerdistribution befindet sich bei Streckenlieferungen ein erheblicher Teil der Waren auf dem Transportweg, weshalb die eingesetzten Transportfahrzeuge auch oftmals als «Warehouse on Wheels» bezeichnet werden (Fliedner et al., 2016).	**vorhanden**	Interorganisationales Einsparungspotenzial von Beständen durch Eliminierung einer Supply-Chain-Stufe innerhalb der Distributionskette sind vorhanden. Damit können die Gesamtbestände entlang der Supply Chain verringert werden.
14	**Cross Docking** Cross Docking ist ein Konzept aus der Distribution, bei dem Fahrzeuge zur An- und Auslieferung zeitlich aufeinander abgestimmt an einer sogenannten «Cross-Docking-Plattform» andocken, sodass die Ware nicht mehr eingelagert, sondern innerhalb kurzer Zeit auf die Fahrzeuge zur Feinverteilung umgeladen wird. Damit lassen sich Bestände im Distributionslager im Extremfall auf null reduzieren. Das Cross-Docking-Prinzip erfolgt entweder einstufig durch eine auf den Endempfänger bezogene Vorkommissionierung der Ware durch den Lieferanten und einen direkten Versand zum Endkunden oder zweistufig durch Anlieferung voller Paletten bis zur Cross-Docking-Plattform und anschließender Kommissionierung auf neue Ladungsträger mit direkter Belieferung der Empfänger.	**vorhanden**	Durch Eliminierung von redundanten Handling-Aktivitäten wie Ein- und Auslagerung während der Distribution können Logistikprozesse beschleunigt und Bestandsstufen abgebaut werden. Werden Bestände im Distributionslager im Extremfall auf null gesenkt, entfällt eine Supply-Chain-Stufe.
15	**Anticipatory Shipping** Der vorausschauende Versand («Anticipatory Shipping») bezeichnet ein Konzept aus der Logistik des Online-Handels, gemäß dem Waren an ein kundennahes Distributionszentrum geschickt werden, ohne dass ein konkreter Kundenauftrag vorliegt. Im Extremfall werden Produkte an den Kunden herausgeschickt, noch bevor dieser eine Bestellung getätigt hat (Viet et al., 2020).	**bedingt vorhanden**	Auswirkungen auf das interorganisationale Bestandsmanagement sind gegeben, da der vorausschauende Versand nachfrageseitig v.a. auf die bedarfsgerechte Belieferung des Endkunden ausgerichtet ist; angebotsseitig werden hingegen v.a. dem Versender eine optimierte Lagerhaltung und Verfügbarkeit von Artikeln ermöglicht. Für ein interorganisationales Bestandsmanagement müsste der vorausschauende Versand durch «Anticipatory Shipping» im Bestfall zwischen mehreren Akteuren in der Supply Chain angewandt werden, was hohe Anforderungen an Datenbereitstellung, -auswertung (Prognosetools) und die notwendige Digitalisierung von Prozessen stellt.
16	**Obsoleszenzmanagement** Der Begriff «Obsoleszenz» stammt vom lateinischen obsolescere, welches für «alt werden» oder auch «an Wert verlieren» steht. Das Obsoleszenzmanagement zielt darauf ab, die Warenverfügbarkeit über den gesamten Produktlebenszyklus hinweg zu gewährleisten. Besonders für die Nachserienphase gilt es ausreichend Bestände für Garantieleistungen oder Reparaturen durch entsprechende Ersatzteile frühzeitig einzuplanen (Spengler & Schroter, 2006).	**nicht vorhanden**	Der Fokus des Konzepts liegt auf dem Produktlebenszyklus und Ersatzteilbeständen zur Vermeidung von Fehlbeständen auf intraorganisationaler Ebene.

▲ Abb. 91 Transferpotenzial von Bestandsmanagement-Konzepten auf interorganisationale Ebene (Forts.)

4.1.3 Just-in-Time/Just-in-Sequence

Konzeptbeschreibung
Just-in-Time (JIT) ist ein Beschaffungskonzept, bei dem Materialien und Waren nachfragesynchron geliefert werden, wenn sie nachgefragt sind. Im Extremfall lassen sich dadurch die Lagerbestände auf null reduzieren (Grün et al., 2019). Just-in-Sequence (JIS) ist eine Verfeinerung des JIT-Ansatzes. Im Rahmen von JIS werden Materialien und Waren genau in der vom Kunden vorgegebenen Verbrauchsreihenfolge angeliefert, sodass eine Umsortierung entfällt (Large, 2013).

Funktionsweise des Konzepts
Bei JIT und JIS wird eine Optimierung der Schnittstellen zwischen Einkauf, Produktion und Logistik angestrebt, indem die Beschaffung von Materialien und Waren sowohl mengenmäßig als auch zeitlich direkt an die Nachfrage gekoppelt wird. Dafür steht der Begriff der «einsatzsynchronen Beschaffung». Bei JIT werden kleine Gütermengen in relativ kurzen zeitlichen Abständen ausgerichtet auf den tatsächlichen Verbrauch angeliefert. Im Falle von JIS erfolgt die Versorgung noch anspruchsvoller gemäß der auftragsspezifischen Produktionsreihenfolge (Heß, 2008). Das Transportfahrzeug wird dabei häufig als kurzfristiges Lager auf Rädern («Warehouse on Wheels») genutzt, aus dem je nach Bedarf Materialien und Waren entnommen werden.

Voraussetzungen des Konzepts
Vorrausetzungen für die Implementierung einer «einsatzsynchronen Anlieferung» im Sinne von JIT bzw. JIS sind detaillierte Informationen über die Lieferzeit, das gewünschte Zeitfenster der Anlieferung, die erforderliche Lieferzuverlässigkeit sowie die Lieferbeschaffenheit inklusive der Verbrauchsreihenfolge. Darüber hinaus sollte die Versorgungssicherheit durch zusätzliche Vereinbarungen hinsichtlich garantierter Service Level sowie Notfallkonzepte gewährleistet sein. Für die

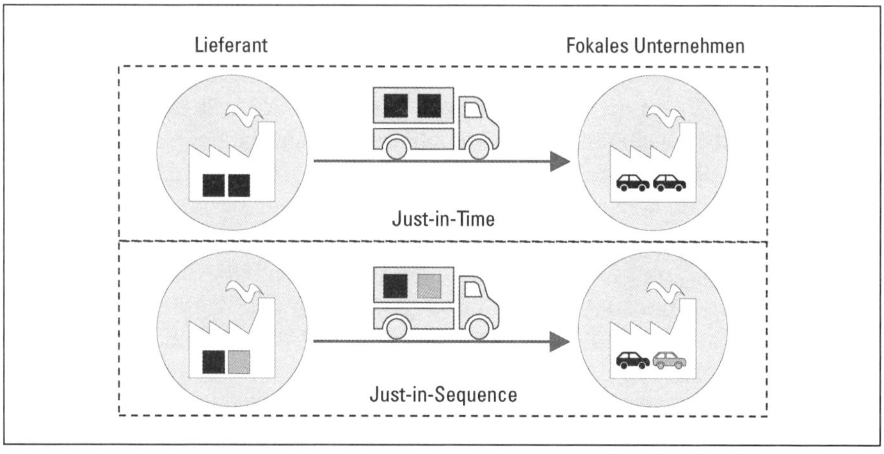

▲ Abb. 92 Grundkonzept von Just-in-Time und Just-in-Sequence

Umsetzung beider Konzepte bedarf es einer sehr engen informationstechnischen Integration zwischen dem Abnehmer und seinen Lieferanten (Large, 2013). Ferner gilt es zu beachten, dass Unternehmen bei einer (weitgehend) bestandslosen Belieferung stark von der Zuverlässigkeit ihrer Zulieferer abhängen, sodass ein entsprechendes Vertrauensverhältnis in deren logistische Leistungsfähigkeit aufgebaut werden muss (Grün et al., 2019). Weder JIT noch JIS sind in der Lage, unvorhergesehene, größere Schwankungen der Bedarfsmengen aufzufangen. Damit einher geht die Sicherstellung einer hohen Qualität der Bedarfsprognose.

Für die bedarfsgerechte zeitliche Taktung des Nachschubs müssen zudem die Material- und Informationsflüsse eng koordiniert werden. Das Konzept der einsatzsynchronen Beschaffungsprinzipien stellt hohe Ansprüche an das Qualitätsmanagement und bedingt die Philosophie einer Null-Fehler-Toleranz. Während der Einsatz von JIT nur bei geringer Variantenvielfalt möglich ist und daher Standardprodukte mit relativ konstanter Nachfrage voraussetzt, eignet sich JIS auch bei einer höheren Variantenvielfalt, da der Spezifikation der Teile durch die sequenzgenaue Anlieferung Rechnung getragen wird (Heß, 2008). Eine isolierte Betrachtung des Beschaffungsbereichs von produktionssynchronen Beschaffungslösungen reicht indessen nicht aus, um deren Wirtschaftlichkeit zu beurteilen. Stattdessen sind Produktions- und Bereitstellungsprozesse stets integriert zu betrachten und zu gestalten. Schließlich wird eine leistungsfähige Verkehrsinfrastruktur vorausgesetzt, damit keine Störungen im Verkehrsfluss die Lieferzuverlässigkeit der bestandslosen Anlieferung gefährden (Grün et al., 2019).

Bestandsauswirkungen

JIT und JIS führen zu einer erheblichen Senkung bis hin zu einer Eliminierung von Beständen zwischen Zulieferer und Abnehmer. Dies ermöglicht eine Reduzierung von Kapitalbindungskosten (Grün et al., 2019). Während bei JIT noch ein kleiner Pufferbestand im maximalen Umfang eines Tagesbedarfs beim Abnehmer möglich ist, der das Sortieren der Materialien gemäß der Produktionssequenz erlaubt, kann bei JIS bestandsfrei angeliefert werden, da die Reihenfolge der Verbauung der Materialien bereits bei der Lkw-Beladung sichergestellt wird. Hochfrequent eingesetzte Lkws ersetzen somit bei beiden Varianten Bestände. Sofern bei JIT dennoch auf eine geringe Pufferung Wert gelegt wird, kann diese auch von Trailern wahrgenommen werden, die vor den Entladerampen des Abnehmers abgestellt werden. Dafür findet auch der Begriff «Warehose on Wheels» Verwendung. Beide Konzepte gehen mit vergleichsweise hohen Transport- und Koordinationskosten einher. Aus strategischer Sicht führt die aufwändige Etablierung von JIT und JIS in Verbindung mit der starken Integration von Zulieferer und Abnehmer in der Praxis zu Ausstiegsbarrieren und damit zu Lock-in-Effekten. Bei einem Lieferantenwechsel muss sich der Abnehmer auf hohe Switching Costs einstellen.

Verwandte Konzepte des Bestandsmanagements
Sowohl JIT als auch JIS werden häufig mit Lean Logistics in Verbindung gebracht, dies mit Blick auf das Ziel eines möglichst effizienten Ressourceneinsatzes. Anknüpfungspunkte bestehen darüber hinaus zum Supermarkt-Konzept, gemäß welchem die bedarfsgerecht gelieferten Materialien und Waren in unmittelbarer Nähe der Produktionslinie zwischengepuffert werden. Sogenannte Milkruns unterstützen die zuverlässige Belieferung der Supermärkte bzw. der Bedarfspunkte.

4.1.4 Supermarkt-Konzept/Kanban

Konzeptbeschreibung
Das Supermarkt-Konzept beschreibt eine verbrauchsgesteuerte Form des kurzfristigen produktionsnahen Puffer-Lagerns. Die verbrauchende Einheit (z.B. Montagelinie) entnimmt die benötigten Materialien oder Bauteile in der erforderlichen Menge aus einem begrenzten Puffer-Lager. Der damit verbundene Bestandsabbau löst eine zeitnahe Nachschublieferung in gleicher Höhe aus.

Funktionsweise des Konzepts
Beim Supermarkt-Konzept orientiert sich die Wiederbeschaffung am tatsächlichen Materialverbrauch (Pull-Prinzip). Die Produktion bezieht die benötigten Materialien oder Bauteile selbst vom Supermarkt, der einem produktionsnahen Puffer-Lager entspricht, und signalisiert die Entnahme entsprechend dem Kanban-Prinzip. Kanban ist dabei das japanische Wort für Karte. Die «Kanban-Karten» liefern in physischer oder elektronischer Form bei Materialentnahmen die notwendigen Informationen, ob, wann und in welcher Höhe eine Wiederauffüllung des Supermarktes erfolgen muss, und lösen die entsprechende Nachschublieferung bei der internen Vorstufe oder beim externen Lieferanten aus. Es wird zwischen zwei Arten von Kanban-Regelkreisen unterschieden: Nach einem Materialverbrauch in der Produktion wird über den «Entnahme-Kanban» eine Entnahme im Supermarkt ausgelöst. Der «Produktions-Kanban» sorgt für die erforderlichen Nachlieferungen auf der Vorstufe bzw. bei den Lieferanten zur Auffüllung des Supermarkts (Bertagnolli, 2018). Entwickelt wurde dieser Supermarkt-Ansatz von Taiichi Ohno, welcher auch die Konzepte Kanban und Just-in-Time erstmals bei der Toyota Motor Company einführte. Inspiriert wurde Ohno von der Funktionsweise amerikanischer Supermärkte, was auch die Namensgebung erklärt (Vollmer, 2009).

Voraussetzungen des Konzepts
Das Supermarkt-Konzept lässt sich in die Materialflusssysteme von Unternehmen verschiedenster Industrien integrieren. Supermarkt-Konzepte finden häufig Anwendung, wenn eine zunehmende Teilevielfalt an der Montagelinie gefordert

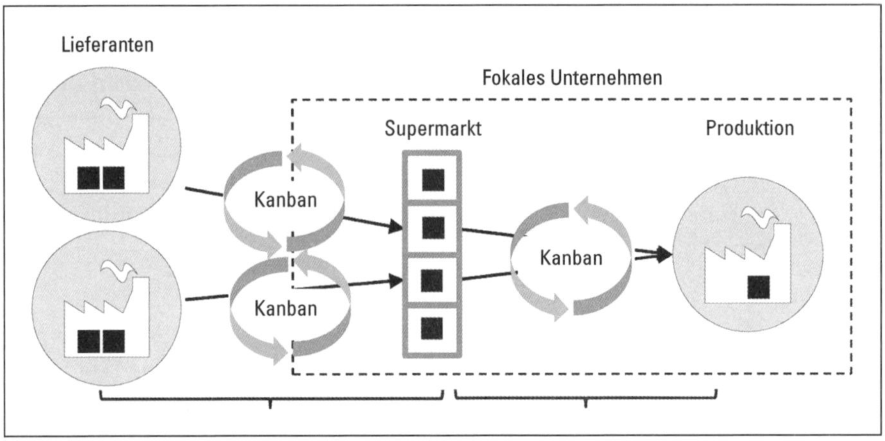

▲ Abb. 93 Eckpunkte des Supermarkt-Konzepts/Kanban

wird. Eine begrenzte Anzahl an Produktvariationen sowie eine prognostizierbare, weitgehend konstante Nachfrage nach den betroffenen Produktfamilien gelten als Voraussetzungen zur Umsetzung des Supermarkt-/Kanban-Konzepts.

Im Vorfeld der Umsetzung ist eine detaillierte Analyse im Hinblick auf die Bedarfscharakteristik der Produktion und die Belieferungsmöglichkeiten von zentraler Bedeutung. Dazu zählen die Ermittlung der Wiederbeschaffungszeiten und der Verbrauchshäufigkeiten einzelner Materialien sowie die Durchführung detaillierter Machbarkeitsanalysen zur verbrauchsgesteuerten Anlieferung durch Lieferanten. Aufbauend auf den identifizierten Materialverbrauchshäufigkeiten werden hoch- und niederfrequente Materialien (A-, B- und C-Teile) unterschieden. Die im Supermarkt eingelagerten Mengen richten sich nach den Merkmalen der Bedarfscharakteristik. Nach Festlegung der pro Warengruppe benötigten Mindestbestände und der Einstellung von Kanban-Regelkreisen mit den Produktions-Vorstufen bzw. den Lieferanten kann das Supermarkt-Konzept schrittweise ausgerollt werden. Die Supermärkte sollten räumlich möglichst nah an den Verbrauchsorten der Produktion angesiedelt sein. Bei der Auslegung der Supermärkte sind zudem das Handling und die Zwischenlagerung verschiedener Ladungsträgerarten unterschiedlicher Art, Größe oder Handhabbarkeit zu berücksichtigen (Pawellek, 2014).

Im Kontext von Industrie-4.0-Anwendungen werden für Kanban-Systeme moderne Internet-Technologien vorausgesetzt, mit denen die Maschinen miteinander kommunizieren und ihre Bedarfe einander in Echtzeit übermitteln können. Damit erfolgt der Kanban-Abruf in digitaler Form.

Bestandsauswirkungen

Die sichtbarste Auswirkung, welche aus dem Einsatz von Kanban-Regelkreisen in Verbindung mit dem Supermarkt-Prinzip resultiert, ist eine Komplexitätsreduktion in der Nachschub-Versorgung, bedingt durch den selbstregulierenden Charakter des Konzepts (Ballé & Ballé, 2005). Dies erlaubt eine Senkung der Prozesskosten. Der Einsatz des Supermarkt-Konzepts führt zudem zu einer gesteigerten Materialverfügbarkeit bei relativ niedrigen Material- bzw. Pufferbeständen. Die verbrauchsgesteuerte Beschaffung ermöglicht somit eine geringere Kapitalbindung. Trotz der verbrauchsnahen Bereitstellung der Materialien erlauben Supermärkte und Kanban-Regelkreise, den Bedarf an Lager- und Logistikflächen an den Produktionslinien zu reduzieren (Vollmer, 2009).

Verwandte Konzepte des Bestandsmanagements
Das Supermarkt-Konzept lässt sich in den Kontext von Lean Logistics einordnen und hat eine starke inhaltliche Nähe zum JIT- und JIS-Konzept. Alle diese Ansätze basieren auf dem Pull-Prinzip, bei dem Materialien erst bei Entstehen des tatsächlichen Bedarfs bereitgestellt werden und zugleich eine sehr hohe Versorgungssicherheit gewährleistet wird. Der wichtigste Unterschied ist darin zu sehen, dass beim Einsatz von Supermärkten kontrollierte Pufferbestände aufgebaut werden, während insbesondere JIS auf jegliche Bestände verzichtet und eine vollständige Synchronisation des Warennachschubs mit dem Bedarf anstrebt. Für die effiziente Bestückung von Supermärkten eignen sich Milkruns, die effiziente Standard-Touren mit einer zeitnahen, hoch-zuverlässigen Produktionsversorgung kombinieren (Vollmer, 2009).

4.1.5 Postponement

Konzeptbeschreibung
Postponement beschreibt das Hinauszögern (engl. to postpone) einer Entscheidung zur Anpassung eines Produkts oder Services an spezifische Kundenanforderungen, dies verbunden mit dem Ziel, infolge des verkürzten Prognosezeitraums eine höhere Prognosequalität zu erzielen. Oft wird beispielsweise der letzte Montageschritt aufgeschoben, um kundenspezifische Produktmerkmale möglichst spät einzubauen (Hoek, 1998). Prognosegestützt gelagert werden unspezifische Materialien und Vorkomponenten, die flexibel für verschiedene Spezifikationen einsetzbar sind. Sind die Kundenwünsche dann mit sehr hoher Wahrscheinlichkeit prognostizierbar bzw. bereits in Gestalt von Aufträgen realisiert, können Individualisierungen am Produkt bzw. Service vorgenommen werden.

Funktionsweise des Konzepts
Das Postponement für physische Produkte setzt voraus, dass ein Großteil der Wertschöpfungsaktivitäten modular und standardisiert erfolgen kann. Entscheidend ist dabei die Kenntnis des Kundenauftragsentkopplungspunktes bzw. des Order Penetration Points (OPP). Der OPP markiert den Übergang von der kundenunabhängigen zur kundenbezogenen Wertschöpfung im Wertschöpfungspro-

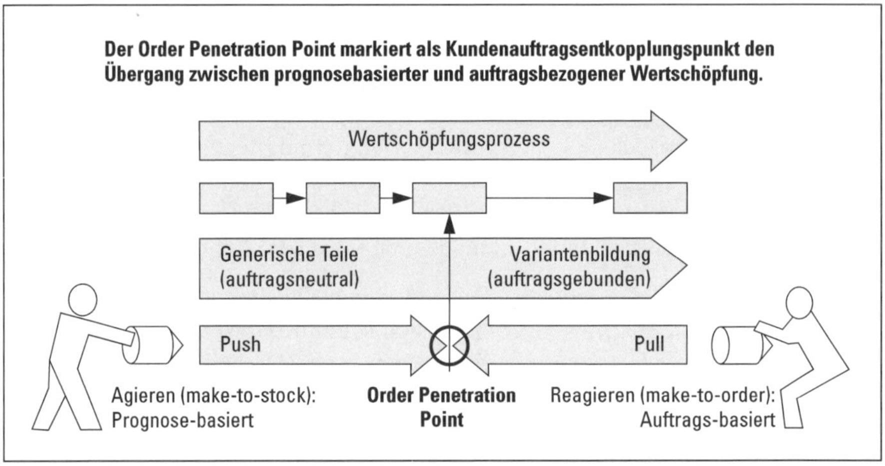

▲ Abb. 94 Grundkonzept des Postponements (in Anlehnung an Alicke 2005, S. 132ff.)

zess. Ab dem OPP wird ein bis dato undifferenziertes Vorprodukt auf einen spezifischen Kundenauftrag hin ausgerichtet (siehe ◀ Abb. 94).

Die Ausprägungen des Postponements erstrecken sich auf die Wertschöpfung, insbesondere den Produktionsprozess, und die Logistik. Die erstgenannte Kategorie – das Wertschöpfungs-Postponement – bezieht sich auf das Aufschieben von Verpackungs-, Labelling- und Montagetätigkeiten innerhalb des Produktionsprozesses. Die zweitgenannte Kategorie – das geographische Postponement – umfasst das Aufschieben von Logistikprozessen in der Distribution (siehe ▶ Abb. 95).

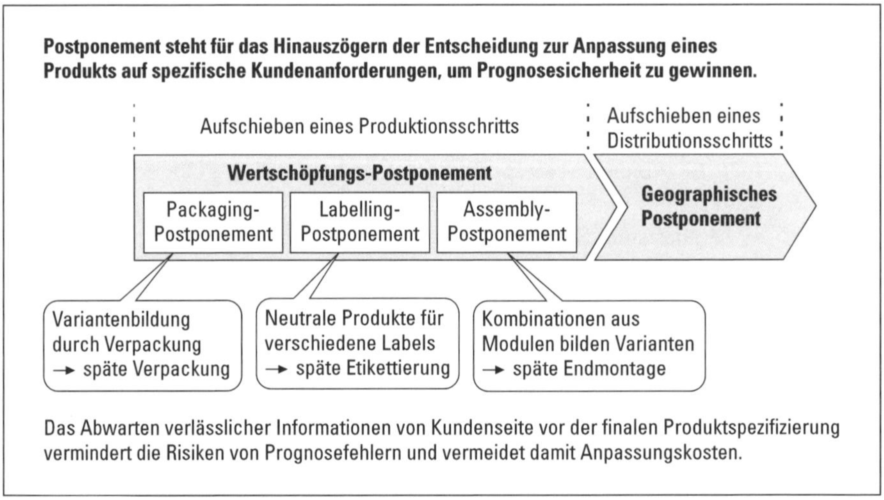

▲ Abb. 95 Kategorien von Postponement

Bei allen Postponement-Ausprägungen ist zu beachten, dass das bewusste Verzögern an anderer Stelle im Wertschöpfungsprozess eine Beschleunigung voraussetzt, sofern die gesamte Lieferzeit nicht überschritten werden soll.

Voraussetzungen des Konzepts
Postponement eignet sich vor allem für Produkte, die vergleichsweise geringen Nachfrageschwankungen unterliegen und bei denen sowohl die Variantenvielfalt als auch die Variantenkomplexität überschaubar ist. Dadurch ist auch im Bereich der kundenspezifischen Wertschöpfung eine gewisse Prognostizierbarkeit gegeben. Eine weitgehende Modularisierung der Produkte und eine Standardisierung der Wertschöpfungsprozesse sind weiterhin von Vorteil. Je nachdem, ob Postponement in der Fertigung oder in der Logistik angestrebt wird, sind die betroffenen Prozesse anzupassen. Schließlich müssen die Prozesse im kundenspezifischen Bereich der Wertschöpfung bzw. der Logistik das Potenzial für eine Beschleunigung haben, damit die gesamte Lieferzeit durch Postponement nicht verlängert wird, dies auf einem sehr hohen Serviceniveau. Da mit Postponement ein erheblicher Eingriff in die Prozesslandschaft verbunden sein kann, der kurzfristig nicht revidierbar ist, erfordert Postponement eine strategische Grundsatzentscheidung.

Bestandsauswirkungen
Postponement entfaltet vor allem Wirkungen auf Bestände und Kosten für Lagerhäuser. Denn infolge der Verbesserung der Prognosegüte für kundenspezifische Produkte bzw. der Ausrichtung an bekannten Bedarfen können Sicherheitsbestände abgebaut oder ganz eliminiert werden. Zudem ermöglicht insbesondere das geographische Postponement eine Verschlankung der Distribution, indem beispielsweise Distributionsstufen abgebaut oder Einzugsgebiete von mehreren Lagerstandorten zusammengefasst werden, dies verbunden mit positiven Effekten auf die Fixkosten.

Im Bereich der anonymen Wertschöpfung sollten keine Bestandserhöhungen vorgenommen werden. Die beschleunigten Prozesszeiten im Bereich der kundenbezogenen Wertschöpfung führen zu einer Reduzierung der Bestands- und damit der Kapitalbindungskosten.

Verwandte Konzepte des Bestandsmanagements
Die beim Postponement erforderliche Modularisierung von Bauteilen und Standardisierung von Wertschöpfungsprozessen steht in einem engen Zusammenhang mit Konzepten, die den Kundenauftragsentkopplungspunkt und dessen Verschiebung betreffen. So weist etwa die Mass Customization eine große Nähe zum Postponement auf. Auch hier wird der Order Penetration Point aktiv eingesetzt, um die anonyme Wertschöpfung auf den Vorstufen von der kundenspezifischen Wertschöpfung zu trennen, allerdings ohne in die zeitliche Lage der Prozesse gezielt einzugreifen.

4.1.6 Mehrstufige Lagersysteme

Konzeptbeschreibung
Mehrstufige Lagersysteme verteilen Bestände auf Grundlage einer prognoseorientierten Planung gezielt auf die verschiedenen Stufen einer Supply Chain. Mithilfe einer dezentralen Bevorratung der Bestände soll die Materialverfügbarkeit erhöht werden. So können Sicherheitsbestände im Wertschöpfungsnetzwerk durch flexible Hand- und Interventionslager möglichst gering gehalten werden, ohne das Serviceniveau zu gefährden.

Funktionsweise des Konzepts
Bei mehrstufigen Lagersystemen werden Waren auf verschiedene Depots verteilt, welche sich auf mehreren Supply-Chain-Stufen befinden können (z. B. Zwischenlager bzw. Regionallager oder kundennahes Interventionslager bzw. Auslieferungslager). Die Bestückung der Lagerhäuser erfolgt in der Regel prognosebasiert. Ein besonderes Merkmal solcher mehrstufiger Lagersysteme ist, dass die Bestände zwischen den Interventionslägern umverteilt werden können und damit die Gefahr von Überbeständen bzw. Fehlmengen reduziert wird und sich damit das Serviceniveau im gesamten System erhöht, ohne dass die Bestände zunehmen und damit die Kosten steigen (Fratzl, 1992). Die Etablierung eines mehrstufigen Lagersystems bietet sich an, wenn Versorgungsrisiken innerhalb eines komplexen Logistiksystems auszugleichen sind, wie etwa in der Automobilindustrie (Klug, 2010).

Voraussetzungen des Konzepts
Eine zentrale Herausforderung bei der Steuerung von mehrstufigen Lagersystemen stellt die erhöhte Komplexität in der Disposition dar. Während bei einstufigen Systemen die Bestandshöhe (Lager- und Bestellmenge) die einzige veränderliche Variable zur kurzfristigen Beeinflussung der Lagerhaltungskosten an einem

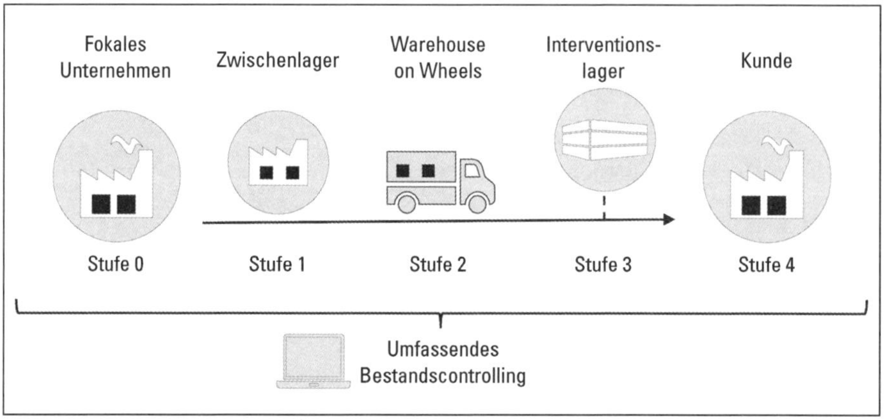

▲ Abb. 96 Grundkonzept von mehrstufigen Lagersystemen

Standort ist, gilt es bei mehrstufigen Lagersystemen, die auf mehrere Lagerorte verteilten Bestände gemeinsam zu bewirtschaften. Zudem sind die Kosten einer Umverteilung der Bestände zwischen den Standorten im Kalkül zu berücksichtigen.

Für die effiziente Steuerung und Optimierung von mehrstufigen Lagersystemen wird in der Regel ein leistungsstarkes Bestandscontrolling benötigt, welches in die IT-Systemlandschaft des Unternehmens integriert ist. Als zusätzliche Voraussetzung gilt die Bereitschaft, Fixkosten für mehrere Lagerstandorte aufzubauen und auch die Kosten für die Umverteilung von Beständen zu tragen. Um den personellen Aufwand bei der Bewirtschaftung mehrerer Lagerstandorte möglichst gering zu halten, sollte der Einsatz teil- oder vollautomatisierter Logistiklösungen geprüft werden.

Bestandsauswirkungen

Aus der gezielten Verteilung von Beständen auf unterschiedliche Supply-Chain-Stufen gepaart mit einer gemeinsamen, übergreifenden Disposition und der Möglichkeit, die Bestände flexibel zwischen den Standorten umzuverteilen, resultiert eine höhere Flexibilität, die sich in einem tendenziell niedrigen, aggregierten Niveau der Sicherheitsbestände widerspiegelt. Zu beachten ist, dass die Zahl der bestandsführenden Stufen die gesamten standortbezogenen Fixkosten beeinflusst, Mit einer Zentralisierung, d.h. einer Reduzierung der Stufen, können diese Fikosten abgebaut werden. Demgegenüber erhöhen sich aufgrund der größeren Distanzen die Kosten der Umverteilung zwischen den Standorten. Dabei ist die Häufigkeit der Umverteilungen eine variable, d.h. zu beeinflussende Größe. Wird eine hohe Lieferbereitschaft angestrebt, sind entsprechend hohe Sicherheitsbestände auf den kundennahen Stufen, also den Interventions- bzw. Auslieferungslagern, vorzuhalten. Eine besondere Herausforderung stellt sich dann, wenn die Depots auf den Stufen von unterschiedlichen Supply-Chain-Akteuren betrieben werden. Denn dann gilt es, die Bestandsdisposition ebenso wie die Umverteilungsprozesse unternehmensübergreifend auszurichten. Hiermit gehen anspruchsvolle Fragen der Transparenz, der Kostenteilung und der Erlöszuordnung zwischen den Akteuren einher.

Verwandte Konzepte des Bestandsmanagements

Die gezielte Verteilung von Beständen auf mehrere Stufen bzw. Standorte einer Supply Chain und die daraus resultierende dezentrale Bevorratung kann als Alleinstellungsmerkmal für das Konzept der mehrstufigen Lagersysteme gesehen werden. Dieser Kerngedanke grenzt es deutlich von anderen Konzepten des Bestandsmanagements ab, welche vorrangig eine Reduzierung von Beständen bzw. Kapitalbindungskosten bei jeweils einem Unternehmen forcieren. Berührungspunkte haben mehrstufige Lagersysteme mit dem Konzept des Bestandspoolings, da bei beiden Konzepten der Lagerort für eine Teilmenge der Bestände als Variable gilt. Die Steuerung der räumlichen Verteilung der Bestände unterscheidet sich jedoch bei beiden Konzepten.

4.1.7 Bestandspooling

Konzeptbeschreibung
Beim Bestandspooling greifen verschiedene Akteure gemeinschaftlich auf einen Bestand zu, wobei ein Akteur als Anbieter und die anderen als Kunden auftreten.

Funktionsweise des Konzepts
Grundlage des Bestandspooling-Ansatzes ist ein Pooling-Vertrag, der regelt, welche Produkte an welchem Lagerort zu welchen Konditionen für die Pooling-Kunden zugänglich sind. Je nach Vertragsausgestaltung entnehmen die Pooling-Kunden nach Bedarf Produkte aus dem gemeinsamen Pooling-Lager oder fordern die Produkte vom Pooling-Anbieter an. Dadurch lassen sich Zentralisierungseffekte bei der Bestandsführung nutzen und es sind darüber hinaus auch günstigere Einkaufskonditionen für die Produkte aufgrund höherer Abnahmemengen realisierbar (z.B. Mengenrabatte). Ein Bestandspooling beschränkt sich nicht zwangsläufig auf die gemeinsame Bestandsführung durch mehrere Unternehmen. Auch innerhalb eines Unternehmens ist die Anwendung des Konzepts möglich, beispielsweise im Omni-Channel-Handel. So ist in der Praxis häufig zu beobachten, dass verschiedene Vertriebskanäle – z.B. E-Commerce und stationärer Handel – auf einen gemeinsamen Bestand zugreifen.

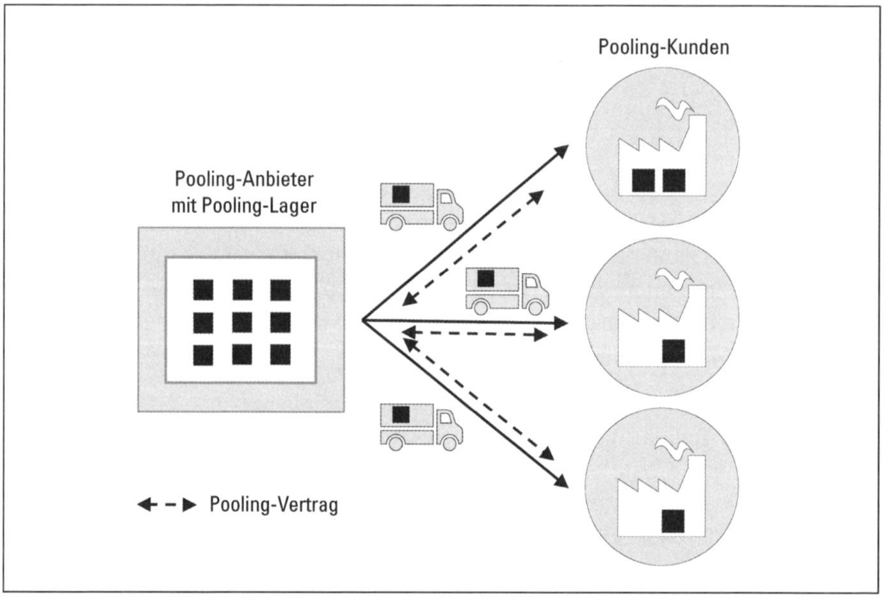

▲ Abb. 97 Grundkonzept des Bestandspoolings

Voraussetzungen des Konzepts
Voraussetzung für ein Bestandspooling sind vielseitig verwendbare, in der Regel standardisierte Materialien oder Produkte, welche von allen Pooling-Partnern benötigt werden. Obgleich das Bestandspooling-Konzept prinzipiell auch für höherwertige oder kundenspezifische Produkte denkbar ist, eignet es sich vorwiegend für C-Materialien und Rohstoffe, welche von den Partnern in vergleichsweise großen Mengen in einer vorgegebenen Qualität benötigt werden und keine Customizing-Anteile pro Partner enthalten. Entscheidend ist ein Pooling-Vertrag, der den Zugriff der Partner auf die Bestände eindeutig und transparent regelt. Hier sind Regelungen vorzunehmen, wie mit drohenden Fehlmengen-Situationen umzugehen ist, also wie beispielsweise eine Bewirtschaftung in Engpasssituationen mit zu knappen Beständen erfolgen soll. Zudem ist eine permanente Überwachung der gepoolten Bestände sicherzustellen und eine Verteilung der Kosten für Bestände und Lagerhausbetrieb auf die Pooling-Partner zu regeln (Boone, 2002).

Bestandsauswirkungen
Die gemeinsame Disposition von Beständen mehrerer Kunden erlaubt wegen der Ausgleichseffekte der Nachfrage eine Reduzierung der gesamten Sicherheitsbestände. Zudem ersparen sich die Partner die Kosten für jeweils eigene Lagerhäuser und deren Betrieb. Dem steht entgegen, dass die Pooling-Kunden die Dispositions- und Zugriffshoheit auf «ihre» Bestände verlieren, gegebenenfalls verbunden mit negativen Konsequenzen in Engpass-Situationen. Der Anbieter der gepoolten Bestände kann seine Lagerhauskapazitäten besser ausnutzen. Auf diese Weise lassen sich Zentralisierungseffekte nutzen sowie saisonale oder partielle Leerstände im Lagerhaus reduzieren (Boone, 2002).

Verwandte Konzepte des Bestandsmanagements
Die Effekte eines Bestandspoolings haben eine Nähe zu mehrstufigen Lagersystemen sowie gewisse Überschneidungspunkte mit der Funktionsweise von Konsignationslagern und des Vendor-Managed Inventory. Es geht jeweils um die gezielte Verlagerung der Dispositionshoheit an Geschäftspartner in der Supply Chain vor dem Hintergrund, dass damit ökonomische Vorteile für alle betroffenen Akteure verbunden sind. Zudem setzt Bestandspooling wie auch die anderen Konzepte gemeinsame Standards der beteiligten Akteure betreffend der Produkte voraus.

4.1.8 Performance-based Contracting

Konzeptbeschreibung
Beim Performance-based Contracting (PBC) wird das Vergütungssystem für eine erbrachte (Dienst-)Leistung strikt an der effektiv erbrachten Leistungseinheit aus-

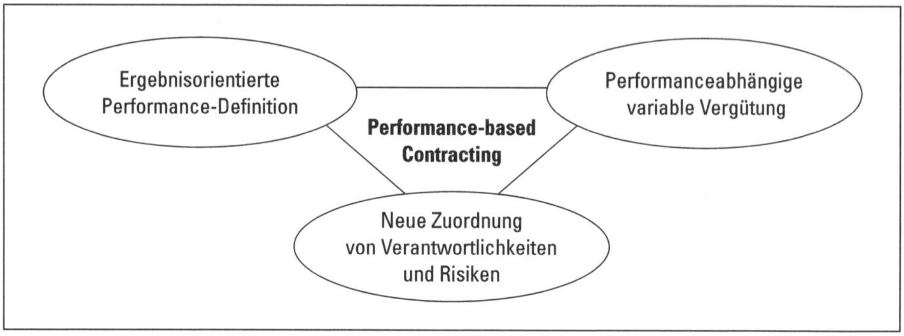

▲ Abb. 98 Grundkonzept des Performance-based Contractings

gerichtet. Es wird nicht mehr der Leistungsinput (z.B. eine Arbeits- oder Maschinenstunde), sondern das erbrachte Leistungsergebnis (z.B. die Herstellung von x Produkteinheiten mithilfe der Maschine) zum zentralen Vergütungselement.

Funktionsweise des Konzepts
Im Fokus stehen beim PBC nicht mehr Einzelleistungen nach dem «Time-and-Material»-Prinzip, sondern maßgeschneiderte Leistungsbündel. Anknüpfungspunkt sind die Interessenkonflikte in klassischen Geschäftsbeziehungen, die auf Kauf- und Dienstleistungsverträgen aufsetzen. So ist etwa der Käufer einer Anlage daran interessiert, dass während der gesamten Nutzungsdauer möglichst wenige instandhaltungsbedingte Stillstandzeiten entstehen, denn das Risiko dafür trägt er üblicherweise selbst. Ganz anders gelagert sind die Interessen des Anlagenherstellers, welcher in der Regel an Instandhaltungsaktivitäten in der Betriebsphase weiter mitverdient und so an häufigeren Ausfällen der Anlage interessiert ist.

PBC zielt auf die Reduzierung bzw. Auflösung dieses Interessenskonflikts ab. Dies wird erreicht, indem der Vertragsfokus von einer Cost-Plus-Betrachtung (Input) auf das Leistungsergebnis (Output) verschoben wird (Kleemann, 2014). Der Auftragsnehmer trägt nun einen Teil der Verantwortung für die Erfüllung der vertraglichen Leistung. Am Beispiel der Investitionsgüterbeschaffung würde der Käufer über den Einsatz von PBC nicht mehr die Investitionskosten für die Anlage sowie alle anfallenden Instandhaltungskosten tragen, sondern den Hersteller zum Beispiel pro effektiv hergestellte Produkteinheit vergüten. Der Anlagenhersteller wird also im Gegenzug durch ein vereinbartes leistungsbasiertes Preismodell zur Optimierung seiner Performance über die gesamte Vertragslaufzeit hinweg motiviert (Glas, 2012). Gleichzeitig erhält er größeren Spielraum bei der Leistungserstellung, da er unter Berücksichtigung der Einsatzplanung seines Kunden beispielsweise selbst über die Wartungsintervalle, über die von ihm zu verbauenden Ersatzteile sowie über die Erneuerungsinvestitionen in die Anlage entscheiden kann.

Auf das Management von Beständen bezogen würde im oben genannten Beispiel die Vorhaltung der Ersatzteile (Arten, Mengen und Lagerorte) in der Dispositionshoheit des Anlagenherstellers bleiben, während sein Kunde keinerlei Ersatzteil-Bestände mehr bevorraten muss. Das Bestandsmanagement wäre demnach mit seinen Leistungen und Kosten eine Komponente der leistungsorientierten Vergütung, die der Kunde dem Anlagenhersteller entrichtet.

Voraussetzungen des Konzepts
Die zentrale Voraussetzung für PBC ist eine geeignete Ausgestaltung der leistungsbasierten Verträge. Es sind klare Zielvorgaben, Anreizsysteme und Zahlungsabläufe festzusetzen. Kernmerkmal ist die Etablierung eines Vergütungssystems, in dem der Kunde den Anbieter für die effektiv in Anspruch genommenen Leistungseinheiten honoriert. Die vordefinierten Kennzahlen (z.B. die Ausbringungsmenge oder Verfügbarkeit von Anlagen) müssen eindeutig messbar und von beiden Vertragsparteien akzeptiert sein. Der Übertrag ganzer Leistungspakete an einen Dienstleister geht außerdem immer mit einem Verlust an operativem Wissen für den Auftraggeber einher. Er muss daher dafür sorgen, dass er die Leistung des Auftragnehmers stets beurteilen und steuern kann, um den Verlust an Know-how und direkter Prozesshoheit so gering wie möglich zu halten (Glas, 2012). Im Falle von partnerspezifischen Investitionen sind zudem die Ausmaße von möglichen Lock-in-Effekten vorab zu beurteilen.

Bestandsauswirkungen
Durch PBC kann ein Unternehmen das Bestandsmanagement an einen Dienstleister übertragen. Damit gehen Einsparungen bei der Kapitalbindung für Bestände sowie bei der Ressourcenbindung für Personal und Infrastruktur einher. Der Auftraggeber profitiert so von Prozesskostensenkungen und einer geringeren Kapitalbindung. Zusätzlich können als Teil von PBC-Verträgen auch höhere Effizienzgrade in verwandten Bereichen wie beispielsweise Durchlaufzeiten oder Kapazitätsauslastungsgrade vereinbart werden.

Verwandte Konzepte des Bestandsmanagements
Gewisse Anknüpfungspunkte hat das PBC-Beschaffungskonzept mit den Kooperationsformen des Konsignationslagers und des Vendor-Managed Inventory. In diesen Fällen werden ebenfalls Wertschöpfungsaktivitäten im Bereich Bestände zwischen Auftraggeber und Auftragnehmer verlagert. Das PBC geht mit einem kompletten Leistungsübergang und einem neuen Vergütungsansatz deutlich weiter. Weitere Anknüpfungspunkte bestehen zwischen PBC und dem Streckengeschäft, bei dem Ware direkt vom Hersteller an den Kunden geliefert wird, ohne dass zwischenzeitlich ein Händler in den physischen Material- und Warenfluss eingebunden wird. Hier verlagert sich ebenfalls das Vorhalten von Beständen auf den Hersteller.

4.1.9 Konsignationslager

Konzeptbeschreibung

Ein Konsignationslager ist ein Lager, das ein Lieferant auf oder direkt am Betriebsgelände seines Abnehmers betreibt. Dabei kann sowohl der Konsignant (Lieferant) als auch der Konsignator (Abnehmer) die Verantwortung für die Bestandsführung der Waren beim Abnehmer übernehmen. Die Eigentumsübertragung auf den Konsignator erfolgt erst mit der Warenentnahme aus dem Lager.

Funktionsweise des Konzepts

Der Lieferant richtet ein Lager auf oder direkt bei dem Werksgelände des Abnehmers ein. Ein Konsignationsvertrag regelt die Entnahme der Waren durch den Abnehmer sowie die zugehörige Fakturierung. In der Regel werden die Eigentumsrechte erst dann vom Lieferanten auf den Abnehmer übertragen, wenn die Ware das Konsignationslager verlässt. Dem Abnehmer wird jederzeit volle Transparenz über die Bestände im Konsignationslager gewährt. Mit Blick auf die dann auszulösende Fakturierung nimmt der Lieferant eine (Vor-)Finanzierungsfunktion für die Bestände ein. Der Abnehmer kann bei Bedarf die von ihm benötigte Ware direkt aus dem Konsignationslager anfordern und beziehen (Heß, 2008). Die Festlegung von Mindest- und Höchstbeständen, die Inventur des Lagers und die erforderlichen Nachschublieferungen sind Aufgaben, die dem Lieferanten übertragen werden können. Die Infrastruktur im Konsignationslager ist derart auszugestalten, dass Warenentnahmen durch den Abnehmer erfasst werden und eine entsprechende Meldung an den Zulieferer erfolgt. In der Praxis haben sich hierfür Mehr-Behälter-Systeme in Verbindung mit Scannern oder Kanban-Karten bewährt (Koether, 2012).

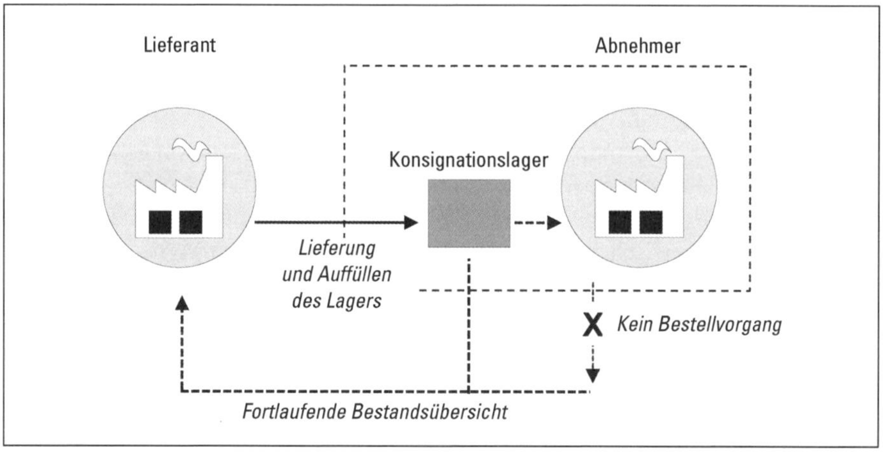

▲ Abb. 99 Grundkonzept des Konsignationslagers

Eine effiziente Nachbevorratung inklusive der Sicherstellung der Verfügbarkeit liegt in der Verantwortung des Lieferanten (Wellbrock, 2015). Für den Lieferanten ergeben sich Dispositionsspielräume bei der Bestandsführung und der Nachschubbelieferung (Alicke, 2005). Der Abnehmer hat große Transparenz über die Bestände, zieht Vorteile aus einem sehr hohen Serviceniveau, vermeidet Risiken im Nachschubprozess und trägt keine Kosten resultierend aus der Kapitalbindung und der Bewirtschaftung des Lagerhauses.

Obwohl scheinbar nur der Abnehmer Vorteile aus dem Konsignationslager zieht, bringt es auch Vorzüge für den Lieferanten: er erhöht mit dem Belieferungsvertrag aus dem Konsignationslager die strategische Austrittsbarriere seines Abnehmers und erreicht über die Bindungswirkung einen Lock-in-Effekt.

Voraussetzungen des Konzepts
Die Errichtung eines Konsignationslagers erfordert ein hohes Maß an Kooperationsbereitschaft zwischen Konsignant und Konsignator, denn aufgrund der Investition in eine Immobilie ist eine solche Entscheidung kurzfristig nicht revidierbar. Darüber hinaus ist eine klare vertragliche Grundlage, welche die Zusammenarbeit spezifiziert sowie die Rechte und Pflichten beider Parteien zum Beispiel in einem Rahmenvertrag regelt, von zentraler Bedeutung. Zudem sollte das Geschäft des Abnehmers keine zu hohe Volatilität bei Abrufen ebenso wie bei Produktarten aufweisen, denn das Lagerhaus des Lieferanten ist auf eine bestimmte Kapazität und im Hinblick auf die Lagertechnik auf ein gewisses Sortimentsspektrum ausgelegt.

Bestandsauswirkungen
Ein Konsignationslager ermöglicht es dem Konsignator, seine Bestände bei gleichbleibender Warenverfügbarkeit auf nahezu null zu reduzieren, ohne Transparenz über Bestände zu verlieren bzw. Risiken beim Serviceniveau zu erhöhen Dadurch spart der Abnehmer Bestands- und Prozesskosten des Lagerhausbetriebs ein. Der Lieferant hingegen baut Bestände auf, gewinnt aber Dispositionsfreiräume bei der Bewirtschaftung. Ausschlaggebend für sein Engagement dürfte somit die Aussicht auf den Lock-in-Effekt sein.

Verwandte Konzepte des Bestandsmanagements
Konsignationslager werden in der Praxis oft in Verbindung mit Vendor-Managed Inventory (VMI) eingesetzt. Beide Konzepte beruhen auf ähnlichen Voraussetzungen: Sowohl ein Konsignationslager als auch das Vendor-Managed Inventory erfordern eine partnerschaftliche Zulieferer-Abnehmer-Beziehung sowie einen im Vorfeld definierten Rahmenvertrag. Während beim Konsignationslager das Bereitstellen und Führen eines Lagerhauses direkt beim Abnehmer im Mittelpunkt steht, geht es beim VMI deutlich mehr um die Dispositionshoheit beim Warennachschub. Größere Investitionen sind hier nicht zwingend nötig. In der Praxis hat sich der kombinierte Einsatz von Konsignationslägern und VMI verbreitet bewährt. In diesem Fall wird ein Höchstmaß an Verantwortung in die Hände des Lieferanten gelegt.

4.1.10 Continuous Replenishment/Vendor-Managed Inventory

Konzeptbeschreibung

Continuous Replenishment ist ein Konzept aus dem Bereich der Nachschubversorgung, bei dem auf Basis von Echtzeit-Verkaufsdaten ein kontinuierlicher Warennachschub möglichst automatisiert zwischen Zulieferer und Abnehmer gewährleistet werden soll (Alicke, 2005). Sehr häufig findet Continuous Replenishment zwischen Herstellern und dem Handel sowie seinen Filialen Anwendung. Ziel ist einerseits, die Verfügbarkeit des Sortiments sicherzustellen und andererseits die Bestände in den Handelsfilialen auf ein Mindestmaß zu begrenzen. Mengengerüste und Zeitpunkte der Nachschublieferungen richten sich nach Bestands- und Abverkaufsinformationen der Filialen, dies gestützt auf eine mittelfristige Bedarfsprognose. Als Akteure sind die Handelsfilialen, die Handelszentralen bzw. deren Distributionszentren und die Hersteller als Lieferanten des Handels eingebunden. Zentrale Voraussetzung ist eine partnerschaftlich ausgerichtete Geschäftsbeziehung, die ein hohes Maß an Transparenz zulässt. Continuous Replenishment gilt als ein wichtiger Logistikbaustein im Efficient-Consumer-Response-(ECR-)Ansatz der Konsumgüterbranche und wird dort auch als Efficient Replenishment bezeichnet. Es existieren mehrere Spielarten von Konzepten, so etwa Vendor-Managed Inventory, Co-Managed Inventory und Buyer-Managed Inventory (Grün et al., 2019). Die folgenden Ausführungen konzentrieren sich auf das Vendor-Managed Inventory (VMI), das den höchsten Bekanntheitsgrad genießt.

Funktionsweise des Konzepts

Entscheidende Komponente des VMI ist der Übergang der Dispositionshoheit vom Abnehmer auf den Lieferanten, der vom Abnehmer dessen Disposition übernimmt und damit die Verfügbarkeit der Produkte beim Abnehmer sicherstellen muss. Dies bedeutet im Kern, dass der Lieferant bei sich selbst Bestellungen auslöst und dafür Sorge trägt, dass die Lieferungen den Abnehmer rechtzeitig erreichen (Wellbrock, 2015). Dabei werden die Bestände seitens des Lieferanten auf Basis der laufenden bzw. der prognostizierten Nachfrage kontinuierlich wiederaufgefüllt. Der Lieferant benötigt dazu aktuelle Verbrauchsinformationen des Abnehmers (van Weele & Eßig, 2017).

Mittels geeigneter IT-Lösungen werden dem Lieferanten permanent die aktuellen Bestände des Abnehmers sowie dessen Echtzeit-Verkaufs- bzw. -Verbrauchsdaten übermittelt (Alicke, 2005). Auf deren Basis erstellt der Lieferant eigene Verbrauchsprognosen und legt aus seiner Sicht geeignete Liefermengen und -zeitpunkte fest. Optimierungsfreiräume ergeben sich für den Lieferanten durch eine Koordination seiner Produktions-, Versand- und Transportplanung. Bei der selbst festgelegten Belieferung seines Abnehmers hat der Lieferant Min-Max-Korridore für Bestände einzuhalten. Der Abnehmer kann auf eigene Disposition komplett verzichten und erhält dennoch Transparenz über Bestände und Verfügbarkeit.

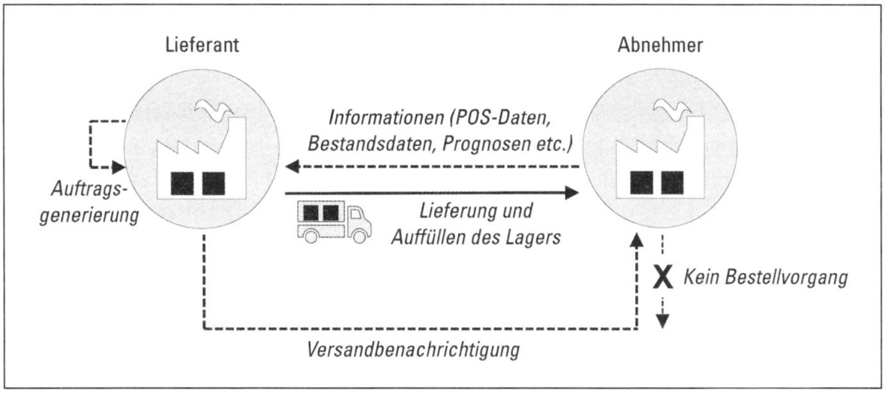

▲ Abb. 100 Grundkonzept des Continuous Replenishment

Das Co-Managed Inventory ist indessen als abgeschwächte Form des VMI-Konzeptes zu verstehen. Denn dem Lieferanten wird nur teilweise die Verantwortung für die Disposition übergeben. In diesem Fall muss der Abnehmer ausgelöste Bestellvorgänge seitens des Lieferanten aktiv bestätigen. Das Co-Managed Inventory wird häufig bei noch nicht etablierten Partnerschaften zwischen Zulieferern und Abnehmern eingesetzt, die über die Einführung von VMI nachdenken. Die dritte und am schwächsten ausgeprägte Form des Continuous Replenishment ist das Buyer-Managed Inventory. Hier werden dem Lieferanten lediglich die Abverkaufszahlen übermittelt, während das beschaffende Unternehmen sämtliche Dispositionsentscheidungen weiterhin selbst trifft.

Voraussetzungen des Konzepts
Die Etablierung eines VMI-Konzepts/Continuous Replenishment erfordert eine partnerschaftliche Geschäftsbeziehung, basierend auf einer geeigneten vertraglichen Absicherung zwischen Abnehmer und Lieferant. Meist werden gewisse Parameter wie Bestandskorridore, der gewünschte Servicelevel oder das akzeptierte Belieferungsrisiko im Vorfeld vereinbart (Wellbrock, 2015). Insbesondere könnten sich Retouren oder «no-movers» nachteilig auf die Bestandssituation auswirken und sind daher vorab vertraglich zu regeln. Während man früher VMI primär für C-Teile einsetzte (Stollenwerk, 2016), findet es heute über ein breites Teile- und Warenspektrum Anwendung.

Auch eine enge informationstechnische Vernetzung zwischen den beteiligten Akteuren gilt als wesentliche Voraussetzung. Denn der Lieferant benötigt für die von ihm selbst auszulösenden Bestellungen fortlaufend Informationen über Abverkäufe bzw. Lagerentnahmen seines Abnehmers. (Wellbrock, 2015). Die hohe Koordinationsintensität bringt für beide Beteiligte recht hohe Ausstiegsbarrieren mit sich. Deshalb nutzen Lieferanten oftmals VMI als Akquisitionsinstrument und bieten einen VMI-Service ohne Berechnung an.

Bestandsauswirkungen
Effekte des VMI sind auf der Abnehmerseite oft Bestandssenkungen, denn die Bestände beschränken sich auf einen klar definierten Korridor. Zudem kann sich der Abnehmer Einsparungen bei Personal und Prozesskosten für die entfallende Disposition zu eigen machen. Insbesondere wird – dank des Wegfalls von Bestellvorgängen – der Beschaffungsprozess verschlankt und oft die Wiederbeschaffungszeit verringert. Der Lieferant kann seine Freiheitsgrade bei der Bestandsführung und zudem bei Produktions-, Versand- und Transportplanung nutzen, sodass auch er über Kostensenkungspotenziale verfügt, selbst wenn er für den Abnehmer die Disposition übernimmt.

Verwandte Konzepte des Bestandsmanagements
Das Continuous Replenishment und insbesondere das VMI-Konzept werden oft in Verbindung mit einem Konsignationslager realisiert, sodass der Bestand im Konsignationslager vom Lieferanten disponiert wird und der Eigentumsübergang an den Abnehmer erst bei Entnahme der Ware erfolgt. (Alicke, 2005). Damit geht nahezu die ganze Verantwortung für den Nachschub auf den Lieferanten über. Die Partnerschaft spiegelt so eine ausgeprägte Koordinationsintensität wider.

4.1.11 Dynamische Lagerdisposition

Konzeptbeschreibung
Im Zuge einer dynamischen Lagerdisposition werden Bestände im Unternehmen kontinuierlich überwacht und die Bestands- sowie die Nachschubdisposition weitgehend automatisiert vorgenommen. Ziel ist es, die gewünschte Lieferfähigkeit von Waren und Gütern zu möglichst geringen Kosten sicherzustellen.

Funktionsweise des Konzepts
Kern des Konzepts ist eine rechnergestützte Nachschub- und Bestandsoptimierung. Diese wird von leistungsfähigen Dispositionsprogrammen auf Basis umfassender dispositionsrelevanter Informationen (z.B. zu Lieferzeiten, Verbräuchen und Sicherheitsbeständen) durchgeführt. Daraus resultiert eine weitgehend automatisierte Nachschubdisposition, welche sich insbesondere für Artikel mit einem gut prognostizierbaren Bedarf eignet (Gudehus, 2012). Einzig bei kritischen Artikeln, die vom Dispositionsprogramm als solche identifiziert werden, ist ein manuelles Eingreifen des Disponenten ratsam.

Voraussetzungen des Konzepts
Eine stark ausgeprägte Transparenz innerhalb der Supply Chain bildet die Grundvoraussetzung für eine dynamische Lagerdisposition. Denn es müssen Daten zu sämtlichen logistischen Prozessen, dispositionsrelevante Informationen zu Waren-, Informations- und Finanzflüssen, zu aktuellen Beständen und Sicherheitsbeständen, zum Ist-Nachfrageverlauf sowie zu Planabweichungen der Nachfrage (ungeplante Entnahmen) verfügbar sein – idealerweise in Echtzeit. Gerade

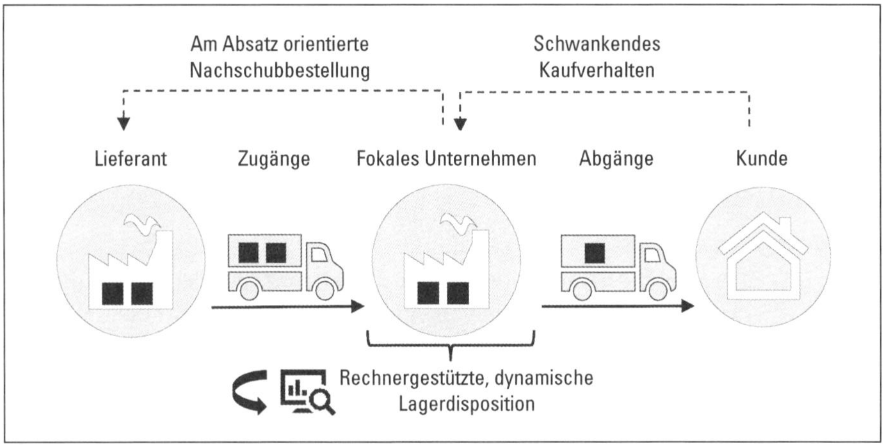

▲ Abb. 101 Grundkonzept der dynamischen Lagerdisposition

beim Einsatz in der Supply Chain kommt der gemeinsamen Nutzung von leistungsstarken Monitoring-Systemen eine hohe Bedeutung zu. Eine hohe Qualität der Inputdaten aus verschiedenen Quellen sowie leistungsstarke Prognosemodelle sind in Verbindung mit dem Dispositionsprogramm Voraussetzung dafür, die Potenziale einer optimierten rechnergestützten Lagerdisposition auszuschöpfen.

Im Vorfeld einer solchen Lösung sollte für jeden Artikel eine geeignete Beschaffungsstrategie definiert werden. Auch kritische Aktikel, zum Beispiel mit starken Nachfrageschwankungen oder sehr geringen Bedarfen, sind zu identifizieren, um den Disponenten Hinweise für gezieltes manuelles Eingreifen zu geben (Gudehus, 2012).

Bestandsauswirkungen
Eine dynamische Lagerdisposition ermöglicht es, auf kurzfristige Nachfrageänderungen flexibel und automatisiert mit einer Steuerung des Warennachschubs zu reagieren. Dies ermöglicht nicht nur die Senkung der Kapitalbindungs- und Prozesskosten, sondern erhöht ebenso unmittelbar die Warenverfügbarkeit, sofern Fehlmengensituationen vermieden werden können. Sofern es gelingt, den Warennachschub zu glätten und damit auf eine Dämpfung des Bullwhip-Effekts hinzuwirken, profitieren auch andere Supply-Chain-Akteure von der dynamischen Lagerdisposition.

Verwandte Konzepte des Bestandsmanagements
Eine Integration der dynamischen Lagerdisposition in das Konzept des Continuous Replenishment ist denkbar, sofern der aktuelle Nachfrageverlauf maßgebend für den Warennachschub ist. So kann die gewählte IT-Lösung den Kern beider Konzepte bilden, indem permanent die aktuellen Lagerbestände mit den Echtzeit-Nachfrage- bzw. -Verbrauchsdaten abgeglichen und daraus Bestellmengen generiert werden. Im Gegensatz zum Continuous Replenishment, bei dem die Nachfragedaten an den Lieferanten übermittelt werden, konzentriert sich die dy-

namische Lagerdisposition zunächst auf die interne Bestandsüberwachung und automatisierte Disposition. Erst die Kombination mit Continous Replenishment führt zu einer unternehmensübergreifenden Anwendung.

4.1.12 Streckenlieferung

Konzeptbeschreibung
Eine Streckenlieferung beschreibt einen Ansatz aus der Absatzlogistik, bei der ein (Zwischen-)Händler Ware von einem Lieferanten erwirbt und diese wiederum an seine Kunden weiterverkauft, ohne dabei in die physische Abwicklung der Sendung eingebunden zu werden. Der Streckenlieferant – zum Beispiel ein Großhändler oder Hersteller – beliefert diese Kunden direkt. In einer spezifischen Spielart liefern Hersteller direkt an Handelsfilialen, ohne die Ware über Distributionszentren des Handels zu ziehen. Die Steuerung des Warenflusses obliegt hier den Handelszentralen in Abstimmung mit den Handelsfilialen. Die Streckenlieferung überspringt demnach mindestens eine Distributionsstufe. Demzufolge ist hier der Transport der entscheidende Stellhebel, weshalb in diesem Zusammenhang auch der Begriff «Warehouse on Wheels» Verwendung findet (Fliedner et al., 2016).

Funktionsweise des Konzepts
Obwohl der Händler oder die Handelszentrale bei der Streckenlieferung «übergangen» wird, findet ein Eigentumsübergang der Ware statt. Zudem sind Händler bzw. Handelszentrale eng in die Bestellung, die Disposition, die Auftragsabwicklung und die Fakturierung eingebunden. Die Handelsfilialen sind die «Senken» der Streckenbelieferung und übernehmen den Wareneingang sowie die Verräumung der Ware. Zudem geben sie mit ihren Bedarfsmeldungen den Impuls für die Bestellungen.

Im E-Commerce setzt beispielsweise Amazon systematisch auf Streckenbelieferungen. Über das Programm «Amazon Marketplace» können Online-Händler ihre Produkte auf der Amazon-Website zum Verkauf anbieten. Während sämtliche administrativen Prozesse an der Schnittstelle zum Kunden (u. a. Auftragsannahme und Rechnungsstellung) über Amazon erfolgen, obliegt die physische Distribution der Ware dem Verkäufer – sofern dieser nicht den Versandservice von Amazon in Anspruch nimmt. In diesem B2C-Geschäft bezieht sich die Streckenbelieferung auf kleine Sendungen, die direkt an die Endkunden gehen. Bei der Belieferung des stationären Handels kommen in der Regel Schwerlast-Lkws zum Einsatz, sofern eine Handelsfiliale eine größere Sendung von einem Lieferanten benötigt. Bei solch einer Komplettladung (Full Truck Load – FTL) macht es keinen Sinn, die Ware über ein Distributionszentrum zu ziehen. Der Direkttransport zur Handelsfiliale ist hier die schnellste und zudem kostengünstigste Lösung.

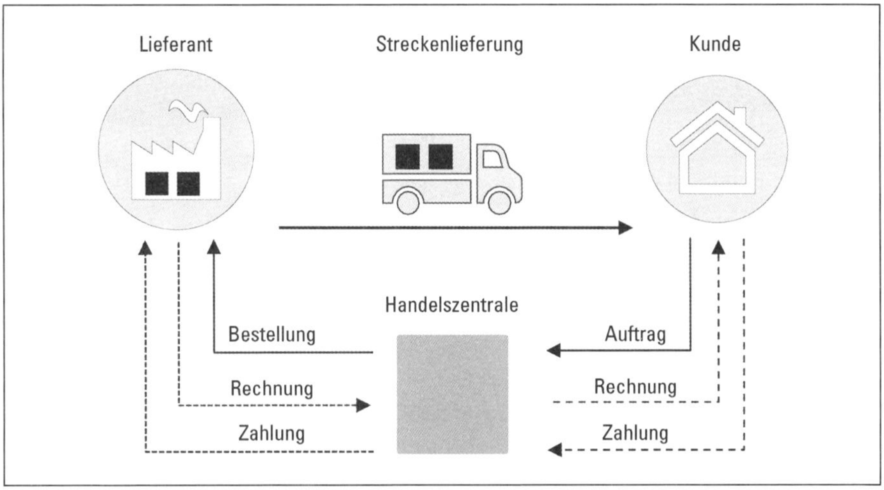

▲ Abb. 102 Grundkonzept der Streckenlieferung

Voraussetzungen des Konzepts
Voraussetzung für die erfolgreiche Implementierung der Streckenbelieferung ist ein reibungslos funktionierender Informationsaustausch zwischen Lieferant, (Zwischen-)Händler und Handelsfiliale, in Verbindung mit einem hohen Maß an Prozessstandardisierung. Die logistischen Leistungen werden weitgehend vom Lieferanten übernommen. Da es keine Bestände mehr zwischen diesen Stufen zur Pufferung bei Lieferrisiken gibt, muss der Lieferant gegenüber den Kunden bzw. Handelsfilialen ein hohes Serviceniveau gewährleisten. Damit setzt das Streckengeschäft eine enge Geschäftsbeziehung zwischen Lieferanten, Handel und Kunden bzw. Handelsfilialen voraus. Bei der Belieferung des stationären Handels via «Strecke» sind zudem große Sendungsvolumina von Vorteil, etwa auch im Zusammenhang mit Aktionen.

Bestandsauswirkungen
Mithilfe von Streckenbelieferungen werden Distributionsstufen eingespart. Daraus ergeben sich Bestandsreduzierungen und Prozesskosten-Senkungen in Verbindung mit einer niedrigeren Kapitalbindung. Weitere Vorteile ergeben sich beim Transport, sofern Komplettladungen für eine Handelsfiliale gefahren werden können. Durch den Wegfall des (Zwischen-)Händlers als Intermediär in der physischen Lieferkette verschieben sich die Logistikkostenanteile generell zulasten des Transports, dies im Lichte kleiner Sendungen, die über längere Distanzen die Kunden erreichen.

Verwandte Konzepte des Bestandsmanagements
Im Streckengeschäft sind leistungsbasierte Zusatzvereinbarungen im Sinne eines Performance-based Contracting (PBC) möglich, zum Beispiel indem der Stre-

ckenlieferant Reparatur- und Kundendienstaufgaben direkt bei den Kunden übernimmt. Dies bedeutet, dass PBC-Elemente in den Vertrag zur Streckenbelieferung einzubauen sind. Ferner bietet das Streckengeschäft Anknüpfungspunkte an das Anticipatory Shipping. Demnach ist denkbar, dass ein Handelsunternehmen nicht nur infolge tatsächlicher Kundenbedarfe einen Auftrag bei einem Streckenlieferanten platziert, sondern ihn bereits auf Basis prognostizierter Kundenbedarfe auslöst.

4.1.13 Cross Docking

Konzeptbeschreibung
Das Cross-Docking steht für ein Konzept des bestandslosen Warenumschlags mit dem Ziel, den Zeitraum zwischen Warenanlieferung und Weitertransport in den Umschlags- und Distributionszentren so kurz wie möglich zu gestalten. Dabei werden die Waren mehrerer Hersteller an einen sogenannten «Transshipment Point» bzw. Umschlagspunkt, Cross-Docking-Center oder Hub angeliefert, entladen, auf neue Relationen verteilt und dann ohne Lagerung mit anderen Fahrzeugen weitertransportiert. In der Praxis werden auch Distributionszentren mit eigenem Lager ergänzend als Umschlagspunkte genutzt. Anwendung findet Cross Docking vor allem in der Konsumgüterdistribution und in Netzwerken von Stückgut- und Paketdienstleistern.

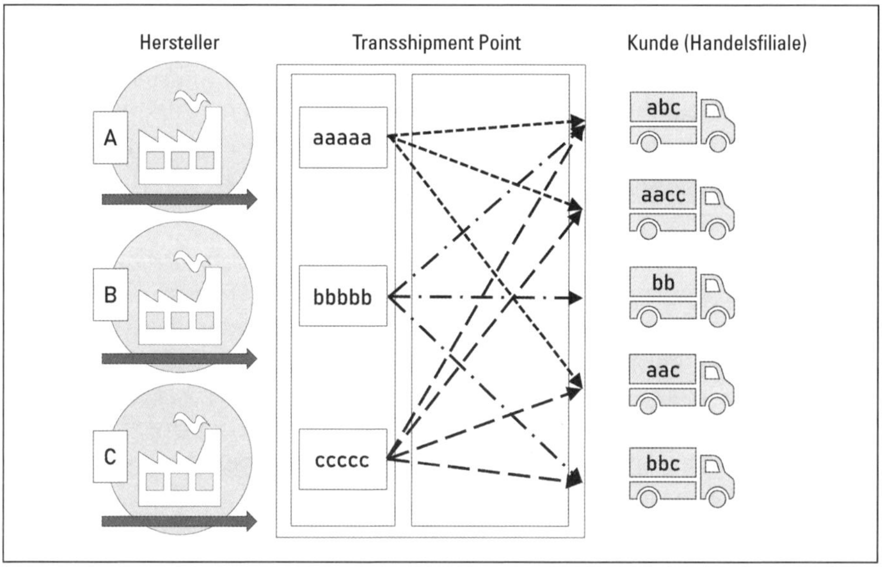

▲ Abb. 103 Grundkonzept des Cross Dockings

Funktionsweise des Konzepts

Beim Cross Docking in der Konsumgüterdistribution werden Waren unterschiedlicher Lieferanten zeitlich abgestimmt meist spät abends an den Umschlagspunkt angeliefert. Dort docken die Lkws zur Entladung an. Im Anschluss werden die Waren filialspezifisch kommissioniert, um dann an der gegenüberliegenden Rampenseite neu verladen und meist am frühen Morgen direkt ausgeliefert zu werden. Die Filialen erhalten so nur noch eine oder wenige konsolidierte Anlieferungen statt einer Vielzahl einzelner Lieferungen von unterschiedlichen Lieferanten. Der Hauptlauf bis zum Cross-Docking-Center erfolgt in der Regel mit Schwerlast-Lkws, für die Feinverteilung ab dem Cross-Docking-Center gelangen oft leichte Lkws zum Einsatz. Zeitlich ist das Cross Docking landesweit in 24 Stunden abzubilden: Wenn das Bestellzeitfenster der Filialen zum Beispiel bis morgens um 11.00 Uhr offen ist, disponieren und kommissionieren die Hersteller unter Beachtung der sogenannten Cut-off-Time, zu der die Lkws für den Hauptlauf Werke bzw. Lagerhäuser verlassen, um am späten Abend das Cross-Docking-Center zu erreichen. Die Auslieferung startet dort meist gegen 4 bis 5 Uhr morgens, sodass die Auslieferfahrzeuge die Filialen bis spätestens 11.00 Uhr morgens erreichen, oftmals schon früher. Dies bedeutet, dass die Prozessmuster von Transport – Umschlag – Transport einem sehr hohen Standardisierungsgrad mit strenger zeitlicher Taktung unterliegen. Man spricht deshalb auch von Fahrplan-Verkehren.

Realisiert werden kann das Cross Docking in einer ein- oder zweistufigen Form. Während beim einstufigen Cross Docking eine filialbezogene Vorkommissionierung bereits durch die Lieferanten vorgenommen wird, sodass filialreine Sendungen unterschiedlicher Lieferanten an der Cross-Docking-Station nur noch gebündelt werden müssen, erfolgt beim zweistufigen Cross Docking eine artikelreine Anlieferung (Reinpaletten) durch die Lieferanten. Die filialbezogene Kommissionierung erfolgt dann komplett am Umschlagpunkt, wo die Ware pro Filiale auf Mischpaletten gepackt wird (Grün et al., 2019). Darüber hinaus sind auch Kombinationen mit Direktverkehren, also Streckenbelieferungen, möglich (Alicke, 2005).

Voraussetzungen des Konzepts

Voraussetzung für die Umsetzung des Cross Dockings ist eine präzise Abstimmung der Prozesse bis zum, am und ab dem Umschlagpunkt, um dort eine ausreichend hohe Umschlagfrequenz erzielen zu können. Insbesondere muss eine hohe Reaktionsfähigkeit der Hersteller durch ausreichend frühe Bestellungen seitens der Kunden gewährleistet sein, damit die notwendigen Umschlagsprozesse mit den erforderlichen Kapazitäten am Cross-Docking-Center frühzeitig geplant werden können. Auch sind infrastrukturseitig einige Anforderungen zu erfüllen. Häufig werden Distributionsstrukturen beim Cross Docking als sogenannte «Hub and Spoke»-Systeme aufgebaut, welche eine gebündelte Warenanlieferung zum «Hub», eine dortige Umsortierung sowie eine anschließende Verteilung an die

«Spokes» ermöglichen (Alicke, 2005). Unerlässlich sind ein sehr hohes Serviceniveau inklusive Liefertermintreue der Lieferanten. Um einen einfachen und schnellen Umschlag der Waren am Cross-Docking-Center zu ermöglichen, ist eine Palettierung der Sendungen ratsam. Im Idealfall sollten lediglich die Ladungsträger, nicht aber einzelne Verpackungseinheiten umgeschlagen werden (einstufiges Cross Docking). Schließlich ist auch bei diesem Konzept eine sehr enge und leistungsstarke IT-Vernetzung von Hersteller, Cross-Docking-Center, Handelszentrale und Handelsfilialen unerlässlich (Grün et al., 2019).

Bestandsauswirkungen
Die Anwendung des Cross-Docking-Konzepts erlaubt den Wegfall einer ganzen Distributions- bzw. Lagerstufe und damit eine Reduzierung von Beständen und Prozesskosten, denn an den Umschlagspunkten gibt es keine Zwischenlagerungen (Grün et al., 2019). In den Filialen lässt sich ferner durch die hohe Bestell- und Lieferfrequenz eine kürzere Verweildauer der Waren erzielen, was ebenfalls die Bestandskosten drückt. Aufgrund der verkaufsfertigen Bearbeitung der Ware an der Cross-Docking-Station können die belieferten Filialen außerdem partiell ihre Prozesskosten senken. Erkauft werden diese Effekte durch einen sehr hohen Prozessstandardisierungsgrad sowie höchste Servicequalität bei Transport, Kommissionierung und Umschlag.

Verwandte Konzepte des Bestandsmanagements
Die Anwendung des Cross-Docking-Konzepts findet ihren Ursprung in der Nachahmung der Just-in-Time- bzw. Just-in-Sequence-Prinzipien im Handel bzw. bei Netzwerken der Paket- und Stückgutdienstleister. Bei beiden Konzepten spielt das Paradigma einer einsatzsynchronen Anlieferung eine dominante Rolle (Grün et al., 2019), wenn auch ansonsten große strukturelle Unterschiede vorliegen. Denn JIT und JIS sind auf eine einzige «Senke» ausgerichtet, während Cross Docking auf die Belieferung einer Vielzahl von Kunden bzw. Handelsfilialen ausgerichtet ist.

4.1.14 Anticipatory Shipping

Konzeptbeschreibung
Die vorauseilende Lieferung (engl. anticipatory shipping) bezeichnet ein Logistikkonzept, gemäß dem Waren bereits an einen Kunden versandt werden, ohne dass dieser dafür schon einen konkreten Auftrag platziert hat (Viet et al., 2020). Ein verbreitetes Anwendungsgebiet ist die Logistik des Online-Handels.

Funktionsweise des Konzepts
Auf Basis umfassender Auswertungen des Bestellverhaltens eines Kunden – zum Beispiel zu früheren Bestellungen, Online-Wunschzetteldaten oder Mauszeiger-

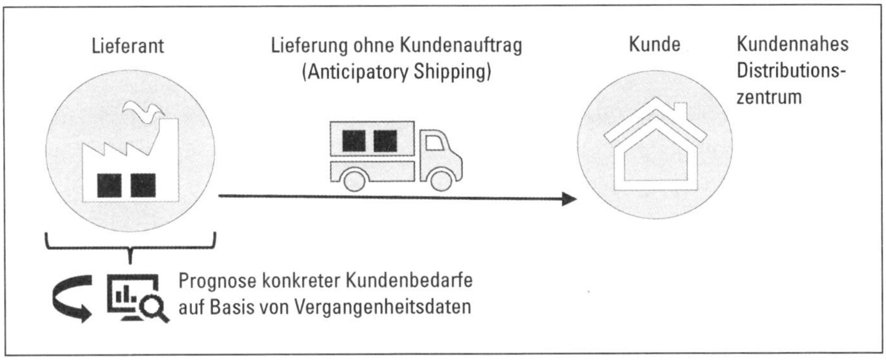

▲ Abb. 104 Grundkonzept des Anticipatory Shippings

bewegungen – werden künftige Einzelbestellungen des Kunden nach Art, Menge und Zeitpunkt prognostiziert. Für jene Waren, bei denen eine Bestellung «antizipiert» wird, erfolgt auf Prognosebasis bereits die Auslieferung an einem kundennahen Distributionsstandort. Beim Eintreffen der konkreten Bestellung können die Waren dann sehr schnell dem Kunden zugestellt werden. Als Extremform des Anticipatory Shipping ist eine spekulativ ausgelöste Lieferung von Waren direkt an den Kunden denkbar, ohne dass dieser aktiv eine Bestellung aufgegeben hat. Ist eine vordefinierte Bestellwahrscheinlichkeit des Kunden für ein bestimmtes Produkt überschritten, wird eine Lieferung ausgelöst, ohne dass ein Kundenauftrag vorliegt. Patentiert wurde der Ansatz des Anticipatory Shipping im Jahr 2014 durch den US-amerikanischen Online-Versandhändler Amazon. Auf seiner E-Commerce-Plattform erhebt das Unternehmen umfangreiche kundenindividuelle Daten, unter anderem zu früheren Bestellungen, Umtauschaktivitäten, dem Inhalt des Amazon-Wunschzettels und -Einkaufswagens sowie Mauszeigerbewegungen. Anhand dieser Daten werden Verkaufsprognosen auf individueller Kunden- und Produktebene erstellt, welche als Basis für antizipativ ausgelöste Lieferungen dienen. Übergeordnetes Ziel ist es, durch eine drastische Verkürzung der Lieferzeiten die eigene Marktposition zu stärken.

Voraussetzungen des Konzepts
Die Grundlage für den Anticipatory-Shipping-Ansatz bilden Big-Data-basierte IT-Lösungen, die große Mengen an potenziell bestellrelevanten Kundendaten automatisiert erfassen und darauf basierend kundenindividuelle Verkaufsprognosen auf Einzelproduktebene erstellen. Mit Big-Data-Analytics- und Predictive-Analytics-Anwendungen kann so eine Mindestbestellwahrscheinlichkeit pro Produkt und Vertriebsregion definiert werden, bei deren Überschreiten eine Lieferung ausgelöst wird. Dreh- und Angelpunkt ist das Erreichen einer sehr hohen Prognosegüte. Prognosefehler werden systematisch analysiert. Bei einer fehlerhaft ausgelösten Sendung kann man mit Rabattaktionen versuchen, dass Kunden dennoch die Lieferungen annehmen, um Retouren zu vermeiden.

Bestandsauswirkungen
Durch den antizipativen Versand steigt das Serviceniveau, weil sich die Lieferzeit massiv verkürzt. Dies kann die Kundenzufriedenheit und nicht zuletzt die Kundenbindung steigern. Generell trägt eine hohe Prognosegüte dazu bei, dass Langsamdreher und Ladenhüter aus dem Bestand genommen werden und die Bestände «treffsicher» auf die zu erwartende Kundennachfrage ausgerichtet werden. Dies führt zu niedrigeren Sicherheitsbeständen und damit zu einer Absenkung der Kapitalbindung.

Verwandte Konzepte des Bestandsmanagements
Distributionsprozesse gestützt auf Anticipatory Shipping lassen sich im Online-Handel gut mit der Streckenbelieferung abbilden. Dann wird ganz auf einen Puffer auf dem Weg zum Kunden verzichtet und die Lieferzeit nochmals verkürzt. Voraussetzung ist eine Prognosegüter nahe 100%.

4.2 Interorganisationales Bestandsmanagement

Wolfgang Stölzle[1]

4.2.1 Herausforderungen des interorganisationalen Bestandsmanagements

Bei allen oben beschriebenen Konzepten des Bestandsmanagements sind mindestens zwei Akteure der Supply Chain eingebunden. Häufig profitiert jedoch im Wesentlichen einer der Akteure von den Optimierungsbestrebungen bei Beständen. Demgegenüber stellen sich interorganisationale Effekte bei mehreren Akteuren eher selten ein. Die integrative Perspektive des Supply Chain Managements fordert nahezu, mehrere Stufen der Supply Chain in den Blick zu nehmen. Eine akteursübergreifende Planung, Steuerung und Überwachung von Beständen im Sinne eines Managements von Beständen in der Supply Chain im engeren Sinn birgt die Herausforderung, die individuellen Interessen der einzelnen Akteure zu berücksichtigen und dennoch einen unternehmensübergreifenden Ansatz bei Planung, Steuerung und Überwachung von Beständen zu finden.

Die Schaffung einer Querschnittsfunktion über alle Funktionsbereiche eines Unternehmens kann das intraorganisationale Bestandsmanagement unterstützen, indem es erstens eine Transparenz über die unternehmensweiten Bestände erlaubt sowie zweitens einen Interessenausgleich zwischen den beteiligten Unternehmensbereichen ermöglicht. Aus dieser Argumentation leitet sich die Vision einer Querschnittsfunktion für das (interorganisationale) Bestandsmanagement ab. Ein solches unternehmensübergreifendes Bestandsmanagement muss der Tatsache Rechnung tragen, dass den Koordinationsmechanismen eine deutlich stärkere Rolle zukommt, weil es keine hierarchisch begründete Weisungsgebundenheit wie im unternehmensinternen Zusammenhang gibt.

Um auf Netzwerkebene der Supply Chain tatsächlich Bestandssenkungen mit der Folge von reduzierten Kapitalbindungs- und Prozesskosten, bestenfalls gepaart mit einer Steigerung der Verfügbarkeit und des Serviceniveaus, zu errei-

1 Mitarbeit: Julian Hess

chen, ist eine Abkehr vom häufig vorherrschenden, klassischen intraorganisationalen «Mindset» unabdingbar: Es gilt zu erkennen, dass viele Konzepte des Bestandsmanagements nicht nur unternehmensweiten, sondern auch unternehmensübergreifenden Einsatz erfordern und dann auch Wirkungen bei anderen Akteuren entfachen. Bei einer Netzwerk-Perspektive zeigt sich, dass sich mit zielgerichteter Anwendung der Bestandsmanagement-Konzepte die Bestände im Netzwerk nicht nur beeinflussen, sondern auch aktiv steuern lassen. Allerdings ist eine so verstandene Anwendung der Konzepte an eine Reihe von Voraussetzungen geknüpft.

Zunächst muss eine umfassende Transparenz über Bestände, Verfügbarkeiten, Nachfrageverläufe und Bestellungen bei den involvierten Akteuren gewährleistet werden (vgl. Abschnitt 6.2.3). Dies wiederum erfordert einen intensiven und breit angelegten Datenaustausch zwischen den eingebundenen Supply-Chain-Akteuren. Darauf aufsetzen können dann gemeinsame Planungen, (Bedarfs-)Prognosen und die Organisation von Nachschubprozessen. Die gemeinsamen Prognosen erstrecken sich auch auf Endkundenbedarfe und deren Verarbeitung auch von den vorgelagerten Akteuren. Der umfassende Datenaustausch muss über standardisierte IT-Lösungen erfolgen. Daran schließt sich die automatisierte Weiterverarbeitung der ausgetauschten Daten an. Eine möglichst automatisierte Aktualisierung der bereitgestellten Daten ist hierbei im Sinne der Effizienz zwingend nötig. In der Folge vermindern sich die Informationsasymmetrien zwischen den Akteuren, auch im Zusammenhang mit den prognostizierten und realisierten Endkundenbedarfen (vgl. Abschnitt 6.2.3).

Eine unternehmensübergreifende Anwendung der Bestandsmanagement-Konzepte birgt weitere Voraussetzungen in sich, die im Kern das Verhalten der Akteure in ihren Geschäftsbeziehungen betreffen. Wie oben erwähnt, gilt es, einen Ausgleich divergierender Partikularinteressen der Akteure vorzunehmen. So kann die Anwendung eines Konzepts dazu führen, dass von den ökonomischen Vorteilen im Wesentlichen ein Akteur profitiert und andere Akteure sogar ökonomische Nachteile bei sich sehen (vgl. Abschnitt 1.4.3). Die Akzeptanz des Konzepts lässt sich nur dann sichern, wenn kooperative Praktiken einen Ausgleich – etwa in Gestalt von Kompensationszahlungen – vorsehen, der auch eine Partizipation der schlechtergestellten Akteure an den Effekten von Bestandssenkungen eines Akteurs umfasst. Dass fast alle Konzepte ein hohes Maß an Transparenz über relevante Daten erfordern, wird in der Regel in der Praxis nicht bestritten. Dennoch sind dem Datenaustausch oft enge Grenzen gesetzt – nicht nur wegen mangelndem Vertrauen, sondern auch wegen bestehender unternehmensinterner Governance-Regeln beispielsweise zum Datenschutz oder zum Schutz vor Cyber-Kriminalität, unterlegt durch Compliance-Mechanismen. Schließlich herrscht in vielen Supply Chains «Coopetition» zwischen den Akteuren, also kooperatives Verhalten gepaart mit einem gewissen Wettbewerbsverhältnis zwischen den Akteuren. Diese Gemengelage kann in der Praxis dazu führen, dass die Sinnhaftigkeit der Konzepte zwar bejaht, ihre Umsetzbarkeit jedoch bestritten wird.

4.2.2 Gestaltungsmöglichkeiten des interorganisationalen Bestandsmanagements

Einen Ausweg aus einer solchen Dilemmasituation kann die spezifische Erstellung einer Supply-Chain-Governance bewirken, welche zwischen den Akteuren die Praktiken zum Transfer sensibler Daten, zur Datenspeicherung, zum Datenschutz und zum Zugriff auf die Ergebnisse der Datenanalyse regelt, dies in Verbindung mit Sanktionen für die Nichteinhaltung dieser Regeln (Compliance). Im Idealfall können alle Akteure, die sich dieser Governance anschließen, auf eine gemeinsame, Supply-Chain-interne Datenbasis zugreifen. Sollte ein Konzept Investitionen erfordern, wären auch Regelungen zu deren gemeinsamer Finanzierung (Supply Chain Finance) zu treffen. Generell stiften in einer erweiterten Form auch Regelungen für Entscheidungsprozesse sowie die Setzung von Anreizen Sinn, damit sich Akteure einer Supply Chain an der Umsetzung der Konzepte aktiv beteiligen und sich nicht auf eine Trittbrettfahrer-Rolle beschränken, dies ganz im Sinne der Anreiz-Beitrags-Theorie (Pfohl, 2018). Zusammengefasst verfolgen all diese Bemühungen das Ziel, eine Wirtschaftlichkeit der Konzepte sowohl für einzelne Supply-Chain-Akteure als auch auf der Netzwerkebene zu erreichen.

Bei den oben genannten Gestaltungsansätzen sind auch die mit der Supply-Chain-Governance und -Compliance verbundenen Barrieren zu beachten. Erstens kann die Aufstellung von Regeln zu kooperativen Praktiken schnell viel Bürokratie bedeuten. Zudem benötigt man einen Monitoring- bzw. Überwachungsmechanismus, der seinerseits wiederum administriert werden muss. Dies vermag den Implementierungsaufwand der Konzepte deutlich zu erhöhen. Zweitens verlangt die Einbettung eines Akteurs in ein Geflecht von Supply-Chain-Praktiken das Eingehen längerfristiger und enger Partnerschaften, die oft mit einem strategischen Lock-in-Effekt verbunden sind. So werden beispielsweise die Hürden erschwert, einen Supply-Chain-Akteur auszutauschen, der in der Konsequenz seine Stellung als Vorzugslieferant behält, obwohl gegebenenfalls seine Performance nachgelassen hat. Damit einher geht eine Reduzierung der Wettbewerbsintensität in der Supply Chain, wodurch die Anreize zur Effizienzsteigerung für einzelne Akteure an Wirkung verlieren. Schließlich zementieren Governance und Compliance in gewisser Weise die Strukturen eines unternehmensübergreifenden Bestandsmanagements, obwohl das Geschäftsumfeld der Supply Chain eine hohe Flexibilität erfordern kann. Inflexible Strukturen erweisen sich zudem auch bei Störfällen in der Supply Chain als nachteilig (Abschnitt 6.2.1).

Störfälle bzw. Disruptionen adressieren die Supply-Chain-Resilienz als jene Fähigkeit, dass bei einem (Teil-)Ausfall von Akteuren oder Prozessen die Supply Chain nicht vollständig versagt. In der Regel bezieht sich Resilienz auf Störfälle mit einer «niedrigen Eintrittswahrscheinlichkeit», aber «großem Schadensausmaß» (Pereira et al., 2014). Eine resiliente Supply Chain erlaubt es, mögliche Schadensausmaße im Störfall zu begrenzen und auf solche Disruptionen angemessen zu reagieren. Daran knüpft die Supply Chain Viability an als die Fähigkeit, Lieferketten im Kontext wechselnder Marktumgebungen und zunehmender Disruptionen langfristig für die Zukunft wettbewerbsfähig aufzustellen (Hofmann & Langner, 2020). Vor diesem Hintergrund verfolgen die in Abschnitt 4.1 beschriebenen Bestandsmanagement-Konzepte nicht nur eine reine Kostensenkung durch optimierte Bestandsführung einzelner Supply-Chain-Akteure. Auf der Netzwerkebene geht es vielmehr darum, das übergeordnete Ziel eines resilienten und wettbewerbsfähigen Wertschöpfungsnetzwerks zu verfolgen. Erweiterter Leitgedanke des interorganisationalen Bestandsmanagements ist es demnach, langfristig die Kosten aller Akteure zu senken und auch bei Eintritt von Störfällen ein definiertes Leistungs- bzw. Serviceniveau sicherzustellen, dies unter Berücksichtigung ökologischer und sozialer Standards. Die oben beschriebene Transparenz und die kooperativ angelegten Praktiken zur Steuerung von Bestellungen und Beständen erlauben Supply-Chain-weit eine Absenkung von Puffern und eine Glättung des Bullwhip-Effekts, dies selbst beim Eintritt von Störfällen.

4.2.3 Fallstudien des interorganisationalen Bestandsmanagements

Anknüpfend an die Herausforderungen und Gestaltungsmöglichkeiten eines interorganisationalen Bestandsmanagements in Supply Chains zeigen zwei beispielhafte Fallstudien auf, welche Auswirkungen die Konzeptanwendung auf die Zielgrößen im Bestandsmanagement auf Netzwerkebene auslöst.

Fallstudie 1	Interorganisationales Bestandspooling «Ersatzteil-Pooling von Flugzeugkomponenten»
Unternehmen	Lufthansa Technik AG, führender Anbieter flugzeugtechnischer MRO-Dienstleistungen (Maintenance, Repair and Overhaul)
Mitarbeiter und Umsatz	22.747 Mitarbeitende (2020) 3.747 Mrd. Euro (2020)
Standorte	50 Standorte weltweit, Betrieb von insgesamt 15 Pooling-Ersatzteillagern in Nordamerika, EMEA und Asien
Projekt-umfang	Betrieb eines der größten Flugzeugkomponenten-Pools weltweit zur schnellstmöglichen und kosten-effizienten Bereitstellung von Ersatzteilen an 800 Pooling-Kunden inkl. Angebot ganzheitlicher Wartungsdienstleistungen

Hintergrund:

- Beim Bestandspooling werden bestimmte Materialien zwischen zwei oder mehreren Akteuren gemeinschaftlich genutzt, wobei ein Akteur als Anbieter und die anderen als Kunden des gemeinschaftlichen Bestands auftreten.
- Je nach Vertragsausgestaltung entnehmen die Pooling-Kunden nach Bedarf Materialien aus dem gemeinsamen Pooling-Lager oder fordern das Material vom Pooling-Anbieter an.
- Dadurch lassen sich Zentralisierungseffekte nutzen und es sind darüber hinaus auch günstigere Einkaufskonditionen für Materialien aufgrund höherer Abnahmemengen realisierbar (z.B. Mengenrabatte).

Ausgangssituation:

- Flugzeuge sind in Anschaffung und Unterhalt besonders kapitalintensiv und erfordern so eine möglichst geringe Ausfallzeit und schnelle Wartungen.
- Gleichzeitig ist der Materialverschleiß durch erhebliche Beanspruchung der Flugzeuge hoch; die meisten Komponenten müssen regelmäßig gewartet und irgendwann ausgetauscht werden.
- Ersatzteile in der Luftfahrtbranche zeichnen sich insbesondere durch hohe Ersatzteilpreise und lange Nutzungsdauern aus.
- Ein hoher Anteil an Standardkomponenten, welche in Flugzeugen verschiedener Airlines verbaut sind, sowie der hohe theoretische Investitionsbedarf für die Vorhaltung eines eigenen Mindestbestands an Ersatzteilen begünstigt in der Luftfahrtbranche in besonderem Maße die Anwendung des Bestandspooling-Konzepts.

Lösung:

- Um Größenvorteile zu erzielen und eine möglichst kostengünstige, verlässliche Bereitstellung von Flugzeug-Ersatzteilen zu ermöglichen, haben sich in der Luftfahrtbranche Kooperationen und Poolbildung zur Ersatzteillagerung etabliert.
- Unter anderem existieren von Fluggesellschaften gemeinsam bewirtschaftete Pools wie der International Airlines Technical Pool (IATP), dem über 100 Fluggesellschaften angehören.
- Die Lufthansa Technik AG betreibt einen kommerziellen Ersatzteil-Pool und bietet im Rahmen ihres sog. «Total Technical Support» außerdem u.a. die Überholung von Komponenten, Transportdienste, Material-Leasingservices sowie ein gesamtheitliches technisches Management von Flugzeugflotten an.

Herausforderungen bei der Umsetzung:

- Voraussetzung für die Umsetzung des Bestandspoolings sind eine möglichst genaue Bedarfsplanung und -abschätzung.
- Um die geforderten Materialverfügbarkeiten zu gewährleisten, erfolgt die Bevorratung der Ersatzteile z. T. selektiv, sodass auch bewusst zu hohe Lagerbestände in Kauf genommen werden müssen. Dies gilt es mit dem Ziel der Kosteneffizienz in Einklang zu bringen.
- Aufgrund der Mobilität von Flugzeugen muss die Materialbevorratung zwangsläufig global verteilt erfolgen.

Effekte auf Akteursebene:

- Der Betrieb von Material-Pools für eine große Gemeinschaft an Pooling-Kunden eröffnet der Lufthansa Technik den Zugang zu erheblichen Größenvorteilen (economies of scale) in der Beschaffung und Lagerung der Waren.
- Durch die Größenvorteile bzw. die Bündelung von Lagervolumen sinken die durchschnittlichen Lagerhaltungskosten pro Flugzeug immens.
- Die große Anzahl der notwendigen Lagerungsprozesse bedingt für die Lufthansa Technik den Einsatz leistungsstarker Lagersysteme. Dazu verwendet das Unternehmen z. B. platzeffiziente Lagerlift-Systeme, um kostenintensive Lagerflächen einzusparen.
- Im Jahr 2020 bevorratete das Unternehmen Flugzeug-Ersatzteile im Gesamtvolumen von rund 450 Mio. Euro.

Effekte auf Netzwerkebene:

- Die Zugehörigkeit zu der großen Gemeinschaft an Pooling-Kunden führt dazu, dass auch diese von den Größenvorteilen aufgrund von geringeren Einkaufskosten im Vergleich zu einer jeweils eigenen Beschaffung profitieren.
- Fluggesellschaften können durch Teilnahme am Pooling-Vertrag erhebliche Lagerkapazitäten für notwendige Ersatzteile einsparen, benötigen kein Kapital zur Bevorratung eines Mindestbestands an Ersatzteilen und können außerdem fehlendes Know-how ausgleichen.
- Mit dem Pooling von Beständen wird insbesondere bei kleinen Fluggesellschaften oder neuen Flugzeugtypen schneller ein Basisvolumen an Ersatzteilen erreicht.
- Im Gesamtnetzwerk steigt mit den global verteilten Poollagern außerdem die Verfügbarkeit von Ersatzteilen, da eine Bevorratung an allen Stationen, die von einer Fluggesellschaft angeflogen werden, selbst für große Fluggesellschaften kaum finanzierbar wäre.

Quelle: Lufthansa Technik Group (2020), Jahresbericht 2020, Excellence in Motion. [Stand: November 2021],
Dr. Acel & Partner AG (2014), Teileverfügbarkeit ist das A und O.
https://www.acel.ch/pdf/bedeutung-teileverfuegbarkeit-pr075.pdf [Stand: November 2021].

Fallstudie 2	Interorganisationales Cross Docking und Just-in-Sequence Fallbeispiel «Ford: Prozessoptimierung in Cross-Docking-Standorten»
Unternehmen	Ford-Werke GmbH, Tochtergesellschaft der Ford Motor Company
Mitarbeiter und Umsatz	21.419 Mitarbeitende (2020) 15.66 Mrd. Euro (2020)
Standorte	4 Standorte (Werke, Entwicklungs- und Ersatzteilzentren) in Deutschland sowie ein Testgelände in Belgien
Projekt-umfang	Einführung einer Software für Lager- und Logistikmanagement an den zehn europäischen Cross-Docking-Standorten (ODCs) in Deutschland, Italien, Frankreich, Spanien, Tschechien, Ungarn sowie dem Vereinigten Königreich

Hintergrund:

- Das Cross Docking beschreibt ein Konzept des bestandslosen Warenumschlags mit dem Ziel, die Lieferzeit zu verkürzen und mindestens eine bestandsführende Stufe abzubauen.
- Waren mehrerer Hersteller werden an einem Cross-Docking-Center umgeschlagen.
- Das Cross-Docking-Prinzip erfolgt entweder einstufig durch eine auf den Endempfänger bezogene Vorkommissionierung der Ware durch den Lieferanten und einen direkten Versand vom Cross-Docking-Center zum (End-)Kunden oder zweistufig durch Anlieferung von Rein-Paletten bis zur Cross-Docking-Plattform und Kommissionierung auf Misch-Paletten mit anschließendem Weitertransport an die (End-)Kunden.

Ausgangssituation:

- An den zehn Cross-Docking-Hubs von Ford in Europa kommen täglich hunderte Lkw-Lieferungen von Lieferanten an.
- Logistikdienstleister müssen die angelieferte Ware an den Cross-Docking-Centern innerhalb von maximal 1,5 Tagen umschlagen, um eine stetige Produktionsversorgung der Werke zu gewährleisten. Dies erfordert strikt getaktete Prozesse in den Cross-Docking-Standorten.
- In den Montagewerken von Ford werden die Zulieferteile Just-in-Time angeliefert und sollen nicht länger als einen halben Tag in Pufferlagern bzw. auf Marktplätzen zwischengelagert werden, bevor sie Just-in-Sequence verbaut werden.

Lösung:

- Um die Umschlagprozesse an den Cross-Docking-Standorten mit Lieferanten und Kunden koordinieren und automatisieren zu können, führte Ford 2017 eine Warehouse-Management-Softwarelösung auf Cloud-Basis ein.
- Über die neue Software werden geplante Warensendungen terminlich und mengenmäßig über Advanced Shipping Notes (Liefervoranzeigen) angekündigt. Lkws bekommen elektronisch ein Zeitfenster und die genaue Abladestelle zugewiesen.
- Lieferscheine werden am Cross-Docking-Center direkt gescannt, sodass unmittelbar eine Scanner-gestützte Verladung an der Rampe durchgeführt wird, die dem Lkw elektronisch zugewiesen wurde.
- Über die Cloud-Applikation werden Versandmeldungen dem Montagewerk avisiert.
- Auch externe Unternehmen können im System arbeiten, denn die Lösung ist nicht klassisch an die Ford-eigene IT-Architektur gebunden.

Herausforderungen bei der Umsetzung:

- Ein hohes Serviceniveau (Liefertreue, Lieferfähigkeit und Lieferqualität) der Lieferanten ist Grundvoraussetzung zum Erreichen der angestrebten Optimierungsziele.
- Eine Implementierung des Systems bei Lieferanten und Kunden erfordert eine Schulung bzgl. Funktion und Bedienung der Cloud-Plattform bei den eingebundenen Akteuren.

Effekte auf Akteursebene:

- Die durchgängigen Scan-Prozesse zur Steuerung und Überwachung der Sendungen erlauben einen schnellen und fehlerarmen Umschlag unter weitestgehendem Verzicht auf Zwischenlagerung in den Cross-Docking-Centern.
- Indem die Materialien und Teile der Lieferanten an die Montagewerke von Ford Just-in-Time angeliefert und Just-in-Sequence verbaut werden, lassen sich Pufferbestände vor Ort in der Nähe der Produktionslinien auf ein Minimum beschränken, dies mit der Folge einer erheblichen Reduktion der Kapitalbindungskosten.
- Ford kann jederzeit in Echtzeit den jeweiligen Status der Sendungen einsehen, um bei möglichen Engpässen dennoch die Produktionslinien weitgehend bedarfsgerecht zu versorgen.

Effekte auf Netzwerkebene:

- Die Cloud-Applikation in Kombination mit der Cross-Docking-Lösung ermöglicht eine effiziente Einbindung der Lieferanten und Logistikdienstleister in das logistische Netzwerk zur Versorgung der Ford-Montagewerke.
- Die durchgängigen Scan-Prozesse und automatisierten Liefervoranzeigen sorgen für transparente Prozessmuster.
- Von der hohen Transparenz ausgehend von den Bedarfsverläufen in den Montagewerken über die zweistufigen Transporte bis hin zum Umschlag im Cross-Docking-Center profitieren auch Lieferanten und Vorlieferanten, indem sie ihre Lieferungen zeitlich und mengenmäßig besser an den Bedarfsverläufen ausrichten und damit Sicherheitsbestände abbauen können.
- Die Cloud-Application unterstützt zudem den Personaleinsatz auf Seiten der Dienstleister und eröffnet Spielräume zur Effizienzsteigerung. Mitarbeitende neuer Dienstleister können in Anbetracht der standardisierten Prozesse schneller eingearbeitet werden.

Quelle: Infor (2017), Ford-Werke GmbH implementiert Cloud-Applikation von Infor europaweit. https://www.infor.com/de-de/blog/ford-werke-gmb-h-implementiert-cloud-applikationen-von-infor-europaweit [Stand: November 2021].

Kapitel 5

Fallbeispiele zum Bestandsmanagement in der Praxis

5.1 Case Study: Optimierung der Bestände durch Minderung der Schwankungen von Planungsparametern

Harald Bachmann, Daniel Brodkorb

5.1.1 Einführung

Die Bosch-Gruppe ist ein international führendes Technologie- und Dienstleistungsunternehmen. Die Aktivitäten gliedern sich in die vier Unternehmensbereiche Mobility Solutions, Industrial Technology, Consumer Goods sowie Energy and Building Technology. Die Bosch-Gruppe umfasst die Robert Bosch GmbH und ihre rund 440 Tochter- und Regionalgesellschaften in rund 60 Ländern. Mit Handels- und Dienstleistungspartnern erstreckt sich der weltweite Fertigungs- und Vertriebsverbund von Bosch über rund 150 Länder. Basis für künftiges Wachstum ist die Innovationskraft des Unternehmens. Bosch beschäftigt weltweit über 55 800 Mitarbeiter in Forschung und Entwicklung an 118 Standorten. Strategisches Ziel der Bosch-Gruppe sind Lösungen für das vernetzte Leben. Mit innovativen und begeisternden Produkten und Dienstleistungen verbessert Bosch weltweit die Lebensqualität der Menschen. Bosch bietet «Technik fürs Leben».

Der Geschäftsbereich Power Tools der Bosch-Gruppe ist ein weltweit führender Anbieter von Elektrowerkzeugen, Elektrowerkzeug-Zubehör und Messtechnik. Mit Marken wie Bosch, Skil und Dremel steht der Bereich für Kundennähe und technischen Fortschritt. Die wesentlichen Erfolgsfaktoren sind Innovationskraft und Innovationstempo. Rund ein Drittel des Umsatzes erzielt der Geschäftsbereich mit Produkten, die weniger als zwei Jahre im Markt sind. Auch zukünftig wird Bosch Power Tools in den vier Geschäftsfeldern Elektrowerkzeuge, Zubehör, Messtechnik und Gartengeräte in Deutschland wieder eine Vielzahl an Neuheiten auf den Markt bringen.

5.1.2 Ziele des Bestandsmanagementprojekts

Der Wandel von einem Verkäufer- zu einem Käufermarkt ist insbesondere in der Konsumgüterbranche durch die Digitalisierung der Absatzwege beschleunigt worden. Die Anforderungen des Marktes an Supply Chains hinsichtlich Produktivität und Flexibilität steigen fortwährend. Kürzer werdende Produktlebenszyklen, erhöhte Variantenvielfalt bei gleichzeitigen Marktschwankungen in der Höhe von Durchschnittsabsatzmengen mehrerer Monate sowie die Anforderung der Kunden von ständiger Verfügbarkeit erfordern neue Ansätze der Steuerung von Supply Chains. Sowohl die Produktion als auch die Montage von Komponenten und Rohmaterialien, welche häufig räumlich von Absatzmärkten getrennt erfolgen, um Kostenvorteile zu nutzen, kann derzeit meist nicht kosteneffizient den Anforderungen des Absatzmarktes folgen. Demzufolge steht nicht mehr die Wettbewerbsfähigkeit eines einzelnen Akteurs, sondern der gesamten Supply Chain im Vordergrund.

Traditionelle Bestandsmanagementsysteme führen eine Optimierung zur Minimierung der Kosten für Beschaffung- und Lagerhaltungskosten bei gleichzeitiger Erreichung eines definierten Servicegrades durch (vgl. ▶ Abb. 105).

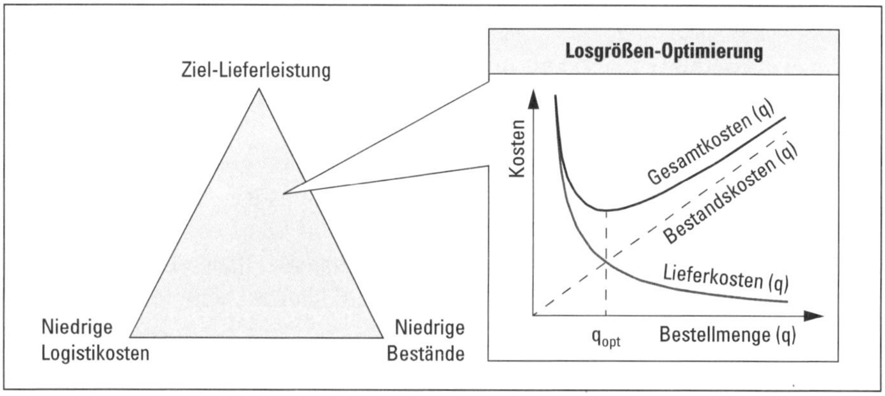

▲ Abb. 105 Traditionelles Bestandsmanagement im Zieldreieck (in Anlehnung an Arnold, 1997)

Traditionelle Verfahren des Bestandsmanagements basieren in der Regel auf Modellen des Operations Research. Es werden Variablen gemäß einer Zielfunktion unter Restriktionen optimiert. Sowohl die Parameter der Zielfunktion als auch die Restriktionen werden als «gegeben» angenommen. Zahlreiche Modelle wurden auf Basis dieses Konzeptes für unterschiedliche Situationen entwickelt, sodass ausgehend von dieser Grundlage eine Reihe ähnlicher Konzepte existiert. Eine Übersicht dieser Ansätze ist in ▶ Abb. 106 zu sehen.

Das durch traditionelle Bestandsmanagementkonzepte unter gegebenen Kostenparametern ermittelte Optimum besitzt nur lokale und zeitlich begrenzte Gül-

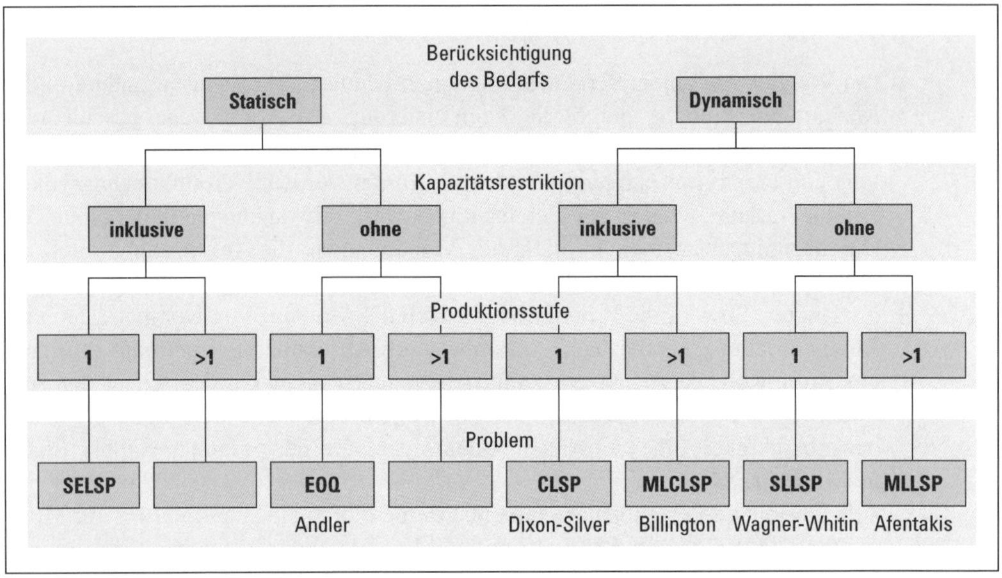

▲ Abb. 106 Überblick über Losgrößenoptimierungsmodelle (Buschkühl et al., 2008; Suerie, 2005)

tigkeit. Durch die Zusammenfassung von Bestellmengen zu kostenoptimalen Losgrößen steigt die Amplitude der Bestellmengenschwankungen über die Supply Chain hinweg. Wenn jeder Akteur in der Supply Chain ähnlich agiert, ergibt sich über die Stufen der Wertschöpfung der sogenannte Bullwhip-Effekt. Die wachsenden Abrufschwankungen durch die prognosebasierte Bestellmengenoptimierung erfordern erhöhte Flexibilität seitens der Zulieferer. Um Lieferfähigkeit sicherzustellen, sind kostspielige Puffer in Form von zum Beispiel höheren Beständen, Personal- oder Anlagenkapazitäten entlang der gesamten Supply Chain notwendig. Die Wettbewerbsfähigkeit aller Akteure der Supply Chain leidet (siehe ▶ Abb. 107).

Dieser Effekt wird verstärkt, wenn kleine Änderungen der Planungsparameter, zum Beispiel des vorhergesagten Kundenbedarfs, dazu führen, dass die kostenoptimale Bestellmenge sprunghaft erhöht wird. In ▶ Abb. 108 ist dies deutlich zu sehen.

Sowohl Bestell- als auch Planungsschwankungen beeinflussen die Effizienz der Supply Chain negativ. Dem muss ein zeitgemäßes Bestandsmanagement Rechnung tragen. Bosch Power Tools hat ein Konzept eingeführt, dessen Ziel es ist, neben der Erreichung eines Ziel-Servicegrades und einer geringen Kapitalbindung aufgrund von Beständen auch die Verringerung der Fluktuationen entlang der Supply Chain zu erreichen.

Die Optimierung findet auf Basis des zuvor definierten Zielzustandes und dessen Restriktionen statt. Temporäre Ineffizienzen bis zur Erreichung des Zielzu-

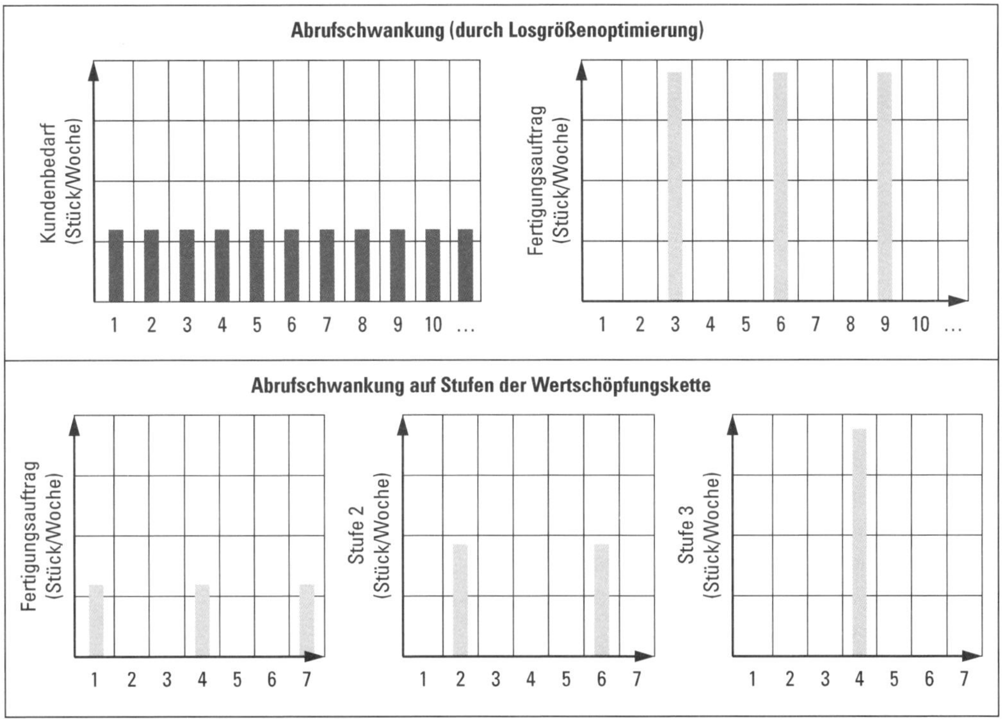

▲ Abb. 107 Auswirkung von Losgrößenoptimierung auf die Schwankungen innerhalb der Wertschöpfungskette

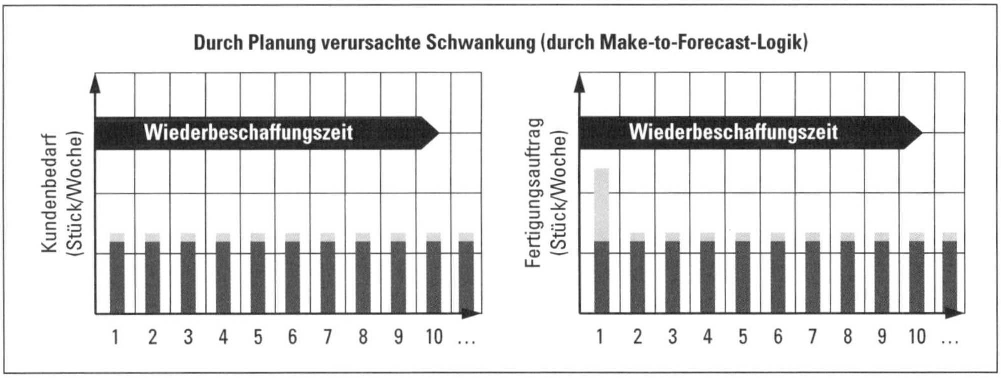

▲ Abb. 108 Auswirkung einer prognosebasierten Planung auf die Abrufschwankung innerhalb der Wertschöpfungskette (traditionelles Bestandsmanagement)

standes werden akzeptiert. Entsprechend hoch ist der Druck, die existierenden Restriktionen zu verschieben oder gar aufzuheben.

Das Ziel einer nivellierten Fertigung («Levelled Production») hat somit das der niedrigen Kosten ersetzt, was auch durch den Namen «Lean IM» (Lean Inventory

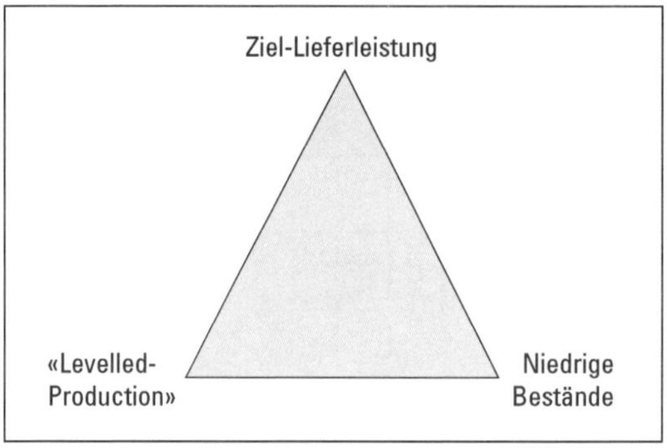

▲ Abb. 109 «Levelled» (nivellierte) Produktion als neue Komponente im Zieldreieck

Management) zum Ausdruck kommt. Dadurch ergibt sich das in ◀ Abb. 109 dargestellte Zieldreieck. Durch die Verringerung der Fluktuationen können Puffer innerhalb des gesamten Wertschöpfungsnetzwerkes abgebaut werden. Die Wettbewerbsfähigkeit aller Akteure wird verbessert. Die temporär auftretenden höheren Beschaffungskosten werden akzeptiert.

▶ Abb. 110 fasst Charakteristika beider Ansätze zusammen und stellt diese vergleichend gegenüber.

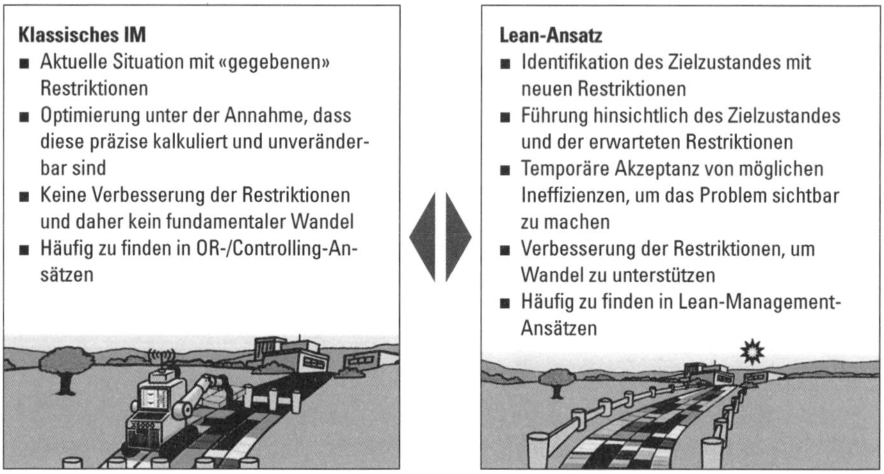

▲ Abb. 110 Vergleich zwischen traditionellem Bestandsmanagement und Lean Inventory Management

5.1.3 Kernelemente des Bestandsmanagementprojekts

Das bei Bosch Power Tools eingeführte Lean-Inventory-Management-Konzept strebt neben einer definiert hohen Zielverfügbarkeit niedrige Bestände und eine gleichmäßig nivellierte Fertigung an. Die dadurch entstehende Beruhigung der gesamten Supply Chain führt zu einer Verbesserung der Wettbewerbsfähigkeit.

Bevor das Konzept entwickelt und eingesetzt wurde, sind die «Use Cases» der Kunden ermittelt worden. Kundenanforderungen sowie Ziele und Prioritäten der Kunden von Bosch Power Tools wurden mit internen Strategien und Anforderungen verknüpft. Die Kundenanforderungen lassen sich grob nach resultierenden Kosten, Zuverlässigkeit und Geschwindigkeit klassifizieren. Da sich die Hauptsegmente in ihren Anforderungen und Eigenschaften unterscheiden, ist ein differenziertes Bestandsmanagement notwendig. Eine Übersicht über die jeweiligen Segmente ist in ▶ Abb. 111 dargestellt.

Segment	Kundenanforderung	Bestandsmanagement
Fast	■ Flexibilität ■ Kurze Wiederbeschaffungszeit	Standardgeschäft ■ Verbrauchsgesteuerte Wiederbeschaffung (Pull-Prinzip) ■ Bestandsdimensionierung gemäß langfristiger Bedarfssituation
Cost-Efficient	■ Kosteneffizienz ■ Kontinuierliche Verfügbarkeit ■ Zuverlässigkeit	
Spot Market	■ Flexibilität für spontane Promotionen oder andere kurzfristige Bedarfserhöhungen ■ Kurze Wiederbeschaffungszeit	
Large Volume	■ Zuverlässigkeit ■ Geringe Kosten ■ auch bei großen Mengen	Ereignisgesteuertes Geschäft ■ Prognosebasierter Aufbau von Kapazitäten und Beständen

▲ Abb. 111 Übersicht über die Segmente im Bestandsmanagement

Die Segmentierung des Bestandsmanagements garantiert Verfügbarkeit bei gleichzeitig niedrigen Beständen. Es ergeben sich indirekte Vorteile für die Produktivität und für die Prognosequalität durch Konzentration auf das ereignisgesteuerte Geschäft. Voraussetzung hierfür ist die algorithmische Trennung des ereignisgesteuerten Geschäfts vom Standardgeschäft. Zusätzlich sorgt eine prognosebasierte Vorproduktion im Falle von geplanten Versorgungsunterbrechungen für kontinuierliche Verfügbarkeit. Die Stufen der Supply Chain sind über KANBAN-Regelkreise gekoppelt, die über ein dynamisches Bestellpunktverfahren (ROP = Re-Order Point) dimensioniert werden. Dieses Konzept ist in ▶ Abb. 112 vereinfacht dargestellt.

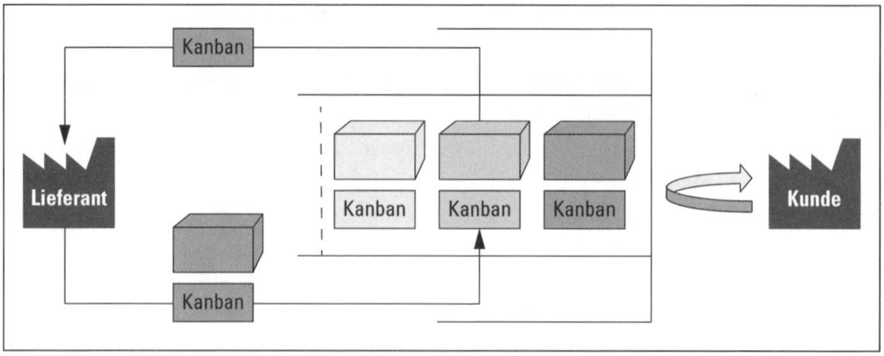

▲ Abb. 112 Material- und Informationsfluss im KANBAN-System (Schulte, 2010, S. 325)

Es gilt:

$ROP = Menge\ pro\ KANBAN \cdot KANBAN$

Variablen:

$ROP(t)$	Re-Order Point in Periode t
$ROP1(t)$	ROP-Komponente für Standardgeschäft in Periode t
$ROP2(t)$	ROP-Komponente für Vorproduktion im Falle von geplanten Lieferanten-Engpässen in Periode t
$ROP3(t)$	ROP-Komponente für ereignisgesteuertes Geschäft in Periode t
$F(t)$	Bedarf (Fluss) in Periode t
$\overline{F}(t)$	Durchschnittlicher Bedarf (Fluss) in Periode t
$\varphi(t, \tau, T_1, T_2, T_3)$	Glättungsfaktor zur Berechnung des durchschnittlichen Flusses
$P(t)$	Indikator für Spitzenbedarf in Periode t
$T(t)$	Durchlaufzeit des Regelkreises in Periode t
T_{RE}	Wiederbeschaffungszeit
T_{LO}	Losgrößenbildungszeit
T_{WI}	Zeit für geplante, wiederkehrende Bedarfsspitzen
$T_{SA}(t)$	Zeit für ungeplante Versorgungs- und Bedarfsschwankungen
$F_{\max}(t)$	Schwellwert zur automatischen Trennung von Standard- und ereignisgesteuertem Geschäft

Die bereits genannte Unterscheidung in verschiedene Geschäftstypen spiegelt sich im ROP wider:

$ROP(t) = ROP1(t) + ROP2(t) + ROP3(t)$

ROP1 repräsentiert das Standardgeschäft (Pull), ROP2 die Vorprodukte für das Standardgeschäft (Push) und ROP3 das prognosebasierte ereignisgesteuerte Geschäft, welches das Standardgeschäft signifikant übersteigt, sodass vorgesehene

Sicherheitsbestände nicht ausreichen. Alle Komponenten sind dynamisch und werden für den Planungshorizont rollierend bestimmt.

Die Dimensionierung des Regelkreises für das Standardgeschäft – repräsentiert durch den dynamischen ROP1 – erfolgt durch die Berechnung des durchschnittlichen Bedarfs («Flusses») $\overline{F}(t)$ und der zu überbrückenden Wiederbeschaffungszeit $T(t)$ des Regelkreises:

$$ROP1(t) = \overline{F}(t) \cdot T(t)$$

(1) Berechnung des durchschnittlichen Flusses

Mit statistischen Methoden nach dem aktuellen Stand der Forschung wird eine Bedarfsprognose errechnet. Diese wird um marktbezogene Informationen ergänzt, sodass schließlich eine Identifikation von Spitzenbedarfen möglich ist. Diese werden aus der Kalkulation des Standardgeschäfts entfernt.

$$\varphi(t, \tau, T_1, T_2, T_3) =$$

$$\frac{1}{\frac{1}{2}T_1 + T_2 + \frac{1}{2}T_3} \cdot \max\left\{0; \min\left\{\frac{\tau - t + T_1}{T_1}; 1; \frac{t + T_2 + T_3 - \tau}{T_3}\right\}\right\}$$

$$\int_{-\infty}^{+\infty} \varphi(t, \tau, T_1, T_2, T_3)\, d\tau = 1$$

Die Empfindlichkeit des Filters lässt sich durch den Parameter x_{xxl} anpassen. Der zur Periode t relative Betrachtungshorizont lässt sich durch Parameter T_p für die Vergangenheit und T_f für die Zukunft einstellen.

$$P(t) = 1, \text{ if } F(t) \leq (1 + x_{xxl}) \cdot \int_{-\infty}^{+\infty} F(\tau) \cdot \varphi(t, \tau, T_p, \Delta T, T_f)\, d\tau \text{ (no peak demand)}$$

$$P(t) = 0, \text{ else (period with peak demand)}$$

Der durchschnittliche Fluss ist dynamisch und passt sich an die jeweilige Bedarfssituation der Zukunft an. Die Berechnung des durchschnittlichen Flusses berücksichtigt mehrere Perioden, welche in Abhängigkeit von der aktuellen Periode unterschiedlich gewichtet sind, wobei Perioden mit Spitzenbedarfen nicht in die Berechnung einbezogen werden.

$$\overline{F}(t) = \frac{\int_{-\infty}^{+\infty} \{P(\tau) \cdot F(\tau) \cdot \varphi(t, \tau, T_p, \Delta T, T_f)\}\, d\tau}{\int_{-\infty}^{+\infty} P(\tau) \cdot \varphi(t, \tau, T_p, \Delta T, T_f)\, d\tau}$$

(2) Berechnung der Reaktionszeit des Regelkreises

Die Reaktionszeit des Regelkreises besteht aus unterschiedlichen Zeitkomponenten, welche teilweise dynamisch errechnet werden:

$$T(t) = T_{RE} + T_{LO} + T_{WI} + T_{SA}(t)$$

Die Gesamtreaktionszeit ergibt sich aus der physischen Wiederbeschaffungszeit T_{RE}, der Zeit, die für die Losgrößenbildung benötigt wird T_{LO}, der Zeit für geplante Bedarfsschwankungen T_{WI} und der Zeit für ungeplante Bedarfs- und Versorgungsschwankungen $T_{SA}(t)$.

(3) Automatische Abwicklung des ereignisgesteuerten Geschäfts

Eine Kernkomponente ist die automatische Trennung zum prognosebasierten ereignisgesteuerten Geschäft.

Ein Schwellwert wird auf Basis des durchschnittlichen Flusses und dem zu erwartenden Sicherheitsbestand dynamisch errechnet.

$$F_{\max}(t) = \bar{F}(t) + \bar{F}(t - T_{RE}) \cdot \frac{T_{SA}(t - T_{RE})}{\max\{\Delta T; T_{RE}\}}$$

Überschreitet ein Periodenbedarf $F(t)$ den Schwellenwert $F_{\max}(t)$, so wird die überschüssige Menge über $ROP3(t)$, nivelliert über mehrere Perioden, im Voraus aufgebaut. So werden große Nachfrageschwankungen bereits an der Entstehung reduziert.

5.1.4 Erzielte Effekte und Reflexion des Bestandsmanagementprojekts

Im traditionellen Bestandsmanagement werden häufig kurzfristige Ziele verfolgt, ohne dass dabei nachhaltig die Ursachen für zu hohe Bestände bekämpft werden. Ein sich selbst verstärkender Teufelskreis ist die Folge, bei dem die einzelnen Aktionen zwar kurzfristig die Bestände verringern, dabei jedoch andere Konsequenzen außer Acht gelassen werden. Ein solcher Kreislauf ist beispielhaft in ▶ Abb. 113 dargestellt.

Eine Lösung des Teufelskreises ist die Einführung und Verfolgung eines kontinuierlichen Verbesserungsprozesses. Zunächst wird das Problem mit dem größten Einfluss identifiziert und dessen Ursachen ermittelt. Hierfür können beispielsweise Methoden wie das Ishikawa-Diagramm oder die Five-Times-Why-Methode (5TW) eingesetzt werden. Anschließend werden Maßnahmen definiert, die langfristig zu einer Verbesserung führen. Maßnahmen werden durch die Anwendung einer standardisierten hierarchischen Struktur von Kennzahlen verfolgt. Eine

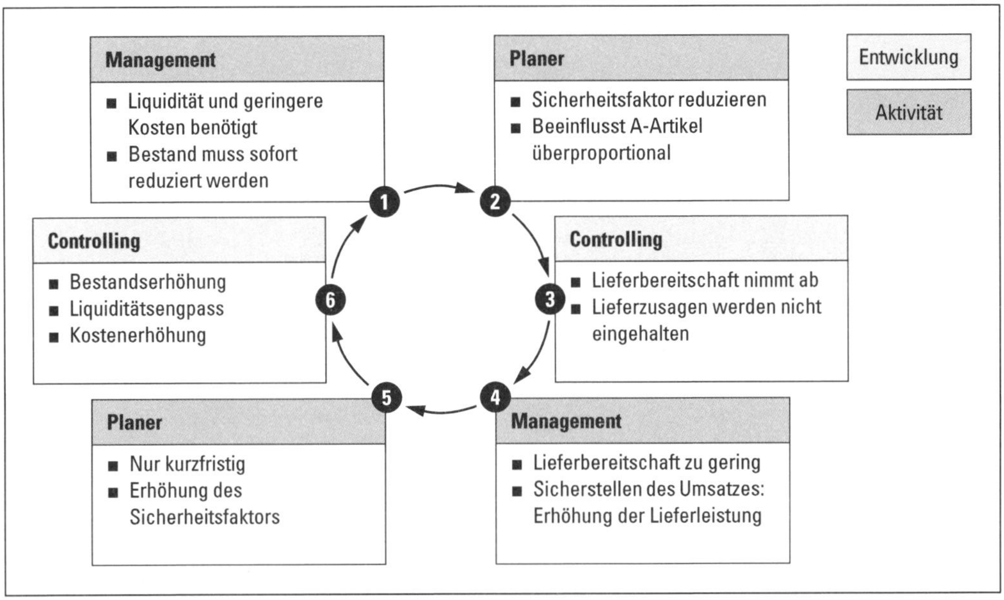

▲ Abb. 113 Teufelskreis im traditionellen Bestandsmanagement

Übersicht dieser Kennzahlenhierarchie ist in ▶ Abb. 114 zu sehen. Durch diese kann die Wirksamkeit durchgeführter Maßnahmen quantifiziert und bewertet werden. Zudem lassen sich mit Hilfe der Kennzahlenhierarchie unvorhergesehene negative Nebenwirkungen auf andere Kennzahlen identifizieren.

In der Praxis hat sich diese zuvor beschriebene Vorgehensweise bisher bewährt. So konnte durch die Entwicklung neuer Bestandsmanagementmethoden als Bestandteil eines kontinuierlichen Verbesserungsprozesses bei Bosch Power Tools die durchschnittliche Lieferleistung und vor allem auch deren Stabilität, gemessen durch die Standardabweichung in Prozent, signifikant gesteigert werden. ▶ Abb. 115 verdeutlicht diese Verbesserung.

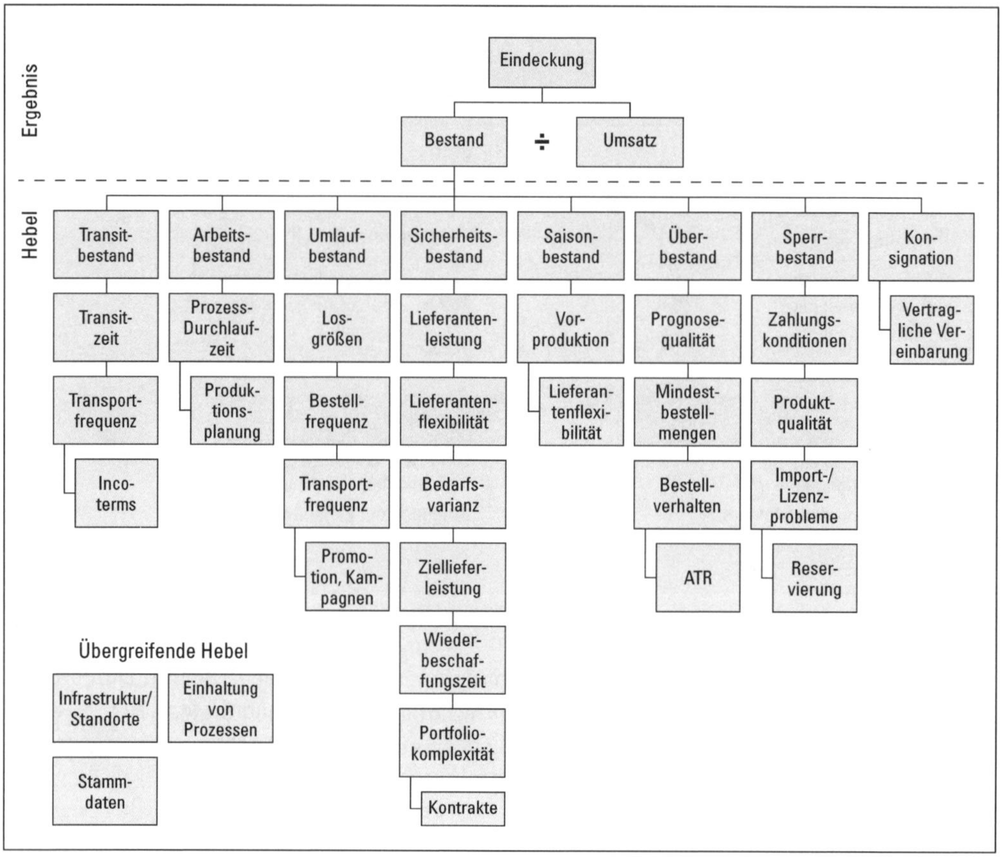

▲ Abb. 114 Beispiel eines Kennzahlenbaums

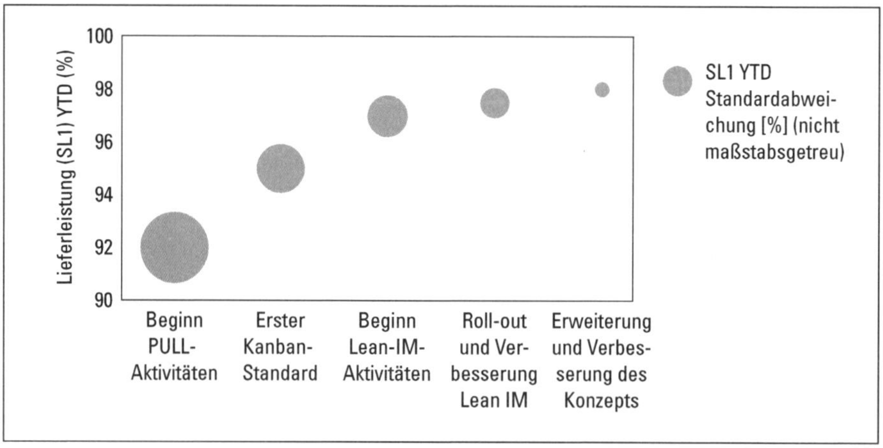

▲ Abb. 115 Entwicklung der gemessenen Lieferleistung (SL1): Erhöhung des Durchschnitts bei gleichzeitiger Verringerung der Standardabweichung durch Lean-IM-Aktivitäten

5.1.5 Künftige Herausforderungen des Bestandsmanagements

Obwohl die eingesetzten Bestandsmanagementmethoden bereits zu großen Erfolgen geführt haben, sind weitere große Potentiale noch unbearbeitet. Es ergeben sich zwei große Themenbereiche, in denen zukünftig noch weitere Verbesserungen erzielt werden sollten: (1) die Ausdehnung des Bestandsmanagements hin zu Kunden und Lieferanten sowie (2) agile Supply Chains.

Die Ausdehnung des Bestandsmanagements in Richtung der Lieferanten findet in der internen Supply Chain bereits Anwendung. Die lose Kopplung des Bestandsmanagements mit der Produktionsplanung hat zu Effizienzsteigerungen und einer verbesserten Verfügbarkeit geführt. Die Nutzung des Bestandsmanagementkonzeptes auch für den Rohmaterialbereich ist der erste Schritt, auch externen Lieferanten das Lean-Bestandsmanagement-Konzept näherzubringen. Die Ausdehnung des Bestandsmanagements in Richtung des Kunden befindet sich momentan noch im Anfangsstadium. Lediglich der Bereich kooperative Bedarfsplanung, welcher als Grundlage für die Bestandsdimensionierung dient, erzielt in diesem Kontext die ersten Fortschritte. Die Ausdehnung des Bestandsmanagementkonzeptes wird dabei nur vereinzelt in Form der Methode «Vendor-Managed Inventory» (VMI) umgesetzt.

Der Wandel von statischen zu dynamischen Supply Chains und deren Unterstützung durch Bestandsmanagementmethoden ist ein weiterer Bereich, der eine Herausforderung für die zugrundeliegenden Systeme und Prozesse darstellt. Das bestehende Netzwerk zu nutzen und dynamisch Routen zwischen den Knoten zu erstellen, ist ein erster Schritt, die Supply Chain zu dynamisieren. Denkbar ist eine Routenfindung zum Beispiel pro Kunde, pro Bestellung oder pro Artikel. Auf strategischer Ebene ergibt sich ebenfalls die Möglichkeit, flexibel sowohl Produktion als auch Distribution an die aktuellen Gegebenheiten anzupassen, was jedoch nicht nur technisch, sondern auch organisatorisch mit großen Hürden verbunden ist.

5.2 Case Study: Entscheidungsregeln für die Positionierung des Entkopplungspunktes in der Supply Chain

Felix Heusler, Ralf Elbert, Dominik Thiel

5.2.1 Einführung

Die Isabellenhütte Heusler GmbH & Co. KG gilt als ältestes Industrieunternehmen in Hessen und wurde 1482 erstmals urkundlich erwähnt. Das in der mittlerweile achten Generation familiengeführte Unternehmen besteht seither ununterbrochen, wobei sich das Produktportfolio kontinuierlich weiterentwickelt hat. Die Produkte lassen sich heute in die drei Bereiche Präzisionsmesstechnik, Präzisions- und Leistungswiderstände sowie Präzisionslegierungen einteilen. Im Jahr 2013 erwirtschafteten rund 700 Mitarbeiter insgesamt einen Umsatz in Höhe von ungefähr 100 Mio. €. Zielbranchen sind unter anderem die Automobilindustrie, der Maschinen- und Anlagenbau sowie die Steuer-, Mess- und Regeltechnik (Bauer et al., 2010).

Der im vorliegenden Beitrag beschriebene Case befasst sich mit dem Bestandsmanagement des Bereichs Präzisionslegierungen, der die Produktion und den Vertrieb von Widerstands- und Thermolegierungen umfasst. So werden etwa Widerstandsdrähte unter anderem zur Produktion von Potentiometern und elektrischen Widerständen in der Automobil- und Konsumelektronik verwendet. Thermo(element)drähte hingegen finden ihre Verwendung zum Beispiel in Tauchmessköpfen und metallischen Peltier-Elementen sowie in Spezialkabeln zur Temperaturmessung. Die damit angesprochenen Halbzeuge werden in der Form von Rund-, Flach- und Lackdrähten, Schneidbändern, Litzen, Stäben und Profildrähten hergestellt, die entweder an externe Kunden ausgeliefert oder intern in anderen Unternehmensbereichen weiterverarbeitet werden. Vereinfacht dargestellt können die Widerstandsdrähte folglich in sieben verschiedenen Varianten hergestellt und ausgeliefert werden. In diesem Unternehmensbereich werden so jedes

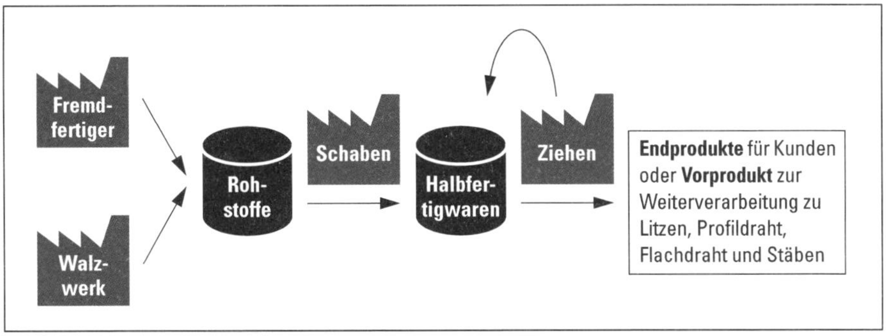

▲ Abb. 116 Schematische Darstellung des Produktionsprozesses im Bereich Legierungen

Jahr rund 10 000 verschiedene Aufträge bei einer installierten Kapazität von mehreren 1000 Tonnen bearbeitet.

Anders als bei vielen anderen produzierenden Technologieunternehmen ist die Wertschöpfungskonfiguration der Isabellenhütte Heusler GmbH & Co. KG durch eine sehr große Wertschöpfungstiefe gekennzeichnet. Ergänzt durch wenige externe Arbeitsschritte, werden nahezu alle relevanten Produktionsschritte von der Herstellung der Legierungen über die Umformtechnik, das Trennen bis hin zum Beschichten und Verlitzen unternehmensintern durchgeführt. ◀ Abb. 116 stellt die in der Fallstudie betrachteten Prozesse eines typischen Produktionsprozesses im Bereich Präzisionslegierungen als vereinfachte Übersicht dar. Hierbei handelt es sich um eine typische Halbzeugfertigung, sodass verschiedene Fertigungsschritte, jedoch keine Montageprozesse, bei der Produktion vorzufinden sind.

Das Ausgangsmaterial nach dem Erschmelzen für fast alle Endprodukte bzw. Endproduktgruppen ist ein sogenannter Walzdraht. Durch verschiedene Produktionsschritte werden aus diesem Material zunächst verschiedene Abmessungen an Runddraht hergestellt[1]. Diese werden zwischengelagert und dienen dann als Ausgangsprodukt für die unternehmensinterne Weiterverarbeitung oder werden direkt an den Kunden geliefert. Als Material kommt nicht immer dieselbe Legierung zum Einsatz, vielmehr kann der Kunde aus unterschiedlichsten Legierungen wählen. Ein weiterer differenzierender Faktor im Produktsortiment des Legierungsbereichs sind die unterschiedlichen Abmessungen der Produkte. So reichen die Durchmesser der produzierten Bauteile bzw. Runddrähte vom Zentimeter- bis hinein in den Mikrometerbereich.

1 Hier wird hauptsächlich das Verfahren des Drahtziehens angewendet. In diesem Prozess wird der Draht durch einen sogenannten Ziehstein mit einer kleineren Öffnung als dem Durchmesser des Drahtes gezogen. Dadurch verringert sich der Durchmesser des Drahtes, während sich die Länge vergrößert. Es geht dabei kein Material verloren. Lediglich im ersten Produktionsschritt wird in der Regel durch eine spanende Bearbeitung die Oberfläche des zu bearbeitenden Materials vorbereitet (sog. Schaben), um unerwünschte Einflüsse durch vorangegangene Oxidation zu beseitigen.

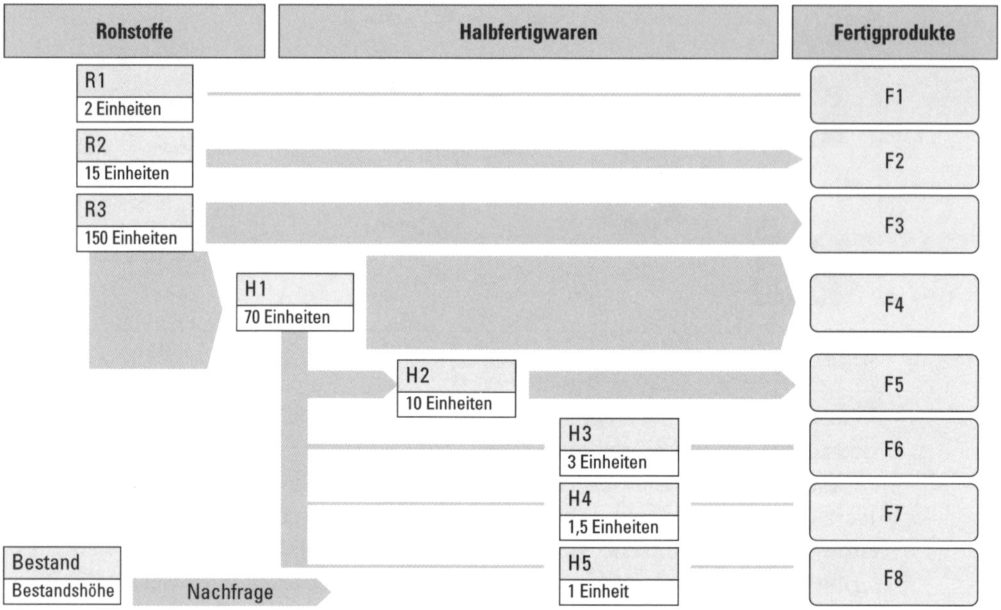

▲ Abb. 117 Lagermengen und benötigte Mengen an Runddraht in Standardabmessungen

Betrachtet man nur die Produktgruppen Walz- bzw. Runddraht, so besteht das Produktionsprogramm aus 63 verschiedenen Legierungen mit jeweils unterschiedlichen Durchmessern. Naturgemäß steigt bei einem geringeren Durchmesser die Anzahl der dafür zu durchlaufenden Produktionsstufen an. Die verschiedenen Produktionsprozesse stellen in diesem Beispiel vor allem die Bearbeitung von Draht mit Ziehmaschinen dar, die Draht eines bestimmten Durchmessers bearbeiten und einen vorgegebenen Zieldurchmesser erzeugen können. Dabei ist zu beachten, dass spezifisch für die verschiedenen Maschinen jeweils eine oder mehrere feste Eingangs- und Ausgangsdurchmesser festgelegt sind. Diese technische Gegebenheit bedingt die Festlegung von Standarddurchmessern, die von den Ziehmaschinen bearbeitet werden können und beeinflusst somit das Bestandsmanagement von Walzdrähten maßgeblich. ◄ Abb. 117 zeigt hierzu die Bestandshöhen und Materialbedarfe von Runddrähten mit verschiedenen (Standard-)Abmessungen sowie den Bedarf an verschiedenen Fertigprodukten (F1 bis F8), die aus den Drähten der Standardabmessungen hergestellt werden. Hierbei repräsentiert jedes Fertigprodukt eine Gruppe von Drähten ähnlicher Abmessung.

Weiterhin verdeutlicht ◄ Abb. 117, dass ein Draht mit sehr kleinem Durchmesser für die Fertigprodukte F6 bis F8 mehrere Produktionsstufen, also Walz- und vor allem Ziehvorgänge, durchläuft, bevor er die gewünschten Dimensionen erreicht hat. Aus diesem Grund ergibt sich eine lange Durchlaufzeit, welche beispielsweise dadurch verkürzt werden kann, dass eine oder mehrere Zwischenstufen mit Lagerbeständen versehen werden. In diesem Fall muss beim Eintreffen einer Kundenbestellung nicht mehr die gesamte Produktion durchlaufen werden, sondern nur noch der Bereich nach dem Lager- oder Kundenentkopplungspunkt[1]. Werden mehrere dieser Punkte mit Lagerbeständen versehen, kann dies zur Verbesserung der Lieferbereitschaft führen.

5.2.2 Ziele des Bestandsmanagementprojekts

Anhand der vorausgegangenen Ausführungen lässt sich erkennen, dass das Bestandsmanagement trotz der einfachen Konfiguration der Halbzeugfertigung auf Grund der technischen Rahmenbedingungen rasch relativ komplex wird.

Auch hier wird ein klassisches Ziel des Bestandsmanagements verfolgt: Es geht darum, ein Optimum aus erwünschter, kundenorientiert kurzer Lieferzeit und damit einhergehenden (zu vermeidenden) Kapitalbindungskosten zu erreichen (Andler, 1929; Domschke et al., 1997; Fischer, 2008; Harris, 1990; Vahrenkamp & Siepermann, 2005). Dieses Ziel wird im konkreten Fall dadurch erreicht, dass standardisierte und transparente Entscheidungsregeln entwickelt werden, die ein effizientes Bestandsmanagement unter Beachtung möglichst vieler technischer und wirtschaftlicher Vorgaben ermöglichen. Die zu entwickelnden Entscheidungsregeln sollen dabei die notwendigen Bestände hinsichtlich der verschiedenen Durchmesser bzw. Produktionsstufen möglichst so allokieren, dass die Lieferzeit reduziert werden kann. Gleichzeitig soll Transparenz hinsichtlich der vorhandenen Bestände erreicht und nicht notwendiger Bestand reduziert werden. Eine Reduzierung des Bestands ist diesbezüglich nur soweit beabsichtigt, wie der Bestand keine entscheidende Lieferzeitverkürzung hinsichtlich der Bereitstellung von Fertigprodukten für externe und interne Kunden ermöglicht. Im Mittelpunkt des beschriebenen Case steht somit die Identifikation und festlegende Positionierung von Kundenentkopplungspunkten, also von definierten Lagerpunkten, an denen, unabhängig von zugeordneten Kundenaufträgen, ein Bestand in festgelegter Höhe vorgehalten wird.

---

1 Der Begriff (Kunden-)Entkopplungspunkt oder Customer Order Decoupling Point (CODP) beschreibt einen bestimmten Punkt in der Wertschöpfungskette, ab dem ein Produkt einem spezifischen Kundenauftrag mit spezifischen Charakteristika zugeordnet wird bzw. werden kann. Alle vorausgehenden Produktionsschritte laufen kundenanonym ab (Eßig et al. 2013; Olhager 2003; Sharman 1984). Die Wahl des Kundenentkopplungspunkts beeinflusst die Lieferzeit sowie die Kapitalbindung entlang der Supply Chain (Sharman 1984; Pfohl 2004; Klaus 2008). Neben dem Begriff Customer Order Decoupling Point (CODP) werden in der englischsprachigen Literatur teilweise auch die Bezeichnungen Order Penetration Point (OPP), Decoupling Point (DP), Customer Order Point (COP) oder Point of Postponement (PP) verwendet (Hoekstra/Romme 1992; Giesberts/Tang 1992; Melzer-Ridinger 2007; Ahmadi/Teimouri 2008).

Die konkreten Anforderungen an das vorliegende Bestandsmanagementprojekt lassen sich wie nachstehend zusammenfassen:

- Transparenz und Verringerung der Bestände gegenüber dem aktuellen Niveau und damit Kostensenkung im Gesamtsystem
- Sicherstellung von kundengerechten Lieferzeiten für alle Produkte
- Beibehaltung des gesamten Produktportfolios

5.2.3 Kernelemente des Bestandsmanagementprojekts

Die meisten wissenschaftlichen Veröffentlichungen und Studien zu Kundenentkopplungspunkten beziehen sich auf das produzierende Gewerbe, in dem die Produktion standardmäßig aus einem Fertigungs- und einem Montagebereich zusammengesetzt ist (Buzacott, 2010; Köber & Heinecke, 2012; Olhager, 2003). Es erfolgt häufig die Umsetzung eines Make-to-Stock-Systems für die Fertigung und eines Make-to-Order-Systems für die Montage (Olhager, 2003). Der Trennpunkt zwischen den beiden Systemen wird als Kundenentkopplungspunkt bezeichnet (Buzacott, 2010). An dieser Produktionsstufe wird das Produkt einem spezifischen Kundenauftrag zugeordnet und ohne weitere (geplante) Lagerungsschritte direkt an den Kunden ausgeliefert.

Das Assemble-to-Order-System findet heute in weiten Teilen des produzierenden Sektors wie zum Beispiel der Automobil- oder Elektronikindustrie Anwendung (Buzacott, 2010; Olhager, 2003; Wong et al., 2009). Weniger Aufmerksamkeit erfahren Produktionssysteme, die ohne Trennung in Fertigung und Montage arbeiten, wie die Halbzeugfertigung. Hierbei ist die Positionierung des Kundenentkopplungspunktes systembedingt in der Regel komplexer, da keine zwei getrennten Systeme wie Fertigung und Montage vorliegen. Nichtsdestotrotz kann auch hier ein Kundenentkopplungspunkt dabei helfen, die Vorteile der beiden Systeme Make-to-Stock und Make-to-Order zu verbinden (Olhager, 2003). Die Schwierigkeit liegt darin, den Punkt zwischen den beiden Systemen exakt zu bestimmen, da die Abläufe vor und nach dem Kundenentkopplungspunkt unterschiedlich gesteuert werden. Zudem beeinflusst die Lage des Kundenentkopplungspunkts auch die Lagerhaltungssysteme eines Unternehmens, da an dieser Stelle in der Regel große Lagermengen vorgehalten werden (Buzacott, 2010; Olhager, 2003).

Ausgangspunkt für die Entwicklung von Entscheidungsregeln für die Bestimmung von Kundenentkopplungspunkten ist eine Analyse historischer Daten. Diese umfassen unter anderem Produktionsreihenfolgen, Durchlaufzeiten, Lagerhaltungskostensätze, Absatzdaten der letzten Jahre auf Produkt- und Abmessungsebene und Lagerbestandsdaten. Zusätzlich werden Erfahrungswissen der beteiligten Mitarbeiter und Erfahrungen aus bisher angewendeten Verfahren berücksichtigt.

Zur Festlegung von Kundenentkopplungspunkten wurden die drei relevanten Kriterien «Stabilität des Bedarfs», «Mindestbedarf» und «Einfluss auf Lieferzeit» identifiziert. Sowohl die Anzahl als auch die Auswahl der verschiedenen Kriterien muss fallspezifisch im jeweiligen Kontext der Anwendung erfolgen. Die hier vorgeschlagenen Kriterien sowie die später, zur Anwendung der Entscheidungsregeln herangezogenen Grenzwerte sollen ein exemplarisches Vorgehen eines spezifischen Falls darstellen.

Der Meldebestand, also das Bestandsniveau, bei dessen Unterschreitung eine Bestellung ausgelöst wird, definiert sich über den Sicherheitsbestand. Der Meldebestand hat weiterhin einen Einfluss auf die Ergebnisgröße «durchschnittliche Bestandsmenge». Je höher der benötigte Sicherheitsbestand für den Erhalt eines bestimmten Servicelevels ist, desto höhere Meldebestände und dadurch höhere Lagerbestände und Lagerkosten ergeben sich. Der Sicherheitsbestand errechnet sich auf Basis des gewünschten Servicelevels und der Standardabweichung des zu bedienenden Bedarfs. Unter Berücksichtigung eines vorgegebenen Servicelevels und des damit verbundenen Sicherheitsbestands sollen folglich Kundenentkopplungspunkte so gewählt werden, dass (Zwischen-)Produkte mit einer möglichst konstanten Nachfrage, also einem stabilen Bedarf, als Bestand gehalten werden. Dies entspricht dem Ziel der Senkung der Bestandskosten, da nur Standardprodukte mit relativ konstanter Nachfrage auf Lager gelegt werden. Als Messgröße für die Stabilität des Bedarfs kann der Variationskoeffizient des Bedarfs, also der Kundenbestellungen, herangezogen werden.

In eine ähnliche Richtung wie das Kriterium der Bedarfsstabilität zielt der Mindestbedarf. Eine Nachfrage, die kontinuierlich auftritt, eignet sich durch einfache Prognostizierbarkeit des Bedarfs als Kundenentkopplungspunkt. Hierbei ist neben der Stabilität des Bedarfs weiterhin der Mindestbedarf ein wichtiges Kriterium Auch wenn nur ein Teil der Gesamtnachfrage stabil auftritt, kann es im Sinne einer schnellen Bedienung der Bestellungen sinnvoll sein, diesen durch einen Kundenentkopplungspunkt auf Vorrat zu halten (vgl. ▶ Abb. 118).

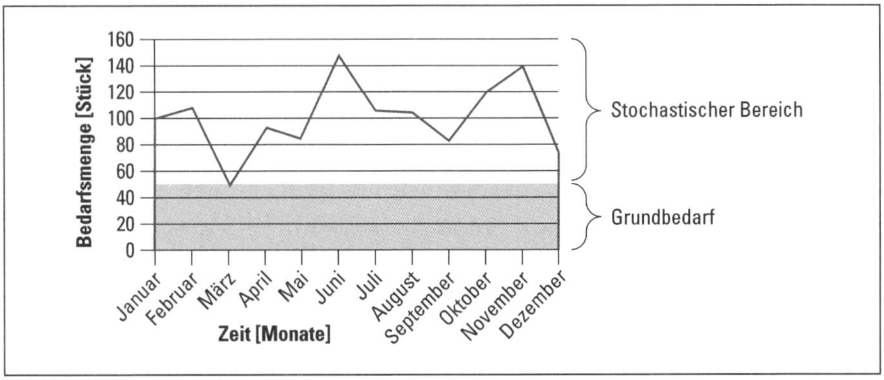

▲ Abb. 118 Unterteilung in Grundbedarf und stochastischen Bereich

Als weiterer wesentlicher Einflussfaktor für die geeignete Wahl von Entkopplungspunkten wurde zusätzlich die Veränderung der Lieferzeit von bestellten Produkten identifiziert. Dieses Kriterium ist von der Grundstruktur her anders als die beiden bisher vorgestellten Kriterien. Während es bei den ersten beiden Kriterien darum geht, möglichst stabile Bedarfsverläufe zu erkennen, ist das Kriterium des Einflusses auf die Lieferzeiten auf die direkt für den Kunden spürbaren Auswirkungen ausgerichtet.

Wenn der Kundenentkopplungspunkt in Kundennähe errichtet wird, kann eine Produktbestellung schneller, unter Umständen sogar aus dem Lagerbestand, bedient werden. Die Lieferzeit ist in diesem Fall nur durch die Versandzeit bestimmt. Wenn der Kundenentkopplungspunkt jedoch an einen aus Sicht der Bestandskosten günstigeren Punkt in der Nähe des Ausgangsproduktes gelegt wird, verlängert sich die Lieferzeit, da nun mehrere Fertigungsschritte durchlaufen werden müssen, bis das Endprodukt fertiggestellt ist.

Diese Verlängerungen wirken sich in der Regel negativ auf die Kundenzufriedenheit (und mithin den Markterfolg eines Unternehmens) aus und erhöhen weiterhin das Risiko von Fehlmengen (lost sales), was in der Konsequenz zu einem verringerten Umsatz führen kann. Im Umkehrschluss wird unterstellt, dass eine Positionierung möglichst nahe beim Kunden zu einer gesteigerten Kundenorientierung führen kann.

Zur Operationalisierung des Kriteriums «veränderte Lieferzeiten» wird eine zusammengesetzte Kennzahl verwendet. Diese Kennzahl ist ein Indikator für die Auswirkungen der Lieferzeitverlängerung, die in Kauf genommen werden muss, wenn in der betrachteten Lagerstufe kein kundenanonymer Bestand gehalten wird. Hierfür werden einzelne Faktoren, wie die produktspezifische Verlängerung der Produktionszeit, die aggregierte Bedarfsmenge sowie die Anzahl der betroffenen Kunden, in einer Kennzahl zusammengefasst. Wird diese Kennzahl sehr groß, so hat die Festlegung eines Kundenentkopplungspunktes für die betrachtete Produktionsstufe und das betrachtete Produkt einen besonders positiven Effekt.

Nachdem die drei Kriterien ausgewählt und geeignete Grenzwerte hierzu definiert sind, kann hieraus eine transparente und nachvollziehbare Entscheidungsregel bzw. eine Vorgehensvorschrift abgeleitet werden (▶ Abb. 119). Um die oben ausgeführte Komplexität beim Entscheidungsprozess zur Festlegung von Kundenentkopplungspunkten in der Halbzeugfertigung zu beherrschen, soll das so entwickelte Vorgehen für jede mögliche Legierung, d.h. jedes einzelne Produkt durchgeführt werden, da im vorliegenden Fall die Fertigungsprozesse für jede Legierung unabhängig voneinander stattfinden. Weiterhin wird jeder technisch und organisatorisch mögliche Kundenentkopplungspunkt betrachtet und entsprechend der Vorschrift bewertet. Das Verfahren startet jeweils bei der letzten Stufe, bezogen auf den Fertigungsprozess, und wird in Richtung der Ausgangsmaterialien durchlaufen.

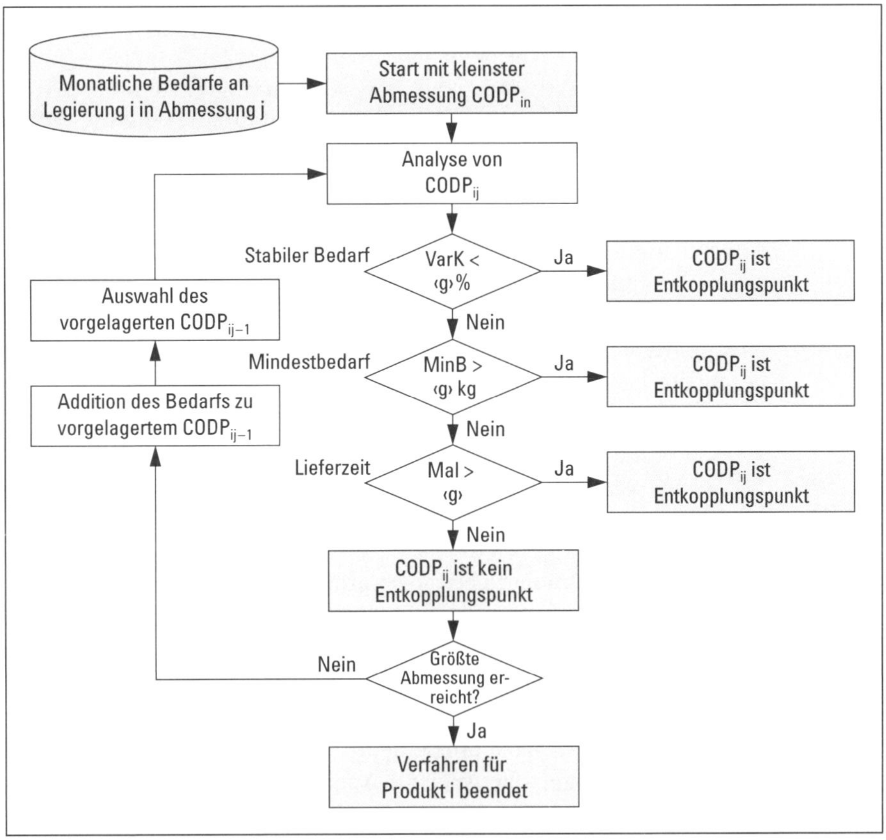

▲ Abb. 119 Entscheidungsregel zur Festlegung von Kundenentkopplungspunkten (g = individuell festzulegender Grenzwert)

5.2.4 Erzielte Effekte und Reflexion des Bestandsmanagementprojekts

Im Rahmen der Fallstudie hat sich gezeigt, dass das entwickelte Verfahren zur transparenten und nachvollziehbaren Bestimmung der Kundenentkopplungspunkte geeignet ist. Mit dem entwickelten Ansatz ist es möglich, für eine große Anzahl verschiedener Produkte bedarfsgerecht Kundenentkopplungspunkte festzulegen. Die definierten Ziele einer Erhöhung der Transparenz und Verringerung der Bestände, Sicherstellung von kundengerechten Lieferzeiten und Beibehaltung des gesamten Produktportfolios konnten erreicht werden.

So wurde der rechnerisch ermittelte Meldebestand um 17 % reduziert, während auf Vertriebsseite durch verkürzte Lieferzeiten ein Umsatzzuwachs im zweistelligen Prozentbereich ermöglicht wurde. Daneben traten zahlreiche weitere positive

Effekte des Verfahrens wie eine Verringerung der Komplexität und eine transparente Datenlage im gesamten Fertigungsbereich auf.

Zusammenfassend lässt sich feststellen, dass vor allem die Struktur des Verfahrens einen praktikablen und nachvollziehbaren Rahmen schafft, um in einem mittelständischen Unternehmen in der Halbzeugindustrie geeignete Kundenentkopplungspunkte innerhalb der Fertigung zu definieren. Das Vorgehen ermöglicht konkrete und quantitativ nachvollziehbare Ergebnisse und ist zudem durch die gewählten Kriterien und Grenzwerte an die spezifische, d.h. sich auch mitunter rasch ändernde Unternehmenssituation anpassbar. Die standardisierte Bestimmung von Kundenentkopplungspunkten führt zu einem geringeren Komplexitätslevel in der Fertigung und zu einer verbesserten Auslastung der Maschinen, insbesondere bei Fertigungsprozessen, die dem Kundenentkopplungspunkt vorgelagert sind.

5.2.5 Künftige Herausforderungen des Bestandsmanagements

Neben einer kontinuierlichen Überprüfung und gegebenenfalls erforderlichen Anpassung von Bestandshöhe und Lage für die gewählten Kundenentkopplungspunkte bietet das vorgestellte Vorgehen vielfältige Möglichkeiten für eine Weiterentwicklung. Zusätzlich zur Variation der gewählten Kriterien und Grenzwerte stellt die Entwicklung von geeigneten technischen und organisatorischen Rahmenbedingungen für eine effiziente, dauerhafte Implementierung des Verfahrens zusätzliches Potential dar. Auch die Anpassung auf andere Fertigungskonzepte ist an dieser Stelle denkbar. Durch die einfache Durchführbarkeit und eine überschaubare notwendige Datengrundlage stellt das vorgestellte Konzept insbesondere für kleine und mittlere Unternehmen ein geeignetes Instrument im Rahmen des Bestandsmanagements dar.

5.3 Case Study: Bestandsmanagement in der Lebensmittelindustrie – Im Spannungsfeld zwischen Rohstoffbezug und Point-of-Sale

Pietro Realini

5.3.1 Einführung

Zweifel Pomy-Chips AG erwirtschaftet in der Nahrungsmittelbranche einen Umsatz von CHF 241 Mio. und beschäftigt rund 380 Mitarbeiter/innen (Stand: 2020). Der Umsatz wird hauptsächlich mit der Herstellung und dem Vertrieb von Kartoffelchips und salzigen Snacks erzielt. Das selbst hergestellte Sortiment wird weiter durch Handelsartikel ergänzt. Die so hergestellten oder beschafften Produkte werden dann an Großkunden ausgeliefert oder über den eigenen Frische-Service an rund 16 000 Points of Sale (POS) geliefert. Die POS werden mit vollem Service unterstützt, d. h. mit Rack Jobbing[1] und mit weiteren Verkaufsunterstützungen bedient.

Zweifel Pomy-Chips AG stellt jährlich aus circa 22 000 Tonnen Kartoffeln, 2500 Tonnen Rapsöl, 450 Tonnen Salz und Gewürze 7000 Tonnen Chips her. Weiter werden am Produktionsstandort in Spreitenbach noch etwa 1100 Tonnen salzige Snacks (Snacketti, Graneo, Popcorn u. a.) hergestellt. Diese Produkte werden in etwa 80 Millionen Beutel und diese wiederum in etwa 7 Millionen Kartons gepackt und auf etwa 150 000 Paletten gestapelt. Anschließend werden diese dann mit etwa 30 000 Paletten Handelswaren im Hochregallager mit 5400 Plätzen eingelagert und mit einem Zielwert für den Belieferungsgrad von 98,5 % täglich ausgeliefert.

1 Rack Jobbing beschreibt durch den Hersteller beim Einzelhändler vorgenommene Maßnahmen zur Verkaufsförderung, z. B. Verkaufsflächenaufbau oder Pflege der Warenpräsentation. Oftmals wird dieser Service an spezialisierte Agenturen ausgelagert (Fuchs et al., 2012, S. 96).

5.3.2 Ziele des Bestandsmanagementprojekts

Das Bestandsmanagement zielt im Wesentlichen drauf ab, das ganze Sortiment an Fertigwaren immer vollständig verfügbar zu halten. Weiter sind folgende Ziele zu berücksichtigen (Bräbander, 2018):

1. Belieferungsgrad von 98,5 % on full/on time oder maximale Lagerbestände von 5 Tagen Reichweite bei über VMI bewirtschafteten Kundenlägern.
2. Das Shelf-Life der Fertigwaren soll zum größten Teil dem POS zur Verfügung stehen. Die Produkte haben typischerweise ein Shelf-Life von 10 bis 15 Wochen, davon sollen maximal 20 % für die Herstellung, Beschaffung und Bereitstellung im zentralen Hochregallager verbraucht werden.
3. In den Regionalverteilzentren und in den Zwischenlagern der Kunden sollen möglichst wenig Produkte gelagert werden. Die Bestände in diesen Lägern sollen aber sicherstellen, dass am Verkaufspunkt ein möglichst hoher bzw. entsprechend der Aktionspläne festgelegter Verkaufsdruck erzielt werden kann (möglichst gemäß vereinbartem Layout volle Verkaufsregale und zweite Verkaufspunkte).
4. Rohstoffe und Verpackungsmaterialien sollen just in time abgerufen werden und täglich angeliefert werden.

Entsprechend bedeutet dies, dass alle Fertigprodukte innerhalb von 24 Stunden verfügbar sind und nach erfolgter Bestellung durch Großkunden oder Regionalverteilzentren am Folgetag am Bestimmungsort angeliefert werden (Dickmann, 2015). Dies gilt für Eigenprodukte und Handelsartikel gleichermaßen, obwohl die Beschaffungsfristen je nach Produktegruppe sehr unterschiedlich sind. Handelsartikel können ohne weiteres Beschaffungsfristen von 2 Wochen aufweisen und Spezialitäten im Bereich der Eigenprodukte können teilweise auch nicht öfter als alle 10 bis 15 Tage hergestellt werden, da sonst die Produktionslose unter eine kritische Grenze fallen würden (Grabner, 2019). Rohstoffe und Verpackungen haben ebenfalls Lieferfristen von mehreren Wochen.

Der Hauptrohstoff, die Kartoffel, wird dagegen nur jährlich geerntet und muss dann bis zur nächsten Ernte verfügbar sein bzw. gelagert werden. Die Lagerung beeinflusst die Qualität, die Ausbeute bei der Verarbeitung und den Preis der Kartoffeln wesentlich. Weiter werden auf Grund ihrer Lagerfähigkeit unterschiedliche Sorten zu unterschiedlichen Jahreszeiten für die Herstellung von Kartoffelprodukten oder für den Frischkonsum verwendet bzw. angeboten, wie ▶ Abb. 120 schematisch zeigt.

Eine weitere Besonderheit bezüglich des Logistikprozesses ist außerdem die Tatsache, dass bei der Kartoffelbeschaffung im Herbst des Jahres 0 die Menge Saatgut für die Saatgutvermehrung im Jahr 1 kontraktiert werden muss. Im Jahr 1 wird dann das Saatgut zwecks Vermehrung angebaut und geerntet, damit dann im Jahr 2 der effektive Anbau erfolgen kann. Die im Jahr 2 angebauten Kartoffeln

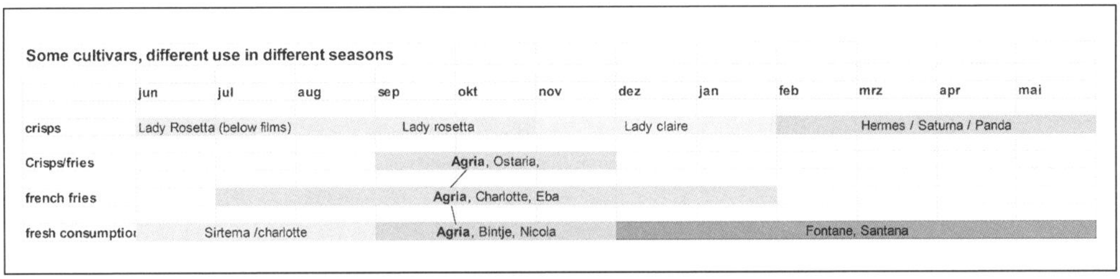

▲ Abb. 120 Verfügbarkeit von Kartoffelsorten nach Saison

werden ab Mitte Jahr 2 bis Mitte Jahr 3 zu Chips verarbeitet. Der Zeithorizont der Kartoffelbeschaffungszyklen passt somit schlecht zu den anderen Budgetperioden. Weiter beeinflussen insbesondere die Witterungsverhältnisse den Hektarertrag bei Kartoffeln maßgeblich. So kann es sein, dass zum Beispiel früh angebaute Lady Rosettas gute Erträge liefern und spät angebaute Pandas nicht. Dies wäre aus Sicht des Gesamtbestandes nicht weiter schlimm. Nur lassen sich Lady Rosettas ab November schlecht verarbeiten, da sie sehr dicke Schalen entwickeln, die nur sehr schwer oder unter Inkaufnahme hoher Materialverluste abgeschält werden können.

Dem aktuellen Trend im Lebensmittelbereich, nämlich der Regionalität, entgegenkommend, gilt außerdem der Grundsatz, möglichst nur Kartoffeln aus Schweizer Anbau zu verwenden und die Herkunft der Kartoffeln (Landwirtschaftsbetrieb, welcher die Kartoffeln geerntet hat) auf den Verpackungen der Fertigprodukte auszuweisen (Winzer & Goldschmidt, 2015).

Vor diesem Hintergrund wurde vor drei Jahren ein Projekt zur Verbesserung des Kartoffelmanagements ausgelöst.

5.3.3 Kernelemente des Bestandsmanagementprojekts

Folgende Ziele wurden für das Bestandsmanagement bezüglich eines Kernlieferanten festgelegt:

1. Am Standort Spreitenbach soll der Lagerbestand gesenkt werden. Namentlich sollen von drei Kartoffelkellern nur noch einer für die Lagerung von Kartoffeln zur Verfügung stehen. Dies führt zunächst zu höheren Kosten in der Beschaffung, weil auf Monatsende die Kartoffelpreise für Anfuhren erhöht werden. In Folge der reduzierten Lagerkapazität können vor dem monatlichen Preissprung nicht mehr größere Mengen Kartoffeln zum tieferen Preis angeführt werden (Thonemann, 2015). Die Einkaufspreise würden dadurch um rund 100 000.– CHF pro Jahr erhöht. Die beiden freiwerdenden Läger können aber anderweitig genutzt werden und externe Läger könnten gekündigt werden. Die Einsparungen dadurch belaufen sich allerdings nur auf etwa 40 000.– CHF pro Jahr.

2. Gelagerte Kartoffeln weisen öfter höhere Zuckerwerte auf. Dies führt zu unerwünschter Verfärbung der Kartoffelscheiben sowie zur Bildung der unerwünschten Substanz Acrylamid beim Frittierprozess der Kartoffelscheiben zu Chips. Hohe Zuckerwerte können durch wärmere Lagerung der Kartoffeln über die Zeit von 3 bis 4 Wochen vor der Verarbeitung abgebaut werden. Der Zucker wird dabei durch die Kartoffeln wieder veratmet. Dieser Prozess der Rekonditionierung soll mehrheitlich durch den Lieferanten durchgeführt werden.
3. Kartoffeln können für die industrielle Verarbeitung nicht kalt (sprich bei 4 °C) gelagert und direkt verarbeitet werden, da sie sonst zum Zeitpunkt der Verarbeitung einen unerwünscht hohen Zuckergehalt aufweisen. Deshalb müssen Keimhemmer eingesetzt werden. Durch geschickte Lagerung der verschiedenen Kartoffelchargen bei unterschiedlicher Temperaturführung soll der Einsatz der Keimhemmer reduziert werden können.
   Mit anderen Worten sollen Kartoffeln, die im frühen Bereich der Saison, also zwischen Oktober und Dezember, verarbeitet werden, bei 10 °C gelagert und nicht mehr mit Keimhemmern behandelt werden.
   Kartoffeln für die Verarbeitungszeit zwischen Januar und März sollen ohne Keimhemmer bei 8 °C gelagert und vor der Verarbeitung rekonditioniert werden, also über 3 bis 4 Wochen bei 10 bis 12 °C gelagert werden.
   Kartoffeln für die Verarbeitungsphase zwischen April und Juni sollen bei 8 °C und unter Einsatz von Keimhemmern gelagert und ebenfalls vor der Verarbeitung rekonditioniert werden. Zu einem späteren Zeitpunkt soll geprüft werden, ob diese Tranche auch bei tieferen Temperaturen (4 °C) ohne den Einsatz von Keimhemmern gelagert und noch rekonditioniert werden kann, falls die Kartoffeln, physiologisch bedingt, den Zucker noch veratmen können.

Damit die beschriebenen Ziele erreicht werden konnten, mussten zuerst die logistischen Voraussetzungen geschaffen werden. In der Schweiz werden Kartoffeln in relativ kleinen Chargen angeliefert und stammen von einer großen Anzahl Produzenten, wie die ▶ Abb. 121 und ▶ Abb. 122 darlegen. Als einziger Weg, um dieser Komplexität Herr zu werden, zeichnete sich die Zusammenarbeit mit nur noch einem Lagerhalter ab. Nur so konnten die organisatorischen und logistischen Voraussetzungen geschaffen werden, dass ein Lagerhalter in Zusammenarbeit mit Zweifel Pomy-Chips AG die Kartoffeln unter den Voraussetzungen der neuen Ziele entsprechend disponieren kann. Der andere Weg, nämlich, dass die Produzenten in größeren Chargen anbauen und liefern, ist auf Grund der meist kleinbetrieblichen Struktur der schweizerischen Landwirtschaft zwar wünschenswert, aber nicht über wenige Jahre erreichbar.

Im Mittel konnten die Zuckergehalte bei Anlieferung der Kartoffeln von Ernte 2012 mit 0,4 mg/kg auf 0,3 mg/kg, bei Ernte 2013 auf unter 0,2 mg/kg und bei der Ernte 2014 halbiert werden. Dies kommt der Qualität der Produkte zu Gute und führt zu einem geringeren Ausschuss.

Keimhemmer
Inzwischen kann auf den Einsatz von Keimhemmern für Kartoffeln, die bis Ende März verarbeitet werden, verzichtet werden. Neben Einsparungen von circa 60 000 CHF pro Jahr führt dieser Effekt vorab zu natürlicheren Produkten, einer weiteren offensichtlichen Forderung der Konsumenten neben dem Wunsch nach regionalen Produkten (Winzer & Goldschmidt, 2015).

Zusammengefasst konnten mit dem beschriebenen Projekt die Lagerbestände an Kartoffeln am Produktionsstandort in Spreitenbach deutlich gesenkt werden. Dies führte zwar zu Mehrkosten, da der über die Lagerung monatlich steigende Preis für Kartoffeln durch frühzeitigere Einlagerung in Spreitenbach nicht mehr kompensiert werden konnte. Jedoch konnten durch die Umnutzung der Läger sowie durch den nur noch auf eine kurze Zeitperiode notwendigen Einsatz von Keimhemmern diese Mehrkosten wieder ausgeglichen werden. Weit wichtiger ist, dass sich bedingt durch den tieferen Zuckergehalt der verarbeiteten Kartoffeln, eine für den Konsumenten erlebbar bessere Qualität der Produkte ergibt. Zudem sinkt durch die gewählten Maßnahmen das Risiko, dass auf Grund von Lagerausfällen zu wenige Kartoffeln aus Schweizer Anbau zur Verfügung stehen und Kartoffeln aus ausländischem Anbau verarbeitet werden müssen.

5.3.5 Künftige Herausforderungen des Bestandsmanagements

Aufbauend auf den bereits erzielten Verbesserungen, soll im nächsten Schritt auch im letzten Quartal der Lagerperiode auf Keimhemmer verzichtet werden können. Entsprechende Versuche sind in Arbeit. Kartoffeln sollen dazu so kalt gelagert werden, dass sie bis zur Verarbeitung nicht keimen. Dafür muss zuerst mit genügender Sicherheit nachgewiesen werden, dass im September des Vorjahres geerntete Kartoffeln nach einer Kühllagerung von 4 °C oder weniger im Mai oder Juni des laufenden Jahres noch rekonditioniert werden können. Dies hängt von der physiologischen Beschaffenheit der Kartoffeln nach der Lagerung ab und von der dann benötigten Rekonditionierungsdauer. Ist letztere sehr unterschiedlich, so wird es eine Herausforderung sein, die richtige Menge Kartoffeln zum richtigen Zeitpunkt aus der Phase der Kaltlagerung in die Rekonditionierung zu transferieren. Die Absatzseite wird in jedem Fall kein Verständnis für out of stocks in Folge von noch ungenügend rekonditionierten Kartoffeln aufbringen (Thonemann, 2015).

5.4 Case Study: Verantwortlichkeiten für ein systemgestütztes Bestandsmanagement

Marcel Schütz

5.4.1 Einführung

Die Firma ABB ist ein weltweit führendes Unternehmen mit Hauptsitz in Zürich (Schweiz), tätig im Bereich der Energie- und Automationstechnik mit über 130 000 Mitarbeiter und einem jährlichen Umsatz von mehr als 40 Milliarden US-Dollar. Der ABB-Konzern (Stand: 2016) besteht dabei aus vier Divisionen, gegliedert in Anwendungsmärkte und Kundensegmente. Eine Division davon steht für Industrieautomation und Antriebe (Discrete Automation and Motion, kurz DM). Der größte Standort dieser Division in der Schweiz ist das Werk Turgi in Untersiggenthal (Kanton Aargau) mit einem Jahresumsatz von 500 Millionen US-Dollar (2016) und mehr als 1000 Mitarbeitenden. Der Standort bildet das globale Kompetenzzentrum für Leistungselektronik und Mittelspannungsantriebe der ABB. Die Leistungserstellung in Turgi ist zu 100 % kundenauftragsspezifisch und bedient den globalen Absatzmarkt. Das Produktangebot reicht von standardisierten Produkten (5 %) über spezifische Kundenlösungen (90 %) bis hin zu speziell für den Kunden entwickelten Anlagen (5 %). Die Produkte am Standort gliedern sich in Mittelspannungsantriebe, Frequenzumrichter, Stromrichter und Hilfsumrichter. Diese Maschinen werden Kunden in zahlreichen Branchen und Anwendungen angeboten (z. B. Traktionsumrichter für den Bahnbereich). Großkunden des Standortes sind Firmen wie zum Beispiel Stadler Rail, Eskom Holdings SOC Ltd. oder Royal Dutch Shell.

Die Kernkompetenz der ABB Turgi liegt im Bereich Forschung und Entwicklung, dem Engineering der Produkte sowie dem Anbieten von Servicelösungen und stellt damit die Übersetzung der Kundenanforderungen in Produktkonzepte und physische Produkte dar. ABB fokussiert sich auf diese Kernkompetenz und reduziert die Fertigungstiefe der Produktion am Standort Turgi auf Baugruppen- und Endmontage sowie dem Funktionstest zur Qualitätssicherung der hergestellten Anlagen. Entsprechend beträgt die Fertigungstiefe am Standort Turgi maximal 25 %. Der Standort ist der Branche Automatisierungstechnik und dem Maschinenbau (Anlagenbau) zuzuordnen. Dabei muss für die Interpretation der Geschäftszahlen beachtet werden, dass dem Kunden auch ganze Systeme angeboten werden. Ein System besteht dabei aus mehreren ABB-Produkten, welche die ABB Turgi von anderen ABB-Einheiten zukauft und auf der jeweiligen Baustelle des Kunden zusammenführt (z. B. Transformator, Antrieb und Motor).

Durch das Geschäftsmodell und die Fokussierung auf kundenspezifische Lösungen ergeben sich am Standort Turgi zwei Arten von Beständen. Der Bestand an Rohmaterialien (Lagermaterial, kurz RM) und der Bestand an Ware in Arbeit (Work in Progress, kurz WIP). Es werden keine Endprodukte (Finished Goods) an Lager gelegt.

5.4.2 Ziele des Bestandsmanagementprojekts

Im Jahr 2013 wurden bei ABB eine globale *Net Working Capital*-Initiative zur Liquiditätssteuerung initiiert. Damit fokussiert das ABB Management das Thema der Kapitalbindung und lenkt die Priorisierung unter anderem auf die Optimierung der Bestände. Für die Umsetzung dieser *Net Working Capital*-Initiative wurde die ABB Schweiz 2015 mit dem *Swiss WCM (Working Capital Management) Award 2015* ausgezeichnet (Heesen & Moser, 2017).

Die Leitung der lokalen Geschäftseinheit am Standort Turgi initialisierte auf Basis der Initiative der ABB-Gruppe drei parallele Projekte, die sich auf die Optimierung der Bestände ausrichteten. Mehrere Projekte für die einzelnen Produktgruppen des Bereichs *WIP* wurden initialisiert. Für den Bereich der Lagermaterialien wurde das Projekt *ITO* (Inventory Turnover Optimization) eingeführt. Dabei wurde entschieden, das Projekt in der zentralen Logistikorganisation anzusiedeln, welche als Shared-Service-Abteilung für die drei Geschäftsbereiche geführt wird. Der Leiter dieses Bereiches war dafür verantwortlich, das Projekt zu initialisieren und den entsprechenden Projektleiter zu rekrutieren, zu coachen und die Projektfortschritte entsprechend zu überwachen.

Für das Projekt *ITO,* welches in diesem Artikel im Zentrum steht, setzte die Geschäftsleitung folgende Ziele:

- Implementierung eines nachhaltigen Bestandsmanagements am Standort Turgi
- Steigerung des Lagerumschlags der Rohmaterialien um zwei Prozentpunkte innerhalb von 1000 Tagen
- Implementierung von Logistikkonzepten mit den wichtigsten Lieferanten, um die Bestandssituation über die gesamte Supply Chain zu optimieren

5.4.3 Kernelemente des Bestandsmanagementprojekts

Das Projekt *ITO* wurde in sechs Bausteine (Module) und zwei Projektphasen gegliedert, welche eine nachhaltige Implementierung des Bestandsmanagements sicherstellen sollten.

In Phase 1 wurden die internen Erfolgsfaktoren betrachtet und somit die Basis geschaffen, um in der anschließenden zweiten Phase die externen Stakeholder (z.B. Lieferanten) einzubinden.

In diesem Abschnitt sollen zwei Kernelemente dieser Struktur verdeutlicht und die gewonnenen Erkenntnisse, namentlich die Bausteine Rollen und Zuständigkeiten (vgl. ▶ Abb. 124, Modul 2) sowie Systemunterstützung (vgl. ▶ Abb. 124, Modul 6) aufgezeigt werden.

Rollen und Zuständigkeiten im Bestandsmanagement:
Die Festlegung klarer Rollen und Zuständigkeiten für das Bestandsmanagement bildet das eigentliche Fundament für einen nachhaltigen Erfolg einer Implementierung (Weber, 2018). In der Vergangenheit wurde dies in der ABB stark unterschätzt und die Verantwortung lag auf der Stufe des P&L (Profit & Loss). Im Projekt *ITO* wurde früh erkannt, dass die Verantwortlichkeiten bis auf die Stufe der Mitarbeitenden heruntergebrochen werden müssen. So wurde im Rahmen des Projekts ein Ansatz gesucht, welcher die Mitarbeitenden dazu verpflichtet, sich persönlich für Bestände verantwortlich zu fühlen, und sie entsprechend motiviert.

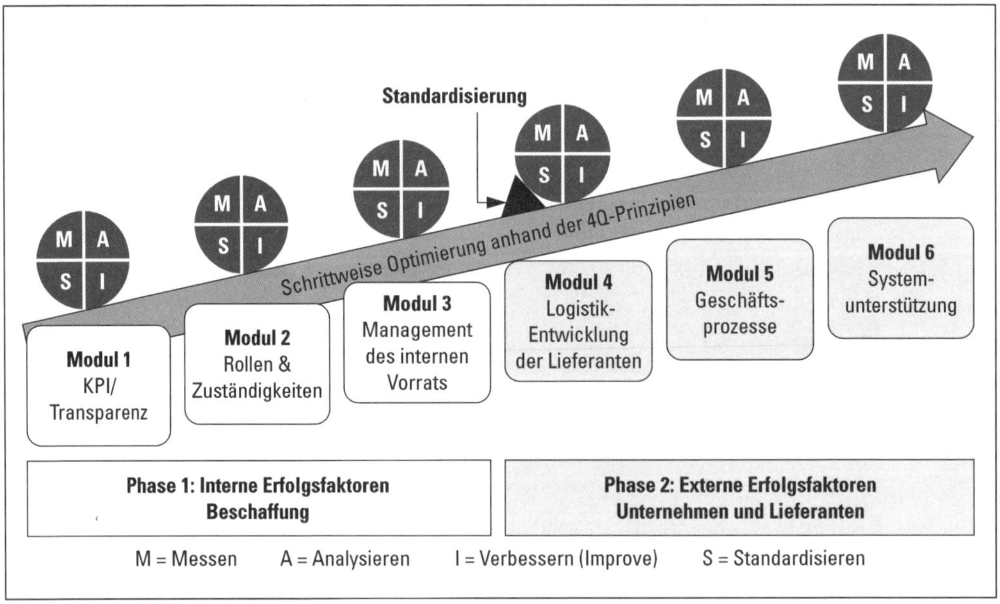

▲ Abb. 124 Übersicht der Projektstruktur ITO (Ludwig, 2014)

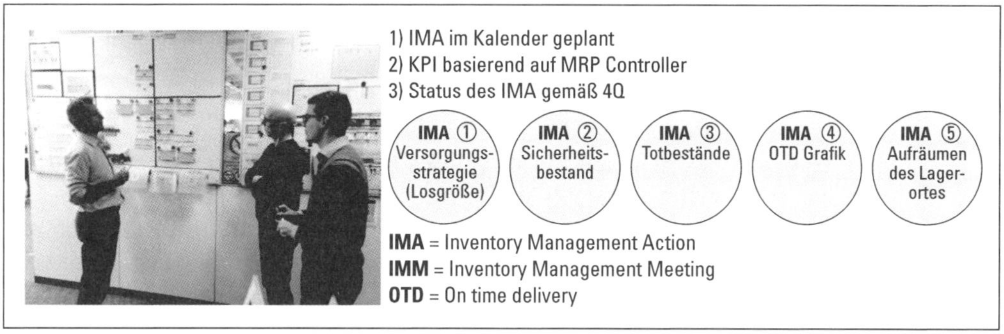

▲ Abb. 125 Mitarbeiter des Einkaufs der ABB, welche die KPIs und die laufenden Bestandes-Optimierungsaktionen zweimal wöchentlich an einem Visual Board koordinieren und anhand von drei Hauptpunkten rapportieren

Um die Identifikation der Mitarbeitenden zu festigen, wurden drei parallele Maßnahmen definiert und in der Folge implementiert.

1. Definieren der Rollen und Verantwortlichkeiten bezogen auf das Bestandsmanagement und Festhalten in den jeweiligen Stellenbeschreibungen der Mitarbeitenden.
2. Implementierung eines *Visual-Management*-Ansatzes[1] im Bestandsmanagement, um die aktuelle Bestandssituation zu visualisieren (auf Ebene der Mitarbeitenden).
3. Aufnahme der Bestands- bzw. Lagerumschlagsziele in die Jahreszielsetzung der Mitarbeitenden (funktionsübergreifend vom Einkäufer bis zum Servicepersonal).

Im Laufe des Projekts zeigte sich, dass Punkt 2, d.h. die Visualisierung des Ist-Zustands und das Tracking der getroffen Korrekturmaßnahmen, zentrale Erfolgselemente darstellen. Die Anwendung von Kaizen bzw. Lean-Techniken im Bestandsmanagement hat wesentlich zum Erfolg dieses Projektes beigetragen.

In einer kurzen Besprechung am Visual Board (Inventory Management Meeting, kurz IMM) gibt jeder Einkäufer über seine aktuelle Bestandssituation Auskunft, wie sich der Bestand verändert hat und was die Ursachen dafür waren. Ebenfalls wird der Stand von laufenden Optimierungsmaßnahmen (z.B. die Bereinigung von Totbeständen) besprochen. Darüber hinaus wird im Team diskutiert, ob aufgrund von Problemen mit Lieferanten (Qualität oder OTD) Sicherheitsbestände angepasst werden müssen. Alle Aktionen und Entscheidungen sind am Board sichtbar und können somit von jedem Betroffenen (z.B. dem strategischen Einkäufer) eingesehen und entsprechend nachverfolgt werden. Genau diese Transparenz über die Einflussgrößen auf die Bestände bildete in diesem Projekt

---

1 Visual Management ist ein Ansatz, um den aktuellen und den geplanten Zustand einer Operation oder eines Prozesses für alle Beteiligten transparent darzustellen.

die Basis für die Implementierung eines nachhaltigen «State of the Art»-Bestandsmanagements und bildet daher ein Kernelemente des Bestandsmanagement-Konzepts.

Systemunterstützung
Der Zeitpunkt des richtigen Einsetzens des ERP-Systems und insbesondere der geeigneten Unterstützungstools wurde im Projekt ebenfalls als Kerngröße identifiziert. Wichtig ist jedoch, dass dieser Schritt erst nach der klaren Definition von Rollen und Verantwortlichkeiten erfolgt. Der Grundstein für die Optimierung der Bestände ist die Bestandsanalyse. Die Bestandsanalyse aus dem ERP (bei ABB das *SAP/R3)* zeigt den Bestandsverlauf der aktuellen Lagerbestände aufgeteilt nach Profitcenter. Die Bestandsanalyse gibt erste Entscheidungskriterien für mögliche Optimierungen, wie zum Beispiel das Eliminieren von Totbeständen (Dead Stock), die Anpassungen von Sicherheitsbeständen (Safety Stocks), welche nie auch nur annähernd eingesetzt wurden, oder die Notwendigkeit zur Anpassungen von Losgrößen und Mindestbestellmengen bei Lieferanten (Weber, 2018).

Das SAP/R3 zeigte jedoch genau an dieser Stelle Schwachstellen. Die Analysen waren bzw. sind nicht benutzerfreundlich aufgebaut und können nur unter großem Aufwand anwenderspezifisch angepasst werden. Daher machte sich unser Team im Vorfeld des Projekts auf die Suche nach einem geeigneten Tool zur Unterstützung der Bestandsoptimierung. Dieses sollte ein Add-on zu SAP sein und alle Daten aus dem SAP-System verwenden, wodurch SAP nach wie vor das Hauptsystem bleiben und die Datenhoheit behalten sollte. Daher wurde ein Zusatzsystem, in welches Daten hoch- oder heruntergeladen werden müssten, kategorisch ausgeschlossen. Fündig wurden wir schließlich bei der Firma *G.I.B* (Gesellschaft für Information und Bildung mbH) in Deutschland, welche als zertifizierter Partner von SAP Lösungen im Bereich der Disposition anbietet. Die Firma *G.I.B* bietet ihre Produkte in Modulform an. Dabei kann zwischen fünf verschiedenen SAP Add-ons ausgewählt werden.

Im Rahmen des Projekts entschieden wir uns für die Anschaffung der Module Controlling und Operations (vgl. ▶ Abb. 126, DC Controlling und DC Operations). Wie eingangs dargestellt, wird es als wichtig erachtet, dass als erstes die Verantwortlichkeiten und Prozesse erarbeitet werden und erst im Anschluss ein unterstützendes Tool implementiert wird. So vergingen in unserem Fall zwischen der Anschaffung des Tools und dem Roll-out über 14 Monate. Diese Verzögerung entstand nicht aufgrund der zeitintensiven Implementierung, sondern da zuerst die entsprechenden Prozessstandards erarbeitet werden mussten, wie beispielsweise die Bereiche, die das Tool abdecken sollte, und wie damit umgegangen werden sollte. So wurden die Parameter, beispielsweise Werte wie die ABC-Klassifizierung nach Preis, Reichweite der Losgröße, des Sicherheitsbestandes und des Sicherheitsfaktors, überarbeitet und wenn nötig neu definiert (Scheja, 2001). Die Software bietet ein Dispo-Cockpit, durch welches die Bestandsanalyse dem Mit-

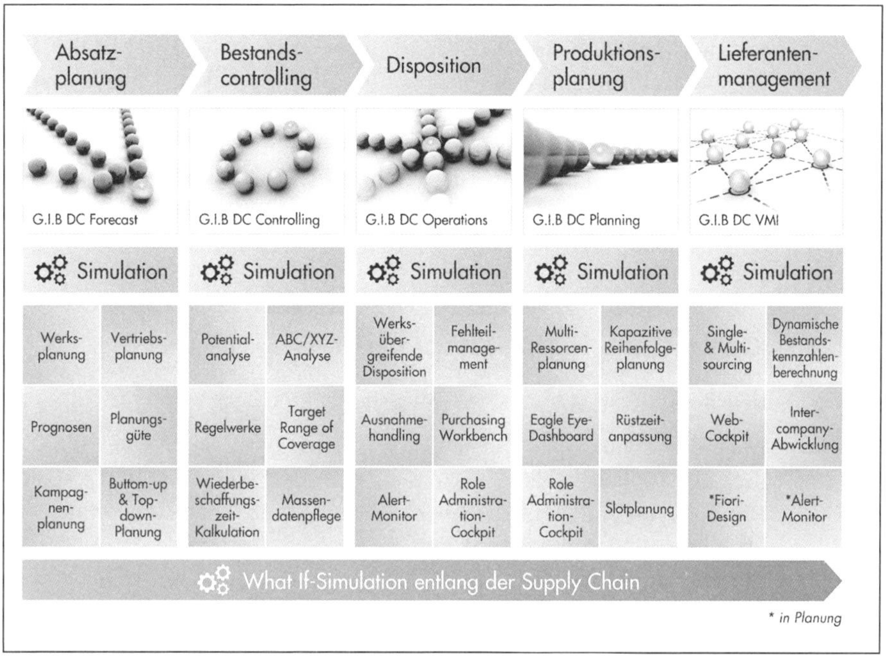

▲ Abb. 126 Abbildung der G.I.B Module (Broschüre G.I.B Dispo-Cockpit, Siegen 2013)

arbeitenden benutzerfreundlich dargestellt wird. Die darin enthaltenen Parameter und andere grundlegende Einstellungen wurden in einer Inventory Police für den Standort festgehalten und entsprechend dokumentiert. Die Inventory Police bildet die Rahmenbedingungen für die Bestandsverwaltung und Optimierung ab und ist für jeden Mitarbeitenden verpflichtend.

Zusammenfassend ist festzuhalten, dass das System alleine nicht die entscheidende Größe darstellt. Es ist die Qualität der Stammdaten in Zusammenspiel mit der Anwenderfreundlichkeit für die Mitarbeitenden, welche die wichtigen Prozessgrößen ergeben.

5.4.4 Erzielte Effekte und Reflexion des Bestandsmanagementprojekts

Mit dem Projekt zur nachhaltigen Implementierung eines Bestandsmanagements konnte in den ersten 12 Monaten der Bestand von über 60 Mio. CHF um 20% reduziert werden. Es ist jedoch zu beachten, dass nicht in allen Bereichen Bestände abgebaut wurden. Der Bestandswert in den Servicebereichen blieb durchgehend stabil oder stieg sogar an. Mit der Bestandsoptimierung konnten schließlich auch Kosteneinsparungen von über 500 000 CHF pro Jahr realisiert werden (z.B. durch die Reduktion der Lagerkosten an den externen Lagerdienstleister).

Für Unternehmungen ist es ratsam, das Thema Bestandsoptimierung strukturiert anzugehen. Es muss in der Organisation und vor allem in den Bereichen der Leistungserbringung ein Vertrauen aufgebaut werden, welches dazu führt, dass die Verfügbarkeit und damit die Liefertreue gegenüber dem Kunden nicht unter den getroffenen Maßnahmen leidet. Hier empfiehlt sich das Aufsetzen einer Verfügbarkeitsmessung (z.B. Stock Out KPI), welche der jeweiligen Produktionseinheit aufzeigt, dass sich die Materialverfügbarkeit mit den getroffenen Maßnahmen nicht verschlechtert, sondern nach Möglichkeit verbessert.

5.4.5 Künftige Herausforderungen des Bestandsmanagements

Aus Sicht der ABB und unserer Geschäftseinheit besteht die größte Herausforderung des zukünftigen Bestandsmanagements in der Abwicklung der Servicedienstleistungen, welche im aktuellen Projekt nicht im Fokus stand. Die ABB-Produkte im Anlagenbau haben teilweise eine Lebenserwartung von mehr als 20 Jahren und müssen mit entsprechenden Ersatzteilen versorgt werden. Um diese Verfügbarkeit mit möglichst geringen Beständen sicherzustellen müssen neue Wege gegangen werden. Hier werden Schlagwörter wie «Internet of Things» und «Big Data» sicher eine zentrale Rolle spielen. Es ist davon auszugehen, dass hier nur jene Unternehmen erfolgreich sein werden, welche die Daten entsprechend effizient analysieren, interpretieren und auf die Bestandsplanung anwenden können.

Kapitel 6

Entwicklungen im Bestandsmanagement globaler Supply Chains

6.1 Globale Supply Chains im Lichte des Bestandsmanagements

Stefan Selensky, Erik Hofmann

6.1.1 Globalisierung von Supply Chains

Neben Megatrends wie die Individualisierung, Konnektivität, Neo-Ökologie oder Wissenskultur nimmt die Globalisierung nach wie vor eine gesellschafts- und unternehmensprägende Rolle ein (Gatterer, 2019). Die Globalisierung beschreibt im weiteren Sinne die zunehmende weltweite Verflechtung von Wirtschaft, Politik sowie der Umwelt und weiterer Bereiche (Aiginger, 2017, S. 2). Als treibende Faktoren hierfür werden neben der schon früh erkannten möglichen Steigerung des Wohlstands vor allem Fortschritte der Technologien im Bereich Telekommunikation und Transport angesehen. Aber auch politische Entwicklungen haben großen Einfluss auf die weltweite Vernetzung. Nach langer Phase, welche durch Zölle, Handelshemmnisse und Nationalismus geprägt wurde, ist heute die Globalisierung bei vielen Unternehmen weiterhin fester Bestandteil der strategischen Ausrichtung. Darüber hinaus machen natürliche Gründe wie die Divergenz der Vorkommen von Rohstoffen und der Verteilung der Produktionsstätten das Wirtschaften über Ländergrenzen hinweg notwendig. Zur Veranschaulichung der Globalisierungsentwicklung eignet sich kaum etwas so deutlich wie die steigende ökonomische Bedeutung des Außenhandels. ▶ Abb. 127 zeigt den Verlauf des weltweiten Warenhandels in Relation zur Warenproduktion von 1960 bis zum Jahre 2019 (WTO, 2020).

Die Entwicklung der weltweiten Exporte im Warenhandel lässt einen starken Anstieg in den Jahren 1980 bis 2010 erkennen. Regional gesehen geht der Großteil des weltweiten Exportvolumen auf Europa und Asien zurück. Doch welche Bewegungen haben zu diesem deutlichen Anstieg geführt?

Möglich wurde diese Entwicklung in der globalen Handelspolitik durch den Abbau von Zollschranken in vielen Ländern im Rahmen der Welthandelsorganisation, multilaterale Handelsliberalisierungen, regionale Abkommen sowie die

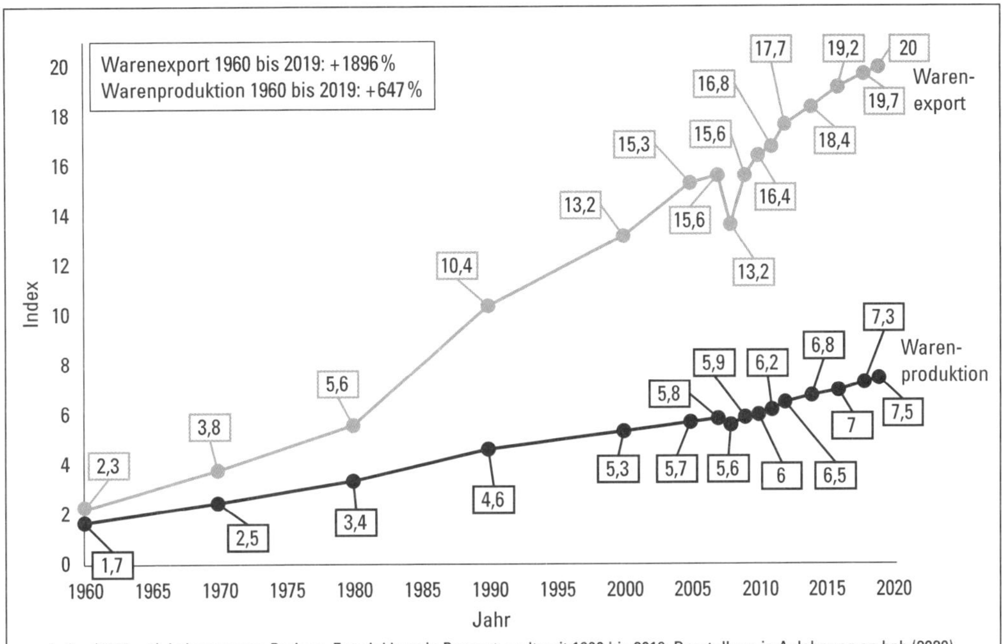

Index (1950 = 1), in konstanten Preisen, Entwicklung in Prozent, weltweit 1960 bis 2019. Darstellung in Anlehnung an bpb (2020)

▲ Abb. 127 Entwicklung des grenzüberschreitenden Warenhandels

durch neue Technologien ermöglichte verstärkte Handelbarkeit von Gütern und Dienstleistungen. Weitere Erklärungen liefern die zunehmende Relevanz der Entwicklungs- und Schwellenländer im weltweiten Handel und die damit verbundene Verbreitung von grenzüberschreitenden Wertschöpfungsnetzwerken. Diese Entwicklungen ermöglichen die Nutzung von internationalen Kostenunterschieden (vor allem Lohnarbitragen) und demzufolge von sogenanntem Global Sourcing. Die Wertschöpfung kann durch die Globalisierung aus Sicht der Ressourcenverfügbarkeit und unter Kostengesichtspunkten global auf verschiedene Standorte und Akteure in der Supply Chain verteilt werden. Die Globalisierung impliziert folglich aus Sicht der Supply Chain einen weltumspannenden Austausch an Ressourcen und Waren (Görg et al., 2015, S. 5).

Insgesamt geht der Trend hin zur Globalisierung mit weitreichenden Implikationen für die Supply Chain von Unternehmen und somit auch für deren Bestände einher. Waren können nunmehr fast überall gefertigt, erbracht, angeboten, gekauft und angeliefert werden (Lehmacher, 2016, S. 11). Galt zu Beginn der Globalisierung vor allem der Export respektive Import von fertigen Gütern als Standard, werden heute mehr und mehr Zwischenerzeugnisse und Halbfertigprodukte (Work-in-Process, WIP) gehandelt und anschließend in die eigene Produktionskette integriert. So finden sich unter den Lieferanten europäischer Hersteller mittlerweile standardmäßig auch asiatische Zulieferer, die Rohstoffe, Bauteile und Systemkomponenten bereitstellen – wobei auch diese Entwicklung nicht stehen bleibt. Während China lange Zeit als «Werkbank der Welt» galt, nehmen diese Rolle heute vermehrt andere asiatische Staaten wie zum Beispiel Vietnam oder Malaysia wahr. Oftmals stellen Zulieferer in diesen Ländern wiederum Vorprodukte für chinesische Lieferanten her, die ihrerseits im Anschluss Produkte nach Europa verkaufen. Es entstehen komplexe und mehrstufige Strukturen von Lieferantennetzwerken, die sich über viele Länder und Kontinente erstrecken sowie eine Vielzahl an Netzwerkpartnern inkludieren. Mit dieser Verflechtung fällt es einzelnen Unternehmen zunehmend schwer, die Übersicht über die gesamten Supply Chains zu behalten, die für die Versorgung von Relevanz sind. Oftmals kennen Unternehmen nur ihre direkten Lieferanten und sind sich über diese Tier-1-Lieferantenstufe hinaus nicht im Klaren, wer – welche Vorlieferanten – sie indirekt beliefern. Meist fehlt die Transparenz entlang den Supply Chains (Prockl & Pflaum, 2012). Das Supply Chain Mapping sowie das darauf aufbauende Vorlieferantenmanagement über die Dyade hinaus werden zu wichtigen Faktoren eines modernen Supply Chain Managements (Mubarik et al., 2021). Ein verstärkender Treiber der Intransparenz in der Supply Chain ist die zunehmende Diversifizierung in der Beschaffung. Neben den Kostenvorteilen eröffnet die Globalisierung den beschaffenden Unternehmen ein viel breiteres Spektrum möglicher Lieferanten. Diese Vielfalt wird in den Unternehmen häufig durch die Verteilung der Einkaufsvolumen auf eine Vielzahl verschiedener Anbieter genutzt. Denn damit lassen sich neben den Kosten auch weitere Faktoren, wie etwa die Qualität oder das Verfügbarkeitsniveau von Beständen, aufgrund der erweiterten Auswahl, der potentiellen Risikostreuung oder der geographischen Dislozierung bewusst beeinflussen (Lehmacher, 2016, S. 21). Den angedeuteten Vorteilen einer globalen Supply Chain stehen allerdings eine erhöhte Komplexität und Dynamik gegenüber, die ihrerseits von einem Set an Treibern beeinflusst werden (▶ Abb. 128).

Im Zuge der digitalen Durchdringung der Geschäftstätigkeiten sind immer mehr Lieferanten weltweit über ihre Web-Shops und Internet-Angebote für mögliche Abnehmer rund um den Globus auffind- und kontaktierbar. Über Internet-Suchmaschinen lassen sich damit auch «digital sichtbar gemachte» Nischenprodukte mit einer attraktiven Zielkundengruppe verknüpfen. Selbst vormals gering nachgefragte C-Güter lassen sich über das Internet global vermarkten und absetzen. Anbieterseitig führt dies zu einem größeren Angebot an Nischenprodukten, da die Lieferanten nun mit einer globalen Abnehmergruppe rechnen können und Kapitalbindungskosten weniger stark ins Gewicht fallen; gleichzeitig steigt die Nachfrage nach Nischenprodukten, da die Kunden von einer «Listung» der Produkte bei einem (irgendwo) global aufzufindenden Zulieferer ausgehen. Die hierüber getriebene Verlängerung des C-Güter-Anteils, der auch als «long tail»-Effekt bezeichnet wird, vergrößert die potentielle Anzahl der Akteure in den Wertschöp-

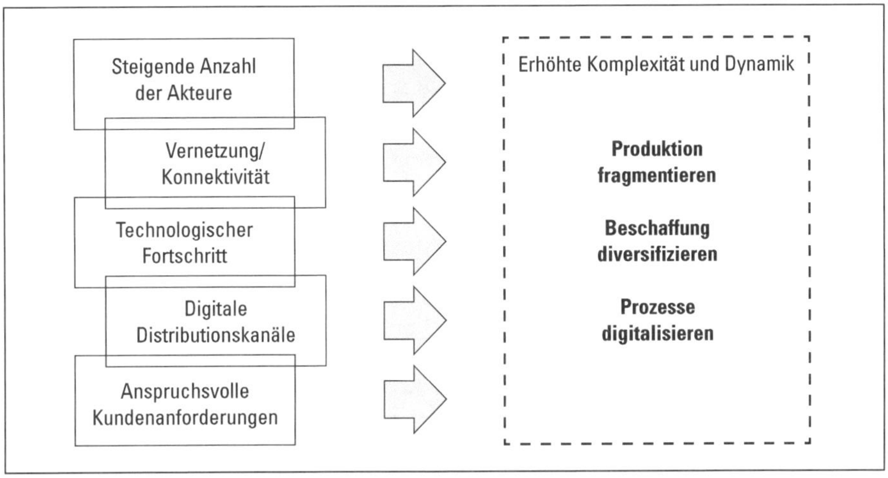

▲ Abb. 128 Treiber der Komplexität und Dynamik von globalen Supply Chains (eigene Darstellung)

fungsnetzwerken – und das sowohl lieferanten- als auch kundenseitig (Anderson, 2007). Die durch den technologischen Fortschritt weiter vorangetriebene Konnektivität ist als Komplexitätstreiber auszumachen. Abstrakt betrachtet kann theoretisch jeder Hersteller mit jedem potenziellen Lieferanten oder Käufer vernetzt werden. Dabei können jegliche Daten, Informationen und Dokumente (z.B. Verträge) digital ausgetauscht werden, was die Dynamik der Netzwerkbeziehungen ebenfalls erhöht. Anders gesagt, führt die zunehmende globale Vernetzung zur Weitläufigkeit und Fragmentierung der Supply Chain aufgrund des sogenannten Netzwerk-Handels. Je mehr Akteure mit ihren Warenwirtschaftssystemen im Netzwerk eingebunden sind, desto komplexer gestalten sich auch die Planungs-, Koordinierungs- und Abwicklungsprozesse, die in den interdependenten Lieferanten-Abnehmer-Beziehungsgeflechten zu beachten und zu steuern sind. Davon abgesehen herrschen in globalen Supply Chains oft Unsicherheiten bezüglich kultureller, sprachlicher oder politischer Barrieren (Busse et al., 2016, S. 442). Weiter führt der technologische Fortschritt in Kombination mit der Globalisierung zu einem Wandel in Kundenerwartungen und in der Gestaltung der Distributionskanäle. Die Möglichkeit von Omni-Channel und der Absatz von Waren über E-Commerce-Kanäle führt zu sich verändernden Abnehmeranforderungen innerhalb der globalen Supply Chain. Auch dies impliziert eine zunehmende Komplexität und Dynamik, da Abnehmer höchste Flexibilität sowie Verfügbarkeit zu jeder Zeit und an jedem Ort erwarten (Anderson, 2007).

Ein Effekt, welcher sich durch die Globalisierung von Supply Chains verstärkt, ist der Bullwhip-Effekt (siehe Abschnitt 1.1). Durch die große weltweite Auswahl an Lieferanten sowie die durchgängig stetige Verkürzung der jeweiligen Wertschöpfungstiefen steigt auch die Anzahl der Wertschöpfungsstufen. Da insbesondere in grenzüberschreitenden Supply Chains der Abbau von Informationsasymmetrien hinsichtlich Auftragsschwankungen sowie Produktions- und Lagerkapazitäten nicht mit der Anzahl an Lieferanten Schritt halten kann, verstärkt sich auch der Bullwhip-Effekt (Stölzle et al., 2014, S. 131). Weitere Unsicherheiten entstehen in der Gewährleistung von definierten Lieferzeiten und Verfügbarkeiten im globalen Supply Chains aus Netzwerksicht. Hierbei kommt es im Zielkonflikt des Bestandsmanagement zum Trade-off zwischen der Senkung von Beschaffungs- und Transportkosten einerseits und der Gewährleistung eines hohen Servicegrads andererseits (siehe Abschnitt 1.4).

Zusammenfassend lässt sich feststellen, dass die Vorteile der Globalisierung für Unternehmen und ihre Wertschöpfungsnetzwerke auch zahlreiche Herausforderungen mit sich bringen, da es zu einer nicht unerheblichen Erhöhung der Komplexität und Dynamik in der Supply Chain kommt. Die steigende Komplexität und Dynamik werden bedingt durch die Fragmentierung der Produktion, die Diversifizierung der Beschaffung und die allgemein voranschreitende Digitalisierung von Prozessen. Unternehmen verfügen vielfach weder über die erforderliche Transparenz ihrer Supply Chain, d.h. sie wissen nicht genau, woher ihre Güter bzw. deren Komponenten stammen und welche Vorlieferanten dabei involviert sind, noch haben sie ausreichend Übersicht über den Status von Lieferungen, von möglichen Qualitätsproblemen oder Lieferengpässen. Oftmals werden Lieferungen erst bei physischer Ankunft «gesehen». Die Kombination von langen Transportwegen und geringem Informationsstand führt zu hoher Unsicherheit und Anfälligkeiten bei Störungen (Lehmacher, 2016). Hierauf wird im nächsten Abschnitt 6.1.2 näher eingegangen.

6.1.2 Störanfälligkeit von Supply Chains

Die zunehmende Globalisierung führt zu komplexen und dynamischen Supply Chains mit einer Vielzahl von Akteuren (LeBaron et al., 2018, S. 16–17). Mit der dabei häufig einhergehenden mangelnden Transparenz und Kontrolle steigt auch die Störanfälligkeit der Supply Chains (Stölzle et al., 2014, S. 2). Störanfälligkeit beschreibt dabei das Produkt aus Eintrittswahrscheinlichkeit und Ausmaß der negativen Auswirkungen bei Eintritt eines Störfalls, welcher oftmals auch als Disruption bezeichnet wird. Eine Disruption bzw. ein Störfall stellt in diesem Zusammenhang den Eintritt eines bestehenden, besonders schwerwiegenden Risikos dar.

Bei Störfällen handelt sich dabei im Kontext von Supply Chains um Vorfälle, bei denen ein plötzlicher Einbruch der Verfügbarkeit von Materialien, Informationen oder Kapazitäten zu Verspätungen, Einschränkungen oder Ausfällen bei der Bedienung von Kundenbestellungen führt (Stölzle et al., 2014, S. 5). Demzufolge lässt sich das Auftreten von Disruptionen generell als spezielle Risikokategorie

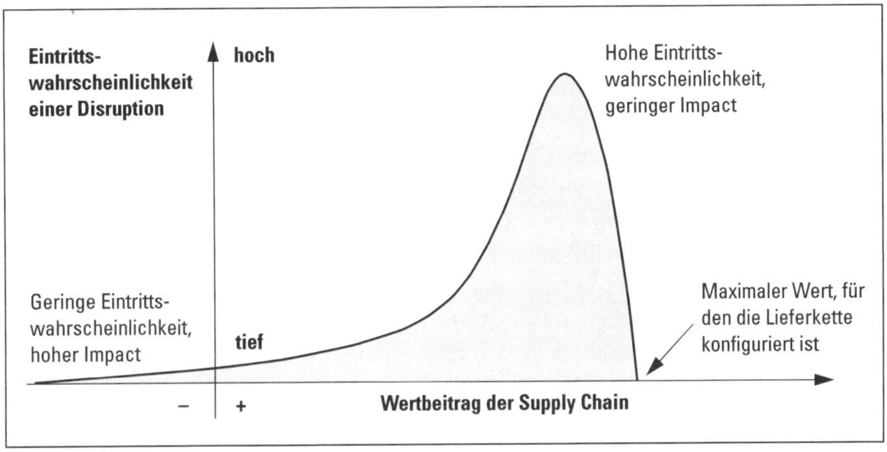

▲ Abb. 129 Beispielhaftes Risikoprofil einer Supply Chain

im Supply Chain Management einstufen, womit diese Störfälle auch dediziert im Rahmen des Supply-Chain-Risikomanagements anzugehen sind (Trkman et al., 2016, S. 1061).

Entsprechend relevant ist es für das Design und den Betrieb von Supply Chains, diese trotz anhaltend hohem Effizienzdruck auch ausreichend robust zu gestalten und agil zu «managen», sodass sie auch bei hohen Eintrittswahrscheinlichkeiten von Disruptionen ihre Leistung – den ihnen zugeschriebenen Wertbeitrag – erbringen können. Die Beherrschung des Supply-Chain-Risikomanagements gepaart mit Maßnahmen, welche auf Supply-Chain-Resilienzfähigkeiten ausgerichtet sind, beeinflusst hierbei wesentlich den spezifischen Verlauf des Risikoprofils einer Supply Chain (siehe ◀ Abb. 129). Je besser die Beherrschung des Risikomanagements und je ausgeprägter dic Resilienzfähigkeiten, desto flacher und «wertbeitragslastiger» das Risikoprofil einer Supply Chain.

Grundsätzlich lassen sich (1) politisch-gesellschaftliche, (2) marktbezogene, (3) technische und (4) umwelt- oder naturbezogene Risiken unterscheiden, welche zu Disruptionen in Supply Chains führen können.

Zu politisch-gesellschaftlichen Disruptionen gehören beispielsweise kurzfristig verhängte Handelsbarrieren wie Strafzölle, Embargos bzw. Sanktionen (siehe Sanktionen gegen die Russische Föderation im Zuge des Ukraine-Kriegs) oder das Schließen von Ländergrenzen (Stölzle et al., 2014, S. 5f.). Auch Unruhen wie Massenproteste, kriegerische Auseinandersetzungen oder Terroranschläge können im Zusammenhang mit den zugehörigen politischen Maßnahmen erhebliche Disruptionen wie etwa Produktionsausfälle oder blockierte See- und Flughäfen bewirken. Weitere Beispiele sind Hacktivismus (Kofferwort aus «Hack» und «Aktivismus», englisch «hacktivism») oder Cyberkriminalität, wie zum Beispiel Angriffe auf kritische Infrastrukturen oder Finanzinstitutionen, die zu Problemen bei der Auftragsabwicklung oder Zahlungsaktivitäten in den Supply Chains führen können. Auch grundlegende politische Veränderungen wie zum Beispiel der Brexit können, sofern sie vergleichsweise spontan eintreten, zu Disruptionen führen, die eine eingeschränkte Lieferfähigkeit zur Folge haben (Schulz, 2019).

Marktbezogene Disruptionen umfassen oft starke Volatilitäten der Marktmechanismen und der Marktteilnehmer. Unvorhersehbare Schwankungen sowohl auf der Angebot- als auch auf der Nachfrageseite können zu Disruptionen in der Supply Chain führen. Beispielsweise kann eine starke Abhängigkeit von Erdöl in der Supply Chain bei volatilen Preisen einen signifikanten Einfluss auf die Produktions- und/oder Logistikprozesse haben. Unerwartet auftretende Nachfrageschocks, Rezessionen, Einbrüche an den Finanzmärkten oder Währungsab- bzw. -aufwertungen gelten als bedeutende Auslöser für Disruptionen in Supply Chains (Stölzle et al., 2014, S. 5f.). Schließlich gehören zu den marktbezogenen Disruptionen auch fehlende bzw. fehlallokierte Ressourcen in den globalen Supply Chains. Der in den 2020er Jahren zu beobachtende Fahrermangel in der Logistikdienstleistungsbranche oder die im gleichen Zeitraum auftretende Computer-Chip-Krise in der Automobilindustrie sind weitere Beispiele hierfür.

Technologisch bedingte Disruptionen beziehen sich auf den abrupten Ausfall von Technologien und technischen Systemen entlang der Supply Chain. Das betrifft Produktionsanlagen ebenso wie Transport-, Umschlags- und Lagertechnologien. Beispielsweise führten technische Probleme beim englischen Online-Fashion-Unternehmen ASOS (www.asos.com) dazu, dass während der Hochsaison im Sommer 2019 das Lagermanagement-System ausfiel und die Nachversorgung von Material nicht mehr sicherzustellen war. Im Ergebnis führten diese Störungen zu Versorgungsengpässen mit Mode-Produkten in Deutschland, Frankreich und den USA, der Jahresgewinn sank um gut 68 % (Stewart, 2019). Durch den zunehmenden Einsatz von Informations- und Automatisierungstechnologien in der Supply Chain steigt auch deren technologische Anfälligkeit. Durch die Verlagerung der Erfassung, Speicherung und Auswertung von Daten sowie die Abwicklung von Transaktionen in der digitalen Welt verstärkt sich die Abhängigkeit von mobilen Geräten, Cloudlösungen und externen Speicherangeboten. Deren plötzlicher Ausfall kann ebenfalls ein zu beachtender Auslöser von Liefereinbrüchen sein.

Die Auswirkungen der politischen Maßnahmen im Zusammenhang mit der Covid-19-Krise in den Jahren 2020 und 2021 lassen sich den umwelt- oder naturbezogenen Disruptionen zuordnen, wenngleich in diesem Fall keine trennscharfe Unterscheidung zur politisch-gesellschaftlichen Dimension möglich ist. Die abrupten, staatlich verhängten Lockdowns führten weltweit fast gleichzeitig zu erheblichen Angebots- und Nachfrageschocks. Auf der Angebotsseite brachen Lieferketten zusammen, produktionsseitig gab es massive Probleme wegen ausfallenden Material- und Komponentenlieferungen sowie der Beachtung spontan verhängter Hygiene- und Quarantänevorschriften. Nachfrageseitig brachen in vielen Branchen die Kundenbestellungen ein. Die Disruptionen erreichten oftmals ein bisher nicht bekanntes Niveau, gleichwohl gab es auch Branchen, welche von den verhängten Maßnahmen massiv profitierten (siehe z.B. Online-Handel und ausgewählte Akteure der Pharmabranche im Impfstoff- sowie Diagnostiksegment). Zu naturbezogenen Disruptionen zählen weiterhin etwa großflächige Unwetter oder Überflutungen. So beeinträchtigte der Hurrican Nate im Jahr 2017 maßgeblich die Erdölproduktion, sodass die Produktion im Oktober 2018 weltweit um 15 % sank. Die gesamthaften Auswirkungen des Hurricans Nate entsprachen einem Verlust von circa 8,4 Millionen Fass Rohöl (Administration, 2018).

Während die Ursachen und Auswirkungen von Disruptionen von Supply Chains sehr divers sind, fallen die Reaktionen von Unternehmen, um mit den korrespondierenden Risiken umzugehen, nicht immer ganz einheitlich aus. Trotz der unterschiedlichen Herangehensweisen und lancierten Praktiken stellt der Aufbau von Beständen die «klassische» Maßnahme dar, mit der sich Unternehmen gegen die negativen Auswirkungen von Disruptionen in ihren Supply Chains absichern. Die Bestimmung der «richtigen» Größe der Sicherheitsbestände hat über die Jahre in der Praxis sowie in der Wissenschaft eine erhebliche Relevanz erlangt, sodass in der Literatur eine Vielzahl an Berechnungsmodellen für Sicherheitsbestände zu finden ist. Im folgenden Abschnitt 6.1.3 wird im Detail auf Bestandserhöhungen als Reaktion auf Supply-Chain-Disruptionen eingegangen.

6.1.3 Erhöhung des Bestandsniveaus als klassische Reaktion auf Störungen in der Supply Chain

Wenn Risiken in Supply Chains auftreten, werden sie oft als Störfälle oder Disruptionen in logistischen Prozessketten wahrgenommen. Demzufolge stehen beim Management von Disruptionen die Aktivitäten zur Bekämpfung eines vorliegenden Störfalls im Mittelpunkt (Stölzle et al., 2014, S. 10). Das Supply-Chain-Risikomanagement setzt vor Eintritt einer Disruption an und versucht, mögliche Auswirkungen zu vermeiden oder zu mindern. Klassisch werden in der Praxis bei Risiken mit einer hohen Eintrittswahrscheinlichkeit und großen Schadenswirkungen Erhöhungen des Bestandsniveaus erwogen. Dies findet bei der Berechnung von Sicherheitsbeständen explizit Berücksichtigung. Beispielsweise wurden als Vorbereitung auf den Brexit bei betroffenen Produzenten und Händlern gezielt hohe Lagerbestände aufgebaut, um möglichen Versorgungsengpässen vorzubeugen (Schulz, 2019).

Ein Großteil solcher Supply-Chain-Risiken wird über genau definierte Sicherheitsbestände reduziert. Diese können bei Rohstoffen, Halbfabrikaten und fertigen Produkten angelegt werden. Die Verfahren zur Dimensionierung von Sicherheitsbeständen beziehen prinzipiell Risiken auf der Supply Side und der Demand Side ein (siehe Abschnitt 2.4 und Abschnitt 3.1). Einfache stochastische Modelle gehen von einer einseitigen Unsicherheit, d.h. Schwankungen der Nachfrage und zugleich einer sicher planbaren Nachschubversorgung, aus. Oftmals sind jedoch beide Marktseiten mit Risiken behaftet (siehe Abschnitt 6.1.2). Komplexere stochastische Modelle können auch diese beidseitige Unsicherheit (versorgungs- und nachfrageseitig) modellieren, indem sie die statistischen Erwartungswerte und Standardabweichungen der Belieferung mit bestellter Ware sowie für die Nachfrage der eigenen Kunden einbeziehen. Mit einem als erhöht eingeschätzten Risiko nehmen diese Standardabweichungen zu, wodurch die Modelle einen Anstieg des optimalen Sicherheitsbestandes berechnen. Dabei puffern Unternehmen Unsicherheiten stets an den eigenen Unternehmensgrenzen ab, um einen verspäteten Nachschub sowie Sprünge der Nachfrage gleichermaßen ausgleichen zu können (Bräbander, 2018, S. 37). Hier agiert jeder Akteur zumeist nur innerhalb seines eigenen Systems, eine übergeordnete und akteursübergreifende Optimierung der Bestandsniveaus an verschiedenen Stellen der Supply Chain findet in der Regel nicht statt. Die Intransparenz über Risiken bei vor- und nachgelagerten Akteuren führt dann zum bekannten «Aufschaukeln» der Bestände und Bestellungen, dem bereits erwähnten Bullwhip-Effekt. Oftmals tragen negative Erfahrungen mit den Auswirkungen des Bullwhip-Effektes in der Praxis dazu bei, zukünftig Sicherheitsbestände auf einem noch höheren Niveau anzulegen, was den bestandsaufbauenden Effekt aus Supply-Chain-Perspektive nochmals verstärkt.

Obwohl die Pufferung durch Sicherheitsbestände in vielen Fällen die Versorgung der Produktion (beschaffungsseitig) und Lieferfähigkeit an Kunden (absatzsseitig) sicherstellen kann, eignet sich diese Maßnahme nicht zum Abfangen aller Risiken in Supply Chains. Sind beispielsweise Transportwege physisch oder politisch eingeschränkt, können benötigte Waren nicht mehr vom Pufferlager zum Produktionsstandort bzw. zum Kunden gebracht werden. Der aufgebaute Sicherheitsbestand kann die Disruption in der Supply Chain nicht abfangen. Ebenso verhält es sich mit Disruptionen, bei denen die Nachfrage plötzlich einbricht. Sicherheitsbestände haben hier gar einen kontraproduktiven Effekt, da sie auch mit Kapitalbindungskosten einhergehen. Darüber hinaus ist eine Erhöhung der Bestände im Allgemeinen mit nicht zu vernachlässigenden negativen Konsequenzen verbunden (siehe Abschnitt 1.4). Es geht also um die Frage, welche Stoßrichtungen existieren, um Risiken zu mindern, ohne zwingend das Bestandsniveau zu erhöhen.

6.2 Aktuelle Stoßrichtungen von Bestandsstrategien in globalen Supply Chains

Stefan Selensky, Erik Hofmann

Im Lichte immer globalerer und gleichzeitig «schlanker» werdender Supply Chains stellt sich aus Unternehmenssicht die Frage nach Maßnahmen zum Umgang mit Supply-Chain-Risiken und den daraus folgenden Disruptionen, welche ohne systematische Erhöhung des Bestandsniveaus auskommen. Erste generelle Ansatzpunkte leiten sich aus der Wirkkette von Risiken und Disruptionen ab. Eine Disruption, als schwerwiegende Konsequenz, stellt den Eintritt eines bestehenden Risikos dar. Während das Risikomanagement versucht, den Eintritt dieses Risikos zu verhindern sowie die Auswirkungen des Eintritts im Voraus proaktiv abzuschwächen, befasst sich das Störfallmanagement mit der Minderung von Auswirkungen eines bereits eingetretenen Risikos, also mit den Konsequenzen einer Disruption selbst (Behdani, 2013). Die entsprechende Wirkkette ist in ▶ Abb. 130 dargestellt.

Aus einer zeitlichen Perspektive können Maßnahmen demnach entweder vor einer Disruption oder nach dieser ansetzen. Maßnahmen vor Eintritt eines Risikos können dabei entweder am Design der Supply Chain (vor allem hinsichtlich Struktur, Akteure und Prozesse), also an der Ursache der Störanfälligkeit, an der

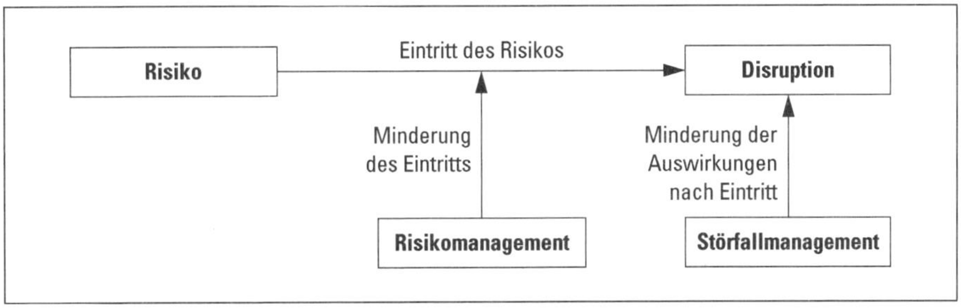

▲ Abb. 130 Generelle Wirkkette von Risiken und Disruptionen

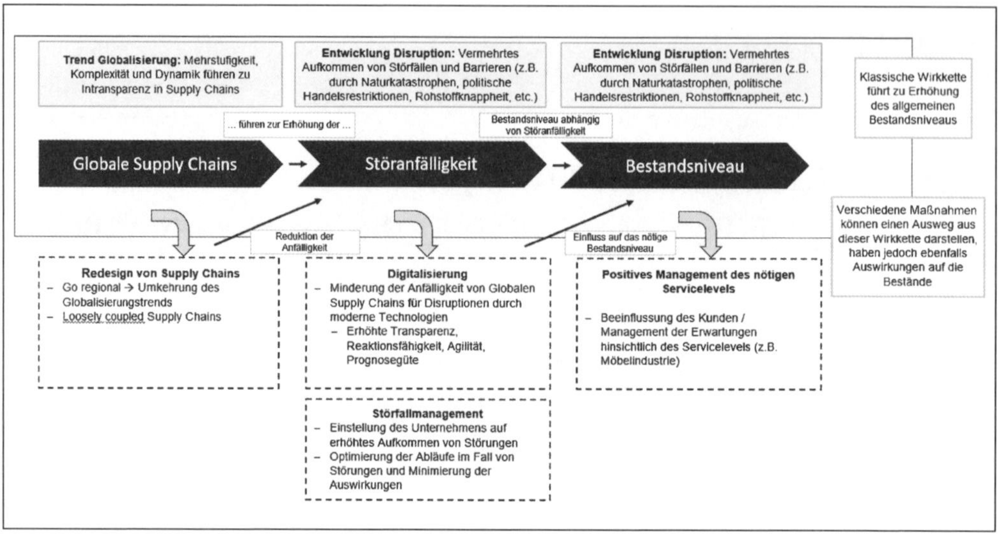

▲ Abb. 131 Mögliche Handlungsoptionen mit Blick auf Bestände in globalen Supply Chains

Störanfälligkeit selbst oder am Management des angestrebten Servicegrades ansetzen. Zur Minderung der Störanfälligkeit selbst kommen dabei vor allem Maßnahmen in Frage, welche durch erhöhte Transparenz und Reaktionsfähigkeit das Risiko mindern. Maßnahmen nach Eintritt einer Disruption umfassen vor allem die Planung und Umsetzung von schnellen und effektiven Handlungsfolgen als Reaktion auf eine Störung, um den entstehenden Schaden möglichst gering zu halten. ◀ Abb. 131 zeigt eine Übersicht möglicher Handlungsoptionen im vorherrschenden Wirkgefüge globaler Supply Chains. In Bezug auf Bestände lassen sich folgende Stoßrichtungen identifizieren: (1) das Management von Störfällen in Supply Chains, (2) die proaktive Beeinflussung des Servicegrades in Supply Chains, (3) Nutzung der Digitalisierung in Supply Chains, sowie (4) das Redesign von Supply Chains. Alle vier Stoßrichtungen werden im Folgenden jeweils vertieft beleuchtet und mit praktischen Beispielen anschaulich illustriert.

6.2.1 Störfallmanagement in Supply Chains

Störfallmanagement stellt besonders in sogenannten Lean Supply Chains ohne große Sicherheitsbestände eine in der Praxis erprobte Möglichkeit dar, mögliche Störungen abzupuffern. Hierbei werden entsprechend dem Leitsatz «Informationen ersetzen Bestände» die richtigen Informationen zum richtigen Zeitpunkt möglichst in Echtzeit erfasst und eingesetzt, um die traditionelle Absicherungsfunktion von Beständen zumindest teilweise zu ersetzen (Stölzle & Wütz, 2013).

Störfallmanagement beschreibt die präventive Planung und Umsetzung reaktiver Maßnahmen auf Disruptionen. Entsprechend antizipiert das Störfallmanagement in Ergänzung zum Supply-Chain-Risikomanagement den Eintritt bestimmter Risiken, um so durch schnelle und effektive Reaktionen die entstehenden Konsequenzen der Disruptionen möglichst gering zu halten. Demzufolge lässt sich das Störfallmanagement als die koordinierte Reaktion eines Unternehmens auf eine Disruption mit dem Ziel interpretieren, potentiellen Schaden hinsichtlich Profitabilität, Reputation und Unternehmensbetrieb gänzlich zu vermeiden bzw. möglichst gering zu halten. Das Störfallmanagement befasst sich demnach mit geeigneten prozessualen und organisatorischen Maßnahmen zur Senkung der Folgekosten von Störfällen (Sawik, 2020, S. 1–4).

Störfallmanagement und Risikomanagement sind zwei verwandte, aber unterschiedliche Ansätze, mit Risiken und deren Eintritt umzugehen. In der Praxis ist stets ein Abwägen notwendig, um zu identifizieren, für welche Risiken das Störfallmanagement vorteilhaft ist und für welche auf das Risikomanagement zurückgegriffen werden sollte (Tomlin, 2006). Sofern mit vertretbarem Ressourcenaufwand möglich, ist präventives Risikomanagement für Unternehmen erstrebenswert, da es vornehmlich darauf abzielt, die Anzahl disruptiver Ereignisse zu reduzieren. Jedoch kann nicht jedes Risiko proaktiv gemindert bzw. gänzlich eliminiert werden. Dies vor allem, da bestimmte Risiken vorab oftmals nicht bekannt sind und da das Risikomanagement für eine große Anzahl an Risiken vor allem mit geringer Eintrittswahrscheinlichkeit umfassende Unternehmensressourcen beanspruchen würde (Behdani, 2013). Für weitgehend unbekannte Risiken kann zwar auch kein dediziertes Maßnahmenpaket im Rahmen des Störfallmanagements geschnürt werden, jedoch lassen sich zumindest mit einem generellen Störfallmanagement mit generischen Reaktionselementen die Auswirkungen der eingetretenen Disruption abmindern. Ein Beispiel für den Eintritt eines solchen sehr unwahrscheinlichen Risikos war der Ausbruch des Eyjafjallajökull-Vulkans im April 2010 in Island. Die entstehende Aschewolke schränkte den Flugverkehr in weiten Teilen Europas über mehrere Wochen massiv ein und der Betrieb vieler Flughäfen wurde lahmlegt, sodass mehr als 100 000 Flüge gestrichen werden mussten (Seynsche, 2020).

Die praktische Umsetzung eines Störfallmanagements aus der Perspektive eines einzelnen Supply-Chain-Akteurs umfasst zwei Kernaufgaben:

- die Erstellung von Maßnahmenplänen für definierte Störfälle (sogenannte Response Plans) und
- die Ausführung dieser Maßnahmenpläne.

Die Erstellung eines Maßnahmenplans erfolgt zeitlich lange vor dem Eintritt eines Risikos. Er hält in strukturierter Form alle relevanten Informationen im Falle des Eintretens eines spezifischen Risikos fest. Kern des Maßnahmenplans ist eine konkrete Vorgehensbeschreibung für alle betroffenen Mitarbeitenden und

Teams, in welchem unter anderem Prioritäten zur Wiederherstellung der Leistungsfähigkeit (betriebliche Kontinuität), Ziele und Messgrößen, relevante Dokumente und Ressourcen sowie Kontakte festgehalten sind. Darüber hinaus enthalten solche Maßnahmenpläne auch Kontextinformationen wie getroffene Annahmen, den Geltungsbereich der Inhalte des jeweiligen Maßnahmenplans, Schwächen des Plans sowie Beschreibungen zur korrekten Nutzung des Dokuments. Nicht zu vernachlässigen bei der Erstellung von Response Plans ist die Berücksichtigung der Dynamik von Disruptionen. Folglich dürfen Pläne nicht statisch sein, sondern müssen ausreichend Spielraum für Anpassungen an das tatsächliche Ausmaß der Disruption bieten. Der akkuraten und zeitnahen Informationsbeschaffung kommt damit im Falle einer Disruption eine Schlüsselrolle zu. Annahmen, auf denen ein Response Plan beruht, sind darüber hinaus regelmäßig zu überprüfen und das definierte Maßnahmenbündel ist gegebenenfalls anzupassen (Bode & Macdonald, 2017, S. 843–844).

Bei der Ausführung der Maßnahmenpläne stellen vor allem Projektmanagement und Persönlichkeit der Führungspersonen zentrale Erfolgsfaktoren dar. Obwohl die Regeln des klassischen Projektmanagements zur konkreten Umsetzung der Maßnahmenpläne gelten, ist die Bearbeitung im Störfall oftmals mit hohem zeitlichem und finanziellem Druck verbunden. Entsprechend benötigen Führungspersonen für die Ausführungen in den Supply Chains selbst gewisse charakterliche Eigenschaften sowie führungstechnische Fähigkeiten und Fertigkeiten (Chen et al., 2019). Zu solchen «Krisenfertigkeiten» zählt vor allem ein flexibler und auf die aktuelle Situation angepasster Führungsstil inklusive einer angemessenen Kommunikation (auch gegenüber externen Supply-Chain-Partnern), einer ansprechenden Motivierung der eigenen Mitarbeitenden und einer hohen Führungsauthentizität (im Sinne des eigenen praktizierten Führungsverhalten).

Aus Sicht eines einzelnen Unternehmens, also aus Akteursperspektive, kann ein umfassend aufgegleistes und aktiv gelebtes Störfallmanagement mit einer reduzierenden Wirkung auf das Bestandsniveau einhergehen. Dabei sind die Auswirkungen auf die verschiedenen Bestandsarten zu unterscheiden (siehe Abschnitt 1.2.1). Im Falle einer Disruption trägt das Störfallmanagement vor allem dazu bei, die eigene Wertschöpfung zu sichern und – im Unterbruchsfall – schnell wieder aufzunehmen. Beispielsweise kann durch definierte Maßnahmenpläne und deren Umsetzung auf technische Ausfälle in der eigenen Fertigung reagiert werden, sodass ein Produktionsunterbruch möglichst kurz ausfällt. Jedoch können in diesen Plänen nur Aspekte berücksichtigt werden, die innerhalb des Wirkungsbereichs des eigenen Unternehmens liegen. In der Regel endet dieser Wirkungsbereich an der Unternehmensgrenze. So lassen sich durch Störfallmanagement aus Akteursperspektive vor allem Puffer- und Warenausgangslager reduzieren, da die Kontinuität des Betriebs der eigenen Wertschöpfung an Sicherheit gewinnt. Da jedoch auf die Lieferfähigkeit der Lieferanten durch dieses unternehmensbezogene Störfallmanagement nur wenig Einfluss genommen werden kann, ist diese bestehende Unsicherheit weiterhin durch Bestände beschaffungsseitig abzupuffern. Ein weiterer bestandsmindernder Aspekt des Störfallmanagements aus Akteursperspektive stellt die gezielte Allokation von Sicherheitsbeständen dar. Auf Basis der Maßnahmenpläne lassen sich etwa besonders relevante Warengruppen und Unternehmensbereiche zum Aufbau von Sicherheitsbeständen identifizieren und priorisieren. Während ein hoher Sicherheitsbestand dort die Fortführung der Wertschöpfung während einer Disruption sicherstellt, können Bestände in anderen Warengruppen und Unternehmensbereichen langfristig reduziert werden.

Da der Handlungsspielraum des Störfallmanagements auf Unternehmensebene seine Grenzen hat, erscheint eine weiterführende Betrachtung des Managements von Disruptionen auf Netzwerkebene vielversprechend zu sein. Denn Störfälle bei einem einzelnen Supply-Chain-Akteur können schließlich zu «Kettenreaktionen» in der gesamten Supply Chain führen, sofern ihnen nicht kooperativ im Verbund der Akteure begegnet wird. Auch wenn die eigene betriebliche Kontinuität sichergestellt zu sein scheint, ist ohne einen externen Materialnachschub die eigene Produktionsversorgung gefährdet und die Erbringung eines definierten Lieferservice nicht mehr gewährleistet. Deshalb ist es zum Beispiel in der Automobilbranche oft üblich, dass für bestimmte Artikel ein Mehrtagesbestand vom Lieferanten vorzuhalten ist, um auf etwaige Störfälle reagieren zu können. Im Rahmen von komplexen Just-in-time-(JIT-) oder Just-in-Sequence-(JIS-)Lieferkonzepten kann so zwar der reibungslose Ablauf für begrenzte Zeit aufrechterhalten werden, jedoch dies nur zu Lasten eines dauerhaft erhöhten Bestandsniveaus beim Lieferanten. Diese Anhebung des Niveaus der Sicherheitsbestände steht im Widerspruch zum eigentlichen Ziel von «Lean»-Konzepten wie JIT oder JIS, nämlich der Senkung bzw. Vermeidung von Beständen. Darüber hinaus kann der «Verlass» auf den Sicherheitsbestand darüber hinwegtäuschen, dass zugrundeliegende Prozesse nicht für die bestehenden Risiken gewappnet sind.

Ist dagegen ein JIT- bzw. JIS-Lieferkonzept mit einem kooperativem Störfallmanagement in Nutzung, lässt sich die Wertschöpfung auch unternehmensübergreifend mit einem niedrigen Gesamtbestandsniveau sicherstellen. Störungen beim Lieferanten (z.B. ein massiver Produktionsausfall) lassen sich durch interorganisationale Maßnahmen, eine vorab vorgenommene Priorisierung von möglichen Schadenseintritten sowie eine frühzeitige Kommunikation gegenüber dem Kunden im Rahmen eines mit mehreren Playern gemeinsam aufgestellten «Supply Chain Response Plans» begegnen. So könnte beispielsweise, wie im interorganisationalen Maßnahmenplan vorab festgehalten, lediglich eine Teilmenge des täglichen JIT- bzw. JIS-Bedarfs bereitgestellt werden. Hierfür ist etwa ein entsprechender Mechanismus zur Allokation der verbliebenen Lieferleistung zwischen mehreren Kunden im Störungsfall zu definieren und die zeitlich limitierten Restverfügbarkeiten den betroffenen Akteuren proaktiv zu kommunizieren. Die hierbei auf mehrere Kunden aufgesplitteten Teillieferungen verschaffen Zeit, die aufgetretene Störung zu beseitigen und die tieferliegende Problemursachen zu lösen. Eine entsprechende Vereinbarung zwischen dem Lieferanten und den eingebundenen Kunden müsste also, anstatt der Verpflichtung zum Führen eines definierten Bestandes, die Allokation der verbliebenen Restverfügbarkeiten auf die einzelnen Kunden enthalten, um in Summe auch bei Eintritt des Risikos eine gewisse Lieferleistung jedem eingebundenen Kunden sicherzustellen. Darüber hinaus sollen vordefinierte Kommunikationskanäle mit definierten Empfängern dazu beitragen, dass im Störfall zu erwartenden Abweichungen von den vereinbarten Lieferleistungen rasch kommuniziert werden können. Letztere Maßnahme erhöht insgesamt die Reaktionsfähigkeit der Supply Chain auf unvorhergesehene Disruptionen.

6.2.2 Proaktive Beeinflussung des Servicegrades in Supply Chains

Veränderungen bezüglich der Kapazitätsbeanspruchung von Abnehmern werden in kundenzentrierten Supply Chains von den tangierten Lieferanten in der Regel durch eigene Ressourcen kompensiert. Dies erfolgt nach Möglichkeit sogar ohne Einschränkung oder Kenntnis des Kunden. Ebenso werden Maßnahmen zur Verbesserung des Lieferservicegrads überwiegend im eigenen Entscheidungshoheitsgebiet, d.h. meist auf der eigenen Beschaffungsseite, angegangen und dem Kunden weitgehend vorenthalten. Kundenforderungen und Nachfragemuster werden in der Regel nicht explizit thematisiert oder in Frage gestellt. Stattdessen steht der Versuch im Vordergrund, die kundenseitigen Bedürfnisse und Erwartungen bestmöglich zu befriedigen (Gerster & Reuter, 2013).

Doch diese Passivität gilt nicht für alle Supply-Chain-Settings. Denn in einigen Branchen ist es mittlerweile üblich, das Bestellverhalten und die Nachfragemuster der Kunden aktiv zu beeinflussen und zu steuern. Beispielsweise werden im Bereich der «Fast-Moving Consumer Goods» vorhandene Überkapazitäten in der Fertigung mit entsprechenden Promotionen gekoppelt. Über Vermarktungs- und Vertriebsaktivitäten soll die Nachfragemenge für einen bestimmten Zeitraum derart erhöht werden, dass Produktionsanlagen – im Falle von Überkapazitäten – bestmöglich ausgelastet sind. Auch die Auswirkungen von Unterkapazitäten lassen sich durch gezielte Nachfragesteuerung abmildern. Im Personenverkehr beispielsweise steuern Unternehmen durch dynamische Preise und definierte Ticketarten die Auslastung, gerade um begrenzte Transportkapazitäten auszugleichen (siehe etwa die steigenden Ticketpreise bei Flugbuchungen bei überproportional hoher Nachfrage). Übertragen auf den Kontext der Realgüter lässt sich dieses Steuerungsprinzip beispielsweise durch genau definierte Preisstaffelungen in Abhängigkeit des Servicelevels oder vergünstigte Lieferkonditionen zu bestimmten Zeitpunkten umsetzen. Auch wenn diese Ansätze in Theorie und Praxis bereits lange existieren, so werden sie doch selten aus der Perspektive des Bestandsmanagements angewendet.

Wie gezeigt, lassen sich das Bestellverhalten und die Nachfragemuster der Kunden durch geeignete, oft preisliche Anreize, aktiv steuern. Dies erfolgt zugunsten einer internen Verbesserung von Kapazitätsauslastungen, beispielsweise von Produktionsanlagen, Planungsprozessen oder sonstige Assets einzelner Akteure der Supply Chain. Aufgrund der möglichen beidseitigen Vorteile bei Kunde und Lieferant liegt in dieser Art der aktiven Steuerung der Bestellverhalten und Nachfragemuster ein bislang nicht realisiertes Potential brach. Ein Ablegen der «Unantastbarkeit» von Kundenerwartungen und Abnehmerverhalten könnte diese Potentiale nutzbar machen.

Notwendig für solch einen Proaktivitätsschwenk ist das ständige, kritische Hinterfragen von vorgegebenen Servicegraden für alle Warengruppen der einzelnen Kunden. Ist der hohe, vertraglich fixierte Servicegrad tatsächlich für alle Warengruppen notwendig? Welche Verfügbarkeitssituationen und Kosten entstehen beim Kunden, wenn der Servicegrad niedriger liegen würde? Welche Einsparpotentiale entstehen beim Lieferanten, wenn der Servicegrad gesenkt wird? Ist dem Kunden die Höhe der möglichen Einsparpotentiale bewusst und wie lassen sich etwaige Einsparungen zwischen den beteiligten Supply-Chain-Partnern aufteilen?

Der Servicegrad beschreibt eine zentrale Messgröße der Kundenorientierung im Spannungsfeld zwischen Lager- und Kapitalbindungskosten einerseits sowie Kosten durch Nichtverfügbarkeit bzw. Fehlbestände anderseits (Abschnitt 1.4.2). Er stellt eine wichtige Stellgröße des Bestandsniveaus sowohl auf Akteurs- als auch auf Netzwerkebene von Supply Chains dar, da hohe Servicegrade tendenziell mit höheren Beständen und damit höheren Kapitalbindungskosten einhergehen. Insbesondere in dynamischen Unternehmensumfeldern und im Kontext von sich abzeichnenden Disruptionen spielt der avisierte Servicegrad eine wichtige Rolle, da zur Gewährleistung eines hohen Servicegrades unter Unsicherheit nach traditionellen (quantitativ berechneten) Ansätzen besonders hohe Sicherheitsbestände erforderlich sind (siehe Abschnitt 6.1.3). Ein hoher avisierter Servicegrad unter Berücksichtigung von Risiken verstärkt somit den Effekt, dass Unsicherheiten auf der Beschaffungs- wie auch der Absatzseite den berechneten Sicherheitsbestand erhöhen (siehe Abschnitt 6.1.3).

Die aktive Beeinflussung des erwarteten Servicegrades stellt daher, im Gegensatz zur Erhöhung des Bestandsniveaus, einen alternativen Ansatz dar, mit Unsicherheiten in der Supply Chain umzugehen. Kernziel ist das Management der Erwartungen des Kunden und die aktive Beeinflussung seiner Nachfragemuster, sodass Vorteile für Kunden und Lieferanten entstehen. Bei den Kunden kann es sich sowohl um unternehmensinterne Bedarfsträger als auch um externe Abnehmer handeln.

Möglichkeiten zur Beeinflussung der kundenseitigen Serviceerwartungen ergeben sich aus den Stellhebeln des Servicegrades sowie deren Veränderung. Zu den wichtigsten Stellhebeln zählen dabei die Lieferbereitschaft von Waren (d.h. Bereitschaft, direkt aus dem Vorrat zu liefern) (siehe Abschnitt 1.4), das Leistungsspektrum (v.a. Menge und Zeit), die Preisgestaltung (z.B. Rabattstaffelungen), die vereinbarten Folgen bei Nichteinhaltung von Vereinbarungen (v.a. Bonus-Malus-Vereinbarungen) sowie der Betrachtungszeitraum der Vereinbarung (i.d.R. festgehalten in den verhandelten Verträgen). Der Servicegrad und die Ausgestaltung dieser Stellhebel werden in der Praxis oftmals durch ein Service-Level-Agreement verbindlich festgehalten (Ellis & Kauferstein, 2013; Hofmann & Roubtsova, 2020).

Bei der Ausdifferenzierung der einzelnen Stellhebel ist einerseits nach dem Zeithorizont zu unterscheiden. Werden bestimmte Größen wie Verfügbarkeiten oder Preise langfristig angepasst (z.B. auf Basis von Gleitklauseln) oder nur im Falle eintretender Risiken? Andererseits ist nach der Perspektive der Warengruppen zu differenzieren. Betreffen die Anpassungen alle oder nur ausgewählte Warengruppen, welche das größte Verbesserungspotential bieten (z.B. auf Basis einer ABC-XYZ-Analyse)? Darüber hinaus ist weiterhin das Zusammenspiel aller Stellhebel und deren Interdependenzen untereinander gemeinsam zu betrachten. Beispielsweise können Abstriche des Kunden bei der zeitlichen Verfügbarkeit bestimmter Warengruppen durch attraktivere Preise oder ein höheres Leistungsspektrum bei anderen Warengruppen kompensiert werden. Eine Übersicht über mögliche Handlungsoptionen zur Bestandsminderung durch aktive Beeinflussung des Servicegrades anhand relevanter Stellhebel findet sich in ▶ Abb. 132.

Die Umsetzung von Maßnahmen zur Beeinflussung des erwarteten Servicegrades gestaltet sich in der Praxis oftmals schwierig. Hierbei spielen die Beziehungen der Supply-Chain-Akteure untereinander eine entscheidende Rolle. Langfristige Kooperation und Vertrauen fördern das Gelingen der Servicegrad-Anpassungsmaßnahmen. Darüber hinaus kann durch das Schaffen von Anreizen, aber auch durch gezielte Marketingaktivitäten die allgemeine Erwartungshaltung bei Kunden und Abnehmern bezüglich des vorherrschenden Servicegradniveaus einer Branche oder eines Produkts beeinflusst werden.

Erwartungen bezüglich des Servicegrades sind je nach Branche sehr unterschiedlich. Beispielsweise gelten in der Automobilbranche und in der metallverarbeitenden Industrie extrem hohe Servicegrade als Standard (Göpfert & Schulz, 2017, S. 392). Dies spiegelt sich teilweise sogar in den Standardeinstellungen der entsprechenden ERP-Systeme und Vorlagen für Rahmenverträge wider. Gerade in solchen Branchen mit traditionell sehr hohen Erwartungen bezüglich des Servicegrades muss der Weg noch bereitet werden, um Bereitschaft bei den Kunden für die ständige Hinterfragung ihres tatsächlichen Servicebedarfs zu etablieren. Oftmals herrscht in diesen Branchen zusätzlich eine klare Hierarchie vor, in der beispielsweise ein großer Hersteller (OEM) die maßgeblichen Vertragsbedingungen weitgehend vorgeben kann. Der OEM sieht oftmals nicht die Notwendigkeit, Ressourcen in eine differenzierte Analyse des tatsächlich benötigten Servicegrades bestimmter Warengruppen zu investieren, und umgeht so gleichzeitig das allgemeine Risiko eines zu niedrigeren Servicegrades. Die fehlende Problemsensi-

Stellhebel (Komponente des Servicegrades)	Möglichkeiten der Beeinflussung durch den Lieferanten/Handlungsoptionen zur Senkung des Bestandsniveaus
Lieferbereitschaft der Waren und Services: Bereitschaft, Waren direkt aus dem Bestand zu liefern	■ Übereinkunft, das generelle Niveau der Lieferbereitschaft langfristig abzusenken (ggf. im Gegenzug zu niedrigeren Preisen oder anderen Vorteilen für den Kunden, wie z. B. eine erhöhte Flexibilität hinsichtlich der Bestandszusammensetzung). ■ Vereinbarung kurzfristig niedrigerer Lieferbereitschaften im Falle von eintretenden Risiken (ggf. Kompensation durch andere Stellhebel). ■ Vereinbarung differenzierter Lieferbereitschaften für verschiedene Warengruppen (kurz- oder langfristig).
Leistungsspektrum (v.a. Menge und Zeit)	■ Absprache von längeren Reaktionszeiten auf eingehende Bestellanfragen (generell langfristig oder kurzfristig im Fall von Disruptionen). ■ Vereinbarung eines «Spielraums» bezüglich Liefermengen inklusive der Definition und Anpassung der Grenzwerte für Über- und Untermengen (generell langfristig oder kurzfristig im Falle von Disruptionen). ■ Differenzierte Anpassung des Leistungsspektrums für bestimmte Warengruppen (kurz- oder langfristig) inkl. der Priorisierung kritischer und der Herabstufung unkritischer Warengruppen.
Preisgestaltung	■ Etablierung einer Preisflexibilität, welche die Kompensation kurz- oder langfristiger Abstriche bei Verfügbarkeit und Leistungsspektrum durch Preisnachlässe vorsieht (dies verschafft dem Lieferanten Handlungsspielraum, v. a. im Kontext von Disruptionen). ■ Gewährung von Preisnachlässen, wenn sich durch proaktive Maßnahmen seitens des Kunden erkennbare Einsparungen bei den Bestandskosten in der Supply Chain realisieren lassen (z. B. durch Prozessinnovationen oder die Einführung fortschrittlicher Planungs- und Steuerungssoftware).
Rechtsfolgen bei Nichteinhaltung	■ Minderung von Vertragsstrafen bei Nichteinhaltung der für die übrigen Stellhebel festgelegten Zielwerte (generell oder im Falle von Disruptionen). ■ Vermeidung von Vertragsstrafen durch Flexibilität bei den anderen Stellhebeln (v. a. hinsichtlich des Leistungsspektrums, der Verfügbarkeit sowie der Preisgestaltung).
Betrachtungskontext und -zeitraum	■ Übereinkunft über den Ausschluss von Servicegradreduktionen, welche sich auf sogenannte «force majeure»-Ereignisse (höhere Gewalt) zurückführen lassen. ■ Ggf. Ausnahme der Disruptionsfälle aus der generellen Servicelevel-Berechnung inkl. getrennter Betrachtung von «Normalbetrieb» und Betrieb bei Disruptionen.

▲ Abb. 132 Stellhebel und korrespondierende Handlungsoptionen zur proaktiven Beeinflussung des Servicegrades

tivität erschwert somit vielfach das Durchsetzen von Servicegrad-Anpassungsmaßnahmen zusätzlich.

Die proaktive Beeinflussung des erwarteten Servicegrades kann sich auf Akteursebene somit bestandsmindernd auswirken. Aus Sicht des Lieferanten gilt dieser Effekt grundsätzlich für alle Lagerorte, das heißt, am Wareneingang (Beschaffungsläger), in Puffer- und Zwischenlägern sowie am Warenausgang (Absatzläger) lassen sich hierüber Bestände abbauen. Ein besonders großes Potential zur Bestandsreduzierung besteht dabei tendenziell am Warenausgang an der Schnittstelle zu den Abnehmern. Denn Bestände werden lieferantenseitig oft gezielt dort aufgebaut, um so die Lieferfähigkeit zu den Kunden in Anbetracht einer Vielzahl an Risiken zu gewährleisten. Beispielsweise kann so auch bei einem Produktionsausfall der eigenen Anlagen für gewisse Zeit der Service gegenüber den Kunden gewährleistet werden, was bei einem Sicherheitsbestand am Wareneingang oder als Zwischen- bzw. Pufferlager in der Produktion nicht der Fall ist.

Akzeptiert der Kunde in bestimmten Situationen oder generell ein abgesenktes Serviceniveau, erlaubt dies dem Lieferanten einen größeren Handlungsspielraum, beispielsweise im Hinblick auf den Umgang mit gewissen Risiken. So kann der Zulieferer selbst zwischen bestehenden Aufträgen unter limitierten Kapazitäten priorisieren und seine Prozesse unter Berücksichtigung der Bestandssituation optimieren (z.B. anhand eines Maßnahmenplans, siehe Abschnitt 6.2.1). So kommt es im Idealfall zu einer gezielten und kontrollierten Reduktion des Servicegrades im Gegensatz zu unkontrollierten oder unvorhersehbaren Lieferausfällen. Ein Teil der Bestände kann weg vom Warenausgang, wo die Vorräte in Form von spezifischen Endprodukten lagern, die Supply Chain flussaufwärts in Zwischenläger (mit WIP-Beständen) oder gar in Beschaffungsläger (mit Rohstoffbeständen) verschoben werden, wo Bestände weniger Kapital binden und gleichzeitig flexibler einsetzbar sind. Darüber hinaus lässt sich der Lieferservice beispielsweise kontrolliert für mehrere Kunden parallel herunterfahren, sodass zumindest eine gezielte Lieferung von Mindermengen ermöglicht wird. Findet die Lieferung beispielsweise im Rahmen eines Milkrun-Konzepts statt (siehe Abschnitt 4.1.3), kann lediglich die Häufigkeit der Milkruns reduziert werden, ohne eine grundsätzliche Veränderung der Route vorzunehmen. So lassen sich gänzliche Fehllieferungen bei einzelnen Kunden vermeiden. Die Bestandsreduzierung kann über die verschiedenen Lagerorte verteilt und optimiert werden.

Mit Blick über die bilaterale Zuliefer-Abnehmer-Beziehung hinaus werden die Auswirkungen einer Beeinflussung des erwarteten Servicegrades auf das Bestandsniveau und auch die Umsetzung solcher Maßnahmen nochmals deutlich komplexer. Auch der Abnehmer selbst ist in der Regel an gewisse Servicegrade gebunden, den er wiederum seinen internen und externen Kunden zusichert. Da der Abnehmer zur Erfüllung dieser eigenen Kundenerwartungen einen gewissen Versorgungsservice vom Lieferanten benötigt, kann er über die Anpassung des Letzteren nur beschränkt verhandeln. Entsprechend begrenzt der erwartete Servicegrad entlang der Supply Chain – vor allem auf der Netzwerkebene – seinerseits den Handlungsspielraum dieser Maßnahme.

Aus unternehmensübergreifender Netzwerksicht wäre also eine kooperativ-koordinierte Bestimmung des über alle Supply-Chain-Akteure hinweg angepeilten Servicegrades wünschenswert. Im Hinblick auf vorhandene Risiken wäre außerdem eine dynamische Anpassung der Erwartungen und Reaktionen bei Risikoeintritt über die Supply Chain hinweg sinnvoll. Über ein solch koordiniertes Vorgehen ließen sich Bestände bei einzelnen Akteuren reduzieren, insbesondere solche, welche zur Aufrechterhaltung eines hohen Servicegrades bei Störfällen ständig bereitgehalten werden. Über die gesamte Supply Chain gesehen könnte die Reduzierung des Serviceniveaus generell zu einer Verschiebung der Bestände in Upstream-Richtung – flussaufwärts – führen. Damit würde aus Netzwerksicht eindeutig die Bevorratung von Rohstoffen und Halbfertigerzeugnisse und nicht das Vorhalten von Fertigerzeugnissen im Fokus stehen, womit sich insgesamt auch die Kapitalkosten reduzieren ließen. Grund hierfür ist der sinkende Druck für die involvierten Supply-Chain-Akteure, auch bei Risikoeintritt zwingend ein hohes Serviceniveau dauerhaft erreichen zu müssen. Ein weiterer Vorteil würde darin bestehen, schlankere Prozesse und Strukturen einsetzen zu können, wie sie beispielsweise im Lean-Ansatz oder der bedarfsgerechten Fertigung bekannt sind, bis hin zum «One-Piece Flow». Das Streben nach hoher Reaktionsfähigkeit sowie beschleunigter Durchsatzgeschwindigkeit könnte in diesem Zusammenhang ferner als gemeinsam geleistete Maßnahme der Supply-Chain-Akteure herhalten, die Erwartungen der (End-)Kunden hinsichtlich eines gewissen Serviceniveaus – auch im Falle einer Disruption – dennoch nicht gänzlich zu enttäuschen.

6.2.3 Nutzung der Digitalisierung in Supply Chains

Digitale Technologien und deren Einsatz entlang der Supply Chains spielen eine immer größere Rolle in der heutigen Wertschöpfung. Mit Bezug zu Beständen resultieren aus dem Einsatz von Technologien unterschiedliche Effekte. Diese Effekte können sowohl bestandsmindernd als auch bestandserhöhend ausfallen. Auch wenn keine allgemeingültige Aussage über das Wirken einzelner Technologien getroffen werden kann, werden im Folgenden relevante Technologien kurz vorgestellt sowie deren Einfluss auf Bestände aus Akteurs- und Netzwerksicht aufgezeigt.

IoT und Blockchain für Transparenz von Beständen

Die hohe Komplexität und Dynamik globaler Supply Chains erschweren es Unternehmen zunehmend, den Überblick über Zustände (Stati) und Ereignisse betreffend die Material-, Waren-, Informations- und Finanzflüsse zu behalten. Insbesondere Informationen über die Geschehnisse rund um Vorlieferanten, welche nicht in einem direkten Vertrags- und Lieferverhältnis zum Unternehmen stehen, sind hierbei relevant. Beispiele hierfür sind detaillierte Angaben über die Herkunft bestimmter Inhaltsstoffe (z.B. bei Lebensmitteln) sowie die Kenntnis der Konditionen und Umstände, in welchen die Produkte hergestellt wurden. Auch Nachweise über den durchlaufenen Wertschöpfungsprozess von Produkten sowie die Verifikation der Echtheit von Waren (z.B. von Pharmazeutika) sind für viele Unternehmen vielfach nur mit erheblichem Aufwand erbringbar. Diese fehlende oder nur schwer herzustellende Transparenz in Supply Chains erhöht die Exposition von Unternehmen für verschiedene Risiken und schränkt deren Handlungsspielraum bezüglich Prävention und Störfallmanagement ein.

Transparenz in Supply Chains kann als der Zustand definiert werden, welcher die Sichtbarkeit von Akteuren, Produkten, Services und Prozessen sowie die Nachverfolgbarkeit ihrer Historie in der Supply Chain erlaubt, um eine spezifische Zielgröße zu verbessern (Carter et al., 2015). Zwei aktuellen Technologien wird großes Potential zugetraut, die Transparenz in Supply Chains maßgeblich zu verbessern. Während sich mit Hilfe des Internet of Things (IoT) vor allem die Sichtbarkeit in Supply Chains erhöhen lässt, eignen sich die Eigenschaften von Distributed-Ledger-Technologien (z.B. Blockchain) insbesondere für eine Erhöhung der Rückverfolgbarkeit über mehrere Wertschöpfungsstufen und Unternehmensgrenzen hinweg (Röck, 2020).

IoT ermöglicht die Vernetzung von physischen Assets und Sensoren entlang der Supply Chain. Eine zentrale Rolle spielen dabei sogenannte Cyber-physische Systeme (CPS), welche die Computerisierung physischer Gegenstände sowie deren Ausstattung mit Sensorik und Aktorik beschreiben (Liu et al., 2017, S. 27). Informationen aus der physischen Welt können mithilfe der Sensoren aufgenommen und über die Kommunikationstechnologien entlang der Supply Chain verfügbar gemacht werden. Umgekehrt lassen sich CPS auch über das IoT ansteuern, um so über die Aktorik in die physische Umgebung einzugreifen. Zusammen mit der mobilen Funktechnologie erlauben solche Technologien ein reales Abbild des Zustands der Supply Chain in Echtzeit.

Ergänzend zu dieser physischen Integration arbeiten dezentrale Datenbanken auf Basis der Blockchain nach den Prinzipien der Dezentralität und der Unveränderbarkeit. Im Gegensatz zu zentralen Datenbanken wird ein neuer Eintrag stets an verschiedenen Orten parallel abgespeichert und ist somit nicht mehr ohne Kenntnis und Zustimmung der beteiligten Akteure veränderbar. Besonders im interorganisationalen Kontext lässt sich mit solchen Blockchain-basierten Lösungen das Vertrauen in Datensätze erhöhen, zum Beispiel bei der Dokumentation der Herkunft von Gütern entlang mehrerer Wertschöpfungsstufen (Rückverfolgbarkeit). Durch die redundante Datenspeicherung sind solche dezentrale Datenbanken außerdem weniger anfällig für Systemausfälle, was vor allem in Bezug auf technische Disruptionen die Störanfälligkeit mindert. Diesen Vorteilen stehen jedoch Ineffizienzen entgegen, welche durch die Redundanzen verursacht werden. Beispielsweise entsteht durch den Einsatz der Blockchain ein deutlich höherer Energieverbrauch im Vergleich zur optimierten zentralen Datenspeicherung (Schmidt & Wagner, 2019).

Durch den Einsatz beider Technologien lässt sich die Transparenz in Supply Chains erhöhen, da der Informationsfluss zwischen den Supply-Chain-Akteuren in den Dimensionen Datenmenge (z.B. durchgängige Lokalisierbarkeit von Waren), Datenqualität (z.B. Genauigkeit der geographischen Position) und Datenverfügbarkeit (z.B. Zugriff auf Positionsdaten jederzeit von verschiedenen Orten) verbessert wird (Röck, 2020). Die transparente Datenlage führt einerseits zu einem frühzeitigen Erkennen des Eintritts von Risiken sowie andererseits zu einer besseren Beschreibbarkeit der Anfälligkeit von Prozessen für Risiken. Die durch IoT und CPS erzeugte Sichtbarkeit in Form von Echtzeitdaten entlang der Supply Chain erlaubt eine frühzeitige Reaktion bereits bei Anzeichen des Eintritts von Störungen. So erhält ein Unternehmen die Möglichkeit, eine Disruption durch die Lancierung geeigneter Maßnahmen noch rechtzeitig abzuwenden. Ist dies nicht möglich, lässt sich zumindest durch ein frühzeitig ansetzendes Störfallmanagement das Ausmaß der Disruption geringhalten (siehe Abschnitt 6.2.1). Die mit Hilfe der Blockchain-Technologie erzeugte Rückverfolgbarkeit schafft darüber hinaus eine «langfristige» Transparenz, vor allem bezüglich der Akteure der Supply Chain und ihrer Tätigkeiten, sodass sich kritische Pfade bezüglich der Versorgungssicherheit und Leistungserbringung erkennen lassen. Über den Einsatz von geeigneten IoT- und Blockchain-Lösungen lassen sich Unsicherheiten entlang der Supply Chain reduzieren, was sich wiederum auf das Niveau der erforderlichen Bestände auswirkt.

Die Bestandswirkung von IoT- und Blockchain-basierten Lösungen bezieht sich sowohl auf die Akteurs- als auch die Netzwerkebene. Aus Sicht einzelner Akteure führt etwa eine erhöhte Sichtbarkeit von Supply-Chain-Akteuren, Produkten und Services sowie Prozessen dazu, dass kleinere Verzögerungen oder Ausfälle frühzeitig erkannt werden können. Das Risiko von solchen überschaubaren Events wird in Unternehmen durch Pufferbestände am Wareneingang, entlang der Produktion oder beim Warenausgang abgefedert. Diese risikoinduzierten Puffer- und Sicherheitsbestände lassen sich nun durch eine technologiebasierte Sichtbarkeit entsprechend substituieren und reduzieren. Ohne eine entsprechende Transparenz müssen Unternehmen stets «auf Sicht» fahren und im schlimmsten Fall erreicht sie die Kenntnis über eine verspätete Verfügbarkeit kritischer Materialien erst in dem Moment, in dem die Inputgüter bereits benötigt werden. Besonders deutlich ist dieser Effekt bei koordinativ anspruchsvollen Lieferkonzepten, wie zum Beispiel JIT/JIS-Lieferungen, da hier bereits kleine Verzögerungen oder Lieferausfälle zu Produktionsstopps beim Kunden führen können.

Die zweite Komponente der Transparenz, die Rückverfolgbarkeit, hat einen differenzierten Effekt auf die Bestände auf Akteursebene. Durch die mittels Blockchain-Technologie erhöhte Rückverfolgbarkeit entlang der Supply Chain werden Risikodispositionen überhaupt erst identifiziert und beschreibbar gemacht, da sich nun beispielsweise Tier-2- und Tier-3-Lieferanten in der eigenen Supply Chain analysieren lassen. Diese Kenntnis kann als Basis für eine Risikoanalyse dienen, sodass sich Sicherheitsbestände auf besonders kritische Warengruppen fokussieren und somit bei anderen, weniger kritischen Warengruppen korrespondierend reduzieren lassen. Darüber hinaus ist nach Kenntnis der Risikoexposition das Ergreifen gezielter langfristiger Maßnahmen neben dem Aufbau von Beständen möglich. Wurde beispielsweise für eine kritische Warengruppe ein

Tier-2-Lieferant als Bottleneck der Lieferfähigkeit erkannt, können langfristig alternative Zulieferer für diese Warengruppen aufgebaut werden, was wiederum mit der Möglichkeit einhergeht, aufgebaute Sicherheitsbestände zu reduzieren.

Erhöhte Transparenz entlang der Supply Chain wirkt sich auch aus Netzwerkperspektive bestandsmindernd aus. Werden Echtzeit-Informationen für alle Akteure entlang der Supply Chain zugänglich gemacht, wird eine vorausschauende und integrierte Planung auf interorganisationaler Ebene vereinfacht ermöglicht. Da in der Regel auf jeder einzelnen Stufe der Supply Chain gewisse Sicherheitsbestände vorgehalten werden, vor allem am Wareneingang und in Form von Produktionspuffern, besteht hier aus Netzwerksicht ein nicht unerhebliches Potential einer Bestandsreduktion durch die Erhöhung der Planungsgenauigkeit und einer Abminderung des Bullwhip-Effekts (siehe Kapitel 1).

Neben der Reduktion von Sicherheitsbeständen als Reaktion auf Risiken kann erhöhte Sichtbarkeit in der Supply Chain auch als Voraussetzung für darauf aufbauende, bestandsarme Kooperationskonzepte zwischen den involvierten Akteuren angesehen werden. Beispielsweise ist ein entsprechender interorganisationaler Informationsfluss die Voraussetzung, um ein unternehmensübergreifendes JIT-Konzept «kollaborativ» umzusetzen. Einflussgrößen auf das Ausmaß der Bestandsminderung durch technologiebasierte Transparenz sind unter anderem die Leistungsfähigkeit und Genauigkeit der eingesetzten Tools sowie das vorherrschende Supply-Chain-Design, in welchen die Technologien angewandt werden. Zum Beispiel sind Analysen von Risiken, der Herkunft und Echtheit sowie die Überwachung der Nachverfolgung mittels Blockchain-Technologien bei Netzwerken mit geringer Komplexität erheblich einfacherer. Größere Effekte auf die Bestände entfalten sich jedoch vor allem bei globalen Supply Chains, bei welchen sich hingegen auch die Umsetzung der Maßnahmen deutlich aufwendiger gestaltet (dies nicht nur aufgrund der größeren Anzahl an einzubindenden Akteuren, sondern auch wegen der Vielfalt der zu beachtenden rechtlichen Rahmenbedingungen) (Sternberg et al., 2021).

Big Data und maschinelles Lernen zur Erhöhung der Prognosegüte von Beständen

Die Ermittlung von zukünftigen Bedarfen via Prognosen spielt im Supply Chain Management im Allgemeinen und im Hinblick auf Bestände im Speziellen eine zentrale Rolle. Die Ungenauigkeit oder gar Fehlerhaftigkeit von Prognosen stellt einen Unsicherheitsfaktor dar, dem Unternehmen oftmals mit Sicherheitsbeständen begegnen (eine ebenso wenig attraktive Alternative hierzu wäre das Vorhalten von Pufferkapazitäten in der Produktion). Je genauer und verlässlicher die aufgestellten Prognosen ausfallen, desto niedriger kann das Niveau der Sicherheitsbestände gehalten werden.

In den letzten Jahren gab es erhebliche Fortschritte, Prognosen technologiebasiert zu verbessern. So fand eine Erweiterung der Funktionalitäten klassischer

ERP-Systeme um Prognosefähigkeiten statt und spezialisierte Software-Tools zur Supply-Chain-Planung wie zum Beispiel Advanced Planning Systems (APS) oder Sales&Operations-Planning-(S&OP-)Systeme kamen auf den Markt (siehe Abschnitt 1.4). Deren Funktionalitäten umspannen dabei unter anderem die Entscheidungsunterstützung bei der Planung von strategischen, taktischen und operativen Produktions- und Logistikaktivitäten (Hofmann & Rutschmann, 2018, S. 739).

Durch die Integration von Material-, Informations- und Finanzmittelfluss, welche durch Cyber-physische Systeme (CPS) und das Internet der Dinge (IoT) ermöglicht wird (siehe oben), stehen den Systemen auch über die zusätzliche Einbindung weiterer Supply-Chain-unabhängiger Datenquellen (z.B. Verkehrs-, Wetter- oder Social-Media-Informationen) zunehmend aktuellere und gleichzeitig umfangreichere Datenmengen für die Berechnung der Prognose zur Verfügung. Diese Daten umfassen beispielsweise nun Echtzeitinformationen über die aktuelle Kapazitätsauslastung von Supply-Chain-Akteuren oder über den genauen Ort von Waren. Neben der verbesserten Qualität und Menge der Daten bieten steigende Rechenkapazitäten neue technische Möglichkeiten der Datenauswertung. Oft unter dem Begriff «Big Data und Machine Learning» zusammengefasst, beschreiben diese Verfahren mitunter die Zusammenführung, Analyse und entscheidungsorientierte Aufbereitung von strukturierten und unstrukturierten Daten zur Schaffung eines Mehrwertes (Stölzle & Preindl, 2019).

Für das Bestandsmanagement bedeutet dies zunächst, dass die Prognosegüte unter Berücksichtigung von Big Data und Anwendung des maschinellen Lernens im Normalbetrieb der Unternehmen steigt und somit generell weniger Bestände vorgehalten werden müssen oder durch Fehlplanungen entstehen. Darüber hinaus lassen sich über prädiktive Verfahren auf Basis der Inkludierung neuer Datentypen auch etwaige Disruptionen besser antizipieren. Die Prognose wird dabei also nicht nur auf Bedarfe angewandt, sondern auch auf den Eintritt von bestimmten Risiken. Auch eine kombinierte Betrachtung, also die Prognose von Bedarfen oder Verfügbarkeiten unter Berücksichtigung des Eintritts bestimmter Risiken, ist hierbei zielführend mit Blick auf die Planungssicherheit von Unternehmen und damit die Reduktion von Beständen.

Gleichwohl eine «exakte» Prognose selbst den Eintritt von Risiken oder Schwankungen von Bedarfen nicht verhindern oder verändern kann, ergeben sich aus Akteurs- und Netzwerkperspektive bestandsmindernde Effekte. Eine Berechnung der Eintrittswahrscheinlichkeit von Risiken erlaubt aus Akteurssicht eine adäquatere, datenbasierte Bemessung der Sicherheitsbestände. Dies steht im Gegensatz zu vielmals vorherrschenden Ansätzen, bei denen die Bemessung der Sicherheitsbestände weitestgehend von der subjektiven Erfahrung einzelner Mitarbeitender abhängt. Sofern bei den Entscheidern eine gewisse Voreingenommenheit besteht, werden bestimmte Risiken mit überdimensionierten Bestandsniveaus abgesichert, insbesondere wenn diese Risiken in der Vergangenheit mit erheblichen Schäden einhergingen. Objektiv bestehen gegebenenfalls jedoch keinerlei

Gründe (mehr), diese Risiken zu priorisieren. Die datenbasierte Prognose und Ermittlung von Wahrscheinlichkeiten von Disruptionen erlaubt demnach eine differenzierte Bestandsführung bezüglich Warengruppen und Menge, über welches sich objektiviert die allgemeine Bestandsstruktur verbessern und die Kapitalbindung reduzieren lassen.

Die Verknüpfung der Eintrittsprognosen von Risiken mit geeigneten Marktprognosen erlaubt auch eine zeitliche Differenzierung der Sicherheitsbestände aus Akteursperspektive. Beispielsweise kann in einer Phase, in der eine hohe Eintrittswahrscheinlichkeit eines Risikos besteht, dennoch ein verhältnismäßig geringer Sicherheitsbestand ausreichen, sofern die Marktprognosen eine gewisse beschaffungsseitige Versorgungssicherheit oder einen niedrigen Bedarf indizieren. Hier führen die Prognoseverfahren zu einer Reduktion der Bestände am Wareneingang, vor allem von Roh- oder Halbfertigprodukten.

Neben der beschaffungsseitigen Reduktion von Sicherheitsbeständen durch genauere Bemessung und Priorisierung nach Warengruppe, Menge und Zeit ergibt sich aus Akteursperspektive auch ein absatzseitiger Effekt. Denn generell senken exaktere Nachfrageprognosen den Bestand an Fertigerzeugnissen am Warenausgang oder in den Verteillagern bzw. Distributionszentren. Schließlich werden Prognoseungenauigkeiten nach herkömmlichem Ansatz, wie jede Art von Unsicherheit, vielfach mit einem höheren Bestand ausgeglichen. Dies ist besonders auf der Nachfrageseite der Fall, da tiefe Lieferservicegrade und einhergehende Umsatzverluste aus einer Vertriebsperspektive zu verhindern sind (siehe Abschnitt 1.4). Extensive Überbestände lassen sich durch genauere Prognosen von Bedarfen vermeiden. Sind Prognoseverfahren zusätzlich in der Lage, das Risiko einer sprunghaften Bedarfsschwankung (Schock) auf Nachfrageseite zu antizipieren, lassen sich zusätzlich die hierdurch induzierten Effekte in der Produktion spürbar abmildern.

Auf der Netzwerkebene spielt der Einsatz neuartiger Prognosetools ebenfalls eine bestandsrelevante Rolle. Wird zum Beispiel ein interorganisationales Lieferkonzept wie das Vendor-Managed Inventory (VMI) verwendet, zeigt sich der Effekt besonders anschaulich. Ohne prognoserelevanten Informationsaustausch und ohne die Verwendung neuartiger Tools prognostiziert jeder Supply-Chain-Akteur erwartete Marktbewegungen und Bedarfsschwankungen isoliert unternehmensintern. Die Nutzung Big-Data-basierter Prognosemethoden bei einem intensiven Informationsaustausch und einer unternehmensübergreifenden Planung erlaubt dagegen eine frühzeitige Erkennung von Nachfrageschwankungen und Risiken. Der Lieferant kann seine Produktionskapazität beizeiten anpassen und steuert gleichzeitig beim Kunden bereits einen abgesenkten Bestand ein. So lassen sich vor allem WIP-Bestände und Pufferbestände im Produktionsprozess sowie Halbzeuge am Warenausgang des Lieferanten reduzieren.

Der Effekt der Bestandsminderung durch verbesserte Prognosen ist von einer Vielzahl von Einflussgrößen abhängig. Zu den wichtigsten zählen die tatsächliche

Leistungsfähigkeit und Güte der verwendeten Verfahren und Tools, die Verfügbarkeit und das Format der herangezogenen Daten sowie die Kritikalität der betrachteten Güter. So werden Unternehmen bei äußerst kritischen Gütern stets weiterhin Sicherheitsbestände führen, während sie bei weniger kritischen Gütern auf die Prognosen vertrauen und gegebenenfalls sogar gänzlich auf einen Sicherheitsbestand verzichten.

Ein Beispiel für die auf Big Data und auf maschinellem Lernen beruhende Reduzierung von Risiken in Supply Chains ist der aus München (Deutschland) stammende Anbieter «Riskmethods». Dieser nutzt unternehmensspezifische und öffentlich zugängliche Daten wie zum Beispiel Wetter- und Finanzdaten, um proaktiv Risiken für die Supply Chain von Unternehmen vorherzusagen und entsprechende Maßnahmen abzuleiten (riskmethods, 2021). Ein weiteres Beispiel für die verbesserte Prognose mithilfe von Big Data und Machine Learning liefert der Case der norwegischen Discounter-Kette Europris (siehe Fallbeispiel).

Big Data und maschinelles Lernen zur verbesserten Prognose und Disposition in der Supply Chain
Fallbeispiel «Europris» (RELEX, 2021)

Unternehmen	Europris: Norwegens größte Discounter-Einzelhandelskette
Mitarbeiter und Umsatz	3120 Mitarbeitende (2020) 8.013 Mrd. NOK (rund 795 Mio. €, 2020)
Standorte	230 (inkl. 60 Franchises), 1 Distributionszentrum
Projektumfang	Optimierte Beschaffung, Logistik, Distribution und Kampagnenplanung; zentrale Implementierung bei allen Zulieferern (600+), den über 230 Filialen und dem Distributionszentrum

Hintergrund:

- Im Supply Chain Management von Unternehmen kommen zunehmend Big-Data-basierte Analysen zum Einsatz, um mithilfe von Machine-Learning-Algorithmen den Zielkonflikt zwischen Bestandshöhe und Lieferfähigkeit aufzulösen.
- Zum Beispiel können Daten zu Absatzprognosen, Wiederbeschaffungszeiten und Bestellgrößen auf Materialnummer-Basis kombiniert verarbeitet werden, um etwa optimale Bestellgrenzen, -zeitpunkte und Losgrößen mathematisch abzuleiten.
- Mithilfe eines solchen prognosebasierten Bestandsmanagements lassen sich niedrige Bestände, eine hohe Lieferfähigkeit sowie eine geringe Kapitalbindung miteinander in Einklang bringen.

Ausgangssituation:

- Das Niedrigpreis-Modell des norwegischen Discounters Europris erfordert optimierte Beschaffungs-, Logistik- und Distributionsprozesse.
- Mangelnde Transparenz und eine fehlende Übersicht über tatsächlich verfügbare Bestände erschwerten eine Endkunden-gerichtete Verbesserung der Supply Chain und führten zu einer übermäßigen Kapitalbindung.
- Hohe Lagerbestände verteilten sich ungleich auf die Filialen: Einige Filialen mit geringen Beständen wiesen eine hohe Verfügbarkeit auf, während bei anderen Filialen trotz allgemeiner Überbestände vermehrt Fehlmengen einzelner Produkte auftraten.
- Durch die fehlende Möglichkeit einer genauen Verfügbarkeitsmessung wurden etwa bereits ausverkaufte Kampagnenprodukte weiter beworben. Dies wirkte sich negativ auf die Kundenloyalität aus.

Maßnahme/Lösung:

- Europris entschied 2015, eine Big-Data-basierte Prognosesoftware mit maschinellem Lernen zur Optimierung der Bestell- und Distributionsprozesse sowie zur Bestands- und Kampagnenplanung einzusetzen.
- Durch den Einsatz der Lösung «RELEX» sollten der Zeitaufwand für Bestellungen und Bestände reduziert sowie Verfügbarkeiten über alle Filialen hinweg gesteigert werden.
- Die Software erlaubt durch Einbindung von Nachfragedaten der Kunden, geplanten Sortimentsänderungen oder Promotionen sowie durch einen Echtzeitüberblick über Bestände und Bestellungen eine integrierte Supply-Chain-Planung für alle Filialen und Verteilzentren.
- Gleichzeitig warnt die Software vor Fehlmengen-Risiken (Stock-outs) und schlägt automatisch Bestellmengen vor, welche im Anschluss durch die Filialleiter geprüft bzw. genehmigt werden müssen.

Herausforderungen bei der Umsetzung:

- Die Einführung der Prognose- und Optimierungs-Software bedingte eine zentrale Implementierung bei allen Zulieferern, den über 230 Filialen und dem Distributionszentrum.
- Es galt, alle Filialleiter von den Systemvorteilen und den sich für sie ändernden Rollen zu überzeugen, um die notwendige Akzeptanz zu schaffen.
- Geeignete Standardparameter der Software, wie zum Beispiel Musterbestände für einzelne Artikel und alle Filialen, mussten festgelegt werden.
- Zentral definierte Mindestbestandsmengen erwiesen sich als unbefriedigend, sodass die Software-Lösung fortan Daten des produktspezifischen Systems zur Regalplatzoptimierung von Europris ausnutzte, um adäquate Regalmengen je Produkt rechnergestützt zu ermitteln. Dazu wurden Parameter für Routine- oder Kampagnenprodukte mit einbezogen.

Effekte auf Akteursebene:

- Durch genauere Prognosen und die Automatisierung des Kampagnenmanagements konnte Europris substantiell Bestände senken und gleichzeitig Verfügbarkeiten erhöhen:
  - Im Distributionszentrum wurde binnen 18 Wochen nach Softwareeinführung eine Bestandsreduktion um 17 % erreicht.
  - Die Filialbestandsreduktion wurde auf insgesamt 7 % beziffert.
  - Die Verfügbarkeit in den Filialen wurde von 91 % auf 97 % gesteigert.
- Eine Bestellzeitreduktion um 85 % erlaubt Filialleitern, mehr Zeit für Kundenservice und die Aktualisierung von Flächenplänen aufzuwenden, und lässt signifikante Kosteneinsparungen und Umsatzsteigerungen erwarten.

Effekte auf Netzwerkebene:

- Die zentrale Implementierung bei allen Zulieferern, Filialen und dem Distributionszentrum sorgt für eine gesteigerte Supply-Chain-Transparenz.
- Verbesserte Bestellprognosen und Kampagnenplanungen führten auch auf Zuliefererseite zu einer erhöhten Lieferfähigkeit bei gleichzeitiger Bestandsreduktion.

Automation und Robotics zum effizienten Handling von Beständen

Neben Transparenz und Prognosefähigkeit ist die Reaktionsfähigkeit von Supply Chains eine weitere wichtige Zielgröße mit Bezug auf Bestände. Reaktionsfähigkeit beschreibt die Geschwindigkeit, mit der Unternehmen und ihre Supply-Chain-Partner angebotene Produkte ausliefern oder nachgefragte Services für die Abnehmer erbringen, also allgemein die benötigte Zeit, mit der Bestellungen ab der Beauftragung ausgeführt werden (SCOR, 2017).

Ein Schlüssel, der nicht zuletzt aus Effizienzgründen hierbei in Supply Chains an Bedeutung gewinnt, ist die Automatisierung der Abläufe im Allgemeinen und der Einsatz von Robotertechnologien im Speziellen. Der Einsatz von Automatisierungstechnologien und die Nutzung von Robotern sind an verschiedenen Einsatzbereichen entlang der Supply Chain möglich. Anwendungsfelder sind dabei vor allem mobile Automated Guided Vehicle Systems (AGVSs) und Transportroboter in der Intralogistik, kollaborative Roboter zur Unterstützung von Mitarbeitern beim Picking im Lagerein- und -ausgang sowie automatisierte Lager- und Umschlagsanlagen. Über die Unternehmensgrenzen hinaus werden zunehmend autonome Fahrzeuge für Langstreckenlieferungen sowie Lieferroboter und Drohnen zur Last-Mile-Auslieferung pilotiert. Neben physischen Robotikanwendungen werden unter dem Begriff Robotic Process Automation (RPA) außerdem Automatisierungsanwendungen für digitale Prozesse, sogenannte Workflows, zusammengefasst (Rohde, 2016, S. 32ff.). Viele administrative Prozesse, zum Beispiel im operativen Einkauf und der Bestellabwicklung, lassen sich mittlerweile via RPA automatisiert gestalten.

In jüngster Zeit sind vor allem im Bereich der Robotik merkliche technologische Fortschritte auszumachen. Physische Robotikanwendungen sind dabei inzwischen in der Lage, immer komplexere Aufgaben immer flexibler zu erledigen. So konnten Roboter in der Vergangenheit häufig nur für repetitive, einfache Aufgaben in einem kontrollierten Umfeld eingesetzt werden. Sie konnten also hauptsächlich «agieren». Durch eine Vielzahl an Sensoren sind Automatisierungslösungen inzwischen in der Lage, ihre Umwelt wahrzunehmen und so auch zu «reagieren» und zu «interagieren». Beispielsweise finden sich moderne Transportsysteme und AGVS selbst in Warenhäusern zurecht, weichen Menschen oder anderen Maschinen eigenständig aus und verschieben oder kommissionieren Waren selbstständig gemäß Auftrag. Auch im Bereich der nichtphysischen Automatisierungsanwendungen ist eine deutliche Entwicklung bemerkbar. Zusätzlich zu einfachen Standardprozessen lassen sich mittlerweile auch kognitive Aufgaben wie das Treffen einfacher Entscheidungen schrittweise automatisieren. Ein Beispiel hierfür ist die Disposition von Waren auf Transportfahrzeuge, basierend auf zeitlichen und örtlichen Rahmenbedingungen.

Der Einsatz von Automatisierungs- und Robotiklösungen wirkt sich auf die Bestände von Supply-Chain-Akteuren aus. Tendenziell senkt die steigende Automatisierung beim Betrieb von Lagern die operativen Kosten. So wird der negative

Effekt der Lagerhaltungskosten (siehe Abschnitt 1.3) abgeschwächt. Stellt der Handlingsaufwand im Vergleich zu den Kapitalbindungskosten einen verhältnismäßig großen Block dar, kommt es zu einem verminderten Druck, die Bestände zu senken, da das Handling großer Bestände durch die Automatisierungstechnologien effizient umsetzbar wird. Dies könnte Unternehmen dazu bewegen, das Bestandsniveau sogar zu erhöhen, um sich gegen Risiken und Schwankungen der Nachfrage abzusichern. Im Gegensatz zu den sinkenden Lagerhaltungskosten stehen jedoch die hohen Investitionskosten der Automatisierungsanlagen. Es ist also stets abzuwägen, ob entsprechende Investitionen in Automatisierungs- und Robotiklösungen mit Blick auf die Gesamtkosten finanziell vorteilhaft sind oder ob eine Senkung des Bestandsniveaus mit anderen Mitteln betriebswirtschaftlich attraktiver ist.

Mit Blick auf das Risiko von Disruptionen hat ein erhöhter Automatisierungsgrad aus Akteursperspektive ebenfalls einen Effekt auf die Bestände. Neben der Reaktionsfähigkeit kommt hier der Agilität von Supply Chains eine zu berücksichtigende Rolle zu. Agilität beschreibt die Fähigkeit einer Supply Chain, schnell und effektiv auf externe, unvorhersehbare Ereignisse zu reagieren (SCOR, 2017). Prozesse, die trotz (oder gar wegen) eines hohen Automatisierungsgrads sowohl robust als auch flexibel und anpassungsfähig gestaltet sind, erlauben ein hohes Maß an Agilität. Dies vor allem, da die Anpassung an eine neue Situation dann ebenfalls automatisiert und mit geringen Abstimmungen zwischen wichtigen Akteuren umgesetzt werden kann. Diese erhöhte Agilität führt entsprechend dazu, dass sich Unsicherheiten bezüglich externer Risiken abmindern lassen. Ist beispielsweise der Prozess der Nachbestellung von Material adaptiv automatisiert, wird die Bestellmenge im Falle einer spürbaren Schwankung automatisch auf Basis zuvor definierter Entscheidungsparameter nach oben oder unten korrigiert angepasst. Es entfallen menschliche Eingriffe, Entscheidungsprozesse und Kommunikation, sodass sich die Reaktionsgeschwindigkeit auf die externe Störung erhöhen lässt. Während für die Zeitdauer der Anpassung in der Regel Sicherheitsbestände vorgehalten werden, lassen sich diese bei hoher Automatisierung reduzieren.

Aus Netzwerksicht sind die Auswirkungen erhöhter Automatisierung auf Bestände im Kontext der Störanfälligkeit von Supply Chains differenziert zu betrachten. Dies lässt sich am Beispiel des Milkrun-Konzepts verdeutlichen. Hierbei werden Lieferungen zwischen Lieferanten und Kunden durch regelmäßige Rundläufe mit definierter Route abgewickelt, wobei stets mehrere Lieferanten bzw. Kunden auf einer Route angefahren werden. Im Fall eines Bedarfssprungs bzw. einer drohenden Disruption ist bei jedem Lieferanten bzw. Kunden eine Anpassung der Lieferungen erforderlich, vor allem bezüglich der Mengen. Die Koordination dieser Veränderungen erfordert ein hohes Maß an Kommunikation zwischen den beteiligten Supply-Chain-Akteuren. Der hierfür benötigte Zeitaufwand mindert die Agilität der Supply Chain sowie die Geschwindigkeit, mit der auf Disruptionen reagiert werden kann. Bei einem ausgeprägten, effektiven Automatisierungsgrad lassen sich diese Abhängigkeiten durch das Informationssystem abbilden und steuern, sodass auch Adaptionen automatisiert erfolgen können. Eine schnellere Reaktion auf Disruptionen ist die Folge, welche wiederum die Unsicherheit der Supply Chain mindert und Sicherheitsbestände reduziert.

Diese angedeutete Tendenz der Bestandsreduktion durch Automation und Robotics ist jedoch von einer Vielzahl von Faktoren abhängig. Hierunter fallen vor allem die Leistungsfähigkeit der Automatisierungsanlagen und eingesetzten Robotertechnologien, deren Kosten sowie die Wertigkeit der Güter. Nur wenn die Automatisierungs- und Robotiklösungen zuverlässig und adaptiv-flexibel funktionieren, kann ein positiver, bestandsmindernder Effekt erzielt werden. Automatisierung durch starre, unflexible und fehlerhafte Systeme und Prozesse hat den gegenteiligen Effekt, da sich Störungen und Umstellungen wie ein Domino-Effekt in der Supply Chain ausbreiten können. Sind außerdem die Kosten für entsprechende Lösungen sehr hoch und die Wertigkeit der Güter tendenziell niedrig, stellt sich für Unternehmen die Frage, ob das Absenken der Bestände nicht die wirtschaftlich sinnvollere Option ist.

Additive Fertigungsverfahren zum digitalen «Drucken» von Beständen

Additive Fertigung bezeichnet als Sammelbegriff alle Fertigungsverfahren, bei denen durch wiederholtes Auftragen von Materialschichten Werkstücke erzeugt werden (Hofmann & Oettmeier, 2016). Oftmals wird hierfür auch der Begriff 3D-Druck verwendet. Der schichtenweise Aufbau kann dabei – je nach eingesetzter Technologie – aus verschiedenen Materialien (u.a. Kunststoffe und Metalle) in flüssigem oder festen Ausgangszustand erfolgen. Vorteile der Technologie sind vor allem die Gestaltungsfreiheit beim Design und Herstellen komplexer Strukturen, das Wegfallen spezieller Werkzeuge sowie die Möglichkeit des Druckens von bereits «montierten Produkten», was die Anzahl der Bauteile und den manuellen Montageaufwand reduziert.

Bei Wissenschaftlern und Praktikern aus dem Bereich Supply Chain Management ist die Technologie besonders wegen der immanent hohen Flexibilität und der Ortsunabhängigkeit von Interesse. Es kommen verschiedene Anwendungsmöglichkeiten in Frage. Hierbei ist zwischen Additiver Fertigung im Sinne einer Produktionstechnik und im Sinne eines Logistikkonzepts zu unterscheiden. Während bei ersterem vor allem Produkteigenschaften im Vordergrund stehen, liegen bei letzterem Liefer- und Bestandseigenschaften im Fokus. Aus Bestandssicht sind hauptsächlich die Auswirkungen von 3D-Druck als Logistikkonzept als Ergänzung zur klassischen Produktion relevant. Diese umfassen insbesondere den Einsatz in Hochlohnländern, um wettbewerbsfähig gegenüber der großzahligen Fertigung von Standardteilen aus Niedriglohnländern zu sein sowie das Potential der Technologie im Bereich der Ersatzteile und der Engineer-to-Order-Lieferung (Hofmann & Oettmeier, 2016).

Durch den Einsatz der 3D-Druck-Technologie mit ihren oben genannten Charakteristika lassen sich in bestimmten Szenarien verschiedene bestandsrelevante Effekte aus Sicht der einzelnen Akteure ausmachen. So können zum Beispiel Bestände selten benötigter, aber relevanter Bauteile und Ersatzteile durch den Einsatz der 3D-Druck-Technologie reduziert werden. Anstatt dem permanenten Vorhalten und der dauerhaften Lagerhaltung der Teile werden diese bei Bedarf «gedruckt». Da die Vormaterialien für den Druck für eine große Menge an verschiedenen Bauteilen einsetzbar sind, reduziert sich die nötige Input-bezogene Bestandsmenge deutlich. Auch generell lassen sich durch die zeit- und mengenflexible Fertigung mit Losgröße 1 der additiven Fertigung Bestände weiter abbauen. Grund hierfür sind für die Produktionsprozesse optimierte Losgrößen, welche zu Puffer- und Lagerbeständen entlang der Wertschöpfungskette führen. Oft lohnen sich Rüstvorgänge in klassischen Produktions-Setups erst ab gewissen Losgrößen, sodass die Herstellung größerer Mengen über klassische Fertigungsverfahren in der Regel wirtschaftlicher ist. Entsprechend werden die Produktionsmengen erhöht, wodurch Lagerbestände aufgebaut werden müssen. Durch die aufkommensbezogene und flexible Herstellung mittels 3D-Druck lässt sich ein ausufernder Lageraufbau vermeiden.

Weiterhin zeigt sich im Falle von eintretenden Disruptionen ein Effekt auf Bestände für einzelne Akteure. Für bestimmte Gruppen von Teilen kann bei geeigneten Produktcharakteristika ein Sicherheitsbestand durch die Anschaffung von 3D-Druckern substituiert werden. Im Disruptionsfall erfolgt dann ein kurzfristiger Druck der «ersetzten» Teile, falls eine herkömmliche Beschaffung bzw. Fertigung nicht mehr möglich ist. Durch eine geographische und dezentrale Verteilung der 3D-Druck-Anlagen an verschiedenen Standorten lassen sich mit Hilfe der additiven Fertigungsverfahren diverse Arten von Risiken abdecken. Darunter fallen technische Risiken bei Produktionsanlagen, logistische Risiken wie Lieferbeschränkungen oder Grenzschließungen, aber auch fehlende Halbzeuge. Letztere können durch die Nutzung der Rohstoffe des 3D-Druckers kompensiert werden, wobei das Vorhalten von spezifischen 3D-Druck-Beständen zu beachten ist.

Bestände in 3D-Druck-Supply-Chains bestehen aus Pulverfabrikaten verschiedener Materialien. Grundsätzlich handelt es sich dabei um Standardprodukte, sodass die Beschaffung grundsätzlich einfach und Lieferzeiten relativ kurz sind. Darüber hinaus ist das Pulver im Vergleich zu klassischen Halbfabrikaten in der Regel von niedrigerem Wert und besitzt eine geringe Spezifität, d.h. es kann für einen breite Palette an Bauteilen aus einem bestimmten Material eingesetzt werden (Hofmann & Oettmeier, 2016; Oettmeier & Hofmann, 2017). Hieraus ergibt sich eine Reduzierung der Bestandsmenge sowie verringerte Kapitalbindungskosten.

Auch aus Netzwerkperspektive der Supply Chain ist ein Effekt des 3D-Drucks auf Sicherheitsbestände erkennbar. In bestimmten Branchen etwa ist beispielsweise ein Servicevertrag zwischen Kunde und Lieferant üblich, in dem die Verfügbarkeit bestimmter Ersatzteile binnen eines definierten Zeitfensters vereinbart wird. Dies ist zum Beispiel bei Elektronik-Hardware wie Druckern oder Laptops vielfach der Fall oder auch bei Hochleistungsturbinen in kritischen Einsatzbereichen wie der Schifffahrt. Ohne den Einsatz von additiven Fertigungstechnologien hält der Lieferant zur Erfüllung dieses Service immer eine definierte Menge der entsprechenden Ersatz- und Verschleißteile als Lagerbestand. Oftmals verteilen sich diese Lager redundant auf verschiedene Standorte, um eine Lieferung auch im Fall logistischer Disruptionen sicherzustellen. Obwohl die Einzelmengen in der Regel nur gering sind, können diese durch die Anzahl an Warengruppen in Summe zu sehr großen Bestandsmengen führen.

Durch den systematischen Aufbau von 3D-Druck-Anlagen an verschiedenen Standorten entlang der Supply Chain können diese Bestände abgebaut werden. Die Anlagen inklusive kleiner Bestände an flexibel einsetzbarem Grundmaterial decken die Bestände der Vielzahl an Produkten ab, für die bei kurzfristigen Bedarfen ein hoher Servicegrad gewährleistet sein muss. Es werden jedoch nicht die Produkte selbst im Lager geführt, sondern im Bedarfsfall werden die entsprechenden Produkte mit Losgröße 1 gefertigt. Durch die geographische Verteilung der Anlagen über die in der Supply Chain involvierten Akteure kann im Falle einer Disruption auf baugleiche Drucker an verschiedenen Standorten zurückgegriffen werden, wodurch sich verschiedenste Arten von Risiken abmindern lassen.

6.2.4 Redesign von Supply Chains

Im Zuge einer steigenden Störanfälligkeit komplexer globaler Supply Chains gewinnt die grundsätzliche Umgestaltung des Wertschöpfungsnetzwerks zunehmend an Bedeutung. Das sogenannte Redesign von Supply Chains ist dabei umfangreicher und langfristiger ausgelegt als etwaige Maßnahmen wie das Störfallmanagement, das aktive Management des Servicelevels oder der Einsatz moderner Technologien (Abschnitt 6.2.1 bis 6.2.3). Im Kontext von Disruptionen zielt das Redesign unter anderem darauf ab, die Supply Chain mit Blick auf typische Risiken so umzugestalten, dass sie robuster wird. Hierzu kann auch aktiv die Bestandssteuerung einen Beitrag leisten.

Der Begriff Supply-Chain-Design beschreibt dabei die Strukturgebung von Supply Chains, hinsichtlich wichtiger Kenngrößen wie beispielsweise Standorte, Partner, Bestandsniveaus, Transportprozesse und -kosten, Lieferzeiten und Reaktionsfähigkeit sowie Produktionskosten (Garcia & You, 2015). Diese Strukturgebung spiegelt sich vor allem im sogenannten «Fußabdruck» der Supply Chain wider. Das Management des Fußabdrucks umfasst die Planung, Dimensionierung sowie geographische Ausgestaltung von Produktions-, Lager- und Vertriebsstätten des eigenen Unternehmens (Akteursebene) sowie der Lieferanten und Vorlieferanten, der Kunden sowie der jeweils eingesetzten Dienstleister (Netzwerkebene). Die Ausführung und Anpassung des Supply-Chain-Designs ist im strategischen Supply Chain Management zu verorten. Mit einem Redesign sind vornehmlich Reallokationstätigkeiten von Ressourcen und Akteuren verbunden, welche aus den vielfältigen Verflechtungen von Prozessen resultieren, die es bei einem «Neu-Aufwurf» zu berücksichtigen gilt (Wilcox, 2020). Diese Verflechtungen müssen bei einem Eingriff in das bestehende Supply-Chain-Design berücksichtigt werden.

Mit Blick auf Bestände und die Störanfälligkeit von Supply Chains sind zwei Arten des Redesigns besonders relevant. Diese ergeben sich aus zwei zentralen Stellhebeln des Supply Chain Designs, (i) der geographischen Verteilung der Standorte und Akteure sowie (ii) der Art und Intensität von deren Verknüpfung. Somit besteht erstens die Möglichkeit der «dislozierten Zentralisierung» von Supply Chains. Diese beschreibt die Verlagerung der Standortaktivitäten in regionale Cluster und stellt somit einen Gegenentwurf zur Globalisierung dar (siehe Abschnitt 6.1). Zweitens ist die Verringerung der Integrationsintensität von Supply-Chain-Akteuren eine Möglichkeit, die Störanfälligkeit zu senken. Diese «Entkopplungen» (Hofmann, 2006) stellen einen Gegenentwurf zu stark integrierten Supply Chains dar.

Grundidee der dislozierten Zentralisierung ist es, einen möglichst hohen Anteil der Wertschöpfungsaktivitäten der Supply Chain geographisch näher beim jeweiligen Absatzmarkt zu verorten. Hierdurch können kurze und flexible Lieferwege erreicht und damit typische Risiken globaler Transportwege innerhalb der Supply Chain gemindert werden. Ein aktuelles Beispiel einer solchen dislozierten Zentralisierung von Supply Chains stellt die Reaktion von Unternehmen auf den Brexit dar. Viele, vor allem britische Unternehmen ergriffen Maßnahmen, um das europäische Festland zukünftig aus einem Standort vor Ort heraus zu beliefern anstatt wie bisher aus Großbritannien (KPMG, 2020). Ein konkretes Beispiel hierfür ist der britische Sportartikelhändler «JD Sports Fashion», welcher aufgrund des Brexits ein 7500 Quadratmeter umfassendes Logistikzentrum in Belgien errichten ließ sowie weitere lokale Standorte auf dem EU-Festland plant (siehe Fallbeispiel).

Folgen des Brexits: Regionalisierung der Supply Chain
Fallbeispiel «JD Sports Fashion» (Campbell, 2020; JDsports, 2020)

Unternehmen	JD Sports Fashion, britischer Sportartikel-Händler mit Sitz in Bury (UK)
Mitarbeiter und Umsatz	Insgesamt 54 000 Beschäftigte, Geschäftsjahr 2020 6,11 Mrd. Pfund (7,1 Mrd. EUR), Geschäftsjahr 2020
Standorte	Weltweit rund 2200 Stores in der Sparte Sports Fashion, zusätzlich 245 Stores in der Sparte Outdoor; Warenbeschaffung v. a. aus Ostasien, Indien, Pakistan und der Türkei
Projektumfang	Errichtung eines 7500 m^2 großen Logistikzentrums in Belgien zur Abwicklung von Online-Aufträgen und Lieferungen an Stores auf dem europäischen Festland; Errichtung eines weiteren Verteilzentrums in Dublin (Irland), weiterer Lagerstandort in der EU in Planung

Hintergrund:

- Als Folge des Brexits kann es bei der Belieferung von EU-Kunden langfristig mehr und mehr zum Vorteil werden, statt der Belieferung von UK den Aufbau neuer Vertriebszentren auf dem europäischen Festland in Betracht zu ziehen.
- Angaben der britischen Handelskammer BCC zufolge bereiten die neuen Vorschriften und Grenzkontrollen, die aus dem Austritt von UK aus der EU resultierten, der Hälfte der exportierenden britischen Unternehmen Schwierigkeiten – sowohl in der Beschaffung von Rohstoffen und Halbfertigzeugen als auch im Absatz von Produkten in die EU.
- Die Auswirkungen des Brexits lassen Preise innerhalb der betroffenen Lieferketten steigen: Importierende EU-Kunden zahlen fortan Zoll und Einfuhrumsatzsteuern, welche den Import aus UK zunehmend unattraktiv machen.
- Hinzu kommen höhere Frachtkosten sowie der gestiegene bürokratische Aufwand für Einfuhren aus dem Vereinigten Königreich.
- Als Folge kündigten die Kunden vieler britischer Unternehmen bereits an, künftig andere Lieferanten aus der EU zu bevorzugen.

Ausgangssituation:

- JD Sports Fashion liefert unter anderem an Kunden in der Europäischen Union, während die Hauptbeschaffungsregionen in Ostasien, Indien, Pakistan und der Türkei liegen.
- Vor dem finalen EU-Austritts-Referendum antizipierte das Handelsunternehmen ein erhöhtes Risiko eines ungeordneten Austritts für die Leistungsfähigkeit der eigenen Supply Chain.
- Seit dem Austritt Großbritanniens aus der EU sind nur britische Produkte im Handel mit der EU vom Zoll befreit, sodass die hauptsächlich in Asien produzierte Ware von JD Sports Fashion bei Lieferungen aus UK in die EU künftig zusätzlichen Zoll- und Einfuhrumsatzsteuer-Bestimmungen unterliegt.
- Der Hauptteil der Warenlieferungen in die EU wurde bislang aus dem britischen Lager in Rochdale (GB) abgewickelt, sodass Warenlieferungen infolge des Brexits zusätzliche Kosten und Lieferverzögerungen verursachten.

Maßnahme/Lösung:

- Bereits vor dem endgültigen EU-Austritt Großbritanniens plante JD Sports Fashion Maßnahmen zur Erweiterung von Lagerflächen auf dem europäischen Festland, um EU-Kunden im Falle eines fehlenden Handelsabkommens weiterhin bedienen zu können.
- Über das neue Logistikzentrum auf dem europäischen Festland wird künftig der Hauptanteil der Kern-Produktgruppen für Stores in der EU ausgeliefert.
- Zudem plant JD Sports Fashion einen weiteren größeren permanenten Standort in der EU zu errichten, um das gesamte Volumen für Stores und Online-Aufträge auf dem europäischen Festland abwickeln zu können. Konkret sucht das Unternehmen in Deutschland und Frankreich nach Möglichkeiten, ein neues Distributionszentrum aufzubauen.

Herausforderungen bei der Umsetzung:

- Das bestehende Lager im britischen Rochdale soll zwar nicht geschlossen werden, dennoch bedeuten die Ausweitungen von Lagerflächen auf dem europäischen Festland eine Verlagerung von Arbeitsplätzen in die EU.
- Das neu errichtete Logistikzentrum in Belgien bietet keine Lösung für Online-Aufträge oder Produktlieferungen in die Republik Irland.
- Zusätzlich zur Errichtung des Logistikzentrums in Belgien soll daher ein Logistikzentrum mit einer Fläche von 6000 m^2 in Dublin errichtet werden.

Effekte auf der Akteursebene:

- Durch Lagerhaltung auf dem europäischen Festland und in Großbritannien können die in den unternehmenseigenen Logistikzentren insgesamt vorgehaltenen Bestände tendenziell steigen.
- Gleichzeitig sorgte der durch die Covid-19-Krise bestärkte Online-Handel dafür, dass JD Sports Fashion zeitgleich zur Errichtung des Logistikzentrums in Belgien Lagerbestände abbauen und so Liquidität generieren bzw. Umsätze steigern konnte.
- Für die eigenen europäischen Vertriebsfilialen bedeutet das Lager auf dem Festland kürzere Lieferzeiten und somit die Möglichkeit, Lagerbestände vor Ort insbesondere bei schnell drehenden Linien abbauen zu können.

Effekte auf der Netzwerkebene:

- Durch die Zollbestimmungen für nichtbritische Produkte im Handel mit der EU bedeutet die Belieferung vom Festland aus für europäische Kunden, keine Zölle und Einfuhrumsatzsteuern bezahlen zu müssen.
- Vorgelagerte Lieferanten aus Asien liefern die für den europäischen Absatzmarkt bestimmte Ware künftig direkt in die EU statt zuerst nach Großbritannien, sodass die Zwischenlagerstufe in Rochdale durch die Logistikzentren auf dem Festland ersetzt wird.
- Die Bestände verlagern sich somit einerseits geographisch, aber potentiell auch in ihrer Höhe: Durch die Nähe zum Kunden sinkt das Risiko und die Komplexität für alle Akteure, insbesondere die Kunden, die somit geringere Sicherheitsbestände bestellen müssen, aber auch für die Lieferanten aus Asien.

Das Redesign zugunsten einer disloziert-zentralisierten Supply Chain hat dabei mehrere bestandsrelevante Effekte aus Sicht des fokalen Unternehmens (z. B. des OEMs). Diese Effekte lassen sich am klassischen Beispiel eines europäischen Unternehmens verdeutlichen, wie beispielsweise bei der Rückverlagerung der Wertschöpfung von Asien nach Europa des deutschen Spielwarenherstellers Märklin (siehe Fallbeispiel). Das ursprüngliche, globale Supply-Chain-Design sieht dabei einen Großteil der Wertschöpfung durch Lieferanten und eigene Produktionsstandorte in Asien vor, während ein kleinerer Teil der Wertschöpfung und der Vertrieb in Europa selbst verortet sind, wo auch die Endkunden ansässig sind. Dieses in vielen Branchen verbreitete globale Supply-Chain-Design wurde vor allem aufgrund der Kostenvorteile im Bereich Löhne (Stichwort «Lohnarbitrage») ausgewählt. Jedoch ergibt sich durch die hierdurch resultierenden globalen Transportwege eine erhöhte Störanfälligkeit (siehe Abschnitt 6.1), welche ihren Ursprung vor allem in langen Lieferzeiten und fehlender Flexibilität zur Umdisponierung von Aufträgen hat. Darüber hinaus verhindern die langen Transportwege einen Zugriff auf die Waren und erhöhen die Anfälligkeit für technische Störungen. Aber auch für logistische und politische Risiken wie Grenzschließungen, Strafzölle oder Anpassungen bezüglich lokaler Wertschöpfungsverpflichtungen wird die Supply Chain anfälliger. Hieraus resultierende Unsicherheiten werden im Normalfall durch Sicherheitsbestände beim OEM im Wareneingang vor Ort (im Beispiel in Europa) ausgeglichen, um jederzeit einen gewissen Lieferservice aufrechterhalten zu können.

Rückverlagerung der Wertschöpfung aus China nach Europa
Fallbeispiel «Märklin» (Jung, 2018; Könemann, 2020; Märklin, 2014)

Unternehmen	Gebr. Märklin & Cie. GmbH, deutscher Spielwarenhersteller, bekannt für die Produktion von Modelleisenbahnen
Mitarbeiter und Umsatz	466 Mitarbeitende (Geschäftsjahr 2019/20) 111,5 Mio. EUR (Geschäftsjahr 2019/20)
Standorte	2 Produktionswerke in Göppingen (DE) und Györ (HUN), weitere Vertriebsgesellschaften in der Schweiz und in den USA
Projektumfang	Rückverlagerung der Produktion von Modelleisenbahnen aller Spurweiten aus China in die eigenen europäischen Werke; Erweiterung des Produktionswerks in Ungarn und der Produktionskapazitäten in Göppingen

Hintergrund:

- Unterbrechungen der Supply Chain, resultierende Einbußen an Flexibilität und Lieferfähigkeit sowie Qualitätsprobleme führen zunehmend zu Überlegungen, wertschöpfende Tätigkeiten bzw. Produkte von Asien zurück nach Europa zu verlagern und wieder «näher an den Märkten» zu produzieren.
- Durch Rückverlagerungen können sich Unternehmen von unsicheren Lieferketten und sich verändernden globalen Handelsbeziehungen unabhängiger machen.
- Der weltweite Angleich von Lohnniveaus sowie Fortschritte bei der Automatisierung begünstigen entsprechende Rückverlagerungs-Vorhaben.
- Gleichzeitig bietet eine Rückverlagerung der Wertschöpfung aus Asien nach Europa eine Chance für europäische Zulieferer, welche in den vergangenen Jahren zahlreiche Aufträge an asiatische Anbieter verloren haben.

Ausgangssituation:

- Aufgrund von rückläufigen Umsätzen wurde der deutsche Spielzeughersteller Märklin 2006 von Finanzinvestoren aufgekauft, welche einen Großteil der Produktion nach China verlagerten. Dadurch sollten vor allem Produktionskosten gesenkt und die Gewinnmargen erhöht werden.
- Stattdessen aber kämpfte das Unternehmen in Folge der Verlagerung mit Unterbrechungen der Lieferketten und Qualitätsmängeln in der Produktion, sodass Märklin 2009 in Insolvenz geriet. Daraufhin plante das Management verstärkte Rückverlagerungen von Produkten aus China in die eigenen Werke in Europa.
- 2013 wurde das Unternehmen schließlich von der Simba Dickie Gruppe übernommen. Rückverlagerungs-Vorhaben wurden in der Folge forciert.

Maßnahme/Lösung:

- Um die Lieferfähigkeit und ein hohes Qualitätslevel der Modelleisenbahnen garantieren zu können, entschied sich das Unternehmen zu einer Rückverlagerung von Modellen aller Spurweiten aus China nach Europa.
- Um die für die Verlagerung notwendigen Produktionskapazitäten bereitstellen zu können, investierte Märklin insgesamt 9,4 Millionen Euro in die Erweiterung eines bestehenden Produktionsstandorts in Ungarn: Das Werk in Györ wurde um eine weitere Produktionshalle ergänzt, welche 2014 eröffnet wurde.
- Im Stammsitz in Göppingen wurden ebenso Kapazitätserweiterungen in der Produktion vorgenommen.
- Das Investment stärkte auch den Wirtschaftsraum Europa als attraktiven Produktionsstandort.

Herausforderungen bei der Umsetzung:

- Zur Umsetzung der Kapazitätserweiterungen mussten die verschiedenen Produktionseinheiten am bestehenden Standort neu strukturiert und aufgeteilt werden.
- Unter anderem wurden eine moderne Kunststoff-Spritzgießerei, eine Oberflächenbehandlung bzw. Malerei und eine Montageabteilung in Betrieb genommen.
- Die hohen europäischen Ansprüche an Umwelt- und Qualitätsmanagement galt es einzuhalten und durch entsprechende Zertifizierungen bestätigen zu lassen.
- Die Erweiterungen bedurften genauer Planung sowie einer gesamten Bauzeit von rund neun Monaten.
- Gleichzeitig begann Märklin, die heimische Produktion konsequent zu automatisieren, um mit maschinellen Handling-Systemen wettbewerbsfähig zu produzieren.

Effekte auf der Akteursebene:

- Eine Rückverlagerung der Produktion nach Europa war für Märklin mit höheren Beständen von Rohmaterialien vor Ort nahe der Fertigung verbunden. Dies wiederum führte zu einem wachsenden Bedarf nach Logistikflächen vor Ort.
- Gleichzeitig reduzierten sich für Märklin die WIP-Bestände, indem fortan weniger Ware aus Asien über lange Lieferketten importiert werden musste.
- Durch das stärker regional ausgerichtete Supply-Chain-Design konnte Märklin die ursprünglichen Probleme bezüglich Qualitätsmängel und Unterbrechungen der Lieferkette abstellen.
- Um Betriebskosten in der heimischen Produktion einzusparen, übernahmen statt kostenintensivem Personal vor allem Roboter die Feinbearbeitung der Gussteile bzw. Eisenbahnkörper. Im Produktionswerk in Göppingen konnte so die Anzahl der Mitarbeitenden bis 2018 auf ca. 140 gesenkt werden, welche die automatisierten Maschinen im Wesentlichen nur noch überwachen.

Effekte auf der Netzwerkebene:

- Märklin beliefert neben eigenen Filialen unter anderem Spielwarenfachgeschäfte, Elektronik-Fachhandel und Drogerien. Bei der Lieferung an Kunden in Europa verkürzen sich durch die Produktion in den europäischen Werken Vorlaufzeiten bei Bestellungen.
- Kürzere Lieferzeiten ermöglichen den Kunden, Lagerbestände in den Vertriebsstandorten zu senken.
- Durch das regionale Supply-Chain-Design werden weniger Zwischenlager für die Belieferung des Endkunden benötigt.

Im Falle einer disloziert-zentralisierten Supply Chain würde die Produktion des Unternehmens (im Beispiel Märklin) in Europa selbst stattfinden und auch die Lieferantenbasis wäre in Europa neu auszuwählen, sodass ein Großteil der Wertschöpfung mit Nähe zum Endkunden stattfindet. Aufgrund der geographischen Nähe zwischen Absatz und Wertschöpfung ergeben sich deutlich kürzere Transportwege und eine reduzierte Komplexität der Prozesse und Strukturen. Schnellere und flexiblere Reaktionen sowie verkürzte Vorlaufzeiten bei Bestellungen sind die Folgen. Auch die Wahrscheinlichkeit des Eintritts von Transportrisiken sinkt durch diese Umstellung. Die Sicherheitsbestände des Unternehmens, in der Regel im Wareneingang als Sicherheitspuffer für den Fall eines Lieferunterbruchs gelagert, lassen sich reduzieren. Durch die verkürzten Transportwege wird außerdem das Niveau an WIP-Beständen verringert. Diese fallen bei einem globalen Supply-Chain-Design in Form von Sendungen an (Transportbestände), die sich über mehrere Wochen auf den Containerschiffen befinden und so Kapital binden.

Betrachtet man anstatt einzelner Akteure das gesamte Netzwerk, ergeben sich differenzierte Effekte auf das Bestandsniveau. Disloziert-zentralisierte Supply Chains sind im Allgemeinen schlanker aufgestellt, da weniger Zwischenlager für die Belieferung der Endkunden benötigt werden. Entsprechend sinkt das Bestandsniveau. Jedoch findet bei solchen Supply-Chain-Designs ein größerer Teil der Wertschöpfung in Ländern mit vergleichsweise höherem Lohnniveau statt. Entsprechend steigen die Wertschöpfungskosten inklusive der Aufwendungen für Beschaffung und Transport generell an. Infolge der höheren Lohnkosten liegt der gesamte Herstellungswert der Waren über dem der Güter aus globalen Supply Chains, was in der Folge zu steigenden Bestandswerten und damit erhöhten Kapitalbindungskosten führt. Neben diesen gegensätzlichen Mechanismen, hervorgerufen durch veränderte Bestandsvolumen und -werte, ergibt sich auf Netzwerkebene außerdem eine Umverteilung der Bestände. Reine Sicherheitspuffer «für alle Fälle» am Wareneingang der Akteure werden tendenziell reduziert zugunsten von kleineren, genau bemessenen WIP-Beständen entlang der Produktion, wo sie der flexiblen Reaktion auf Störungen dienen.

Das Konzept der «Loosely-Coupled Supply Chains» entstammt der Diskussion über die Integrationsintensität von Supply Chains und stellt das Phänomen der immer tieferen Integration von Supply-Chain-Akteuren untereinander in Frage (Hofmann, 2006). Diese Integration bezieht sich auf verschiedene Dimensionen, welche als Ziel die Effizienzsteigerung der gemeinsamen Wertschöpfung verfolgen. So kann sich die Integration beispielsweise auf organisatorische Einheiten (z.B. einzelne Abteilungen) oder Prozesse (z.B. Bestell- oder Lieferprozesse) beziehen. Darüber hinaus nimmt vor allem die Integration von Informationssystemen eine dominante Rolle in dieser Diskussion ein. Beispiele für einen hohen informationstechnisch abgebildeten Integrationsgrad sind Konzepte wie das Vendor-Managed Inventory (VMI), der Electronic Data Interchange (EDI) oder das kooperative Sales & Operations Planning (siehe Kapitel 4). Die enge Anbindung relevanter Supply-Chain-Akteure geht mit einer langfristigen und weitestgehend standardisierten Zusammenarbeit einher. Gleichzeitig führt diese Supply-Chain-Integration jedoch zu einem erhöhten Risiko durch die Abhängigkeit von bestimmten Partnern, dem wiederum mit dem Aufbau von Sicherheitsbeständen begegnet wird. Entsprechend müssen mit Blick auf das Bestandsmanagement auch Möglichkeiten eines geringeren Supply-Chain-Integrationsgrads und damit eine Entkopplung von Akteuren und Prozessen diskutiert werden.

Im Gegensatz zu einem langfristigen Integrationsdenken zielen Loosely-Coupled Supply Chains auf eine schnelle und einfache, dafür weniger intensive Integration wechselnder Akteure ab, was eine höhere Flexibilität und geringere Abhängigkeiten erlaubt (Acharya et al., 2020, S. 209). Jedoch stellt die Umsetzung dieser Maßnahme hohe Anforderungen an das Zusammenspiel einzelner Akteure und deren Systeme, um Mehraufwände bei der wechselnden Integration zu vermeiden und dennoch ungehindert Informationen, Services und Produkte oder Finanzleistungen austauschen zu können. Von zentraler Bedeutung ist hierbei die zum zuvor beschriebenen Ansatz der engen Anbindung konträre Idee, dass alle Systeme für sich nach wie vor als eigenständiges System funktionsfähig bleiben (Bilaud et al. 2015). Hierfür ist ein hohes Maß an Interoperabilität, also der Fähigkeit zum Zusammenspiel ohne Mehraufwand, notwendig. Interoperabilität bezieht sich dabei nicht nur auf Informationssysteme, sondern auch auf ganze Organisationen, Abteilungen oder einzelne Mitarbeiter. Ist ein hohes Maß an Interoperabilität entlang aller relevanter Dimensionen bei allen beteiligten Akteuren in der Supply Chain nicht gegeben, heben die immer wiederkehrenden Aufwände die Vorteile der Loosely-Coupled Supply Chains auf. Das Fallbeispiel der «teamtechnik Maschinen und Anlagen GmbH» zeigt anschaulich auf, wie eine Erhöhung der Interoperabilität die Flexibilität in Supply Chains erhöhen kann (siehe Fallbeispiel).

Interoperabilität in Supply Chains:
Fallbeispiel «teamtechnik Maschinen und Anlagen GmbH» (NETFIRA, 2021)

Unternehmen	teamtechnik Maschinen und Anlagen GmbH Hersteller von Montage- und Funktionsprüfanlagen in den Branchen Automotive, Medizintechnik und Solar
Mitarbeiter und Umsatz	484 Mitarbeitende (Geschäftsjahr 2019) 124,3 Mio. EUR (Geschäftsjahr 2019)
Standorte	Sitz in Freiberg am Neckar (DE); Produktionsstandorte in Deutschland, Polen, USA und China; weltweites Vertriebsnetz
Projektumfang	Einführung der Cloud-basierten SaaS-Lösung Netfira zur komfortablen Anbindung von Lieferanten im Einkauf ohne Änderung von Geschäftsprozessen

Hintergrund:

- Zur Erreichung einer interoperablen Supply Chain bedarf es nicht nur der Kompatibilität der Geschäftsprozesse, sondern darüber hinaus auch einer effizienten Zusammenarbeit der Systeme und auszutauschenden Daten.
- In vielen Fällen sind Unternehmen, deren Prozessabläufe und die im Einzelnen verwendeten Informations- und Kommunikationssysteme jedoch nicht darauf ausgelegt, effizient miteinander zu interagieren.
- Hindernisse für eine effiziente Zusammenarbeit können etwa technologische Eigenentwicklungen oder Erweiterungen von In-House-Lösungen, nicht oder aber übermäßig vorhandene Standards sowie mangelnde Erfahrung und Kultur der Mitarbeitenden sein (Corella et al., 2013).

Ausgangssituation:

- teamtechnik arbeitet mit ca. 1000 aktiven Lieferanten zusammen, wobei nur etwa 70 der 1000 aktiven Lieferanten über 80% des Dokumenteneingangs im Einkauf erstellen.
- Das Unternehmen setzte zunächst auf herkömmliche OCR- (optische Zeichenerkennung, engl. optical character recognition) oder EDI-Lösungen, um Lieferanten zu integrieren. Unter anderem wurden 18 EDI-Anbindungen aufwändig betreut. Jedoch war aufgrund der hohen Integrationskosten durch vorgegebene Datenformate und Übertragungswege nur ein geringer Anteil der Partner zur Integration bereit.
- teamtechnik suchte daher nach einer Lösung, welche eine einfache Anbindung wechselnder Lieferanten ohne Änderung ihrer bestehenden Prozesse, Systeme und ohne zusätzliche Kosten erlaubte.

Maßnahme/Lösung:

- teamtechnik entschied sich zur Einführung der Cloud-basierten Netfira-Plattform, welche durch Automation der B2B-Einkaufsprozesse eine Anbindung sämtlicher Handelspartner ermöglicht.
- Die Plattform extrahiert automatisch relevante Daten im Einkauf und kommuniziert mit jedem ERP-System, ohne dass bestehende Systeme oder Geschäftsprozesse geändert werden müssten.
- Eine Onboarding-App ermöglicht Lieferanten aller Größen eine flexible und kostenneutrale Anbindung an die Netfira-Plattform als eine vom jeweiligen Lieferantenmanagementsystem unabhängige Lösung.

Herausforderungen bei der Umsetzung:

- Die Nutzung der Cloud-Lösung bedingt eine Implementierung auf beiden Seiten – bei teamtechnik selbst und bei den anzubindenden Lieferanten.
- Durch die Nutzung modularer Software-Bausteine statt unflexibler Integrations-Lösungen wie EDI oder OCR kann die Software jedoch mit bestehenden Systemen bei den Lieferanten verknüpft und in nur vier bis sechs Wochen implementiert werden.
- Lieferanten können entsprechend ihrer eigenen Systeme bzw. technischer Fähigkeiten zwischen verschiedenen Anbindungsmöglichkeiten wählen.

Effekte auf Akteursebene:

- Über die Onboarding-App kann teamtechnik Lieferanten innerhalb weniger Minuten anbinden. Diese flexible Integrationsform ohne vereinheitlichte Systeme erlaubt also kürzere Reaktionszeiten in der Zusammenarbeit mit den Lieferanten.
- Die App als Kommunikationsschnittstelle erlaubt es, auch kurzfristig auf alternative Lieferanten zuzugreifen. Auf Disruptionen oder Ausfälle kann somit schneller reagiert werden, sodass vor allem am Wareneingang Sicherheitsbestände reduziert werden können.

Effekte auf Netzwerkebene:

- Die Cloud-Lösung bietet ein hohes Maß an Interoperabilität im Liefernetzwerk, indem Mehraufwände der häufigen Lieferantenintegration vermieden und dennoch Informationen ungehindert ausgetauscht werden können.
- Durch Automatisierung des Dokumentenversands von Auftragsbestätigungen, Lieferavise und Rechnungen und die systemunabhängige Übertragung werden Einkaufs- und Verkaufsprozesse inkl. notwendiger Datenaustausche auf beiden Seiten kompatibel und mit verringertem Zeitaufwand in einem Standardprozess erledigt.
- Insbesondere Lieferanten, die nicht den gleichen Digitalisierungsgrad wie teamtechnik aufweisen, wird durch die Plattform eine einfache Anbindung ohne Notwenigkeit der vollen Integration bzw. einheitlicher Systeme und Daten ermöglicht.
- Informationen zu Produkten und Warenbeständen werden über die App in Echtzeit zur Verfügung gestellt, sodass sich durch die gesteigerte Transparenz im gesamten Lieferantennetzwerk bestandsmindernde Effekte einstellen können.
- Im Sinne des Konzepts der Loosely-Coupled Supply Chain resultieren somit geringere Abhängigkeiten für Lieferanten (und Kunden), wodurch sich das Bestandsniveau in der Supply Chain grundsätzlich reduzieren lässt.

Besonders im Kontext bestehender Risiken sind Loosely-Coupled Supply Chains eine Handlungsoption für Unternehmen, da eine solche Supply Chain in einer höheren Flexibilität und Reaktionsfähigkeit resultiert (Acharya et al., 2020, S. 1).

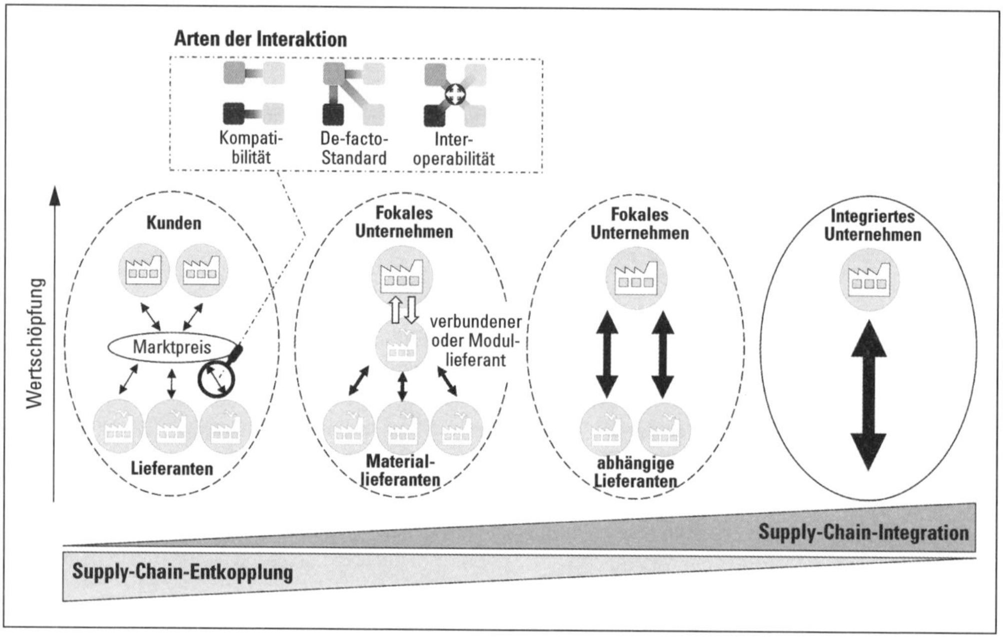

▲ Abb. 133 Stufen der Integrationsintensität und die Rolle von Interoperabilität (in Anlehnung an Hofmann, 2013, S. 141, und Kolmykova, 2016, S. 57)

Betrachtet man Loosely-Coupled Supply Chains aus der Perspektive eines einzelnen Akteurs, lassen sich verschiedene bestandsrelevante Effekte erkennen. Zum einen erhöht die geringere Integrationsintensität aus Akteurssicht die Reaktionszeiten in der Zusammenarbeit mit den Lieferanten. Um dieser Verzögerung beizukommen, ist grundsätzlich ein höheres Bestandsniveau notwendig als bei stark integrierten Supply Chains. Diese Bestände fallen vor allem am Wareneingang des Kunden an. Entgegen diesem bestandserhöhenden Effekt wirkt die Entkopplung risikomindernd für bestimmte Arten von Disruptionen in der Supply Chain. Dies gilt besonders für Lieferausfälle einzelner Lieferanten. Folglich lässt sich am Wareneingang des Kunden das Niveau des Sicherheitsbestands reduzieren, da im Fall eines Ausfalls schnell auf alternative Lieferanten gewechselt werden kann.

Neben der Betrachtung aus der Perspektive eines einzelnen Akteurs ergeben sich differenzierte Bestandseffekte aus Sicht des gesamten Netzwerks. Die Entkopplung mindert die Möglichkeiten einer unternehmensübergreifenden Optimierung der Bestände über die Standorte aller Akteure hinweg. Dies kann zu einer Erhöhung des gesamten Bestandsniveaus entlang der Supply Chain führen oder hieraus resultierende Potentiale ungenutzt lassen. Darüber hinaus ist bei lose integrierten Supply Chains tendenziell eine größere Anzahl verschiedener Supply-Chain-Partner involviert. Da trotz sinkender Sicherheitsbestände alle Akteure zu-

Betrachtungs-ebene	Wirkzusammenhang	Bestandsrelevanter Effekt	Mögliche Einflussgrößen
Akteur	Geringere Integrationsintensität erhöht die Reaktionszeiten in der Zusammenarbeit mit den Lieferanten	Erhöhung der Sicherheitsbestände am Wareneingang des Kunden wegen erhöhter Unsicherheit	Kritikalität der Güter, Lieferzeiten
	Risikominderung durch Entkopplung für bestimmte Arten von Disruptionen (v. a. Lieferantenausfälle)	Reduktion der Sicherheitsbestände am Wareneingang des Kunden	Kritikalität der Güter, Verfügbarkeit alternativer Lieferanten, allgemeine Risikodisposition
Netzwerk	Entkopplung mindert die Möglichkeiten einer unternehmensübergreifenden Optimierung der Bestände	Erhöhung Bestandsniveau oder ungenutzte Potentiale zur Reduktion	Allgemeines Optimierungspotential, Anzahl beteiligter Akteure
	Notwendigkeit der Berücksichtigung einer größeren Anzahl involvierter Supply-Chain-Partner	Ggf. Erhöhung des Bestandsniveaus aus Netzwerksicht trotz Reduktion bei den einzelnen Akteuren	Anzahl beteiligter Akteure, Kritikalität der Güter

▲ Abb. 134 Übersicht bestandsrelevanter Effekte von Loosely-Coupled Supply Chains

mindest kleine Mengen an Beständen führen, kann dies absolut gesehen zu einer Erhöhung der Bestandsniveaus in der Supply Chain aus Netzwerkperspektive führen.

Insgesamt wirken bei lose gekoppelten Lieferketten also gegensätzliche Effekte: einerseits eine Erhöhung der Bestände bei einzelnen Akteuren aus Kundensicht wegen steigender Reaktionszeiten im Tagesgeschäft, andererseits sinkende Sicherheitsbestände bei allen Akteuren wegen geringerer Ausfallrisiken, und zuletzt steigende Bestände in der Supply Chain wegen der höheren Anzahl involvierter Akteure. Folglich sind diese Effekte für jeden Praxisfall gegeneinander abzuwiegen, um zu entscheiden, ob das Redesign zugunsten einer Loosely-Coupled Supply Chain auch wirtschaftlich sinnvoll ist.

Das Redesign von Supply Chains stellt grundsätzlich einen tiefgreifenden Eingriff in das gesamte Setting von Wertschöpfungsnetzwerken dar. Entsprechend muss die Entscheidung zugunsten einer dislozierten Zentralisierung oder einer geringeren Integration der Supply-Chain-Partner stets genau abgewogen werden. In der Praxis werden Entscheidungen über das Redesign, welche auf der strategischen Ebene von Unternehmen zu verorten sind, nicht allein auf Basis von Bestandsaspekten getroffen. Dennoch ist festzuhalten, dass diese Maßnahmen große bestandsrelevante Auswirkungen haben und sich entsprechend auch auf die Ziel- und Kostengrößen des Bestandsmanagements auswirken können (siehe Abschnitt 1.4). Das Design der Supply Chain sollte also generell, aber speziell auch vor dem Hintergrund der Bestände, strategisch durchdacht und regelmäßig hinterfragt werden. Beim Redesign von Supply Chains sind die gegensätzlichen Wirkzusammenhänge anhand der spezifischen Situation zu berücksichtigen und gegeneinander abzuwägen. Grundsätzlich spielen beim Abwägen dieser Mechanismen und der Entscheidungsvorbereitung verschiedene Einflussgrößen eine Rolle (z.B. Kritikalität der Güter, Performance der Lieferanten, Verfügbarkeit alternativer Lieferanten).

6.2.5 Zusammenfassende Erkenntnisse

Die in diesem Abschnitt vorgestellten Maßnahmen stellen vornehmlich auf die bestandsinduzierte Beeinflussung von globalen Supply Chains ab. Es bestehen große Unterschiede zwischen den Maßnahmen hinsichtlich des Ausmaßes ihrer Umsetzung und der damit zu erzielenden Wirkungen. Das Redesign von Supply Chains etwa stellt dabei die Handlungsoption mit den weitreichendsten Veränderungen dar, weil grundlegend in die Gestaltung des Wertschöpfungsnetzwerks eingegriffen wird. Auch die verschiedenen Digitalisierungsmaßnahmen gehen je nach praktischer Anwendung mit weitreichenden Veränderungen der Prozesse und hohen Investitionskosten einher. Dagegen ist die aktive Beeinflussung des Servicegrades weniger kapitalintensiv. Da diese Maßnahme jedoch atypisch in den meisten Branchen ist, verfügen Unternehmen über noch wenig Erfahrung mit der konkreten Umsetzung dieser Maßnahme. Oftmals fehlt das Bewusstsein dafür, dass diese Option des Erwartungsmanagements und des Verhandelns von Servicevereinbarungen existiert. Im Gegensatz dazu stellt das Störfallmanagement einen sehr verbreiteten Ansatz dar, der in vielen Unternehmen bereits praktiziert wird. In diesem Kontext stellt sich also vielmehr die Frage nach einer Erweiterung des Störfallmanagements auf zusätzliche Risikoarten sowie der Professionalisierung bestehender Maßnahmenpläne, um Sicherheitsbestände trotz einer Erhöhung der Resilienz der Supply Chain zu reduzieren.

Die Auseinandersetzung mit den einzelnen Maßnahmen ist dabei keineswegs als Entweder-oder-Entscheidung anzusehen. Vielmehr sind die einzelnen Maßnahmen aufgrund ihrer wechselseitigen Abhängigkeiten im Zusammenspiel zu betrachten. Es kann weder eine allgemein beste Lösung noch ein Lösungsvorschlag unter bestimmten Umständen als «Best Practice» definiert werden, die stets zu den gewünschten Ergebnissen bezüglich Bestandsniveau und Risikoreduzierung führt. Für jede Unternehmenssituation ist ein dezidiertes Abwägen der einzelnen bestandsrelevanten Mechanismen erforderlich, um zu Entscheidungen über die Umsetzung der Maßnahmen zu gelangen. Beispielsweise ist eine Fokussierung aller Ressourcen auf ein extensives Störfallmanagement unter Vernachlässigung einer angemessenen Transparenz entlang der Supply Chain in den meisten Fällen nicht zielführend.

Stattdessen sollten das Zusammenspiel und die Schnittstellen der einzelnen Maßnahmen analysiert und bewusst gefördert werden. So kann beispielsweise ein hohes Maß an Transparenz die Qualität des Störfallmanagements maßgeblich verbessern, da bei der Erstellung und Ausführung der Maßnahmenpläne eine bessere Informationsbasis zur Verfügung steht. Ein ebenfalls wichtiger Zusammenhang besteht zwischen dem Störfallmanagement und dem aktiven Management des Servicelevels. Durch die aktive Beeinflussung des Servicelevels erhöht sich die Flexibilität bezüglich der zu erbringenden Leistungen, vor allem im Falle von Disruptionen. Diese Flexibilität wiederum erlaubt Unternehmen einen größeren Spielraum bei der Gestaltung und Ausführung der Maßnahmenpläne des Störfallmanagements (zum Beispiel die interne Priorisierung und Allokation von Teillieferungen ohne Vertragsstrafen). Auch die beiden ressourcenintensiven Maßnahmen des Redesigns und der Automatisierung weisen starke Verbindungen auf. Bei der Neuauswahl oder Errichtung von Lagerstandorten kann durch gezielte Steuerung des Automatisierungsgrads der Effekt beider Maßnahmen kombiniert werden.

Aus einer übergeordneten Unternehmensperspektive betrachtet stehen Bestände nicht immer im Fokus. Besonders bei Maßnahmen mit weitreichenden Auswirkungen und hohem Ressourcenbedarf spielen weitere Aspekte wie die Berücksichtigung der Unternehmens-, Geschäftsfeld- oder Supply-Chain-Strategie in der Regel eine wichtigere Rolle. Entsprechend müssen Maßnahmen zur Bestandsoptimierung und Minderung der Störanfälligkeit auch im Lichte der Zielgrößen anderer Unternehmensbereiche betrachtet werden. Diese leiten sich beispielsweise aus den Unternehmensfunktionen Beschaffung, Produktion, Distribution, Logistik und Finanzen ab (siehe Abschnitt 1.5). Es ist demnach festzuhalten, dass Bestände zwar nicht im Fokus aller Entscheidungen und Maßnahmen stehen, bestandsrelevante Effekte aber dennoch stets bei der Entscheidungsfindung berücksichtigt und integriert werden müssen – und dies vor allem dann, wenn man eine übergeordnete und unternehmensübergreifende Supply-Chain-Perspektive einnimmt.

Literaturverzeichnis

Acharya, C.; Ojha, D.; Patel, P. C.; Gokhale, R. (2020): Modular interconnected processes, fluid partnering, and innovation speed: A loosely coupled systems perspective on B2B service supply chain management. In: Industrial Marketing Management 89(2020), S. 209–219.

Administration, U.S.E.I. (2018): Hurricane path, not just size, can have a large effect on oil and gas production. Abgerufen am 26.07.2021 von https://www.eia.gov/todayinenergy/detail.php?id=37212

Ahmadi, M.; Teimouri, E. (2008): Determining the Order Penetration Point in Auto Export Supply Chain by the Use of Dynamic Programming. In: Journal of Applied Sciences, 8(2008)18, S. 3214–3220.

Aiginger, K. (2017): Europa zwischen Globalisierung und Renationalisierung. Department of Economics. WU Vienna. Working Paper Series No. 252. Vienna 2017.

Alicke, K. (2005): Planung und Betrieb von Logistiknetzwerken. Unternehmensübergreifendes Supply Chain Management. Berlin, Heidelberg 2005.

Alicke, K.; Graf, H.; Putzlocher, S. (2004): Unternehmensübergreifendes Supply Chain Management realisiert multi-tier collaboration. In: Busch, A.; Dangelmaier, W. (Hrsg.): Integriertes Supply Chain Management. Theorie und Praxis effektiver unternehmensübergreifender Geschäftsprozesse. Wiesbaden 2004, S. 485–498.

Alora, A.; Barua, M.K. (2021): The effect of supply chain disruptions on shareholder wealth in small and mid-cap companies. In: Supply Chain Management: An International Journal 26(2021)2, S. 212–223.

Amann, M.; Eßig, M. (2011): Der «Strategic Fit» bei Wettbewerbs- und Beschaffungsstrategien von Unternehmen. In: Marketing Review St. Gallen 28(2011)4, S. 8–13.

Andler, K. (1929): Rationalisierung der Fabrikation und optimale Losgröße. Oldenbourg, München.

Arnold, U. (1997): Beschaffungsmanagement. 2., überarb. und erw. Auflage, Stuttgart 1997.

Arnolds, H.; Heege, F.; Röh, C.; Tussing, W. (2016): Materialwirtschaft und Einkauf. 13., aktualisierte und überarb. Auflage. Wiesbaden 2016.

Babai, M.Z.; Dallery, Y. (2009): Dynamic versus static control policies in single stage production-inventory systems. In: International journal of production research 47(2009)2, S. 415–433.

Ballé, F.; Ballé, M. (2005): The Gold Mine. A novel of lean turnaround. Lean Enterprise Institute, Inc. Cambridge 2005.

Bauer, U.; Salié, O.; Langenscheidt, F. (2010): Lexikon der deutschen Weltmarktführer: die Königsklasse deutscher Unternehmen in Wort und Bild. Offenbach 2010.

Bea, F.X.; Haas, J. (2016): Strategisches Management. 8., überarb. Auflage. Konstanz 2016.

Becker, J. (2016): Dynamisches kennliniengestütztes Bestandsmanagement. Garbsen 2016.

Becker, J.; Schmidt, M.; Nyhuis, P. (2014): Dynamische und zukunftsorientierte Bestandsdimensionierung. Eine Methodik zur dynamischen, zukunftsorientierten Disposition von Lagerbeständen. In: Zeitschrift für wirtschaftlichen Fabrikbetrieb 109(2014)1–2, S. 39–42.

Behdani, B. (2013): Handling Disruptions in Supply Chains: An Integrated Framework and an Agent-based Model. Delft University of Technology. Delft 2013.

Bellabdaoui, A.; Teghem, J. (2006): A mixed-integer linear programming model for the continuous casting planning. In: International Journal of Production Economics 104 (2006)2, S. 260–270.

Bertagnolli, F. (2018): Lean Management. Einführung und Vertiefung in die japanische Management-Philosophie. Wiesbaden 2018.

Bichler, K.; Krohn, R.; Riedel, G.; Schöppach, F. (2010): Beschaffungs- und Lagerwirtschaft: Praxisorientierte Darstellung der Grundlagen, Technologien und Verfahren. Wiesbaden 2010.

Blohm, H.; Beer, T.; Seidenberg, U.; Silber, H. (2016): Produktionswirtschaft. 5. Auflage. Herne 2016.

Bode, C.; Macdonald, J. R. (2017): Stages of Supply Chain Disruption Response: Direct, Constraining, and Mediating Factors for Impact Mitigation. In: Decision Sciences 48(2017)5, S. 836–874.

Boone, N. (2002): Vernetzung dezentraler Lagersysteme im Großhandel: Service- und Kostenoptimierung im Lagerverbund. München 2002.

Box, G. E. P.; Jenkins, G. M.; Reinsel, G. C. (1994): Time series analysis: forecasting and control. 3. Auflage, Upper Saddle Hill, NJ 1994.

Bräbander, C. (2018): Stochastisches Bestandsmanagement. Grundmodelle für Betriebswirte. Wiesbaden 2018.

Brabänder, C. (2020): Stochastisches Bestandsmanagement. Grundmodelle für Betriebswirte. 2., aktualisierte und überarb. Auflage. Wiesbaden 2020.

Bräckling, E.; Lux, J.; Oidtmann, K. (2014): Logistikmanagement. Mit Logistik-Power schnell, schlank und fehlerfrei liefern. Wiesbaden 2014.

Brecht, U. (2012): Controlling für Führungskräfte. 2. Auflage. Wiesbaden 2012.

Buschkühl, L.; Sahling, F.; Helber, S.; Tempelmeier, H. (2008): Dynamic capacitated lot-sizing problems: a classification and review of solution approaches. In: OR Spectrum 32(2008)2, S. 231–261.

Busse, C.; Schleper, M. C.; Niu, M.; Wagner, S. M. (2016): Supplier development for sustainability: contextual barriers in global supply chains. In: International Journal of Physical Distribution & Logistics Management 46(2016)5, S. 442–468.

Buzacott, J. (2010): Produktionsplanung und -steuerung. München 2010.

Campbell, J. (2020): Brexit prompts JD Sports to open Dublin warehouse. Abgerufen am 17.07.2021 von https://www.bbc.com/news/uk-northern-ireland-56731570

Carter, C.R.; Rogers, D.S.; Choi, T.Y. (2015). Toward the Theory of the Supply Chain. In: Journal of Supply Chain Management 51(2015)2, S. 89–97.

Chang, S.; Chang, M.-R.; Hong, Y. (2000): A lot grouping algorithm for a continuous slab caster in an integrated steel mill. In: Production Planning & Control, 11(2000)4, S. 363–368.

Chen, H.Y.; Das, A.; Ivanov, D. (2019): Building resilience and managing post-disruption supply chain recovery: Lessons from the information and communication technology industry. In: International Journal of Information Management 49(2019), S. 330–342.

Cheng, T.C.E.; Li, J.; Wan, C.; Wang, S. (2010): Postponement Strategies in Supply Chain Management. International Series in Operations Research & Management Science. Vol. 143. New York 2010.

Christopher, M.; Jüttner, U. (2000): Developing Strategic Partnerships in the Supply Chain: A Practitioner Perspective. In: European Journal of Purchasing & Supply Management 6(2000), S. 117–127.

Daxböck, C.; Fuchs, D.; Lechner, C. (2014): Supply Chain Management – Sales & Operations Planning in der Fast-Moving-Consumer-Goods-Industrie. In: Keuper, F.; Sauter, R. (Hrsg.): Unternehmenssteuerung in der produzierenden Industrie. Konzepte und Best Practices. Wiesbaden 2014, S. 271–286.

Degner, M.; Fandrich, R.; Endemann, G. (2007): Stahlfibel. Verlag Stahleisen. Düsseldorf 2007.

Dickmann, P. (2015): Schlanker Materialfluss mit Lean Production, Kanban und Innovationen. 3. Auflage. Berlin, Heidelberg 2015.

Diebold, Francis X. (2007): Elements of Forecasting. 4. Auflage. Mason (OH) 2007.

Domschke, W.; Scholl, A.; Voß, S. (1997): Produktionsplanung: ablauforganisatorische Aspekte. 2., überarb. und erw. Auflage. Berlin 1997.

ECR-Europe. (2016): ECR – Optimal Shelf Avaliability. Increasing Shopper Satisfaction at the Moment of Truth. Abgerufen am 10.08.2022 von https://ecr-community.org/wp-content/uploads/2016/10/ecr-europe-osa-optimal-shelf-availability.pdf

Ellis, A.; Kauferstein, M. (2013): Dienstleistungsmanagement. Erfolgreicher Einsatz von prozessorientiertem Service Level Management. Berlin 2013.

Erner, M.; Hammer, S. (2019): Strategisches Management 4.0. In: M. Erner (Hrsg.), Management 4.0 – Unternehmensführung im digitalen Zeitalter, S. 124–170.

Eßig, M.; Hofmann, E.; Stölzle, W. (2013): Supply Chain Management. München 2013.

Fildes, R. (2008): Besprechung des Buches «Diebold, F.: Elements of Forecasting. 4. Auflage.» In: International journal of forecasting 24(2008)3, S. 552–553.

Fischer, L. (2008): Bestandsoptimierung für das Supply Chain Management: zeitdiskrete Modelle und praxisrelevante Ansätze. Norderstedt 2008.

Fliedner, M.; Briskorn, D.; Boysen, N. (2016): Vehicle scheduling under the warehouse-on-wheels policy. In: Discrete Applied Mathematics 205(2016), S. 52–61.

Forrester, J. W. (1961): Industrial Dynamics. Cambridge 1961.

Fratzl, H. (1992): Ein- und mehrstufige Lagerhaltung. Heidelberg 1992.

Frisch, A.M.; Miguel, I.; Walsh, T. (2001): Modelling a Steel Mill Slab Design Problem. In: Proceedings of the IJCAI – 01 Workshop on Modelling and Solving Problems with Constraints, S. 39–45.

Fuchs, A.; Stolze, C.; Breitschwerdt, R.; Hucke, S.; Thomas, O. (2012): Wertorientiertes Vendor Managed Inventory durch IT-gestützte Steuerung. In: HMD Praxis der Wirtschaftsinformatik 49(2012)3, S. 95–103.

Ganesan, R. (2015): The Profitable Supply Chain. A Practitioner's Guide. Apress 2015.

Geimer, H.; Kühn, H.; Salje, R. (2005): Komplexitätsmanagement: Basis für ein erfolgreiches Supply Chain Management. In: Supply Chain Management 5(2005)3, S. 43–48.

Giesberts, P.M.; Tang, L.V.D. (1992): Dynamics of the customer order decoupling point: impact on information systems for production control. In: Production Planning & Control, 3(1992)3, S. 300–313.

Glas, A. (2012): Public Performance-based Contracting. Wiesbaden 2012.

Göpfert, I.; Schulz, M. (2017): Strategien des Variantenmanagements als Bestandteil einer logistikgerechten Produktentwicklung – Eine Untersuchung am Beispiel der Automobilindustrie. In: Göpfert, I.; Braun, D.; Schulz, M. (Hrsg.): Automobillogistik. Stand und Zukunftstrends. Wiesbaden 2017, S. 391–404.

Görg, H.; Klein, M.; Pflüger, M.; Krebs, O.; Scherer, C. (2015): Die Zukunft des Welthandels. In: Zeitschrift für Wirtschaftspolitik 95(2015)5, S. 303–318.

Grabner, T. (2019): Operations Management: Auftragserfüllung bei Sach- und Dienstleistungen. 4., aktualisierte Auflage. Wiesbaden 2019.

Grün, O.; Jammernegg, W.; Kummer, S. (2019): Grundzüge der Beschaffung, Produktion und Logistik. 4., aktualisierte Auflage. Hallbergmoos 2019.

Grunewald, M. (2015): Planung von Milkruns in der Beschaffungslogistik der Automobilindustrie – Ein Ansatz zur Integration von Bestandsmanagement und Tourenplanung. Wiesbaden 2015.

Gudehus, T. (2012a): Dynamische Disposition: Strategien, Algorithmen und Werkzeuge zur optimalen Auftrags-, Bestands- und Fertigungsdisposition. 3. Auflage. Berlin, Heidelberg 2012.

Gudehus, T. (2012b): Logistik 1: Grundlagen, Verfahren und Strategien. 4. Auflage.Berlin, Heidelberg 2012.

Günthner, W.A.; Durchholz, J.; Klenk, E.; Boppert, J. (2013): Schlanke Logistikprozesse: Handbuch für den Planer. Berlin, Heidelberg 2013.

Handfield, R.B.; Straube, F.; Pfohl, H.-C. (2013): Trends and Strategies in Logistics and Supply Chain Management. Embracing Global Logistics Complexity to Drive Market Advantage. Hamburg 2013.

Harris, F. W. (1990): How Many Parts to Make at Once. In: Operations Research 38(1990)6, S. 947–950.

Heesen, B.; Moser, O. (2017): Working Capital Management: Bilanzierung, Analytik und Einkaufsmanagement. 3. Auflage. Wiesbaden 2017.

Helber, S.; Stolletz, R. (2004): Call-Center-Management in der Praxis: Strukturen und Prozesse betriebswirtschaftlich optimieren. Berlin 2004.

Heß, G. (2008): Supply-Strategien in Einkauf und Beschaffung: Systematischer Ansatz und Praxisfälle. Wiesbaden 2008.

Hoek, R. I. v. (1998): Logistics and virtual integration: Postponement, outsourcing and the flow of information. In: International Journal of Physical Distribution & Logistics Management 28(1998)7, S. 508–523.

Hoekstra, S.; Romme, J. (1992): Integral logistic structures. Developing customer-oriented goods flow. New York 1992.

Hofmann, C.; Roubtsova, E. (2020): A Reference Model for a Service Level Agreement: In Domain of Information Sharing Services. In: Shishkov, B. (Hrsg.): Business Modeling and Software Design. Cham 2020, S. 55–68.

Hofmann, E. (2013): Interorganizational Operations Management. Von der Strategie bis zur finanziellen Steuerung der Performance in Supply Chains. Wiesbaden 2013.

Hofmann, E.; Langner, D. (2020): The Rise of Supply Chain Viability – Digital Solutions as a Boosting Role. Working Paper of the Institute of Supply Chain Management. University of St. Gallen. St. Gallen 2020.

Hofmann, E.; Oettmeier, K. (2016): 3-D-Druck. Wie additive Fertigungsverfahren die Wirtschaft und deren Supply Chains revolutionieren. In: Zeitschrift Führung + Organisation 85(2016)2, S. 84–90.

Hofmann, E.; Rutschmann, E. (2018): Big data analytics and demand forecasting in supply chains: a conceptual analysis. In: The International Journal of Logistics Management 29(2018)2, S. 739–766.

Hofmann, E.; Wetzel, P. (2020): Working Capital Management Studie 2020. Supply Chain Finance In-n-out. Supply Chain Finance-Lab der Schweizerischen Post an der Universität St. Gallen. Bern 2020.

Hoppenheit, S.; Büssow, C.M.; Günthner, W.A. (2016): System zum proaktiven Bestandsmanagement. Neue Ansätze in der Materialwirtschaft. In: Zeitschrift für wirtschaftlichen Fabrikbetrieb, 111(2016)3, S. 122–125.

Hyndman, R. J.; Athanasopoulos, G. (2013): Forecasting: principles and practice. Lexington, Kentucky 2013.

JD Sports Fashions PLC (2020): Annual Reports and Accounts 2020. Abgerufen am 10.08.2022 von JD Group Website: https://files.jdplc.com/pdf/reports/annual-report-and-accounts-2020.pdf.

Jung, A. (2018): Märklin, Adidas, Gigaset – deutsche Unternehmen kehren heim. «China war eine Fehlentscheidung». Abgerufen am 27.07.2021 von https://www.spiegel.de/wirtschaft/maerklin-adidas-gigaset-china-war-eine-fehlentscheidung-a-00000000-0002-0001-0000-000159674296

Kerth, K.; Asum, H.; Stich, V. (2015): Die besten Strategietools in der Praxis. 6., überarb. und erw. Auflage. München 2015.

Klaus, P. (2008): Gabler Lexikon Logistik. Management logistischer Netzwerke und Flüsse. 4., aktual. Auflage. Wiesbaden 2008.

Kleemann, F. C. (2014): Supplier Relationship Management im Performance-Based Contracting: Anbieter-Lieferanten-Beziehungen in komplexen Leistungsbündeln. Wiesbaden 2014.

Klug, F. (2010): Logistikmanagement in der Automobilindustrie: Grundlagen der Logistik im Automobilbau. Berlin, Heidelberg 2010.

Köber, J.; Heinecke, G. (2012): Hybrid Production Strategy Between Make-to-Order and Make-to-Stock – A Case Study at a Manufacturer of Agricultural Machinery with Volatile and Seasonal Demand. In: Procedia CIRP 3(2012), S. 453–458.

Koether, R. (2012): Distributionslogistik: Effiziente Absicherung der Lieferfähigkeit. Wiesbaden 2012.

Kolmykova, A. (2016): Supply Chain Integration. Entwicklung eines Integrators für die globale Supply Chain. Wiesbaden 2016.

Könemann, S. (2020): Heimische Produktion. Mit Volldampf gegen die Globalisierung. Abgerufen am 27.07.2021 von https://www.zdf.de/nachrichten/wirtschaft/coronakrise-modelleisenbahn-globalisierung-100.html

KPMG (2020): Krisenfeste Lieferketten: das ist wichtig. Abgerufen am 27.07.2021 von https://home.kpmg/de/de/blogs/home/posts/2020/06/supply-chain-industrial-manufacturing.html

Krüger, U.; Schimmelpfeng, K. (2013): Characteristics of service requests and service processes of fire and rescue service dispatch centers. In: Health Care Management Science 16(2013)1, S. 1–13.

Large, R. (2013): Strategisches Beschaffungsmanagement: Eine praxisorientierte Einführung. Wiesbaden 2013.

LeBaron, G.; Howard, N.; Thibos, C.; Krytsis, P. (2018): Confronting root causes: forced labour in global supply chains: Sheffield 2018.

Lehmacher, W. (2016): Globale Supply Chain. Technischer Fortschritt, Transformation und Circular Economy. Wiesbaden 2016.

Liu, Y.; Peng, Y.; Wang, B.; Yao, S.; Liu, Z. (2017): Review on Cyber-physical Systems. IEEE/CAA Journal of Automotica Sinica 4(2017)1, S. 27–40.

Lucas, O. (2020): Logistik-Kompetenz als wesentlicher Treiber des Erfolgs für und mit Amazon. In: C. Stummeyer & B. Köber (Hrsg.):. Amazon für Entscheider. Strategieentwicklung, Implementierung und Fallstudien für Hersteller und Händler. Wiesbaden 2020, S. 281–314.

Lutz, S. (2002): Kennliniengestütztes Lagermanagement. Düsseldorf 2002.

Lutz, S.; Löedding, H.; Wiendahl, H.-P. (2003): Logistics-oriented inventory analysis. In: International journal of production economics 85(2003)2, S. 217–231.

Märklin (2014): Märklin eröffnet neue Produktionshalle in Ungarn. Abgerufen am 27.07.2021 von https://www.maerklin.de/de/journal/aktuelles/eroeffnung-ungarn/

Melzer-Ridinger, R. (2007): Supply-chain-Management. Prozess- und unternehmensübergreifendes Management von Qualität, Kosten und Liefertreue. München 2007.

Mettenheim, H.-J. v.; Breitner, M. H. (2010): Robust decision support systems with matrix forecasts and shared layer perceptrons for finance and other applications. St. Louis, Missouri 2010.

Mitchell, A. (2012): Improving on Shelf Availability. Symphony IRI Group: White Paper. Chicago, Illinois 2012.

NETFIRA (2021): Fallstudie teamtechnik. Abgerufen am 27.07.2021 von https://netfira.com/de/2021/05/26/team-technik-fallstudie/

Nyhuis, P. (1996): Lagerkennlinien – ein Modellansatz zur Unterstützung des Beschaffungs- und Bestandscontrollings. In: Baumgarten, H. (Hrsg.): RKW-Handbuch Logistik. Band II, Berlin 1996, S. 1–30.

Nyhuis, P.; Wiendahl, H.-P. (2012a): Logistische Kennlinien. 3. Auflage. Berlin, Heidelberg (2012).

Nyhuis, P.; Wiendahl, H.-P. (2012b): Logistische Kennlinien: Grundlagen, Werkzeuge und Anwendungen. 3. Auflage. Berlin, Heidelberg 2012.

Oeldorf, G.; Olfert, K. (2013): Material-Logistik. 13., verb. und erw. Auflage. Herne 2013.

Olhager, J. (2003): Strategic positioning of the order penetration point. In: International journal of production economics 85(2003)3, S. 319–329.

Pawellek, G. (2014): Ganzheitliche Fabrikplanung: Grundlagen, Vorgehensweise, EDV-Unterstützung. 2. Auflage. Berlin, Heidelberg 2014.

Pfohl, H.-C. (2004): Logistikmanagement. Konzeption und Funktionen. 2., vollst. überarb. und erw. Aufl., Berlin 2004.

Pfohl, H.-C. (2016): Logistikmanagement. Konzeption und Funktionen. 3. Auflage. Berlin, Heidelberg 2016.

Pfohl, H.-C. (2018): Logistiksysteme: betriebswirtschaftliche Grundlagen. 9., neu bearbeitete und aktualisierte Auflage. Berlin 2018.

RELEX (2021): Case Europris. Leadership and Technology – A Supply Chain Transformation Journey. Abgerufen am 27.07.2021 von https://www.relexsolutions.com/case-studies/europris/

Resende, M.G.C.; Ribeiro, C.C. (2003): Greedy Randomized Adaptive Search Procedures. In: Glover and Kochenberger (Hrsg.), Handbook of Metaheuristics. Philadelphia 2003.

riskmethods (2021): Die riskmethods Story. Angerufen am 27.07.2021 von https://www.riskmethods.net/de/die-riskmethods-story

Roberta Pereira, C.; Christopher, M.; Lago Da Silva, A. (2014): Achieving supply chain resilience: the role of procurement. In: Supply Chain Management 19(2014)5/6, S. 626–642.

Rohde, A.-K. (2016): Robotik in der Logistik – Einsatzpotenziale, Herausforderungen und Trends. In: Molzow-Voit, F.; Quandt, M.; Freitag, M.; Spöttl, G. (Hrsg.): Robotik in der Logistik. Qualifizierung für Fachkräfte und Entscheider. Wiesbaden 2016, S. 23–42.

Sawik, T. (2020): Supply Chain Disruption Management. Using Stochastic Mixed Integer Programming. Cham 2020.

Scheja, J. (2001): Interaktives Bestandsmanagement im Hochleistungsgroßhandel. Wiesbaden 2001.

Schmidt, C.G.; Wagner, S.M. (2019): Blockchain and supply chain relations: A transaction cost theory perspective. In: Journal of Purchasing and Supply Management 25(2019)4, S. 1–13.

Schmidt, M.; Hartmann, W.; Nyhuis, P. (2012): Simulation-based comparison of safety-stock calculation methods. In: CIRP annals 61(2012)1, S. 403–406.

Schmidt, M., Wriggers, F.; Busse, T. (2007): Logistische Lageranalyse und Methodenvalidierung. Projektergebnisse aus dem Elektronikwerk Amberg der Siemens AG. In: Industrie Management 23(2007)5, S. 75–78.

Schönherr, M. (2015): Wertorientiertes Logistikmanagement. Modell zur Bewertung logistischer Maßnahmen aus Sicht des Unternehmenswerts. Wiesbaden 2015.

Schönsleben, P. (2016): Integrales Logistikmanagement: Operations und Supply Chain Management innerhalb des Unternehmens und unternehmensübergreifend. 7. Auflage. Berlin, Heidelberg 2016.

Schulte, G. (2010): Material- und Logistikmanagement. 2., wesentlich erw. und verb. Auflage. München 2010.

Schulz, B. (2019). Das wahre Ausmaß des Brexits. In: Zeit Online. Abgerufen am 22.08.2022 von https://www.zeit.de/politik/ausland/2019-08/grossbritannien-no-deal-brexit-boris-johnson-folgen

SCOR (2017): APICS Supply Chain Operations Reference Model SCOR. Version 12.0. Chicago 2017.

Sharman, G. (1984): The rediscovery of logistics. In: Harvard Business Review, 62(1984) 5, S. 71–80.

Silver, E. A.; Peterson, R.; Silver, E. A.; Petersen, R.; Pyke, D. F. (1998): Inventory management and production planning and scheduling. 3. Auflage. New York 1998.

Skinner, W. (1969): Manufacturing – Missing Link in Corporate Strategy. Harvard Business Review 47(1961)3, S. 136–145.

Spengler, P. T. S.; Schroter, M. (2006): Strategisches Ersatzteilmanagement in Closed-Loop Supply Chains: Ein systemdynamischer Ansatz: Wiesbaden 2006.

Stahleisen (2010): Stahlstatistik 2010, http://www.stahleisen.de.

Stollenwerk, A. (2016): Wertschöpfungsmanagement im Einkauf: Analysen – Strategien – Methoden – Kennzahlen. 2. Auflage. Wiesbaden 2016.

Stölzle, W.; Helm, R. (2006): Out-of-Stocks im Handel: Einflussfaktoren und Kundenreaktionsmuster. In: Jahrbuch der Absatz- und Verbrauchsforschung 52(2006)3, S. 306–325.

Stölzle, W.; Heusler, K. F.; Karrer, M. (2004): Erfolgsfaktor Bestandsmanagement: Konzept, Anwendung, Perspektiven. Zürich 2004.

Stölzle, W.; Preindl, R. (2019): Supply Chain Analytics – Entscheidungsunterstützung für das Management von Supply Chains. In Schröder, M.; Wegner, K. (Hrsg.): Logistik im Wandel der Zeit – Von der Produktionssteuerung zu vernetzten Supply Chains. Wiesbaden 2019, S. 163–181.

Stölzle, W.; Wütz, S. (2013): Ist Verfügbarkeit selbstverständlich? Hohe Supply-Chain-Performance erfordert ein intelligentes Störfallmanagement. In: CHEManager 22(2013)1–2, S. 12.

Stölzle, W.; Wütz, S.; Hofstetter, J. S. (2014): Disruptions in supply chains. Contemporary challenges and hands-on reactions. Hamburg 2014.

Suerie, C. (2005): Time continuity in discrete time models new approaches for production planning in process industries. Berlin 2005.

Tang, L.; Wang, G. (2008): Decision support system for the batching problems of steelmaking and continuous-casting production. In: Omega, 36(2008)6, S. 976–991.

Tempelmeier, H. (2015): Bestandsmanagement in Supply Chains. 5. Auflage. Norderstedt 2015.

Tempelmeier, H. (2020): Analytics im Bestandsmanagement. 7. Auflage. Norderstedt 2020.

Thommen, J.-P.; Achleitner, A.-K.; Gilbert, D. U.; Hachmeister, D.; Jarchow, S.; Kaiser, G. (2016): Allgemeine Betriebswirtschaftslehre: Umfassende Einführung aus managementorientierter Sicht. Wiesbaden 2016.

Thonemann, U. (2015): Operations Management: Konzepte, Methoden und Anwendungen. 3., aktualisierte Auflage. Hallbergmoos 2015.

Tomlin, B. (2006): On the Value of Mitigation and Contingency Strategies for Managing Supply Chain Disruption Risks. In: Management Science 52(2006)5, S. 639–657.

Trkman, P.; Valadares de Oliveira, M. P.; Kevin, M. (2016): Value-orientated supply chain risk management: you get what you expect. In: Industrial Management & Data Systems 116(2016)5, S. 1061–1083.

Vahrenkamp, R.; Siepermann, C. (2005): Logistik: Management und Strategien. 5., vollst. überarb. und erw. Auflage. München 2005.
van Dijk, M. (2013). Winning Supply Chains Integrate Today's Capabilities with Tomorrow's Goals. Abgerufen am 18.11.2015 von https://www.kearney.com/consumer-retail/article?/a/winning-supply-chains-integrate-today-s-capabilities-with-tomorrows-goal
van Weele, A. J.; Eßig, M. (2017): Strategische Beschaffung: Grundlagen, Planung und Umsetzung eines integrierten Supply Management. Wiesbaden 2017.
Viet, N. Q.; Behdani, B.; & Bloemhof, J. (2020): Data-driven process redesign: anticipatory shipping in agro-food supply chains. In: International journal of production research 58(2020)5, S. 1302–1318.
Vogel, M.; Schmidt, M.; Emminger, D.; Mix, A. (2006): Entwicklung eines Beschaffungskonzepts im Maschinenbau. In: Supply Chain Management 6(2006)2, S. 39–44.
Vollmer, L. (2009): Schnelle und wirkungsvolle Verbesserungen des gesamten Wertschöpfungsprozesses mit Wertstromdesign. In: Töpfer, A. (Hrsg.): Lean Six Sigma. Berlin, Heidelberg 2009, S. 137–158.
Vrat, P. (2014): Materials Management. An Integrated Systems Approach. New Delhi 2014.
Weber, J.; Schäffer, U. (2020): Einführung in das Controlling. 16,. überarb. und aktual. Auflage. Stuttgart 2020.
Weber, R. (2018): Zeitgemäße Materialwirtschaft mit Lagerhaltung: Flexibilität und Lieferbereitschaft verbessern, Bestände und Durchlaufzeiten minimieren, Lean-Supply Chain – Kanban – Warengruppenmanagement. 12. Auflage. Stuttgart 2018.
Welge, M.K.; Al-Laham, A.; Eulerich, M. (2017): Strategisches Management. Grundlagen – Prozess – Implementierung. 7. Auflage. Wiesbaden 2017.
Wellbrock, W. (2015): Innovative Supply-Chain-Management-Konzepte: Branchenübergreifende Bedarfsanalyse sowie Konzipierung eines Entwicklungsprozessmodells. Heidelberg 2015.
Werner, H. (2004): Elektronische Supply Chains (E-Supply Chains). In: Busch, A.; Dangelmaier, W. (Hrsg.): Integriertes Supply Chain Management. Theorie und Praxis effektiver unternehmensübergreifender Geschäftsprozesse. 2. Auflage. Wiesbaden 2004, S. 417–434.
Wichmann, M. (2014): Auftragsbasierte Belegungsplanung von Stranggiessanlagen in der stahlerzeugenden Industrie. Wiesbaden 2014.
Wichmann, M. G.; Spengler, T. S. (2015): Slab scheduling at parallel continuous casters. In: International Journal of Production Economics, Volume 170, S. 551–562.
Wilcox, S. (2020): Three Paths to a Redesigned Supply Chain. abgerufen am 27.07.2021 von https://www.scmr.com/article/three_paths_to_a_redesigned_supply_chain
Winzer, P.; Goldschmidt, S. (2015): Nachhaltigkeitsmarketing in Lebensmittelindustrie und -handel am Praxisbeispiel der EDEKA-Gruppe. In: UmweltWirtschaftsForum 23(2015)4, S. 289.
WTO (2020): Wold Trade Statistical Review 2020. Abgerufen am 26.07.2021 von https://www.bpb.de/nachschlagen/zahlen-und-fakten/globalisierung/52543/entwicklung-des-warenhandels

Stichwortverzeichnis

A

B